现代晶体学
MODERN CRYSTALLOGRAPHY

编辑组：

[俄] B·K·伐因斯坦 (主编)

[俄] A·A·契尔诺夫

[俄] L·A·苏伏洛夫

"十三五"国家重点出版物出版规划项目

物理学名家名作译丛

晶体生长

Crystal Growth

3

[俄] А·А·契尔诺夫　著

吴自勤　洪永炎　高　琛　译

中国科学技术大学出版社

安徽省版权局著作权合同登记号：第 12181807 号

Translation from the English language edition：
Modern Crystallography 3
Crystal Growth
by A. A. Chernov
© Springer-Verlag Berlin Heidelberg 1984
Springer is a part of Springer Science + Bussiness Media
All Rights Reserved

图书在版编目(CIP)数据

现代晶体学.第3卷,晶体生长/(俄罗斯)契尔诺夫(Chernov,A. A.)著;吴自勤,洪永炎,高琛译.—合肥:中国科学技术大学出版社,2019.3(2022.1重印)
(物理学名家名作译丛)
"十三五"国家重点出版物出版规划项目
ISBN 978-7-312-04352-9

Ⅰ.现… Ⅱ.①契… ②吴… ③洪… ④高… Ⅲ.晶体生长 Ⅳ.O7

中国版本图书馆 CIP 数据核字(2018)第 045129 号

出版	中国科学技术大学出版社 安徽省合肥市金寨路 96 号,230026 http://press.ustc.edu.cn https://zgkxjsdxcbs.tmall.com
印刷	安徽省瑞隆印务有限公司
发行	中国科学技术大学出版社
经销	全国新华书店
开本	710 mm×1000 mm 1/16
印张	29.25
插页	2
字数	541 千
版次	2019 年 3 月第 1 版
印次	2022 年 1 月第 2 次印刷
定价	88.00 元

内 容 简 介

本书是 B·K·伐因斯坦(主编)、A·A·契尔诺夫和 L·A·舒瓦洛夫主持编写的《现代晶体学》4 卷本中的第 3 卷.本书的主要作者是 A·A·契尔诺夫,参加编写的还有其他 5 位专家.

本书是一本关于晶体生长基本概念和技术的著名著作,书中对晶体生长的理论和实践进行了系统而全面的叙述,对广大读者有重要的参考价值.

本书由结晶过程和晶体生长两大部分组成.第一部分包含的内容有:平衡、成核和外延、生长机制、杂质、质量和热输运、生长外形及其稳定性、缺陷的产生和团块结晶等.第二部分介绍气相生长、溶液生长和熔体生长.

本书可作为固体物理、材料科学、晶体学、金属学、矿物学、化学等专业的教师、研究生、大学生的教材或教学参考书,并可供有关科技人员参考.

译 者 的 话

　　本书是苏联科学院院士、晶体学研究所所长 B·K·伐因斯坦（主编）与 A·A·契尔诺夫和 L·A·舒瓦洛夫主持编写而成的 4 卷本巨著《现代晶体学》中的第 3 卷．本书的主要作者是 A·A·契尔诺夫，参加编写的还有他的同事 E·I·季华尔季洛夫等 5 位专家．

　　本书的俄文版于 1980 年由莫斯科科学出版社出版，英文版于 1984 年作为 Springer"固态科学"丛书的第 36 卷出版．

　　本书实际上是一本独立的晶体生长方面的著作．书中对晶体生长的理论和实践进行了系统而全面的叙述，对广大读者有重要的参考价值．

　　本书主要根据俄文版，并参考英文版翻译而成．章节编排、公式编号、图序则根据英文版，因为它们比较醒目．但英文版有少量翻译错误，我们以译者注的方式予以说明．

　　为了使读者对 4 卷本《现代晶体学》有一个全面的了解，我们采取英文版的做法，除了第 3 卷作者的前言，还加上了 4 卷的总序．

　　本书第 1 章至第 4 章、第 8 章由吴自勤翻译，第 5 章至第 7 章由洪永炎翻译，第 9 章和第 10 章由高琛翻译，后面的两部分由吴自勤校订．

吴自勤　洪永炎　高　琛

于中国科学技术大学

序

晶体学——关于晶体的科学——的内容在它的发展过程中得到不断的丰富.虽然人类在古代就对晶体产生了兴趣,但直到17—18世纪,晶体学才作为独立的分支学科开始形成.当时发现了控制晶体外形的基本规律,发现了光的双折射现象.晶体学的发生和发展在相当长的时间内曾和矿物学密切相关,矿物学的最完整研究对象正是晶体.后来晶体学和化学接近,因为晶体外形和它的组分密切相关并且只能以原子分子的概念为基础加以说明.20世纪晶体学趋向于物理学,因为新发现晶体固有的光学、电学、力学、磁学现象愈来愈多.数学方法后来也应用到晶体学中来,特别是对称性理论在19世纪末发展成完整的经典理论(建立了空间群理论).数学方法的应用还体现在晶体物理的张量运算上.

20世纪初发现了晶体的X射线衍射,这使得晶体学以至整个物质的原子结构科学发生了全面的变化.固体物理也得到了新的推动.晶体学方法,首先是X射线衍射分析,开始渗透到其他许多分支学科,如材料科学、分子物理学和化学等.随后发展起来的有电子衍射和中子衍射结构分析,它们不仅补充了X射线结构分析方法,并且还提供了有关晶体的理想和实际结构的一系列新的知识.电子显微术和其他现代物质研究方法(光学、电子顺磁和核磁共振方法等)也给出了晶体的大量原子结构、电子结构、实际结构的结果.

晶体物理得到迅猛发展,在晶体中发现了许多独特的现象,这些现象在技术上得到了广泛的应用.

晶体生长理论(它使晶体学接近热力学和物理化学)的积累和实用的人工晶体合成方法的进展是推动晶体学发展的另外的重要因素.人工晶体日益成为物理研究的对象并且开始迅速渗透到技术领域.人工晶体的生产对传统技术分支,如材料机械加工、精密仪器制造、珠宝工业等有重要的推动,后来又在很大程度上影响了许多重要分支,如无线电电子学、半导体和量子电子学、光学(包括非线性光学)和声学等的发展.寻找具有重要实用性质的晶体、研究它们的结构、发展新的合成技术是现代科学的重大课题和技术进步的重要因素.

应当把晶体的结构、生长和性质作为一个统一的问题来研究.这三个不可分割的联系在一起的现代晶体学领域是互相补充的.不仅研究晶体的理想结构而且研究带有各种缺陷的实际结构的好处是:这样的研究路线可以指导我们找到具有珍贵性质的新晶体,使我们能利用各种控制组分和实际结构的方法来完善合成技术.实际晶体理论和晶体物理的基础是晶体的原子结构、晶体生长微观和宏观过程的理论和实验研究.这种处理晶体结构、晶体生长和晶体性质的方法具有广阔的前景,并决定了现代晶体学的特点.

晶体学的分支以及它们和相邻学科间的一系列联系可以用图 1 表示出来.各个分支间互相交叉,不存在严格的界限.图中的箭头只表示分支间占优势的作用方向,一般来说,相反的作用也存在,影响是双向的.

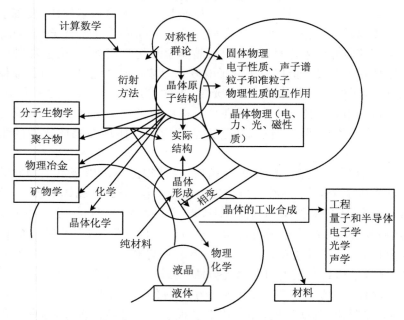

图 1　晶体学的分支学科以及它们和其他学科之间的联系

晶体学在图中恰当地位于中心部位.它的内容有:对称性理论、用衍射方法和晶体化学方法进行的晶体结构研究、实际晶体结构研究、晶体生长和合成及晶体物理.

晶体学的理论基础是对称性理论,近些年来它得到了显著的发展.

晶体原子结构的研究目前已经扩展到非常复杂的晶体,晶胞中包含几百至几千个原子.含有各种缺陷的实际晶体的研究愈来愈重要.由于物质原子结构研究方法的普适性和各种衍射方法的相似性,晶体学已经发展成为不仅是晶体结构的分支科学,而且是一般凝聚态的分支科学.

晶体学理论和方法的具体应用使结构晶体学渗透进了物理冶金学、材料科学、矿物学、有机化学、聚合物化学、分子生物学和非晶态固体、液体、气体的研究中.晶体的生长和成核长大过程的实验和理论研究带动了化学和物理化学的发展,不断地对它们做出贡献.

晶体物理主要涉及晶体的电学、光学、力学性质以及和它们密切相关的结构和对称性.晶体物理与固体物理相近,后者更关注晶体物理性质的一般规律和晶格能谱的分析.

《现代晶体学》的头两卷涉及晶体的结构,后两卷涉及晶体生长和晶体的物理性质.我们的叙述力图使读者能从本书得到晶体学所有重要问题的基本知识.由于篇幅有限,一些章节是浓缩的,如果不限篇幅,则不少章节可以展开成为专著.幸运的是,一系列这样的晶体学专著已经出版了.

本书的意图是:在相互联系之中讲述晶体学的所有分支学科,也就是把晶体学看成一门统一的科学,阐明晶体结构统一性和多样性的物理含义.本书从晶体学角度描述晶体生长过程中和晶体本身发生的物理化学过程和现象,阐明晶体性质和结构、生长条件的关系.

4卷本的读者对象是:在晶体学、物理、化学、矿物学等领域工作的研究人员,研究各种材料的结构、性质和形成的专家,从事合成晶体和用晶体组装技术设备的工程师和技术人员.我们希望本书对大学和学院中的晶体学、固体物理和相关专业的大学生和研究生也是有用的.

《现代晶体学》是由苏联科学院晶体学研究所的许多专家一起编写的.编写过程中得到了许多同事的帮助和建议.本书俄文版出版不久就出了英文版.在英文版中增加了一些最新的成果,在若干处做了一些补充和改进.

B·K·伐因斯坦

前　　言

　　本书是为正在研究或准备研究结晶过程的读者写的.它也是有关晶体生长的基本概念和技术的方便的参考书.在编写时我们不要求读者具有专门的知识,并且力图对晶体生长的科学和实践进行协调和系统的叙述.书中包含了我们认识到的有关结晶现象和单晶生长技术现代分析的基本方法,我们的目标是使读者对此有一个全面的了解.

　　书中用宏观的和统计的热力学以及物理化学动力学的统一观点,结合固体物理和固体化学的方法和观念,对晶体形成过程从总体上进行了分析.

　　从第一部分叙述的理论基础的研究和第二部分介绍的实际应用中可以看到不同研究路线之间的相互充实是特别重要的.在叙述理论时,只要有可能,我们就努力联系实际问题;在讨论实践时,则从讨论基本现象的本质开始.迄今为止还不能对晶体生长的所有异常现象做出解释,但其中的一部分已经变成可以理解的了.

　　我们力图使表达简洁并且提供在定性上清晰的物理和物理化学图景,为此牺牲了许多有趣的细节.掌握了基础之后,读者可以从原始文献中获得有关的信息.

　　本书内容分为两个部分.第一部分是晶体成核和生长过程的分析;第二部分涉及晶体的生长技术.第1章讨论晶体和其环境之间的热力学平衡,着重讨论相平衡条件、偏离平衡的测度、晶体和其环境间的界面能、不同条件下这个界面的结构和晶体的平衡外形.第2章描述亚稳相大块基体中和异相表面上晶体成核的基本概念.随后在第3章中分析引起相边界运动的分子动力学以及相边界的形貌.第4章涉及杂质对生长动力学的影响、杂质俘获的热力学和动力学,以及形成某些杂质不均匀性的物理原因.第5章的主题是热和质量的输运,以及生长晶体的稳定性.第6章讨论缺陷-夹杂物、异相不均匀性、位错和内应力.第7章概括地介绍工业结晶的若干基本问题和晶体系统的行为.第二部分分为3章,分别讨论晶体的气相生长(第8章)、溶液生长(第9章)和熔体生长(第10章).每一章都讲到晶体生长的物理化学的、工艺的和晶体学的内容.

　　在介绍各组方法之前,讲述这些方法的物理化学基础知识.这些方法的选择依赖于拟制备材料的性质.例如同分熔化晶体通常最容易在中温下从熔体中迅速获得.具有较高熔点($T \geqslant 200\ ^\circ\mathrm{C}$)、在某些液体中具有高溶解度和中温下足够高气压的晶体常常采用溶液生长和气相生长.对于加热时会分解的化合物,有效的方法常常是化学反应下的晶体生长.在设计装置时很重要的是选择惰性材料制备的部件,包括和结晶材料、溶剂及其蒸气、残余气体、晶体气氛等接触的部件.

　　生长技术的方法和规程一般应保证生产的晶体达到设计的尺寸和完整的程度.只有在生长机制和动力学以及缺陷形成(晶体生长的晶体学基础)方面积累了大量数据的基础上,才有可能发展出达到上述要求的方法.各类技术和规程都有自己的缺陷类型.在各类技术之后都介绍了生长条件和生长中出现的结构之间的关系.

　　第一部分(第 1 章至第 7 章)由 A・A・契尔诺夫编写.在第二部分中,关于气相生长的第 8 章由 E・I・季华尔季洛夫编写,关于水溶液生长的 9.1 节和9.2 节由 V・A・库兹涅佐夫编写,有关水热溶液生长的 9.3 节由 L・N・捷米雅涅茨、V・A・库兹涅佐夫和 A・N・洛巴契夫编写,关于高温溶液生长的9.4 节和关于熔体生长的第 10 章由 K・S・巴格达沙洛夫编写.

　　作者对许多同事提供的宝贵意见和资料表示感谢.我们特别感谢 L・A・索洛缅采娃和 K・N・奥博林斯卡娅帮助我们准备书稿.

　　本书的责任编辑 D・E・杰姆金的意见和建议对我们有很大的帮助.A・M・梅尔尼柯娃对原稿所做的特别仔细和卓越的工作远远超出了科学编辑的职能,使书的质量大为改进.我们对他们两位表示深切的谢意.我们借此机会向读者致意,希望你们将对本书的意见尽可能地通知我们.

　　　　　　　　　　　　　　　　　　　　　　　　作　者

目　　录

第 1 章

平　　衡

在一定的热力学驱动力影响下,晶体可以生长和消失(蒸发、熔解、熔化、浸蚀等).热力学驱动力决定于温度、压强、浓度和外场强度等偏离它们平衡值的程度.生长和消失在结构和性质接近平衡的界面上发生.因此在探讨相变动力学之前需要掌握决定相平衡、驱动力、平衡界面结构和性质的基本原理.平衡的这些方面是这一章的主题.

1.1　相　平　衡

1.1.1　单元系

首先考虑含有两个相(晶体和蒸气,或晶体和熔体)的单元系.如果两相间有粒子交换,最终它们之间将建立相平衡.晶体和介质(蒸气或熔体)的温度 T 和压强 P_S、P_M 的关系由晶体(S)和介质(M)的化学势相等确定:

$$\mu_S(P_S, T) = \mu_M(P_M, T).$$

在相界面上还需附加上机械平衡.如果表面能的效应可以忽略,并且假定界面上没有其他外力,则 $P_S = P_M = P$(P 是系统的总压强)[1.1,第81节].

一个相的化学势等于按一定单位改变该相粒子(原子或分子)数时所需的功.所以 μ_j 可以是给定相中一个粒子的化学势,这里 $j = S$(固体)、M(介质)、V(蒸气)和 L(液体).μ_j 可以写成

$$\mu_j = \varepsilon_j - Ts_j + P\Omega_j. \tag{1.1}$$

这里 ε_j 是热能,s_j 是熵,Ω_j 是比容(均就给定相中的一个粒子而言).

为了对化学势的组成部分有一个总的概念,可以用最简单的方式对式(1.1)中的各个项进行估算.

可以从原子或分子的内能计算热能 ε_j.通常内能函数随粒子由一个相转变到另一个相引起的变化不大.由此确定 ε_j 的最简单量度是蒸发热,即一个粒子转变到稀薄蒸气时的能量变化.蒸气中粒子的相互作用很弱,ε_V 可取为零.大多数物质的蒸发热介于 $\simeq 10$ kcal/mol(如具有弱范德瓦耳斯键的易挥发有机物)和 $\simeq 100$ kcal/mol(具有金属键、共价键或离子键的物质)之间.因此一个粒子的 $\varepsilon_j \simeq (10\text{—}100) \times 4.18 \times 10^{10}/(6.02 \times 10^{23})$ erg $\simeq (0.7\text{—}7) \times 10^{-12}$ erg.

在分子不过于复杂(如生物高聚物分子)的凝聚相中,原子间距离 $a \simeq$

$(1-5)\times10^{-8}$ cm,即 $\Omega \simeq a^3 \simeq (10^{-22}-10^{-24})$ cm³.当大气压 $P\simeq10^6$ dyn/cm²、$\Omega\simeq10^{-23}$ cm³ 时,$P\Omega\simeq10^{-17}$ erg,比 ε_j 小得多.因此自由能 $\varepsilon_j - Ts_j$ 有时被用来代替化学势.在蒸气中,$P\Omega_v$ 的值可以较大,如理想气体在 $T=1000$ K 时,$P\Omega_v = kT\simeq1.4\times10^{-13}$ erg,这里 k 是玻尔兹曼常量,为 1.38×10^{-16} erg/K.

晶体的熵包含有若干项.组态熵和原子在体内不同位置排列方式数及其实现的概率有关.振动和转动分量依赖于在不同振动和转动能级上找到系统的概率.对只含一种原子的无缺陷晶体,振动熵 $s_S = 3k\ln[kTe/(h\bar{\nu})]$,这里 $\bar{\nu}$ 是晶体中原子热振动的"平均几何"频率,普朗克常量 $h=6.62\times10^{-27}$ erg·s,e 是自然对数的底[1.1,第62节].当 $\bar{\nu}=3\times10^{13}$/s,$T=1000$ K 时,$Ts_S\simeq3kT\simeq4\times10^{-13}$ erg.如果 X 是缺陷(如空位和杂质原子)数和点阵中可能占位数(例如阵点数)之比,则晶体原子的组态熵$\simeq -kX$[1.1,第88节].当 $X\ll1$ 时它很小.但是组态熵对缺陷本身的化学热有显著的贡献,对缺陷的行为起重要的作用.

在近大气压和低压下,式(1.1)中的前两项起决定性的作用,而且能量项显著超过熵项.然而从一个相到另一个相的转变依赖于两相间 ε_j 和 Ts_j 值之差,而不是它们的绝对值.由晶体(S)和液态或气态介质(M)化学热相等:$\varepsilon_S - Ts_S = \varepsilon_M - Ts_M$,可以得到 $\varepsilon_M - \varepsilon_S = T(s_M - s_S) = \Delta H$,这里 ΔH 是熔解热或蒸发热.由此项得出的 ΔH 是正的,因为无序的液态或气态的熵大于有序的晶体的熵.熔解热一般不超过蒸发热的 10%.

相平衡(即相的化学势相等)决定平衡蒸气压强-温度关系(图 1.1 中晶体-蒸气系统的 VS 线)或熔点的压强关系(图 1.1 中晶体-熔体系统的 SL 线).在平衡线 VS、VL、SL 上各点表示的温度和压强下,达到了相(气、液、固态)平衡,各个相在图 1.1 给出的温度、压强范围内是稳定的.三相共存的点 O 被称作三相点.VL 线终止于临界点.

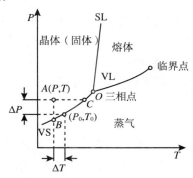

图 1.1 蒸气(V)、晶体(S)和熔体(L)的相图
处于态 $A(P,T)$ 的蒸气相对晶体是过饱和的.

如果系统中的压强和温度对应于平衡线以外的某一点 (P, T)（图 1.1），此时 $\mu_S \neq \mu_M$，于是出现相变的驱动力，它最普遍的度量是两相化学势之差 $\Delta\mu$ 或比值 $\Delta\mu/(RT)$. 对气-固相变，$\Delta\mu = \mu_V(P, T) - \mu_S(P, T)$；对液-固相变，$\Delta\mu = \mu_L(P, T) - \mu_S(P, T)$；对气-液凝结，$\Delta\mu = \mu_V(P, T) - \mu_L(P, T)$. 如 $\Delta\mu$ 是负的，则发生相反的过程.

习惯上不用化学势之差，而是用直接测量值，即压强和温度与 VS、LS 或 VL 线上某平衡值 (P_0, T_0) 之差 ΔP 和 ΔT. 如果两个偏离都小，则相对平衡的偏离可表示为

$$\Delta\mu = \mu_V(P_0 + \Delta P, T_0 - \Delta T) - \mu_S(P_0 + \Delta P, T_0 - \Delta T)$$

$$= \left(\frac{\partial\mu_V}{\partial P} - \frac{\partial\mu_S}{\partial P}\right)\Delta P - \left(\frac{\partial\mu_V}{\partial T} - \frac{\partial\mu_S}{\partial T}\right)\Delta T$$

$$= (\Omega_V - \Omega_S)\Delta P - (s_V - s_S)\Delta T. \tag{1.2}$$

这里 Ω_V 是气相中粒子的比容，Ω_S 是晶体中同一粒子的比容，s_V 和 s_S 是相应的熵. 偏离平衡的熔体的表达式和式(1.2)很相似，只需把下角标 V 改为 L.

如果我们所选参照点的 $\Delta T = 0$，此时的 ΔP 被称作绝对过饱和度，$\Delta P/P_0 \equiv \sigma$ 被称为相对过饱和度. 假设蒸气是理想气体，并忽略与压强无关的项，可以得到 $\mu_V = kT \ln P$ 和

$$\Delta\mu = kT \ln\frac{P}{P_0}. \tag{1.3}$$

偏离平衡不大时，$\sigma \ll 1$，得到 $\Delta\mu \simeq kT\, \frac{\Delta P}{P_0}$.

对于在 $T = T_0$ 和 $P = P_0$ 下饱和的蒸气冷却下来（常见情形）得到的过饱和（图 1.1），由于 $\Delta P = 0$，式(1.2)将给出 $\Delta\mu$ 和过冷度 ΔT 间的如下关系式：

$$\Delta\mu = \Delta H \Delta T / T_0. \tag{1.4}$$

这里 $\Delta H = T(s_V - s_S)$ 是 T_0 下的蒸发热. 在以上两个特例中，偏离平衡可分别由图 1.1 中的线段 AB($\Delta T = 0$) 和 AC($\Delta P = 0$) 表示. 利用克拉珀龙-克劳修斯方程，可以容易地肯定当偏离平衡不大时，式(1.3)和式(1.4)的等效性. 在给定压强下过冷液体偏离平衡的程度由式(1.4)决定，式中 ΔH 表示熔解热.

1.1.2　多元系

由组元 A 和 B 组成的二元系的平衡态由组元浓度、压强、温度描述. 组元 α($\alpha = $ A，B) 在相 j($j = $ V，L，S) 中的物质的量浓度 $X_{\alpha j}$ 定义为相 j 中 α 的分子数和总分子数之比，因此 $X_{Aj} + X_{Bj} = 1$. 当相互接触的两相（如固相和液相）中各组元的化学势相等时，二元系达到平衡. 由

$$\mu_{AS}(P,T,X_{AS}) = \mu_{AL}(P,T,X_{AL}),$$
$$\mu_{BS}(P,T,X_{BS}) = \mu_{BL}(P,T,X_{BL}) \tag{1.5}$$

可确定三维的相图,即坐标系 (P,T,X) 中两个曲面(固相面和液相面)的函数 $X_{BL}(P,T)$ 和 $X_{BS}(P,T)$. 图 1.2 是最简单相图之一的截面(P 固定). 在 P 固定的二维 (T,X) 相图上,曲线 $X_{BL}(P,T)$ 是液相线,曲线 $X_{BS}(P,T)$ 是固相线. 液相线和固液线上的点决定给定温度下液相和固相相互平衡时组元 B 的浓度 X_{BL} 和 X_{BS}. 它们的比值

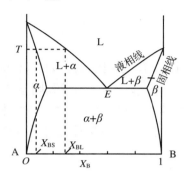

图 1.2 二元共晶相图
E:共晶点; α、β:稳定的固溶体;
$\alpha + \beta$:二相混合物; L:液相; L+ α、
L+ β:液相和 α、β 的混合物.

$$K_0 = \frac{X_{BS}}{X_{BL}} \tag{1.6}$$

被称为组元 B 在液相和固相间的平衡分布系数. 在专门文献中讨论过许多复杂的相图. 详细的综述见 Rosenberger 的著作[1.2a].

二元系中偏离平衡的参数有两个:

$$\Delta\mu_A = \mu_{AL} - \mu_{AS}, \quad \Delta\mu_B = \mu_{BL} - \mu_{BS}.$$

二元系的一个特例是晶体-溶液系,这里溶剂(B)不进入晶体,即 $X_{BS} = 0$. 这样式(1.5)中的两项只留下第一项,它单独决定晶体物质(A)和溶液之间的可逆平衡. 这种情况和固-气系的情况很相似,等于是单元系中的平衡. 在溶剂不进入晶体的条件下,溶液中溶质的浓度通常用 C 表示. 偏离平衡值 C_0 的大小 $\Delta C = C - C_0$ 被称为绝对过饱和度,比值 $\sigma = \Delta C/C_0$ 被称为相对过饱和度. 结晶物质在溶液和晶体中的化学势之差由类似于式(1.2)的公式给出. 对理想的(稀)溶液有

$$\mu_{AL} = kT\ln C + \varphi(P,T), \quad \Delta\mu = kT\ln\frac{C}{C_0}. \tag{1.7}$$

这里 φ 是和 C 无关的函数. 在更一般的非理想溶液中,式(1.7)中的浓度 C 和 C_0 应由溶质的实际的平衡活度代替[1,2b,c].

当完整晶体由气相生长时,相对过饱和度 σ 的值和材料、生长条件关系很大,它可以达到 1(100%)或更大. 液相生长的 σ 通常小于 0.1. 但在水溶液中室温生长硫酸铝钾透明晶体时过饱和度较大: $\sigma \lesssim 0.2$.

在气、液、固相的化学反应中也可生长晶体,但固相中的反应速率要慢得多. 这些反应中的一种是所谓的歧化反应:

$$2GeI_2 \rightleftharpoons Ge + GeI_4. \tag{1.8}$$

如果反应向右进行,即可得到晶态 Ge(GeI$_2$ 和 GeI$_4$ 是气态).把符号 ⟶ 换成 ⇌ 是为了表示平衡.在组成物质 A$_\alpha$(A$_1$ = GeI$_2$、A$_2$ = Ge、A$_3$ = GeI$_4$)间可发生化学反应的气体混合物中,平衡态可以写成更普遍的形式:

$$\sum_\alpha \nu_\alpha A_\alpha = 0. \tag{1.9}$$

这里 ν_α 是化学比系数,如式(1.8)的反应中 $\nu_1 = -2$,$\nu_2 = 1$,$\nu_3 = 1$(通常反应式右边的系数取为正),求和则遍及反应中的全部参与者①.反应(1.9)发生 δn 次的结果是形成 $\nu_\alpha \delta n$ 个 A$_\alpha$ 型粒子.如 $\nu_\alpha < 0$,则每次反应后 A$_\alpha$ 粒子数减少 ν_α 个.因此 δn 次反应使热力学势改变

$$\delta \phi = \sum_\alpha \nu_\alpha \mu_\alpha \delta n.$$

平衡时热力学势应为极小,即 $\delta \phi = 0$,由此得出平衡条件:

$$\sum_\alpha \nu_\alpha \mu_\alpha = 0. \tag{1.10}$$

如果所有参与者都是理想气体,第 α 个参与者的化学势 $\mu_\alpha = kT \ln P_\alpha + \psi(T)$,这里 P_α 是参与者的分压,ψ 与压强无关,将化学势代入式(1.10),得到

$$\prod_\alpha P_{\alpha_0}^{\nu_\alpha} = \exp\left(-\frac{1}{kT}\sum_\alpha \nu_\alpha \psi_\alpha\right) \equiv \mathscr{K}_0(T). \tag{1.11}$$

函数 $\mathscr{K}_0(T)$ 被称作反应(1.9)的平衡常数,P_{α_0} 表示给定温度下 α 相的平衡蒸气压.

如果系统中有一个晶态相($\alpha \equiv$ S),它的平衡气压很低,此时不必将晶体化学势用系统中的晶体气压表示.从式(1.10)得到

$$\prod_{\alpha \neq S} P_{\alpha_0}^{\nu_\alpha} = \exp\left[-\frac{1}{kT}\left(\sum_{\alpha \neq S} \nu_\alpha \psi_\alpha + \nu_s \mu_s\right)\right] = \mathscr{K}_0(P, T). \tag{1.12}$$

这里 $P = \sum_\alpha P_\alpha$ 是系统的总压强.考虑到晶体化学势 μ_S 和压强关系不大,式(1.12)和式(1.11)的右侧可以设为仅仅是温度的函数.

和式(1.7)类似,此时系统偏离平衡的程度是

$$\sum_\alpha \nu_\alpha \mu_\alpha = kT\left[\ln \prod_\alpha P_\alpha^{\nu_\alpha} - \ln \mathscr{K}_0(T)\right],$$

在包含固相的系统中则为

$$\sum_{\alpha \neq S} \nu_\alpha \mu_\alpha = kT\left[\ln \prod_{\alpha \neq S} P_\alpha^{\nu_\alpha} - \ln \mathscr{K}_0(P, T)\right].$$

和前面引入的过饱和度 $\ln(P/P_0)$ 类似.这里有

———————————

① 全部符号变号不影响结果.

$$\ln \frac{\prod\limits_{\alpha \neq S} P_\alpha^{\nu_\alpha}}{\prod\limits_{\alpha \neq S} P_{\alpha_0}^{\nu_\alpha}} = \ln \frac{\prod\limits_{\alpha \neq S} P_\alpha^{\nu_\alpha}}{\mathscr{K}_0(P,T)}. \tag{1.13}$$

这就是在化学反应中晶体由气相生长时过饱和度的定义. 在溶液中的定义相同, 但式(1.11)—(1.13)中的 P_α 应由 C_α 或活度 a_α 代替.

1.1.3 结晶压强

前面我们都假设晶体中的压强等于环境中的压强. 下面考虑晶体受到外力作用后的受胁状态. 简单的外力是放在晶体上的重物, 结果在重物和晶体间(以及晶体和容器底之间)出现一薄层液体(溶液、熔体)①, 并且晶体和介质间可以交换粒子[1.3c,d].

为了得到荷重晶体和环境间的相平衡条件, 将 δN 个粒子从介质转移到晶体并放置在晶体-重物界面上. 设 S 是接触面积, Ω_S 是晶体中的原子比容, F 是重量, 则 δN 个粒子将使重物上升, 其高度 $\delta H = \Omega \delta N/S$. 这也就是说, 晶体-介质-重物系统在引力场中的热力学势增大 $F\delta H$. 此外, 粒子的转移使晶体化学势增大 $\mu_S \delta N$, 使环境化学势减小 $\mu_M \delta N$. 相平衡时对粒子从一个相转移到另一个相来说热力学势为极小, 所以有 $\mu_S \delta N - \mu_M \delta N + F\delta H = 0$, 即

$$\mu_M(P,T) = \mu_S(P,T) + \Pi\Omega_S. \tag{1.14}$$

这里 $\Pi = F/S$ 是重物对晶体的压强. 应该强调: 式(1.14)仅适用于受到外加压强 Π 的面积. 对晶体的侧面, 仍需用条件式(1.1), 唯一的差别是表达晶体化学势时要考虑到晶体的受胁状态. 由于弹性能和应力平方成正比, 这一效应引起的平衡移动比式(1.14)给出的移动

$$\frac{\Delta T_0}{T_0} = \frac{\Pi\Omega_S}{\Delta H} \tag{1.15}$$

要小得多(Π/E 倍, E 是杨氏模量). 上式中 ΔT_0 是外压强引起的平衡温度变化. 关系式(1.15)也可以反过来理解为: 和过冷 ΔT_0 熔体接触的晶体可以举起的最重的重物为 ΠS. 由晶体产生的这一压强 Π 被称为结晶压强. 图1.3是在不

---

① 液膜不会流出, 原因是存在分子力(范德瓦耳斯力)、近表面德拜层的同号外壳层的排斥力等. 这些力要求膜厚 h 增大的趋向相当于膜中存在所谓的劈裂压强, 导致膜的化学势比整块液体低. 由于范德瓦耳斯力的存在, 劈裂压强等于 B_n/h^n, 其中 $n = 3$—4, $B_3 = 10^{-15}$—10^{-14} erg, $B_4 = 10^{-20}$—10^{-19} erg·cm. 除了范德瓦耳斯力和静电(德拜)力, 还存在所谓的劈裂压强的结构(熵)分量. 这一分量会导致近晶体表面的液体部分地有序化. 在参考文献[1.7b,c]中有进一步的论述.

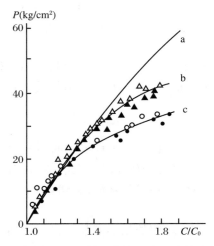

图 1.3　在不同过饱和度下生长的荷重硫酸铝钾晶体产生的压强[1.7]
a 为考虑压强到二级项后得到的理论曲线;b 为(111)面的实验;c 为(110)
面的实验.黑圆和黑三角表示晶体可生长,白圆和白三角表示生长停止.

同过饱和度溶液中硫酸铝钾能举起的最大重量[1.8].平衡溶液浓度的移动是从
P,T 固定时的条件 $\mu_s(P,T)+\Pi\Omega_s=\mu_M(P,T,C)$ 得到的.对于理想溶液,有

$$\frac{\Delta C}{C_0}=\frac{\Pi\Omega_s}{kT}.$$

当 $\frac{\Delta C}{C_0}=10^{-3}$(即 0.1%),$T=300$ K,$\Omega_s=3\times10^{-23}$ cm^3 时,$\Pi=14$ kg/cm^{2}①.

1.2　表面能和周期性键链

1.2.1　表面能

在固定体积和温度下在系统中产生单位界面所需的最小功被称为比表面

———————————

① 英文版误为 kp/cm^2.——译者注

能,并以 α 表示.产生新界面的方法有:(1) 拉伸(弹性变形)起始表面;(2) 从一个相转移到另一相一定量的粒子,在表面上形成峰或谷;(3) 沿未来界面"切开"均匀相并将不同相的部分沿界面黏合起来.如两相均为液体,三种情形下的最小功相同.这个功只依赖于表面层的状态,从而依赖于相互接触的相的温度和化学势,即依赖于上述操作后继续不变的参量.在测定表面张力的经典实验中,液膜的延伸或收缩并不影响膜表面层的状态,因为新的分子在膜延伸时很容易移向表面层或在膜收缩时移向膜的内部.

如有一个固相(晶态),情况就不同了.当表面延伸(当然和块体一起)时,不可能有上述分子的转移,因此不仅表面面积而且表面层中粒子的密度和相互排列也发生了变化.这时建立晶体单位表面所需的功和上述添加粒子或"切开后黏合"所需的功不同,因为此后都并不改变表面层的状态.

液-液界面的表面能和表面张力在数值上相等,固-液或固-气界面上两者有显著差别.下面我们只讨论表面能 α.

绝对零度($T=0$)下固-真空界面的表面能近似等于断开所有键形成表面所需全部能量①的一半(因为分开晶体后形成两个自由表面).实际上表面原子在断键后会重构(弛豫),使表面能降低,但一般不超过 10%—20%.下面我们将忽略弛豫(重构)效应.

1.2.2 周期性键链和表面能估算

原子(或分子)对之间的结合能随原子间距离的增大而减小(距离超过对势极小处的距离).每对原子(或分子)间的键可以用联接原子的一条线段表示,并且假设线段的长度和结合能成正比.这样晶体中的所有键可以按线段长度分类.一定长度和取向的全部线段可以认为联结成链,即以线段取向的晶体学指数为标记的直线族.给定长度和取向的线段组成的链在晶体中的排列有周期性,因此它们被称作周期性键链[1.9—1.11].在点阵常数为 a 的简单立方点阵中由最近邻的点组成的键链有三组,每一组平行于立方体的一组边,相互间距离也等于 a.次近邻组成的键链平行于每个不同的〈110〉方向,相互间距离为 $a/\sqrt{2}$.第三近邻组成的链平行于〈111〉,相互间距离为 $a/\sqrt{3}$,等等.图 1.4 是二维正方点阵的周期性键链图.

表面能决定于所有和此表面相交的各键链的键的能量.虽然这些键的数目无限大,但远处邻居的键能下降,其贡献相应地很快下降,所以在粗略估算时(不包

---

① 键能等于断开键所需的功.

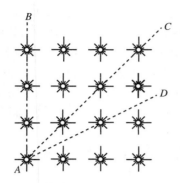

图 1.4 简单立方点阵的周期性键链
圆代表原子或分子.各线段指向成键
的邻居.线段长正比于键能.链由位于
同一直线上的等长线段组成.

括离子键晶体),通常只需取无限级数的头几项,即只考虑最近的几个邻居的相互作用.例如,在最近邻近似下,简单立方点阵(100)表面能是 $\alpha_{100} = \varepsilon_1/(2a^2)$,这里 ε_1 是最近邻键能.考虑次近邻后,$\alpha_{100} = \varepsilon_1/(2a^2) + 4\varepsilon_2/(2a^2)$,这里 ε_2 是次近邻键能,每个表面原子被断开的 ε_2 键有 4 个.

设蒸发后每个结构单元(原子、分子或集团)被断开的键数等于晶体中单元键数的一半(参见 1.3 节)后,就可以从晶体的蒸发热估算结合能.例如在面心立方点阵(如许多金属)中每个原子的最近邻数 $Z_1 = 12$,金属的蒸发热 $\Delta H = 20$—60 kcal/mol,即 $(1.3$—$4) \times 10^{-12}$ erg/原子.当 $\Delta H = 40$ kcal/mol 时,一个断键的能量(即未断键能的一半)是 $\varepsilon_1/2 = \Delta H/Z_1 = 3.3$ kcal/mol $= 2.3 \times 10^{-13}$ erg,参见式(1.22).(111)表面的每一个原子有三个断键(三组〈110〉键链),占有面积 $a^2\sqrt{3}/8$(设 a 为 0.4 nm,原子间距约 0.3 nm,此面积约为 4×10^{-16} cm²).因此按照最近邻近似,金属的 $\alpha_{111} = 8\sqrt{3}\Delta H/(a^2 Z_1) \simeq 2 \times 10^3$ erg/cm².分子晶体的蒸发热约为 10—20 kcal/mol,分子间距是金属的 2—3 倍,相应地表面能低 1—2 个量级,即几十 erg/cm².

在固-液或固-固界面上,表面原子的键被部分地饱和,因此表面能比固-真空的表面能低得多.可以类似地估算晶体-熔体的界面能,这时 ΔH 是熔解热,对金属其典型值仅 2—3 kcal/mol,相应地有 $\alpha \simeq 100$ erg/cm².

由于库仑作用是长程作用,离子晶体表面能计算需要对大量邻居求和.文献[1.10]给出了简单的立方晶体(离子的电荷为 $\pm Ze$)的(100)的表面能:

$$\alpha = \frac{0.0326(Ze)^2}{a^3}.$$

这里电子电荷 $e = 4.8 \times 10^{-10}$ cgs 单位,a 是正、负离子在〈100〉方向上的最短距离(如 NaCl,$a = 0.282$ nm).

文献[1.1,1.2]综述了界面能(金属、离子晶体为主)、界面能的测量方法和结果.本书表 2.2 和 2.3 收集了一些金属的结果.

晶体和任何介质的表面能是各向异性的,即依赖于表面的晶体学取向.由于表面能的主要贡献来自最强的那些键链,包含尽可能多的强键链,即和尽可能少的强键链相交的表面具有最小的 α 值.对简单立方点阵是(100)立方的面,它和两组最近邻键链平行,和第三组最近邻键链垂直,并和全部四组次近邻键链相交.菱形十二面体的面(110)包含一组最近邻链和一组次近邻链,其表面能主要来自两组最近邻链和三组次近邻链.八面体的面(111)不包含最近邻链,但它含三组次近邻链.

任何点阵的面如至少和两组最强键链平行则算为 F 面,平行一组最强键链称为 S 面,不包含强键链则称为 K 面.F 面上的原子密度通常最大,称为密堆积面(参见 5.2.3 小节).符号 F、S、K 分别表示平的(flat)、有台阶的(stepped)和带扭折的(kinked).

在多组元晶体中,对不平行于对称面的表面能的估算比较困难.因为断开的是不同类原子间的键,不清楚键能以多大的比例被两个面瓜分.把键能平均分配给出的结果仅仅是近似的.

1.2.3 表面能各向异性

下面说明表面能各向异性的本质.先考虑和 F 面稍有偏离时的表面能.这些面被称为邻晶面.图 1.5 上的指数为(1,10,0)的 $C_1C_4C_4C_1$ 面绕 x 轴已转动 θ 角($\theta = \arctan 0.1$).从几何上看邻晶面由平的台面组成,每个台面是一个折断的密堆积 F 面,折断处的台阶在图 1.5(a)中用阴影区表示,它们和邻晶面

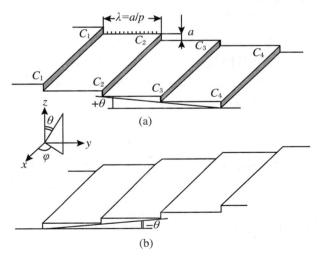

图 1.5 $T = 0$ 时斜率为 p 的邻晶面上的台阶
(a) 从密堆积面正偏离;(b) 从密堆积面负偏离.

平行.台阶是中断网格的边.在体积和温度恒定下产生单位长度台阶所需的功 α_l 是台阶的比自由能(erg/cm).$T=0$ 时它依赖于和台阶相交的周期性键链的数目,类似于表面的情形.

在最简单的情形下,邻晶面由初基高度为 a 的等距离台阶组成,邻晶面的比自由能 $\alpha(\theta)$ 是台阶能和台面能之和:

$$\alpha(\theta) = (\alpha_l/a)\sin\theta + \alpha(0)\cos\theta. \tag{1.16}$$

这里 $\alpha(0)$ 是密堆面的表面能.

在上式中,台阶间的相互作用项已被略去.台阶相距愈远,即 θ 愈小,这样的忽略愈可靠.

台阶的相互作用具有电磁和弹性性质,并可归结为范德瓦耳斯力和伴随着台阶的异号电荷的电偶极力.每个台阶都在晶体中引起一个弹性场.这些场的重叠引起弹性相互作用[1.13,1.14].

如果邻晶面反方向偏离 F 面,即转角为 $-\theta$,它的表面能是

$$\alpha(-\theta) = (\alpha_{\bar{l}}/a)\sin\theta + \alpha(0)\cos\theta. \tag{1.17}$$

这里 $\alpha_{\bar{l}}$ 是面向反方向的台阶能(图 1.5(b)).如 (x,z) 面是晶体的对称面,则 $\alpha_{\bar{l}} = \alpha_l$.由式(1.16)和式(1.17)确定的 $\alpha(\theta)$ 函数对所有的 θ 值连续,但它的导数在 $\theta \geqslant 0$ 和 $\theta \leqslant 0$ 处不同:$\partial\alpha/\partial\theta = \alpha_l/a\,(\theta \geqslant 0)$①和 $\partial\alpha/\partial\theta = -\alpha_{\bar{l}}/a$②$(\theta \leqslant 0)$.换句话说,$\partial\alpha/\partial\theta$ 在 $\theta=0$ 处有一跳跃:$(\alpha_l + \alpha_{\bar{l}})/a$.从图形上看,这表示和 F 面对应的 θ 处(对立方和四方点阵,$\theta=0,\pm\pi/2,\pm\pi,\cdots$),表面能出现尖锐的极小,如图 1.6(a)所示.在极小值附近,$\alpha(\theta)$ 不能展开为 θ 的级数,因为在极小点不存在导数,因此和这种面对应的取向是奇异的,这些面也被称为奇异面.

下面讨论离奇异面较远处表面能和取向间的关系,即表面能的普遍各向异性.为此需得出函数 $\alpha(n)$,这里 n 是表面能为 α 的面元的单位法线.这个法线的取向由图 1.5 中的两个角 φ 和 θ 表征:

$$n = (\sin\theta\cos\varphi, \sin\theta\sin\varphi, \cos\varphi).$$

设有一简单的正交点阵,其最强键沿互相垂直的三个方向,并且不相等,只考虑这些键链.先研究 $\varphi=\pi/2$ 的二维截面,即表面绕 x 轴旋转任意角 θ 引起的能量变化(图 1.5).此时台阶和 x 轴即〈100〉方向平行,$\alpha_l = \alpha_{010}$,$\alpha(0) = \alpha_{001}$,这里 α_{001} 和 α_{010} 设为(001)面和(010)面的比表面能.这样式(1.16)和式(1.17)可以合并为

---

① 英文版误为 $\theta \leqslant 0$.——译者注

② 英文版误为 $-\alpha/\alpha_{\bar{l}}$.——译者注

$$\alpha(\theta) = \alpha_{010} \mid \sin\theta \mid + \alpha_{001} \mid \cos\theta \mid. \qquad (1.18)$$

取绝对值是因为台面和台阶对表面能的贡献都是正的.在 $0 \leqslant \theta \leqslant \pi/2$ 的范围内,正弦和余弦是正的,绝对值符号可以省略,使式(1.18)变化为

$$\alpha(\theta) = \sqrt{\alpha_{001}^2 + \alpha_{010}^2}\cos(\psi - \theta), \quad \tan\psi = \alpha_{010}/\alpha_{001}. \qquad (1.19)$$

将 α 和 θ 看作极坐标,代表平面上的一点,α 是到原点的距离,即位矢的长度,θ 是位矢和垂直轴之间的夹角(角度按顺时针方向计数)(图 1.6(b)).在这样的坐标系中,式(1.19)是一个圆的方程,圆的直径为 $\sqrt{\alpha_{001}^2 + \alpha_{010}^2}$,圆心位于 $(\alpha = \sqrt{\alpha_{001}^2 + \alpha_{010}^2}/2^{①}, \theta = \psi)$.这就是图 1.6(b)上的圆(立方晶体,$\alpha_{001} = \alpha_{010}$).注意只有第一象限($0 < \theta < \pi/2$)中的一部分圆才有物理意义.按照式(1.18),$\alpha(\theta)$ 相对水平平面($\theta = \pi/2$)和垂直平面($\theta = 0$)对称,即 θ 改为 $-\theta$ 和 θ 改为 $\pi + \theta$ 后值不变.利用这样的对称操作重复第一象限中的圆弧(1.19),即可得到图 1.6(b)中用实线画出的截面.它表示由我们选定的键链给出的表面能的各向异性($\varphi = \pi/2$,平行 x 轴的那些面).

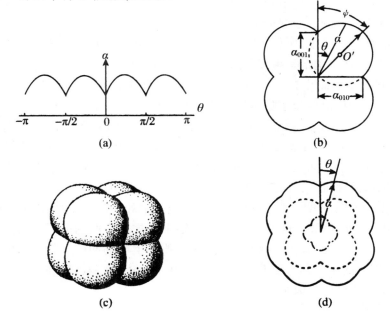

图 1.6　$T = 0$ 时立方晶体表面能 $\alpha(\theta)$ 的各向异性

(a)正交坐标;(b)极坐标,二维截面;(c)空间极坐标,最近邻近似;(d)二维截面,次近邻近似.其中虚线是最近邻的贡献,点划线是次近邻的贡献.

---

① 英文版误为 $\alpha = \alpha_{001}^2 + \alpha_{010}^2/2$.——译者注

为了得到三维的 $\alpha(\theta,\varphi)$ 表达式(φ 任意),先把式(1.18)写成一个标积:

$$\alpha = (\boldsymbol{An}). \tag{1.20}$$

这里 $\boldsymbol{A} = (\alpha_{010},\alpha_{001})$,$\boldsymbol{n} = (\sin\theta,\cos\theta)$,$\theta$ 限于第一象限.

任意的 φ 表示台阶在 (x,y) 面上的取向是任意的,即

$$a\alpha_l = a\alpha_{\bar l} = \alpha_{100}\mid\cos\varphi\mid + \alpha_{010}\mid\sin\varphi\mid. \tag{1.21}$$

把式(1.21)和式(1.16)、式(1.17)合并,并认为式(1.20)在三维情形下仍成立,此时 $\boldsymbol{A} = (\alpha_{100},\alpha_{010},\alpha_{001})$. 在三维极坐标 (α,φ,θ) 中,式(1.20)表示一个球,球的直径为 $\sqrt{\alpha_{100}^2 + \alpha_{010}^2 + \alpha_{001}^2}$,球心位于 $\alpha = \sqrt{\alpha_{100}^2 + \alpha_{010}^2 + \alpha_{001}^2}/2$,$\varphi = \arctan(\alpha_{010}/\alpha_{001})$,$\theta = \arctan(\sqrt{\alpha_{100}^2 + \alpha_{010}^2}/\alpha_{001})$ 处. 对简单立方点阵,利用坐标平面的反射操作重复第一象限中的那部分球面后得到图 1.6(c). 从图可见:表面能具有和 F 面对应的六个尖锐的奇异极小. 在这些 F 面的 φ 和 θ 值处,α 对角度的导数是不连续的. 平行一组周期性键链的面仅对一个角(φ 和 θ)是奇异的,如图 1.6(c)的尖锐的凹槽所示.

如前所述,任何表面的能量决定于所有周期性键链的贡献之和,各键链的贡献是独立的. 因此,根据最近邻键链用过的方法,找出次近邻键链,就可得出它们对表面能的贡献. 例如,在简单立方点阵中位于原胞面对角线末端的原子是次近邻,由此可确定其距离和键的强度.(111)面包含三组次近邻链,(100)面包含两组,(110)面包含一组. 单独考虑这些次近邻键链的贡献,这部分表面能在极坐标系中也出现和这些面对应的尖锐极小和凹槽. 图 1.6(d)的点划曲线就是这部分表面能的 yz 截面(图 1.5). 截面在 $\langle110\rangle$ 方向上有极小,其径向尺寸比最近邻的类似曲线(在图 1.6(d)上用虚线表示)小. 相应地,次近邻曲线上极小的绝对深度和奇异面上 $\partial\alpha/\partial\theta$ 的跳跃值比最近邻曲线小. 最近邻键的方向是 $\langle100\rangle$,而次近邻键的方向是 $\langle110\rangle$. 它们表现在图 1.6(d)上相互间转动 $\pi/4$. 图 1.6(d)上的连续曲线是最近邻和次近邻的贡献之和,它表示表面能的各向异性既在(100)面又在(110)面表现为尖锐的极小. 考虑再下面的近邻可以得到所有有理数方向上可能的键链的新的极小(和三维图上新的凹槽). 随着面指数的增大,这些极小的锐度和浓度迅速下降. 我们在下节中就将看到,在 $T>0$ 时台阶的热涨落可使这些浅极小全都消失.

1.3 表面的原子结构

1.3.1 表面组态及其能量

图 1.7 是简单立方完整晶体的表面在 $T>0$ 时的示意图. 和图 1.5 不同, 这里的台阶不再是直的, 由于热运动原子或分子可以离开台阶 (和表面层), 移向环境或移到台面, 成为与点阵成键数有所不同的各种表面态. 表面的各种组态在图 1.7 中用数字标明, 并列在表 1.1 的头两列.

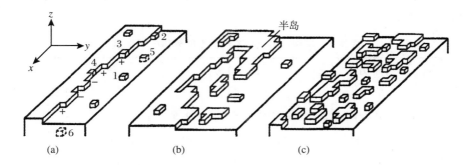

图 1.7 简单立方晶体的表面

(a) $T>0$ 时不同类型的原子位置 (参见表 1.1), 正号和负号表示台阶上的正、负扭折;

(b) 很粗糙的台阶及其"半岛"; (c) 原子级粗糙表面, 表面原子限于两层之内.

处于上述组态的相对粒子数依赖于它们的能量和温度.

在同极、分子和 (不够严格的) 金属晶体中具有短程键, 只需计数第一、第二、第三等近邻的数目就可估计不同组态的粒子的能量. 具有 Z_i 个第 i 近邻的原子的能量通常可写成 $Z_1 Z_2 Z_3 \cdots$. 例如我们只需计算到第三近邻就可以得到满意的准确度. 这样表面上吸附的一个原子 (图 1.7 中的 1) 的能量可写成 1 4 4. 不同组态的能量见表 1.1 第三列.

表 1.1　晶体原子组态

图 1.7 中的编号 （最近邻数）	组态名称	第一、第二、第三 近邻数		
1	在台面上	1	4	4
2	靠着台阶	2	6	4
3	靠着扭折	3	6	4
4	在台阶中	4	6	4
5	在台面内	5	8	4
6	在体内	6	12	8

各种组态中,位于扭折处的组态 3 对生长过程具有最重要的意义. 这里键的数目是体内原子键数的一半(表 1.1),因此它被称为半晶体(half-crystal)组态,它的能量被表示为 $\varepsilon_{1/2}$. 表 1.2 列出了不同点阵的 $\varepsilon_{1/2}$ 和吸附在不同表面上的原子的能量 ε_s.

表 1.2　半晶体组态和不同面型吸附原子的能量

简单立方				面心立方				密堆六角			
$\varepsilon_{1/2}$	3	6	4	$\varepsilon_{1/2}$	6	3	12	$\varepsilon_{1/2}$	6	3	1
$\varepsilon_s(100)$	1	4	4	$\varepsilon_s(100)$	4	1	2	$\varepsilon_s(0001)$	3	3	1
(110)	2	5	2	(110)	5	2	10	$(10\bar{1}0)$	4	4	0
(111)	3	3	4	(111)	3	3	9	$(01\bar{1}2)$	4	2	1
(211)	3	5	3	(210)	6	2	10	$(10\bar{1}1)$	5	2	0
体心立方				(311)	5	3	10	$(11\bar{2}0)$	5	2	1
$\varepsilon_{1/2}$	**4**	**3**	**6**	(531)	6	3	0	**金刚石结构**			
$\varepsilon_s(100)$	4	1	4					$\varepsilon_{1/2}$	2	6	6
(110)	**2**	**2**	**5**					**$\varepsilon_s(100)$**	1	5	5
(111)	4	3	3					(110)	2	4	6
(211)	3	3	5					(111)	1	3	6
								(311)	2	5	4
								(310)	2	6	5

扭折可以有条件地区分为正、负(图 1.7),原子走向扭折或离开扭折将使台

面扩展或收缩.当台阶平均来说和一组周期性键链重合时,台阶上正、负扭折数对这组键链来说是相同的.扭折的重要性表现在生长过程中附加到扭折处的原子不改变起始的组态,即不改变此处的断键数和表面能.这样,一个原子或分子脱离扭折引起的内能变化等于它的相变(蒸发,熔解)热.容易证实:在任何表面任何台阶扭折处的第 i 近邻数总是等于体内同样近邻数 Z_i 的一半.利用实验测定的升华热 ΔH 估算最近邻键能 ε_1 的公式

$$\varepsilon_1 = 2\Delta H / Z_1 \tag{1.22}$$

也建立在上述分析的基础上.

从扭折处取走一个原子或分子不改变表面能这一事实意味着这样做所需的功等于晶体的化学势.换句话说,扭折处一粒子的化学势等于晶体的化学势.相应地,转移扭折处的粒子到介质的功等于介质和晶体化学势之差.从表面其他组态处把粒子转移到介质的功不等于介质和晶体化学势之差,因为表面能在这一过程中发生了变化.

在计算不同组态的离子(或离子集团)取走功和确定异极晶体表面能时,不再能采用几个最近邻近似.离子间的库仑作用随距离下降慢,求和应遍及整个点阵.

作为例子,考虑和 F 面(100)上两键链之一平行的台阶上扭折处的离子.设扭折是初基的,即它是形成台阶的半无限原子列的末端.扭折处一个离子的能量由三项相互作用能组成:ε'''——以 F 面为界的半块晶体的离子的作用,ε''——以台阶为界的半个面上离子的作用,和 ε'——以扭折为界的半条直线上离子的作用.ε' 等于链上异号离子和扭折离子相互作用之和:

$$\varepsilon' = \frac{(Ze)^2}{a}\left[1 - \frac{1}{2} + \frac{1}{3} - \cdots + (-1)^{k-1}\frac{1}{k} + \cdots\right]$$
$$= \frac{(Ze)^2}{a}\ln 2 = 0.69\frac{(Ze)^2}{a}.$$

这里 Ze 是离子电荷,a 是相邻离子间距离.

按半个面求和得到 $\varepsilon'' = 0.114(Ze)^2/a$,按半块晶体求和得到 $\varepsilon''' = 0.066(Ze)^2/a$[1.10].总能量等于 $\varepsilon' + \varepsilon'' + \varepsilon''' = 0.87(Ze)^2/a$.容易理解 ε'' 和 ε''' 比 ε' 小这一事实:例如在(100)面上的一个离子虽然受下面异号离子的吸引,但却受此异号离子周围 4 个同号离子的排斥,等等.

借助于 ε'、ε'' 和 ε''' 很容易计算其他组态的能量,如图 1.7 上靠着台阶的离子(组态 2)的能量为 $\varepsilon'' + \varepsilon''' = 0.18(Ze)^2/a$.不仅可以计算单个离子,还可类似地计算中性分子的能量.例如由正、负离子组成的一个分子和半条离子链的吸

附能是 $0.39(Ze)^2/a$,和半个平面的能量是 $0.23(Ze)^2/a$①,和半块晶体的能量是 $0.13(Ze)^2/a$. 这样,半晶体组态(扭折)处一个分子的脱离能(以上三者之和)是 $0.75(Ze)^2/a$,比一个离子的脱离能小. 由这样的计算可以得到:离子晶体 F 面上的吸附能是蒸发能的一小部分,约 $1/6$. 还得到偶极分子在离子晶体表面的"立"位比"卧"位有利得多,例如 KCl 分子在 (100)KCl 上的立位(阳离子在下)$\varepsilon_s = 0.62$ eV(14 kcal/mol),而卧位 $\varepsilon_s = 0.3$ eV(7 kcal/mol)[1.19c]. 在短程键晶体的 F 面上 $\varepsilon_s \simeq 0.3\Delta H$—$0.5\Delta H$. 遗憾的是,迄今还没有得到离子晶体的 ε_s 实验值.

同号离子排斥作用的另一结果是:一个离子在晶态多面体顶角上的结合能大于边上的结合能,而后者大于面上的结合能. 对没有离子排斥作用的分子晶体,上述次序要倒过来.

上面估算结合能时忽略了离子间的排斥作用. 在类惰性气体电子壳层的离子之间由于壳层不能互相穿透,存在着玻恩排斥作用. 考虑这一排斥后计算给出的使离子或分子脱离表面上扭折处的能量为

$$\frac{(Ze)^2}{2a}M\left(1-\frac{\rho}{a}\right) \quad \text{和} \quad \frac{(Ze)^2}{a}\left[M\left(1-\frac{\rho}{a}\right)-0.97\right].$$

这里 $0.97(Ze)^2/a$ 是把分子分离为两个离子所需的能量,M 是马德隆常数,ρ 是离子排斥作用的特征距离,$(1-\rho/a)$ 是在点阵中考虑排斥后的因子[1.16]. 对碱卤化物晶体 ρ 为 0.029—0.035 nm,即 $\rho/a \simeq 0.1$. 对 NaCl,$M = 1.7476$,$\rho = 0.0321$ nm,$a = 0.282$ nm,上面第二个式子给出 0 K 时分子的蒸发能为 68 kcal/mol.

上述分析表面原子能量的经典方法是 Kossel、Stransky 和 Kaishev 等完成的,已被用作晶体生长的分子动力学理论基础.

1.3.2　吸附层

下面讨论和介质处于平衡的晶体表面上上述组态出现的概率[1.17,1.18]. 首先看吸附在表面、形成吸附层的粒子. 如晶体被压强为 P 的蒸气包围,则单位时间打到单位表面、质量为 m 的粒子数为 $P/\sqrt{2\pi mkT}$. 其中可能有一小部分被弹性散射回蒸气,但大部分被吸附在表面上. 另一方面,每一吸附原子沿表面法线方向做热振动,其频率 $\nu_\perp \simeq 10^{12}$—10^{13} Hz,它们平均说来做 $\exp[\varepsilon_s/(kT)]$ 次振动后脱离表面,即在表面上的寿命为

――――――――――――

① 英文版误为 $0.29(Ze)^2/a$. ——译者注

$$\tau_s = \frac{\exp\left(\frac{\varepsilon_s}{kT}\right)}{\nu_\perp}. \tag{1.23}$$

设 n_s 是表面吸附的粒子密度. 当脱附通量 n_s/τ_s 等于入射通量 $P/\sqrt{2\pi mkT}$ 时, 根据式(1.23)得到

$$n_s = \frac{P\exp\left(\frac{\varepsilon_s}{kT}\right)}{\nu_\perp \sqrt{2\pi mkT}}. \tag{1.24}$$

对被 Si 蒸气包围的 Si(111)面, 在 $T = 1200$ K 时, $P = 1.2 \times 10^{-7}$ mmHg $= 1.6 \times 10^{-4}$ dyn/cm^2, Si 原子质量 $m = 28 \times 1.7 \times 10^{-24}$ g; 对 Si 的金刚石结构使用最近邻近似得 $\varepsilon_s = 0.5\Delta H$ (表 1.2 和式(1.22)), 即 $\varepsilon_s = 55.5$ kcal/mol $= 55.5 \times 10^3 \times 4.18 \times 10^7/(6.02 \times 10^{23})$ erg/atom $= 3.85 \times 10^{-12}$ erg/atom. 设 $\nu = 10^{13}$ Hz, 得到 $n_s \simeq 3 \times 10^{10}$ cm^{-2}. 在 Si(111)面上一个原子位置的面积 $\simeq 10^{-15}$ cm^2. 因此在上述条件下原子的占位率仅有 3×10^{-5}. 如温度降到 1000 K, 蒸气压或入射原子通量保持不变, 占位率增加到 $\simeq 3 \times 10^{-3}$.

在上述条件下表面 Si 原子的寿命 $\simeq 1.3 \times 10^{-3}$ s($T = 1200$ K)或 $\simeq 1.3 \times 10^{-1}$ s($T = 1000$ K). 吸附原子不仅沿表面法线方向热振动, 而且在平行表面方向上振动, 导致跳到相邻位置(沿表面的扩散). 跳到相邻表面势阱需克服的势垒是 U_D, 两次跳跃间在势阱上的寿命 $\tau_D = \exp[U_D/(kT)]/\nu_{/\!/}$. 这里 $\nu_{/\!/}$ 是沿表面的振动频率, 它一般是 $\nu_\perp$ (垂直振动频率)的几分之一, 但具有同一量级(10^{12}—10^{13} s^{-1}). 以后一般将忽略两者的区别, 令 $\nu_{/\!/} = \nu_\perp = \nu$. 这样, 表面扩散系数为

$$D_s \simeq \frac{a^2}{4\tau_D} \simeq \frac{a^2\nu}{4}\exp\left(\frac{-U_D}{kT}\right). \tag{1.25}$$

在表面停留时间 τ_s 内, 粒子沿表面经过的平均扩散路程[1]为

$$\lambda_s = 2(D_s\tau_s)^{1/2} \simeq a\exp\left(\frac{\varepsilon_s - U_D}{kT}\right). \tag{1.26}$$

如 $\varepsilon_s \simeq 0.5\Delta H$, $U_D \ll \varepsilon_s$, $\Delta H/(kT) \simeq 25$, 则 $\lambda_s \simeq 10^3 a$.

如果表面扩散激活能 $U_D \simeq kT$ 或比热能更低, 就会发生所谓的非局域吸附. 于是增原子或增分子形成二维气体, 可以近自由地在表面上运动. 这种情况最可能发生在有机晶体的表面. 在许多局域吸附场合, $U_D \simeq (0.2$—$0.5)\varepsilon_s$[2]. 对

---

① Burton 等在文献[1.17]中采用 $\lambda_s = (D_s\tau_s)^{1/2}$.

② 金属有另一个经验公式: $\varepsilon_s \simeq (8$—$10)kT_0$, T_0 为熔点.[1.196]

Si(111)面上的 Si 原子,实验得出 $U_D \simeq 1.1$ eV $= 25.3$ kcal/mol[1.19a]. 根据式 (1.26),当 $\varepsilon_s = 55.5$ kcal/mol 和 $T = 1000$ K 时,沿 Si(111)面的扩散路程 $\lambda_s \simeq 2\times10^3 a \simeq 1$ μm① (相邻吸附位置间距离 $\simeq 0.45$ nm).

当表面存在着活动的吸附层时,粒子到达吸附位置的途径可以是从近邻来也可以直接从气相来. 在金刚石结构的(111)面上,每个吸附位有六个等价的近邻,在 fcc(111)面上有三个,在简单立方(100)面上有四个,等等. 这样,在金刚石结构(111)面上,对每个占地面积 $\simeq a^2$ 的吸附位置,从近邻到达的活动增原子频率 $\simeq n_s a^2 \nu_{\parallel} \exp[U_D/(kT)]$,直接从气相来到的频率 $\simeq Pa^2/\sqrt{2\pi mkT}$. 利用式(1.24)很容易得到两者之比等于 $(\nu_{\parallel}/\nu_{\perp})\exp[(\varepsilon_s - U_D)/(kT)]$. 前已指出,$\nu_{\perp}/\nu_{\parallel}$ 的量级是 1,而 ε_s 通常显著大于 U_D. 因此,从吸附层近邻到达任一吸附位置的频率远远大于直接从气相来的,对 Si(111),在 $T = 1000$ K 时,两者之比 $\simeq \exp[(\varepsilon_s - U_D)/(kT)] \simeq 4\times10^6 \gg 1$. 这说明在气相生长中(3.2.1 小节)表面扩散起了主导作用.

伴随着化学反应的气相晶体生长(Si、GaAs、难熔金属等的生长)应该有很不相同的吸附层. Si - H - Cl 气体系统包含大量 H_2、$SiCl_2$、$SiCl_4$、$SiCl$ 等分子和少得多的 Si、Cl、H 原子,它们都可以吸附在生长晶体的表面,并常常形成很稳定的化学键. 如 H 原子在 Si(111)上的吸附能 $\simeq 73$ kcal/mol[1.20,1.21,F-215],Si - Cl 结合能 $\simeq 105$ kcal/mol[1.21,F-215]. 即使在平衡条件下也很难对复杂化学气体中表面吸附覆盖度 Θ 进行系统的计算,因为缺乏准确的表面结合能、增粒子相互作用、振动态以及吸附粒子配分函数的数据. 文献[1.22]给出了表面覆盖度的近似估计. 在 Si - H - Cl 和 Ga - As - H - Cl 系中 Si(111)和 GaAs(111)面上存在着浓密的吸附层($0.1 \lesssim \Theta \lesssim 1$);两种材料的表面有大量的 H 和 Cl,以及少得多的 Si 和 Ga,还有 $SiCl_2$、$SiCl$、$GaCl$、As_3、As_4 分子. 在浓化学吸附层中,吸附位置的占有率比单元系晶体-蒸气界面上稀吸附层中的占有率大得多,因此扩散长度 λ_s 的值要小得多. 当分子跳向相邻吸附位置的瞬间,由于熵激活垒的作用,它的转动将暂时停止,这也使 λ_s 下降. 直到目前,生长晶体的吸附层的组分和密度的实验数据还很少[1.23],但这些数据已肯定 CVD(化学气相淀积)过程中存在着浓吸附层. 由于不进入晶体的粒子(Cl,H)和表面的强化学键,这些粒子只能通过化学反应离开生长表面,而不是通过热脱附离开. 这些反应和产生结晶材料的反应一起决定生长过程. 表面悬键的饱和降低了表面能和台阶能,从而显著地促进了化学气相淀积中的二维成核机制. 在许多文献[1.22—1.24]中探

———————

① 英文版的值是俄文版的一半. ——译者注

讨过 Si 和 GaAs 的化学气相淀积(CVD)机制.下面我们主要论述无化学反应的生长系统.

1.3.3 台阶粗糙度

由于台阶上原子的热振动,某些原子可以离开台阶,留下空位(一对异号的扭折).由于离开台阶后进入吸附层比进入气相需要的能量小,发生得更频繁.另一方面吸附层中粒子可在表面上迁移到台阶.结果台阶不再是直的、原子级光滑的.而是包含一定数量的扭折,这就是说它是粗糙的.我们的讨论将限于只含有原子级(初基)扭折的台阶.严格地说,这种模型只适用于低温.用 n_+ 和 n_- 表示单位台阶含有的正、负初基扭折数,用 n_0 代表单位台阶上的平直位置数.显然有

$$n_+ + n_- + n_0 = \frac{1}{a} = n. \tag{1.27}$$

这里 n 是台阶的原子线密度.

设产生一个扭折增加了台阶能(增加量为 w),在最近邻近似下晶体-蒸气界面上 $w = \varepsilon_1/2$,即等于最近邻键能的一半.这样,正扭折数与平直位置数的比和负扭折数与平直位置数的比的乘积是

$$\frac{n_+ n_-}{n_0^2} = \eta^2, \quad \eta = \exp\left(-\frac{w}{kT}\right). \tag{1.28}$$

如果台阶的平均取向和最近邻键链形成一个小的 φ 角,则

$$n_+ - n_- = \frac{\varphi}{a}. \tag{1.29}$$

解有关 n_+ 和 n_- 的式(1.27)—(1.29),得到扭折间平均距离和台阶取向的关系[1.17]:

$$\lambda_{\mathrm{k}} = \frac{1}{n_+ + n_-} = \lambda_{\mathrm{k0}}\left[1 - \frac{1}{2}\left(\frac{\lambda_{\mathrm{k0}}}{a}\right)^2 \varphi^2\right]. \tag{1.30a}$$

这里

$$\lambda_{\mathrm{k0}} = a\left[1 + \frac{1}{2}\exp\left(\frac{w}{kT}\right)\right]. \tag{1.30b}$$

式(1.30b)是平行键链的台阶上扭折间的平均距离.如果 $\Delta H/(kT) \simeq 25$,$w = \Delta H/6$,则 $w/(kT) \simeq 4$,得到 $\lambda_{\mathrm{k0}} \simeq 30a$.扭折密度随温度上升而增大,随温度下降而减小.和 Si 蒸气接触的 Si 晶体在 $T = 1000$ K 时的 $\lambda_{\mathrm{k0}} \simeq 6\times10^5 a$.

显然以上讨论不仅适用于晶体-蒸气界面,它也适用于晶体-熔体和晶体-溶液界面.但在后两种情况中 w 的估计值比较不可靠,因为关系 $w = \Delta H/Z_1$

（Z_1 是块材中原子和近邻的键数）的 Z_1 仅仅近似保持不变. 对 Si，$\Delta H/(kT_0) \simeq$ 3.3（$\Delta H \simeq 11.1$ kcal/mol，熔点 $T_0 = 1685$ K），$w/(kT_0) = 1.6$[①]，因此晶体-熔体界面上 $\lambda_{k0} = 3.6a$. 此时即使在表面上"制备"了原子级绝对平直的台阶，在 $T > 0$ 时它也会在原子尺度上变得弯弯曲曲，而只在宏观尺度上（比原子间距大得多）保持为直线. 这表明在平直台阶上出现扭折在能量上是有利的，这样可以降低线自由能（不是总能！）α_l. 根据

$$\alpha_l = U_l - TS_l, \tag{1.31}$$

这一降低是由于熵随涨落强度的增大和扭折数的相应增大而增大.

上式中 $U_l = (n + n_+ + n_-)w$ 是单位长度台阶的总能，这里 $n + n_+ + n_-$ 是单位长度原子级台阶上未饱和键的总数，$n = 1/a$；而 $S_l = k\ln(n!/n_+!n_-!n_0!)$ 是台阶上一维理想"气体"的熵，这一"气体"由 n_+ 个正扭折、n_- 个负扭折、n_0 个无扭折位置组成. 当台阶平行于密堆积方向时，$\varphi = 0$，$n_+ = n_-$，此时容易从式（1.27）—（1.29）得到

$$\frac{n_+}{n} = \frac{n_-}{n} = \frac{\eta}{1 + 2\eta}, \quad \frac{n_0}{n} = \frac{1}{1 + 2\eta}, \quad \eta = \exp\left(-\frac{w}{kT}\right).$$

将它们代入熵 S_l 的式子，并利用式（1.31），得到

$$\alpha_l = nw - nkT\ln(1 + 2\eta) = -nkT\ln\eta(1 + 2\eta). \tag{1.32}$$

由此得出台阶的线比自由能 α_l 在 $\eta = \eta_R = 1/2$，即 $w/(kT) = \ln 2 \simeq 0.69$ 时降低为零. 在更高温度下 α_l 变为负[1.25a]，此时台阶不再存在（见 1.3.4 小节）.

上述关于晶体-蒸气界面上台阶粗糙度的考虑也可以推广到晶体-熔体情形. 这里要用到所谓的熔体点阵模型，即假设熔体像晶体一样，其原子堆放在同一点阵上，但两相的键能不同. 令 ε_{SS}（即前面的 ε_1）表示晶体原子间的键能，ε_{MM} 是熔体（介质）原子间的键能，ε_{SM} 是晶体原子、熔体原子间的键能. 此时边界上每一原子位置的多余能量是

$$w = \frac{\varepsilon_{SS} + \varepsilon_{MM}}{2} - \varepsilon_{SM} \quad \text{和} \quad \eta = \exp\left(-\frac{w}{kT}\right).$$

对晶体-蒸气界面，$\varepsilon_{SM} = \varepsilon_{MM} = 0$，$w = \varepsilon_{SS}/2 = \varepsilon_1/2$.

1.3.4　表面粗糙度

台阶线能的消失意味着整个表面结构的质变. 台阶是不完整原子面的分界线：一边是半原子面，除了图 1.7 中组态 5 那样的若干空位外基本上被原子填

[①]　英文版误为 $w/(kT) = 1.6$. ——译者注

满;另一边的网格上只有图 1.7 中组态 1 那样的少数原子. 当两个区域的界线能变为负时,不再存在两个区域,发生两区域的互相分解和均匀化. 均匀化的著名例子是临界点上液体和气体的互相溶化,此时两相界面能降为零. α_l 降为零,即 U_l 和 TS_l 相等的物理图像是:随着温度的升高,台阶的涨落愈来愈严重,台阶"模糊"成远超出其平均位置的宽带,最后在某一临界温度 T_R,宽带变为无穷大,发生二维气和它的凝聚物间的均匀化. 在临界温度以上,台阶不再存在,F 面不再是原子级光滑面,而是由随机的原子簇和分离的原子所组成,见图 1.7 和图 1.8 中后面的图形. 在这样的表面上,扭折在整个范围内均匀分布,其密度也远比宏观长度台阶上的大得多.

自由能公式(1.32)是在假设台阶上只有单原子高度台阶下获得的. 如不受此限制,代替式(1.32)的式子是[1.25a]

$$a\alpha_l = w - kT\ln\frac{1+\eta}{1-\eta},$$

并且(当 $\eta_R = \sqrt{2}-1$, $w/(kT_R) = 0.88$ 时)

$$\alpha_l = 0.$$

有趣的是 $\eta_R = \sqrt{2}-1$ 和二维伊辛模型(后面介绍)在临界面上严格的 Onsager 解一致. 计算机蒙特卡罗模拟给出:简单立方点阵(100)面上的 ⟨001⟩ 和 ⟨011⟩ 台阶都有 $w/(kT_R) \simeq 0.7$[1.25b]. T_R 被称为粗糙化温度.

图 1.8(a)表示原子级光滑面转变为粗糙表面时台阶的消失[1.26]. 模拟过程如下:按简单立方点阵堆积而成的"晶体"(100)面由 20×40 个原子组成,采用周期性边界条件以消除表面四周边界的影响. 编制的程序使上述表面的长边(40 个原子)联结在一起,这相当于把原子面卷成圆筒并把两个边"粘接"在一起. 联接两条短边时让它们在垂直表面的法线方向上错开一个原子间距离,使得整个"晶体"成为连续卷起来的原子网格,显然卷动轴和短边(20 个原子)平行. 这样在一定的生长面右侧出现的台阶表示左侧有了一个新的原子层. 随机数发生器在表面上选出由一个原子和一个空位组成的对. 如原子和空位交换使系统能量(未饱和键的数目)降低,则让它实现. 如果交换使能量增加 ΔE,则实现的概率为 $\exp[-\Delta E/(kT)]$.

这种蒙特卡罗模拟方法迄今为止仍是理论上研究晶体表面结构和生长最常用的方法. 正在发展的分子动力学(MD)模拟则按照预先设立的一个原子和其他原子的相互作用规律来解每个原子的运动方程[1.27].

在 MD 模拟中要在原子振动周期约百分之一的时间间隔内计算每一原子的位置和速度. 需要大量的计算步骤和很长的计算机时,才能得到可靠的原子分布、能量、熵以及其他相和界面的热力学函数.目前已完成的研究主要限于平衡状态.尽管有这些困难,最近几年已模拟了若干二维[1.27a—c]和三维[1.27d,e]系,使用的对势是 Lennard - Jones 势,采取的近似也各有不同.最近,有人研究了

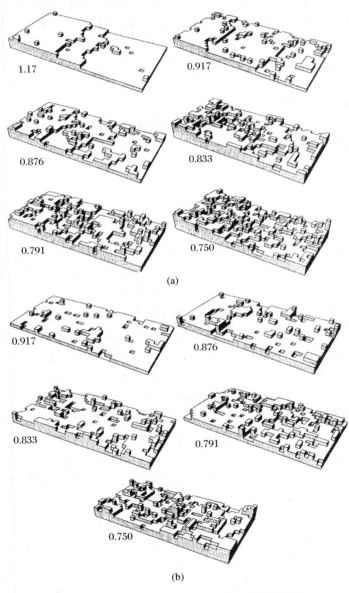

图 1.8　计算机模拟得到的密堆积面的原子结构

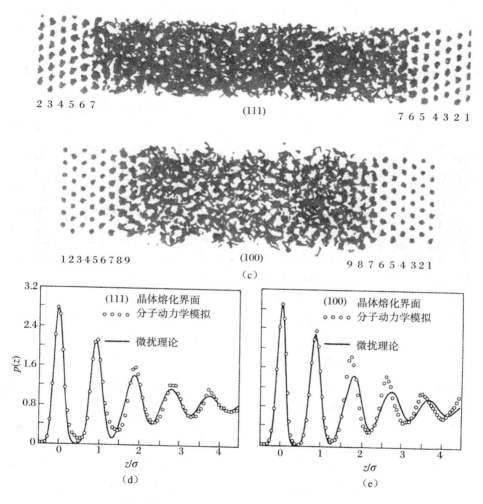

图 1.8　计算机模拟得到的密堆积面的原子结构(续)

(a) 有台阶的面;(b) 无台阶的面.数字表示 $w/(kT)$ 的值[1.25];(c) 垂直(111)和(100)的薄片中原子(或分子)的模拟轨迹.靠近界面的原子非局域化[1.26e];(d) (111)近旁熔体的密度变化[1.26f];(e) (100)近旁的情形.

由 $7 \times 7 \times 36 = 1764$ 个原子组成的三维系统[1.27e],其长边分别垂直 fcc 点阵的(111)面或(100)①面.利用"温度"的改变模拟了固相和液相的共存

①　英文版为(110),与图 1.8(c)—(e)不符.——译者注

（图 1.8(c)）. 从固相（图 1.8(c) 左部和右部）到液相（图 1.8(c) 中部）原子轨道的非局域化平滑地增长. 在和界面平行的 4—5 层原子面内晶态长程序过渡到液态短程序. 这种逐渐非局域化的图像比图 1.8(a)(b) 所示的液体点阵模型更接近实际（在后一模型中每个原子如不属于固相就属于液相，界面只能从平均上看成是模糊的）.

分子动力学模拟显示：晶体 (111) 或 (100) 到液体的原子密度降低是不同的. 对 (111)，密度降低是通过平行界面的每一原子层内原子密度的降低而实现的，层间距离仍保持不变. 对 (100) 则相反，密度降低来源于层间距离的增大，而每一层内二维原子密度保持不变. 接近 (111) 和 (100) 面的液体结构的这一差别可以从图 1.8(d) 和 (e) 的比较中看出，图中画出了平行界面的层内平均原子密度和距离的关系，距离 z 从晶态原子层（$z = 0$）算起. MD 得到的数据在图中用点表示；微扰理论得到的解析关系则用曲线表示[1.27f]. (111) 和 (100) 面上的结构差别使前者的能量比后者略高. 势能的差别不能被计算得到的熵项补偿，从而使密堆的 (111) 面比不密堆的 (100) 面更容易转变成粗糙态. 这一点和液体点阵模型预期的结果相反，并且已被实验所证实（见本节后面的讨论）. (111) 和 (100) 面自由能之差比自由能本身小得多. 因此，需要更精确的分析. 除了 Gilmer 进行过气相凝聚的动力学模拟，很少有人对凝固动力学进行过 MD 模拟.

在 $\alpha_1 = 0$ 时原子级光滑表面转变成粗糙表面的结论不够严格. 实际上，接近临界温度时，撕裂过程不断发展，出现许多未予重视的"半岛"状组态（图 1.7(b)）. 这些"半岛"可进一步离开台阶分散成岛. 还可以采取其他（也是近似的）方法，从一开始就处理表面结构的粗糙度问题. 其中之一是把粗糙度定义为 $(U - U_0)/U_0$，这里 U 是某一温度下的总表面能，而 U_0 是 $T = 0$ 时的值. 在最近邻近似下，粗糙度就是"平行"密堆 xy 面（图 1.7）的未饱和键数和"垂直" xy 面总键数之比. 如果 xy 面上相邻的原子（x 或 y 坐标差 1）突然具有不同的 z 坐标（处于不同的 z 高度），就会出现平行 xy 面的未饱和键. 换句话说，表面上，相邻原子间 z 坐标的单位跳变（一个原子间距离）对应于水平未饱和键的一次出现. 显然，实际粗糙表面相对理想光滑表面（$T = 0$）的多余能量精确地关联着 z 坐标的这些跳跃. 这些跳跃的数目和这些跳跃在表面上的分布方式决定着表面的熵、总（粗糙）能、自由能和其他热力学函数. 表征表面起伏的独立参量是表面原子的 z 坐标（高度），而不是跳跃的量. 原子的高度可以相互无关地分配，但对表面原子（具有相邻的 x 或 y 值）的各个联结上的跳变却不能这样做，因为跳变的数目超过原子数. 例如简单立方点阵一个正方的 (100) 面上和 N 个原子关联着的原子间的联接（键）有 $2N$ 个. 所以我们说表面原子被合作效应关联着.

合作效应严重阻碍了对表面结构的研究. 尽管如此, 我们还是可以用双高度模型来表现合作效应, 这时每一表面原子只允许取两个 z 坐标值. 这样表面就类似于二维的磁点阵, 它的每个阵点可以取方向相反的两个自旋中的一个. 平行或反平行的相邻自旋有不同的自旋相互作用能. 这就是著名的伊辛模型, 它在相变理论中有广泛的应用. 和磁点阵中两个不同自旋方向相对应的是表面原子的两个高度, 原子间的能量差就是"水平"键的能量.

从磁性理论可知, 由于二维(三维也可以)点阵中自旋相互作用的合作本性, 在某一严格确定温度下出现(或丧失)自旋方向的有序化(点阵的总磁矩). 这个温度就是居里点. 原子级光滑表面和有序自旋分布(铁磁态)类似, 而粗糙表面相当于无序的自旋分布. 应该在两者之间存在着一个临界参量 $[w/(kT)]_R$, 它在给定 w 时确定临界转变温度 T_R, 在 $T < T_R$ 时几乎所有表面原子位于同一高度, 在 $T > T_R$ 时两个高度上的原子数是可比的. 这样的方法提供了确定 T_R 的另一途径.

评估合作相互作用的最简单方法是自洽场近似. 下面将以双高度模型的热力学描述对此方法进行介绍(Gorsky, Bragg 和 Williams)[1.17,1.28], 此法也适用于分析三高度或无限多高度的系统.

考虑含有 N 个位置的原子级密堆光滑表面, 只允许下一层的原子(或分子)加到光滑表面上. 设有 N_1 个原子已放置在表面之上, 显然 $N_1 \leqslant N$. 令 $\Theta = N_1/N$ 表示表面覆盖度. 用 Z_1 表示平行于表面的平面和最近邻可能形成的键数. 对简单立方点阵的(100)面, $Z_1 = 4$, 对 fcc 点阵的(111)面, $Z_1 = 6$(在金刚石结构中每一新层由两个原子面组成, 因而下面的分析不能直接应用于金刚石结构). 现在的问题是找出当晶体、吸附层、环境平衡时的覆盖度.

为了解决上述问题, 只需考虑和表面平行的"水平"键引起的自由能:

$$\Delta F = U - TS.$$

这里 U 是未饱和键的总能, T 是温度, S 是 N_1 个增原子在衬底的 N 个位置上的分布熵. 自洽场近似假设: 在任何覆盖度 Θ 下增原子的分布都是混乱的、不相关的. 在此近似中, 新层中随意选取的一个原子在此层中有 $Z_1\Theta$ 个近邻, 并有 $Z_1(1 - \Theta)$ 个未饱和键. 因此

$$U = N_1 Z_1 (1 - \Theta) w.$$

由于

$$S = k \ln \frac{N!}{N_1!(N - N_1)!} = -kN_1 \ln\Theta - k(N - N_1)\ln(1 - \Theta),$$

我们得到

$$\frac{\Delta F}{NkT} = \frac{Z_1 w}{kT} \Theta(1 - \Theta) + \Theta \ln \Theta + (1 - \Theta) \ln(1 - \Theta).$$

图 1.9(a)是不同 $Z_1 w/(kT)$ 下 $\Delta F/(NkT)$ 对 Θ 的关系曲线. 它们在 $\Theta \to 1 - \Theta$ 的变换中保持不变, 并且在 $\Theta = 1/2$ 处是极小或极大, 因为 $\Theta = 1/2$ 时

$$\frac{\partial}{\partial \Theta} \frac{\Delta F}{NkT} = \frac{Z_1 w}{kT}(1 - 2\Theta) + \ln \frac{\Theta}{1 - \Theta} = 0.$$

我们处理的吸附层显然具有和 $\Delta F(\Theta)$ 极小对应的覆盖度. 对于较大的 $Z_1 w/(kT)$, 曲线上有两个极小, 并且在 $\Theta = 1/2$ 处为极大. 由二阶导数

$$\frac{\partial^2}{\partial \Theta^2} \frac{\Delta F}{NkT} = \frac{-2Z_1 w}{kT} + \frac{1}{\Theta} + \frac{1}{1 - \Theta}$$

可知, 当 $Z_1 w/(kT) > 2$ 时, 二阶导数在 $\Theta = 1/2$ 处是负的(对应极大).

由此可见, 当表面键能足够大($w/(kT) > 2/Z_1$)时增原子层的自由能有两个极小. 在自由能曲线上两个深度相同的极小意味着增原子系统可以任选两个状态中的一个. 两者之一的 Θ 很小($\Theta < 1/2, w/(kT) \gg 2/Z_1$, 则 $\Theta \ll 1/2$), 另一个的 Θ 趋近 1($\Theta > 1/2$). 两个相互等价的结构(空的面上有分离的吸附增原子, 近满层中有分离的空位)处于平衡. 在两种场合中表面都是原子级光滑的. 当 $w/(kT) < 2/Z_1$ 时, 表面是粗糙的($\Theta = 1/2$).

因此用 w 表征的光滑面、粗糙面的转变判据是

$$\frac{Z_1 w}{kT_R} = 2. \tag{1.33}$$

图 1.8(b)展示了不同 $kT/(2w)$ 值下用蒙特卡罗方法模拟得到的表面平衡结构[1.26]. 和图 1.8(a)不同, 这里没有台阶, 表面的平均取向是(100).

在上述方法的框架内, 也很容易考虑其他近邻的作用. 此时判据式(1.33)仍然成立, 但应以 $Z_1 w + Z_2 w_2$ 代替 $Z_1 w$(只考虑到次近邻). 如 w 和 w_2 的关系已知, 这个判据可用来进行半定量的估算. 这里 Z_2 是平行表面的面内次近邻数, w_2 决定于晶体和液体中次近邻的结合能, 其表达式和通过最近邻结合能得到的 w 的表达式相似.

如果采用的模型中表面原子的高度只限于几个值(实际表面超出这种限制), 则表面原子结构的分析可以简化. 这种限制在高温下的影响特别大. 对界面模糊程度不加限制对分析生长动力学也特别重要, 因为只有这样才有可能不仅考虑平衡结构, 而且能自洽地处理界面的运动. Temlin[1.28]首先在不限制高度数目的前提下考察了表面的结构.

图 1.9(b)表示简单立方点阵(100)表面平均位置($z = 0$)附近的模糊程度. 纵坐标 c_z 是在 z 个原子距离的高度下发现属于晶体原子的概率, $c_z = 1$ 代表晶

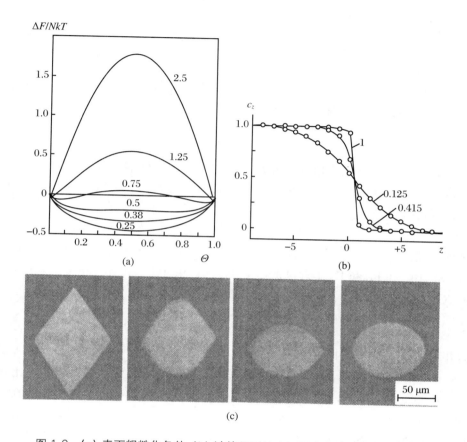

图 1.9 (a) 表面粗糙化条件;(b) 计算得到的表面层分布;(c) 萘晶体外形.
(a)(b)中的数字是 w/kT 的值.(a) 简单立方点阵(100)面的比自由能和吸附层
Θ(覆盖度)的关系.计算时能量从原子级光滑表面算起[1.28];(b) c_z 是原子属于
晶体的概率,z 由表面的平均位置算起.$z<0$,晶体,$z>0$[①],介质[1.29a,b];(c) 在低
过冷度(0.05 ℃)下从不同组分萘-芘(芘的质量分数为 24.5%—34.5%)溶液中
生长的萘晶体外形(从左到右,平衡液相线温度依次为 70.5 ℃,69.7 ℃,67.1 ℃
和 65.9 ℃).[1.30c]

体,液体或气体的 $c_z=0$.从图 1.9(b)可清楚地看出,曲线旁的数[$w/(kT)$]愈
大,界面愈清晰.当 $w/(kT)=0.415$ 时,界面层的厚度约为 10 个原子间距.
类似于式(1.22),设 $w=\Delta H/Z_1$,立方点阵(100)面的粗糙度判据式(1.33)可

———————————

① 英文版误为 $z<0$.——译者注

表示为

$$\frac{\Delta H}{kT} < 2.$$

还可以从 $w/(kT) = 0.88$(在(100)面上台阶线自由能为零的条件)得到另一类似的粗糙化判据.利用式(1.22),得到

$$\frac{\Delta H}{kT} < 5.3.$$

$\Delta H/(kT)$ 两个临界值的差异是不同模型的不准确性造成的.此外误差还来自式(1.22)的近似性质.后者可以消除,即用下列主要从金属中获得的经验式代替式(1.22)[1.30c]:

$$\alpha\Omega^{2/3} \simeq (0.3\text{—}0.5)\Delta H.$$

此处 Ω 是晶体中的原子体积,α 是界面自由能.上式括号中较低的值适用于 Ge、Sb、Bi、Al、Pb 和 H_2O,较高的值适用于 Pt、Ni、Pd、Co、Mn、Fe、Cu、Au、Ag、Sn、Ga 和 Hg(表 2.2).设 $s_1 w \simeq \alpha\Omega^{2/3}$,得到

$$w \simeq (0.3\text{—}0.5)\frac{\Delta H}{s_1}.$$

这里 s_1 是增原子在衬底中的最近邻数,对最密堆 fcc 点阵的(111),$s_1 = 3$;对 bcc 点阵的(110)面,$s_1 = 2$.利用这些数值,经验的 $w - \Delta H$ 关系给出了比式(1.22)更低的 $\Delta H/(kT)$ 临界值.例如将式(1.22)代入对相应点阵改写的判别式(1.33),得到 fcc 点阵(111)面的 $\Delta H/(kT) < 4$,(100)面的 $\Delta H/(kT) < 6$,对 bcc 点阵的(110)面 $\Delta H/(kT) < 4$.而经验的 $w - \Delta H$ 关系给出:对 fcc(111),$\Delta H/(kT) < 3.3/2$,对 fcc(100),$\Delta H/(kT) < 5/3$,对 bcc(110),$\Delta H/(kT) < 3.3/2$.生长外形的研究(这一节的后面)给出:$\Delta H/(kT)$ 的临界值在 2 和 4 之间.

我们已经看到,不同的晶体学表面具有不同的网格结构(平行于不同的周期性键链),因此它们具有不同的 $w/(kT_R)$ 临界值.这种差别对 F、S、K 面表现得很明显,对不同的 F 面则表现得弱一些.因此在临界温度 T_R 附近,一种类型的 F 面可以是光滑的,而另一类型的 F 面则是粗糙的.

在原子级光滑的表面上,扭折只能集中在其他方式产生的台阶上(见 3.3 节).因此,光滑面以层状方式生长(见 3.1 节和 3.2 节),并在生长过程中在宏观上也保持平直;不同面的生长速率也显著不同.相反,原子级粗糙的表面实际上可以在任何点上接受新的粒子.这样,不同方向上的生长速率近似相等,晶体在生长过程中获得晶化等温线上的浑圆外形(见 5.2 节).这说明晶体宏观外形

提供了表面上原子过程的信息.

晶体蒸发热大,使固气界面的 $\Delta H/(kT)$ 一般超过 ~20.这和气相生长晶体的外面体完全符合.相反,大多数金属的固液界面上 $0.8 \lesssim \Delta H/(kT) \lesssim 1.5$,生长的晶体具有浑圆的外形.Si 晶体的 $\Delta H/(kT) \simeq 3.5$,外形上兼有原子级粗糙和光滑的区域(见 5.2 节).许多具有高熔解熵的有机晶体在熔体生长中保持多面体的外形.

在晶体-溶液系统中,简单判据式(1.33)只有定性的意义,因为 w 和溶解热间没有直接的关系.Voronkov 和 Chernov[1.31a]、Kerr 和 Winegard[1.31b]首先研究了共晶系单组元晶体和双组元溶液间界面的性质.前一项工作指出:存在一个临界浓度和相应的温度,把相图上的液相线分成两个区域,它们分别和原子级粗糙和光滑的晶体-溶液界面对应.在低浓度和高浓度溶液中,即在相图的两侧,都可以出现粗糙和光滑的界面.这一结论可以扩展到一般的双组元系统.

在若干系统中已经找到液相线上粗糙化转变的临界点.图 1.9(c)是萘晶体在过冷 $\Delta T = 0.05\,^\circ\mathrm{C}$ 下由不同温度不同组分萘-芘溶液中极缓慢生长后的外形,即在溶相线不同点上得到的外形.多面体向非多面体的转变发生在较窄的温度范围内(70.2—$66.0\,^\circ\mathrm{C}$,相应的芘的质量分数为 24.5%—34.5%),显然转变范围由界面各向异性决定:首先是对应尖角方向上的变钝,并且在芘含量高时(平衡温度低时)可以在密堆面上观察到变钝.

当 $T \to 0\,\mathrm{K}$ 时晶体和熔体($T = 0\,\mathrm{K}$ 时只有超流 He 仍是液体)的熵趋向零,它们之间的 ΔS 也趋向零,因此晶体-熔体界面应是粗糙的.但是在经典意义上粗糙界面的熵大于零.进行适当的量子分析后可以消除这一矛盾[1.32a].在量子界面台阶上的扭折是一种非局域的准粒子.如它们形成 $\sim1\,\mathrm{K}$ 宽的能带(这里能量以 K 为单位表示),扭折能就能降低.这样在基态中处于能带底部的扭折的能量比孤立的扭折低 $\sim0.5\,\mathrm{K}$.另一方面对 $^4\mathrm{He}$ 来说,晶体-熔体间多余键能只有 $\sim0.1\,\mathrm{K}$.所以台阶能应是负的,台阶必定消失,界面必定粗糙.实际上已观察到 $^4\mathrm{He}$ 熔体中的 $^4\mathrm{He}$ 晶体有浑圆外形[1.32b—d].

量子生长动力学比经典动力学要快得多(见 3.1.2 小节).

1.4　考虑表面能的相平衡　晶体的平衡外形

1.4.1　在弯曲表面下的相平衡

在 1.1 节中考虑相平衡时，我们只取反映材料三维性质的化学势，而忽略了相界的附加能量.这一近似对弥散相不适用.因为这里的表面能和块体能可以相比.作为例子，设化学势为 μ_S 的晶体相是半径为 R 的一个球，包围它的是同一材料的化学势为 μ_M 的介质相，当 $\mu_M > \mu_S$ 时，块相 S 比 M 相在热力学上更有利[①].这一系统中的表面能是 $4\pi R^2\alpha$，这里 α 是表面的比自由能.将 δN 个粒子转移到更稳定的固相 S，使系统化学势降低 $(\mu_M - \mu_S)\delta N$.这时晶体尺寸增大，使半径增加 $\delta R = \Omega\delta N/(4\pi R^2)$，这里 Ω 是原子、分子、结构单元在晶体中的体积；这种变化和具有上述化学势的相之间交换的粒子类型有关.显然，新粒子不一定均匀分布在球面上，它们可以局域生长(见图 1.10 的普遍情形).显然半径均匀增大对应最小的总表面能增量.固相尺寸增大 δR 使系统表面能增加 $8\pi R\alpha\delta R$.如果这一增加小于 $(\mu_M - \mu_S)\delta N$，即系统由两相间化学势差别获得的能量足以支付增加新表面所需的功，则球增大有利，可不断进行.反过来则球的尺寸会缩小.达到平衡时获得的块体能等于支出的表面能.此时

$$\mu_M - \mu_S = \frac{2\Omega\alpha}{R}. \tag{1.34}$$

等式(1.34)被称为吉布斯–汤姆孙方程，它决定球状界面下相平衡的移动.这一移动可以用 1.1 节中温度、压强或浓度对平衡值的偏离量表示出来.

对于一般的非球状界面，在界面上给定点的相平衡是

$$\mu_M - \mu_S = \Omega\alpha\left(\frac{1}{R_1} + \frac{1}{R_2}\right). \tag{1.35}$$

这里的 $\mu_M - \mu_S$ 是该点附近两相化学势之差，R_1、R_2 是该点的界面主曲率半径.公式(1.34)和(1.35)忽略了表面能的各向异性.

---

① 此后 μ_S、μ_M 代表体积足够大的相的化学势，相界的存在对它们无影响.

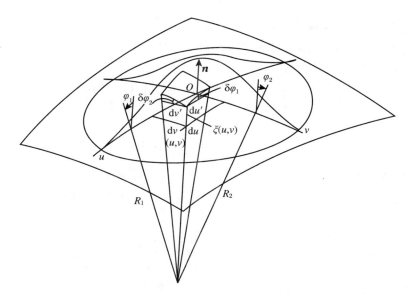

图 1.10 晶体表面的扰动

下面推导具有各向异性表面能的弯曲晶体表面上 O 点附近(图 1.10)的相平衡条件.令主曲率半径为 R_1 和 R_2.过 O 点作两个互相垂直的主截面,取截面和表面的交线为表面正交弯曲坐标系的 u 轴和 v 轴.表面上各点的取向由角 φ_1 和 φ_2 决定,如图 1.10 所示.这两个角和 1.2 节图 1.5 上的 φ 和 θ 角一一对应.将 δN 个粒子从介质转移到晶体.为找出 O 点附近局域的平衡条件,把这些粒子集中在该点附近,形成一个小小的鼓包.包的形状由旧面和新面间的距离函数 $\xi(u,v)$ 表示,距离沿旧面法线计量.设 $\xi \ll R_1, \xi \ll R_2$,则旧面和新面的取向差很小,并可表示为

$$\delta\varphi_1 = \frac{\partial\xi}{\partial u}, \quad \delta\varphi_2 = \frac{\partial\xi}{\partial v}. \tag{1.36}$$

接着应该求出转移 δN 个粒子引起的热力学势 Φ 变化.由于 $\Omega\delta N = \iint \xi(u,v)\mathrm{d}u\mathrm{d}v$,得到

$$\delta\Phi = -(\mu_{\mathrm{M}} - \mu_{\mathrm{S}})\iint \frac{\xi(u,v)}{\Omega}\mathrm{d}S + \iint (\alpha\delta\mathrm{d}S + \delta\alpha\mathrm{d}S). \tag{1.37}$$

式(1.37)中的两个积分均遍及整个表面.和各向同性场合一样,式(1.37)右侧第一项 $(\mu_{\mathrm{M}} - \mu_{\mathrm{S}})\delta N$ 是相 S 比相 M 更稳定引起的系统化学势下降,或在相反情形 $(\mu_{\mathrm{S}} > \mu_{\mathrm{M}})$ 下系统化学势的增加.第二项表示表面能的变化.面元 $\mathrm{d}S = \mathrm{d}u\mathrm{d}v$.比表面能 α 是各向异性的,它可以看作决定各面元取向的角 φ_1 和 φ_2 的函数.

式 (1.37) 中的 $\alpha \delta \mathrm{d}S$ 项是转移粒子到晶体使面元增大引起的,和各向异性无关.从图 1.10 可见,移动后表面的线元 $\mathrm{d}u'$ 和 $\mathrm{d}v'$ 与原表面的线元 $\mathrm{d}u$ 和 $\mathrm{d}v$ 间的关系(准确到一级小量)为

$$\mathrm{d}u' = \left(1 + \frac{\xi}{R_1}\right)\mathrm{d}u, \quad \mathrm{d}v' = \left(1 + \frac{\xi}{R_2}\right)\mathrm{d}v.$$

因此

$$\delta \mathrm{d}S = \left(\frac{1}{R_1} + \frac{1}{R_2}\right)\xi \mathrm{d}S. \tag{1.38}$$

面元 $\mathrm{d}S$ 在 (u,v) 处表面能的另一项 $\delta \alpha \mathrm{d}S$ 和面元移动过程中取向的改变有关,$\delta \alpha = (\partial \alpha / \partial \varphi_1)\delta \varphi_1 + (\partial \alpha / \partial \varphi_2)\delta \varphi_2$.利用式 (1.36) 并且积分,得到

$$\iint \delta \alpha \mathrm{d}S = \iint \left(\frac{\partial \alpha}{\partial \varphi_1}\frac{\partial \xi}{\partial u} + \frac{\partial \alpha}{\partial \varphi_2}\frac{\partial \xi}{\partial v}\right)\mathrm{d}u\,\mathrm{d}v$$

$$= \int \xi \left(\frac{\partial \alpha}{\partial \varphi_1}\mathrm{d}v + \frac{\partial \alpha}{\partial \varphi_2}\mathrm{d}u\right) - \iint \left(\frac{\partial}{\partial u}\frac{\partial \alpha}{\partial \varphi_1} + \frac{\partial}{\partial v}\frac{\partial \alpha}{\partial \varphi_2}\right)\xi \mathrm{d}u\,\mathrm{d}v. \tag{1.39}$$

右侧的第一个积分沿移动表面的周界,由于周期上移动为零 $(z=0)$,因此沿周界的积分也就等于零.

平衡时相对于粒子在相之间的转移热力学势极小,因此我们有 $\delta \Phi = 0$.将式 (1.38) 和式 (1.39) 代入式 (1.37) 并注意对任何 $\xi(u,v)$,$\delta \Phi$ 必定为零,我们即得到如下的平衡条件——Herring 方程[1.33]:

$$\mu_{\mathrm{M}} - \mu_{\mathrm{S}} = \frac{\Omega}{R_1}\left(\alpha + \frac{\partial^2 \alpha}{\partial \varphi_1^2}\right) + \frac{\Omega}{R_2}\left(\alpha + \frac{\partial^2 \alpha}{\partial \varphi_2^2}\right). \tag{1.40}$$

在推导上式时,按图 1.10 利用了下列关系:

$$\frac{\partial}{\partial u}\frac{\partial \alpha}{\partial \varphi_1} = \frac{1}{R_1}\frac{\partial^2 \alpha}{\partial \varphi_1^2}, \quad \frac{\partial}{\partial v}\frac{\partial \alpha}{\partial \varphi_2} = \frac{1}{R_2}\frac{\partial^2 \alpha}{\partial \varphi_2^2}.$$

1.4.2 晶体的平衡外形

熔体、溶液或蒸气和具有一定弯曲表面的晶体的平衡条件是:两相间化学势之差等于式 (1.40) 的右侧(无限大晶体的化学势差为零).一般来说,表面上各点处这个值是不同的,因为表面上各点处的曲率和晶体学取向不同.因此当我们把一块任意外形的晶体浸入平均来说为平衡的溶液之中时,表面的某些部分将溶解,而另一些部分将由表面能引起的过饱和度而生长.晶体外形的变化持续到表面上处处达到了平衡为止.满足这一条件的表面被称为平衡外形.平衡外形在整个界面给定差值 $\Delta \mu = \mu_{\mathrm{M}} - \mu_{\mathrm{S}}$ 后服从式 (1.40) 给出的二阶非线性微分方程.可以证明[1.1,1.7,1.4.3小节]方程的解是下列平面族

$$n\,r = \frac{2\Omega\alpha(\boldsymbol{n})}{\Delta\mu} \tag{1.41}$$

的包络面.这里 $\boldsymbol{n}$ 是包络面上由径向 r 确定的法线,即平衡晶体外形表面的法线.式(1.41)就是著名的吉布斯-居里-乌尔夫规则:晶体的平衡外形由若干面组成,这些面到晶体中心的距离和它们的表面能成正比.首先给定参量 $\Delta\mu/(2\Omega)$ 的值以确定晶体的尺寸,再任选某一晶体学取向 $\boldsymbol{n}$(图1.11)按极坐标的 $2\Omega\alpha\boldsymbol{n}/\Delta\mu$ 值确定和表面能 $\alpha(\boldsymbol{n})$ 对应的 B 点,过 B 点作垂直 $\boldsymbol{n}$ 的平面 TT.对所有其他的 $\boldsymbol{n}$ 作出式(1.41)决定的一系列平面.这些平面族的凸起内包络面就是孤立单晶的平衡外形.从图1.11可以清楚看到:和极坐标 $\alpha(\boldsymbol{n})$ 尖锐极小奇异点对应的取向上平衡外形呈现为平直的面.在这些奇异取向上一阶导数 $\partial\alpha/\partial\varphi_1$ 和 $\partial\alpha/\partial\varphi_2$ 不连续,式(1.40)中的二阶导数无限大.要使式(1.40)左侧有限,奇异方向上的表面曲率应为零.

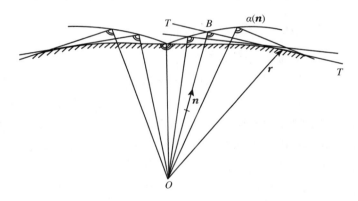

图1.11 按照乌尔夫规则从 $\alpha(\boldsymbol{n})$ 的极坐标图中得到内包络面(带阴影线)

在 $\alpha+\partial^2\alpha/\partial\varphi_i^2(i=1,2)$ 为正有限值的范围内,平衡外形由圆拱状的原子级粗糙平面组成.在 $\alpha+\partial^2\alpha/\partial\varphi_i<0$ 的范围内没有平衡的外形,平衡外形不能包含 R_i 为负的凹面.使 $\alpha+\partial^2\alpha/\partial\varphi_i^2=0$ 的一对 φ_i 值和收敛成棱或顶角的表面取向对应.这里的 $R_i=0$,但分子式($\alpha+\partial^2\alpha/\partial\varphi_i^2$)仍是有限的.假如在和棱或顶角($R_i=0$)对应的取向上 $\alpha+\partial^2\alpha/\partial\varphi_i^2\neq0$,表面贡献(式(1.40))将使化学势差变为无限大,此时棱或顶角附近的表面必迅速重构.这就是说,在顶角和棱的近旁必然永远具有平衡的组态[1.18].

假设 $\alpha(\boldsymbol{n})$ 的极坐标图由球面组成,它的截面由圆组成(见图1.6(b)).在第一象限,由式(1.18)决定的 $\alpha(\theta)$ 的绝对值符号可以省略,此时 $\alpha+\partial^2\alpha/\partial\theta^2=$

0,使 $R_{1,2}=0(0<\theta<\pi/2)$.在几何上,这意味着所有类似图 1.11 上 TT 的平面均交于同一点,即图 1.6(b)上圆的直径(矢量 A)的终点.

在低温下许多和周期性键链平行的面都具有尖锐的表面能极小,平行最近邻链的低晶体学指数面的极小特别明显(参见 1.2 节).所以平衡外形由平面组成,具有最简单指数的面最大.其他平面截去主要面联成的棱和顶角.随着温度的升高(更严格地说,随温度的升高和表面键能之比 kT/w 的增大,参见 1.3 节),高指数面变成原子级粗糙面;温度愈高,留下的奇异面愈少.于是在平衡外形上圆拱状面愈来愈多.最后,仅有 F 面保持奇异.假如这一奇异性较弱,平衡外形将近于球状,只留下少数平直区域.在 1.3 节已经指出:结晶热和温度的比值愈小,粗糙度愈显著.由此得出:低温下晶体-气体系统的平衡外形肯定会小面化,$\Delta H/(kT_0)<2$ 的晶体-熔体系统的平衡外形肯定呈圆拱状.在晶体-溶液系统中有各种不同的情形,但通常 $w/(kT)$ 足够大,外形也小面化①.

1.4.3 平均剥离功 平衡外形的获得

在分析低温下小面化平衡外形的具体面时,有时可方便地利用 Stransky 和 Kaishev 的平均剥离功方法.为说明该方法的要点,只考虑简单立方点阵(100)面的最近邻相互作用(图 1.12)[1.10].设面的边长为 N 个原子间距离.依次剥离表面层的所有原子,例如从一个顶角开始.先剥离走 $(N-1)^2$ 个原子,只留下图 1.12(b)上两列最边缘的原子.这需要做功 $3\varepsilon_1(N-1)^2$,因为每个原子都是在扭折处被剥离的,消耗的功为 $3\varepsilon_1$.剥离图 1.12(b)两列原子中 $2(N-1)$ 个原子时每个原子耗费功 $2\varepsilon_1$,剥离图 1.12(c)上最后一个原子需功 ε_1,因此平均剥离功

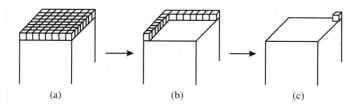

图 1.12 从完整面(a)、扭折处(b)和最后孤立位置(c)移开
晶体中的一个原子所需的剥离功是不同的

---

① 在此系统中判据式(1.33)不能简单地应用,因为 w 应以溶液浓度表示,此时需要更一般的方法[1.31a](见 1.3.4 小节).

$$\bar{\varepsilon} = \frac{3\varepsilon_1(N-1)^2 + 4\varepsilon_1(N-1) + \varepsilon_1}{N^2} = 3\varepsilon_1 - \frac{2\varepsilon_1}{N}. \tag{1.42}$$

根据定义,晶体的化学势是恒定温度和压强下在单位晶体中增加单位粒子数所需的功.因此,$T = 0$ 时无限大晶体的化学势等于 $-\varepsilon_{1/2}$,而 $-\bar{\varepsilon}$ 可以看作有限晶体的化学势.为达到平衡,介质的化学势 μ_M 也必须等于 $-\bar{\varepsilon}$.因此式(1.42)等价于下列条件:

$$\mu_M - \mu_S = \frac{2\varepsilon_1}{N}. \tag{1.43}$$

此式和宏观表达式(1.34)、(1.40)是类似的,并且是这一特例下的乌尔夫规则.式(1.43)右侧分子中的数值对不同面、不同点阵类型是不同的.

平衡时,在晶体表面所有点处介质的化学势必定相等.所以平衡外形表面不同点处的剥离功也必定相等.计算不同结构晶体的剥离功可以得到 $T = 0$ 时平衡外形的各个面.

例如我们想找到简单立方点阵平衡外形的面,可以适当考虑最近邻和次近邻间的相互作用.我们从图 1.13 上的立方体开始.立方体顶角上的粒子和晶体的结合能是 $3\varepsilon_1 + 3\varepsilon_2$,比扭折处的结合能 $3\varepsilon_1 + 6\varepsilon_2$ 小.所以这样的顶角不能在平衡外形上存在.把顶角原子剥离后留在角上的粒子具有能量 $3\varepsilon_1 + 4\varepsilon_2$,仍比扭折处的键弱.所以所有棱上的粒子要移开,于是得到图 1.13(b)的外形.角上粒子的键能只有 $3\varepsilon_1 + 5\varepsilon_2$,所以它们还不能在平衡外形上存在.移开这些粒子后得到外形包含(100)、(110)和(111)面的图 1.13(c)(d).这三个面组成的外形适用于次近邻近似.如只考虑最近邻的作用,平衡外形只含有(100)面.这些面的大小可通过剥离整个面的方法得到,剥离到所有面的平均剥离功相等(例如符合式(1.43)的要求).

上述确定平衡外形的方法对单元晶体很有效.但对由不同原子组成的晶体,难以预计其平衡惯态面,在某些情形下靠晶体的已有结合能知识还会出现矛盾.Hartman 在文献[1.11]中给出了确定晶体中周期性键链和惯态面的一些例子.

平衡外形不仅可以根据介质的平衡化学势应该在晶体的所有面上保持恒定这一条确定,还可以由晶体总表面能 $\iint \alpha \, \mathrm{d}S$ 在恒定体积下取极小的条件决定.可以证明后者和前者等价.

在 5.2 节将会看到,平衡外形的主要面也就是生长外形的主要面.因此预测平衡外形的方法也就是预计生长惯态晶面的方法.

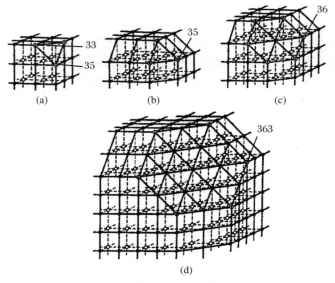

图 1.13 用剥离功法确定晶体平衡外形

粒子剥离所需能量的计算从立方体顶角(a)开始,继续到(c),结束于(d).(d)中所有顶角粒子的剥离功等于扭折处的剥离功(次近邻近似)[1.9].图上数字表示指定原子的结合能公式(见 1.3.1 小节).

1.4.4　平衡外形的实验观察

让我们估计在严格等温条件下在扩散系数为 D 的溶液中非平衡外形转变为平衡外形的时间,假设这个时间依赖于溶液整体中的扩散而不是表面过程.在某方向上晶体尺寸的变化率为

$$\frac{\mathrm{d}R}{\mathrm{d}t} \simeq \Omega D \frac{\partial C}{\partial n} \simeq \frac{\Omega^2 D C_0 \alpha}{kTR^2}. \tag{1.44}$$

这里 $\partial C/\partial n$ 是表面法线方向的溶液浓度梯度,$D\partial C/\partial n$ 是质量流,C_0 是溶液平衡浓度,R 是非平衡特征曲率半径.式(1.44)中后面部分来自各向同性近似下的式(1.40)和溶液过饱和度公式 $\Delta\mu \simeq kT(C-C_0)/C_0$.积分式(1.44),得到转变的特征时间 $\tau \simeq kTR^3/(3\Omega^2 DC_0\alpha)$. $\alpha = 50$ erg/cm^2,$\Omega C_0 \sim 10^{-1}$,$D = 10^{-5}$ cm^2/s,$T \simeq 300$ K,$\Omega \simeq 3 \times 10^{-23}$ cm^3,$R \simeq 10^{-3}$ cm 时,$\tau \simeq 2.5$ h. 当 $R \simeq 10^{-2}$ cm 时,靠表面能效应使外形显著变化至少要 ~ 100 天以上.因此只能在很小的(10^{-3}—10^{-4} cm)晶体条件下才能在实验上获得平衡外形.

Lemmlein 讨论了获得小晶体和小夹杂物平衡外形的实验[1.34]. Kliya 在相

应的实验[1.35]中把一滴在~40 ℃下饱和的 NH_4Cl 水溶液封入乙基多环己烷这种特别疏水的有机物中,以防止失水引起的浓度增加和晶体生长.液滴直径~30 μm,夹在两块盖玻片中,放在显微镜样品台上降温至室温.冷却使溶液中出现枝晶(图 1.14(a)),后来它在室温下突然变形,其过程见图 1.14(b)—(f).整个过程~10 h.最后的外形(图 1.14(f))很接近球状,保持到 23 h 仍不变.仔细观察发现外表上有许多圆拱状"面".这些原子级粗糙表面说明比表面能极坐标图上只有非奇异的(圆拱状)极小(见 1.3.4 小节).由枝晶向平衡外形的突然变化对温度涨落敏感,温度涨落或规则波动愈大,外形转变愈快.显然这是由于

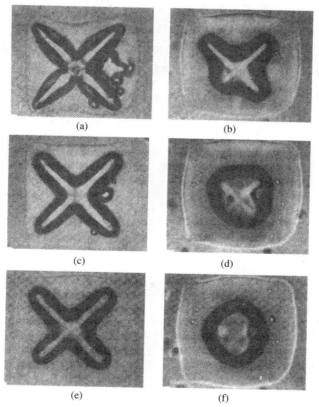

(a)   (b)

(c)   (d)

(e)   (f)

图 1.14 在温度固定的封闭溶液滴中 NH_4Cl
晶体从枝晶向平衡外形的转变

照片的时间:$t = 0(a)$,10 min(b),60 min(c),140 min(d),270 min(e),
36 h(f).放大 525 倍[1.35].

表面上平直面和圆拱面的生长和溶解速率不同,在定量处理平衡外形形成动力学实验时必须考虑这些因素.在一组晶体的粗化过程中温度涨落也有重要的作用(见 7.4 节).

通过对超高真空中淀积在石墨衬底上的 Au 和 Pb 薄膜,冻结 Au 滴和小片 Pb 晶体的退火,得到了尺寸为几微米的 Au 晶体[1.36a] 和 Pb 晶体[1.36b] 的平衡外形.样品分别在 1000 ℃(Au)和 250 ℃(Pb)下放在超高真空室内退火,以防止蒸发和生长过程.平衡外形是带有小面的球,Pb 的小面化比 Au 明显.在场发射显微镜下许多金属针尖上也观察到一些较宽的圆拱状面.统计分析[1.36c] 给出:Au 表面能相对各向异性为 $[\bar{\alpha} - \alpha(111)]/\alpha(111) = 0.034$($\bar{\alpha}$ 是弯曲表面能),$[\alpha(001) - \alpha(111)]/\alpha(111) = 0.019$.

适当选择势的参数后,用 Morse 和 Mie(Lennard – Jones)原子间势进行数值计算得到的平衡外形和观察到的圆拱状平衡外形相符[1.36d].

第 2 章

成核和外延

在母相(气体、液体或固体)中新相的产生是一般相变特别是晶体生长的最基础问题之一.在均匀成核中,要在理想均匀母相中产生一个晶核系统需克服一个势垒,它决定了成核速率并依赖于界面能.在固体或液体表面、小簇团、离子团上非均匀成核时,成核势垒和速率还依赖于这些异物的性质.非均匀成核时固体表面的不均匀性(台阶、点缺陷)也有重要影响.在 2.1 节和 2.2 节中将从宏观和微观角度讨论均匀和非均匀成核.在 2.3 节中将讨论影响新相在晶体衬底上生长的外延、错配位错和其他因素.

2.1 均 匀 成 核

2.1.1 成核功和速率 核的大小和形状

经验显示:在过冷液体和气体中,晶体可以长时间不出现.过冷熔体玻璃可以保持其非晶态达几千年之久,虽然玻璃和晶体的化学势差远超过原子的热激活能.许多金属的熔体样品可以过冷几百度,达到 $(0.7—0.8)T_0$,这里 T_0 是熔点. Ga 滴曾被过冷到 $0.5T_0(-123 \ ℃)$[2.1],Bi 滴曾被过冷到 $0.6T_0(44 \ ℃)$[2.2].水蒸气的压强可超过平衡值 5 倍而不形成雾滴.

上述亚稳相的稳定原因是:在过冷或过饱和介质中新相特别是晶体成核困难.决定成核率的因素如下.先考虑过饱和蒸气粒子的化学势 μ_v 超过晶体的 μ_s.蒸气中的组成原子或分子可以碰撞并联结成两个、三个、四个或更多粒子组成的团簇.另一方面一些团簇可以在组成原子和分子的振动能涨落的作用下解体.结果在蒸气中存在团簇大小的亚稳分布.在溶液和熔体中有类似的过程.在一定过冷度下可以估计出含有一定数目组成粒子的团簇(并形成半径为 R 的球)的数目.如果团簇中粒子数不是很小,即团簇中原子至少形成 2—4 个配位球,就可以应用宏观的表面能和化学势.最近文献[2.3]说明:即使核仅由几个原子组成,宏观理论的公式仍可正确描述整个成核速率.微观方法将在 2.2.2 小节介绍.

晶体成核过程原则上类似于过饱和蒸气中液滴的形成、液析时液滴从另一液体中析出或气泡从伸展液体中的形成.这一现象的主要规律最容易在各向同性近似下理解,我们先从这种近似开始.

类似 1.4 节的开头,我们得到在系统中形成球状晶核(半径为 R)时化学势

的改变为

$$\delta\Phi = -\frac{4\pi R^3 \Delta\mu}{3\Omega} + 4\alpha\pi R^2. \tag{2.1}$$

图 2.1 是 $\delta\Phi$ 函数的图像. R 小时式(2.1)中右侧第二项(正项,和团簇表面形成有关)占优势; R 大时(相对大的团簇)第一项起决定性作用,粒子加入低化学势的固相后使系统的化学势降低. 在下列临界值下 $\delta\Phi$ 达极大(由 $\partial\delta\Phi/\partial R = 0$ 得出):

$$R_c = \frac{2\Omega\alpha}{\Delta\mu}. \tag{2.2}$$

此式和式(1.34)相同,它表示团簇和环境的平衡条件.但这是一种不稳定的平衡.在 $R < R_c$ 时,团簇尺寸的减小使系统化学势降低[①],因此小于 R_c 的团簇将分解成单体.当 $R > R_c$

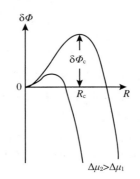

图 2.1　包含新相(半径为 R) 团簇的系统的热力学势

时,增大尺寸将使系统的能量降低,因此晶核将像雪球那样沿图 2.1 势垒的右侧斜坡滚下来,愈滚团簇愈大.正是它们成为新相的核. $R = R_c$ 的团簇是临界核.形成临界核时系统要克服图 2.1 中的势垒:

$$\delta\Phi(R_c) = \delta\Phi_c = \frac{16\pi}{3}\frac{\Omega^2\alpha^3}{(\Delta\mu)^2}. \tag{2.3a}$$

上述过程由涨落引起;完全由于机遇,结合在 $R < R_c$ 团簇中的粒子数在一定时间内可超过单体的粒子数.按照涨落理论,化学势超过平均值 $\delta\Phi_c$ 的事件的概率和 $\exp[-\delta\Phi_c/(kT)]$ 成正比.所以在气体中达 R_c 的团簇密度也和这个指数成正比.指数前的因子可以设为和气体密度 n/cm^3 同一量级,实际的值略低,约为团簇中粒子数.如果核在理想气体中形成,则有 $4\pi R_c^2 P/\sqrt{2\pi mkT}$ 个气体分子(原子)在单位时间内到达半径为 R_c 的球状晶核表面,这里 m 是分子(原子)质量, P 是蒸气压.这样单位时间、单位体积内形成的核数(即成核率)是

$$J \simeq \frac{4\pi R_c^2 Pn}{\sqrt{2\pi mkT}}\exp\left(-\frac{\delta\Phi_c}{kT}\right) \equiv B\exp\left(-\frac{\delta\Phi_c}{kT}\right). \tag{2.4}$$

关于晶核克服临界势垒 $\delta\Phi_c$ 的动力学计算,在成核率公式(2.4)中引进附加的 Zeldovich 因子 Z:

$$Z = \sqrt{-\frac{1}{\pi kT}\frac{\partial^2\Phi}{\partial N^2}\bigg|_{N=N_c}} = \sqrt{\frac{\delta\Phi_c}{3\pi kT N_c^2}}.$$

---

① 英文版误为增加.——译者注

这里 $N = 4\pi R^3/(3\Omega)$ 是半径为 R 的团簇中的粒子数，N_c 是半径为 R_c 的团簇中的粒子数[2.4]. 从熔体中成核时 Z 的典型值 $\simeq 10^{-2}$[2.5].

式(2.4)中指数前因子 B 可以如以前那样变换，即设饱和蒸气是理想气体（使 $P = nkT$），并将平衡气压 P_0 表示为

$$P_0 = \frac{\nu \sqrt{2\pi mkT}}{\kappa a^2} \exp\left(-\frac{\Delta H}{kT}\right).$$

此式表示由扭折到蒸气的流等于相反的流. 式中 κ 是在扭折处的有效"凝结系数". 比较计算的 P_0 和已列成表格的 P_0 值可以估计出 κ；令 $\nu = 10^{13}/\mathrm{s}$ 后得出简单材料的 $\kappa = 10^{-3}$—10^{-1}. 对简单立方点阵作数量级的估算，可设 $\alpha \simeq \Delta H/6a^2$，$\Omega \simeq a^3$. 取 $P \simeq P_0$，利用式(2.2)的 R_c，将 $\Delta\mu$ 表示为蒸气过冷度 ΔT，就得到式(2.4)中的简化 B 因子表达式：

$$\ln B = \ln\left[16\pi \left(\frac{2\pi m}{kT}\right)^{\frac{1}{2}} \left(\frac{\nu T}{6\kappa a \Delta T}\right)^2\right] - \frac{2\Delta H}{kT}.$$

一般晶核不一定呈球状，式(2.1)—(2.3a)对非球状核只能定性地应用. 如核是边长为 L 的立方体，则 $\delta\Phi = -L^3\Delta\mu/\Omega + 6\alpha L^2$，这里 α 是立方面的比表面自由能. 由式(2.1)决定的团簇形成功 $\delta\Phi$ 达极大时，$L_c = 4\Omega\alpha/\Delta\mu$（$\partial\delta\Phi/\partial L = 0，L = L_c$）. 这个极大值就是成核势垒：

$$\delta\Phi_c = \frac{32\Omega^2\alpha^3}{(\Delta\mu)^2}. \tag{2.3b}$$

如立方面的表面能等于球面表面能，则上式约为式(2.3a)的两倍. 这说明在各向同性近似下的平衡外形是球，而同样体积的立方体的化学势较高. 由此可见，在计算成核势垒时必须用具有平衡外形的晶核.

对立方或其他外形的晶核，指数前因子的构成和式(2.4)相同，差别仅在于球表面 $4\pi R_c^2$ 应改为立方体表面 $6L_c^2$.

上述成核的涨落过程中没有异类粒子或表面的参与，所以被称为均匀成核. 反之则被称为非均匀成核（参见 2.2 节）.

2.1.2 气相临界过饱和度和亚稳边界

单位时间、单位体积内出现的晶核数 J 强烈地依赖于过饱和度 $\Delta\mu$. 存在一个临界过饱和度，低于它实际上不能成核，高于它成核很快，足以在实验上观察到. 偏离平衡的这一临界值确定亚稳边界. 图 2.2 中的虚线就是亚稳边界.

不同的相具有不同的亚稳带宽度. 例如在三相点附近（图 2.2）的温度 T 处增大气压，将进入晶体稳定区，但实际上会先出现液相. 这是由于系统的状态 A 将首先经过液相的亚稳边界，随后才跨过固相亚稳边界.

定量上临界过饱和度 $\Delta\mu_M$ 可以定义为 $J \sim 1/(\mathrm{cm}^3 \cdot \mathrm{s})$. 对球形核的式

(2.4)取对数,得到

$$\ln \frac{P_c}{P_0} = \frac{1}{kT}\left(\frac{16\pi}{3}\frac{\Omega^2\alpha^3}{kT\ln B}\right)^{\frac{1}{2}}. \quad (2.5)$$

从式(2.5)可见,临界过饱和度仅微弱地依赖于指数前因子 B,因此 B 不够准确影响不大.当 $\Omega \simeq 3\times10^{-23}$ cm³, $m \simeq 20\times1.7\times10^{-24}$ g, $T \simeq 300$ K, $\alpha \simeq 10^2$ erg/cm², $P_c = 10$ Torr, $P_c/P_0 \simeq 3$ 时, $B \simeq 10^{25}/(\text{cm}^3\cdot\text{s})$,即 $\ln B \simeq 57$. 为了估算临界过饱和度,必须用更准确的参数. Volmer 和 Flood[2.6] 给出:从水汽形成水滴,若 $T = 275.2$ K, $\alpha = 75.23$ erg/cm², $m = 18\times1.7\times10^{-24}$ g, $\Omega = m/\rho(\rho = 1$ g/cm³,为水的密度),在调整 B

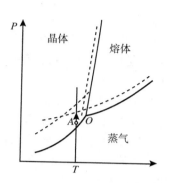

图2.2　气、固、液相图(实线)和亚稳边界(虚线)(和图1.1比较)
在温度 T 下增加气压(如箭头所示),可能先形成熔体,后出现晶体.

的值后,根据式(2.5), $P_c/P_0 = 4.16$;若 $T = 261.0$ K, $\alpha = 77.28$ erg/cm², 则 $P_c/P_0 = 4.96$.实验值分别是 4.21 和 5.03,可见计算值和实验值很符合.表 2.1 是 Volmer 和 Flood 给出的其他液滴的 P_c[①]$/P_0$ 的计算值和实验值,两者符合得很好.但是 Pound 和 Lothe[2.5,7.8] 指出,他们在确定 J 时没有考虑核在气体中的平衡和转动运动.考虑这些运动后使 J 增大大约 10^{17} 倍,从而减弱了实验和理论相符的程度,因为计算的 $\ln(P_c/P_0)$ 降低了约 30%.从文献[2.7]开始,恰当使用标准状态的讨论延续至今[2.9a,b].上述理论问题的现状可参阅文献[2.9c],1—102,205—279 页.

表2.1　过饱和气中液滴的成核条件a[2.6]

材料	分子量	密度	$\alpha/(\text{erg/cm}^2)$	P/Torr	T_0/K	T_c/K	P_c/P_0 实验值	P_c/P_0 计算值
甲醇	32	0.81	24.8		270.0	295	3.2 ± 0.1	1.8
乙醇	46	0.81	24.0		273.2	289.5	2.34 ± 0.05	2.28
丙醇	60.1	0.82	25.4	2.8	270.4	289	3.05 ± 0.05	3.22
异丙醇	60.1	0.81	23.1	3.4	264.7	283.2	2.80 ± 0.07	2.89
丁醇	74.1	0.83	26.1	1.12	270.2	291	4.60 ± 0.13	4.53
硝基甲烷	61	1.2	40.6	2.39	252.2	291.5	6.05 ± 0.15	6.22
醋酸乙酯	88.1	0.94	30.6	290	240 240	290	12.3 8.6	10.37

a 从平衡温度 T_0 降温得到过饱和度, $P_0 = P(T_0)$, $P_c = P(T_c)$, T_c 是液滴成核温度.

① 英文版误译为 P_M. ——译者注

临界过饱和度和 $\alpha^{3/2}$ 成正比,即它强烈依赖于表面能的变化(实际上是决定因素). 因此引入少量表面活性杂质会促进成核,使亚稳区变窄. 如果这种杂质不多,不足以覆盖大多数或亚临界尺寸团簇的表面,簇和气之间的粒子交换受阻,成核率就下降.

如果杂质原子(分子)和气相原子(分子)的结合更强,则围绕杂质原子形成稳定的团簇,有利于成核.

如气体中含离子,成核也容易. 因为气体分子(原子)黏附在离子上,可降低离子周围静电场的能量. 在离子周围形成的团簇比清洁气体的临界团簇在低过饱和度下要稳定得多,并成为凝结中心. 云室的原理就是以此效应为基础的.

公式(2.4)和(2.5)决定清洁系统中亚稳区宽度随温度的变化.

亚稳区宽度可以用相对过饱和度 $(P_c - P_0)/P_0$ 表示,也可以相对过冷度 $\Delta T_c/T_0 \equiv (T_0 - T_c)/T_0$ 表示,这里 T_c 是一定压强下亚稳区边界上的温度. 相对过冷度不太大时,$\Delta\mu \simeq \Delta H \Delta T/T_0$(参见 1.1 节),加上令 $J = 1/(\text{cm}^3 \cdot \text{s})$ 的式(2.4),得到类似式(2.5)的下列关系:

$$\frac{\Delta T_c}{T_0} \simeq \left[\frac{16\pi\Omega^2\alpha^3}{3kT(\Delta H)^2\ln B} \right]^{\frac{1}{2}}.$$

做进一步的估计:设 $\alpha \simeq \Delta H/(6a^2)$,$\Omega = a^3$,得出

$$\frac{\Delta T_c}{T_0} \simeq 0.3(\ln B)^{-\frac{1}{2}}\left(\frac{\Delta H}{kT_0}\right)^{\frac{1}{2}}. \tag{2.6a}$$

原则上,近似式(2.6a)也可以用来确定熔体和溶液的临界过冷度. 利用晶体-熔体表面能和熔解热 ΔH 的经验关系 $\alpha \simeq (0.3\text{—}0.5)\Delta H/\Omega^{2/3}$[2.10a](参阅 1.3.4 小节最后的部分),得到代替式(2.6a)的近似式:

$$\frac{\Delta T_c}{T_0} \simeq (0.7\text{—}1.4)(\ln B)^{-\frac{1}{2}}\left(\frac{\Delta H}{kT_0}\right)^{\frac{1}{2}}. \tag{2.6b}$$

把 B 和 $\Delta H/(kT_0)$ 的典型值代入式(2.6),得到不同材料、不同聚集态的变化中 $\Delta T_c/T_0$ 为 0.05—0.3. 这说明在清洁系统中临界过冷度可以达到绝对平衡温度的百分之几十.

2.1.3 凝聚相中成核

溶液中成核率公式的指数前因子和溶质密度 (n/cm^3) 成正比,和流向晶核表面 $(\sim 4\pi R_c^2)$ 的粒子通量成正比. 溶液中这一通量依赖于扩散率和粒子与晶核间的联接. 这一联接需要断开粒子和溶剂间的一部分键,即需要克服一个势垒. 这个过程还研究得很少. 现有的数据只能给出整个过程(粒子被递送到宏观晶体的点阵上)的近似激活能. 对在水热溶液中石英(0001)面的生长,激活能约为

20 kcal/mol. 指数前因子为

$$B \simeq 4\pi R_c^2 n^2 \nu a \exp\left(-\frac{E}{kT}\right). \tag{2.7}$$

这里 $\nu \simeq 3\times 10^{12}/s$，$a \simeq 3\times 10^{-8}$ cm，E 是粒子联到晶核的激活能. 当 $R_c \simeq 3\times 10^{-7}$ cm，$n \simeq 3\times 10^{20}/cm^3$（每 10^3 个溶剂粒子约 1 个溶质粒子），得到 $B \simeq 10^{34}\exp[-E/(kT)]$. 如 $E \simeq 20$ kcal/mol，$T \simeq 650$ K，即 $E/(kT) \simeq 15.4$，得到 $B \simeq 2\times 10^{27}/cm^3$.

在熔体中不存在分子的输送问题，势垒仅与粒子联接到晶核的短程序的重新调整有关. 一般认为这种调整也可以用激活能表征，因此指数前因子在熔体中也具有式(2.7)的形式. 常常设想熔体生长的激活能类似于黏滞流动的激活能，黏滞流动时分子也发生相对位移. 但是对某些有机晶体（环己醇、琥珀腈[2.10b]）进行仔细的熔体生长动力学实验显示：生长速率的描述不宜以晶化和黏滞流动的原子过程类似为基础. 更合理的办法是使激活能和熔解热 ΔH 成正比，两者之比 $\lesssim 1$. 但对简单的熔体（原子、小分子）应设 $E \ll \Delta H$（参见 3.1.2 小节）. $n \simeq 3\times 10^{23}/cm^3$，$R_c \simeq 1\times 10^{-7}$ cm，$\nu \simeq 3\times 10^{12}/s$，$a \simeq 3\times 10^{-8}$ cm 时，由式(2.7)得到 $B \simeq 10^{39}\exp[-E/(kT)] \simeq 10^{35}—10^{38}/(cm^3 \cdot s)$.

亚稳区宽度可由式(2.6b)粗略估计出来. $B \simeq 10^{37}$、$\Delta H/(kT) \simeq 3$ 时，$\Delta T_c/T_0 \simeq 0.2$. 从本节后面的表 2.2 可见，$\Delta T_c/T_0$① 的最大实验值是 0.2—0.5.

成核率 $J(T,T_0)$ 正比于 $\exp[-\delta\Phi_c/(kT)]\exp[-E/(kT)]$，由此得出：成核率先随温度降低而增大，因为过冷度增大后成核功 $\delta\Phi_c$ 降低；成核率随后下降，因为粒子在液相的迁移率，即正比于 $\exp[-E/(kT)]$ 的项下降. 如果迁移率很低，即使过冷度很大也不发生成核，结果形成玻璃态. 图 2.3 上的曲线的峰很好地说明了上述图像. 下面还要介绍这些实验.

晶核也可以在玻璃中形成，但成核率常常很低. 这就是使玻璃浑浊的反玻璃化现象. 近来已经找到合适的玻璃成分和制备工艺（淬火后加热），可以在玻璃基体中产生很大量的细小晶体. 这样的材料（其中有耐热玻璃）具有比普通玻璃高得多的强度.

任何一级相变，包括由一固相（非晶态或晶态）向另一固相（晶态）的转变都有成核阶段. 由于新相的比容和结构不同，母体中晶核的出现将引起应力[2.12a]. 设 u_{ik}^0 是相变在起始点阵中引起的形变，$u_{ii}^0 = u_{xx}^0 + u_{yy}^0 + u_{zz}^0$ 是相对体积变化，$u_{ik}^0 (i \neq k)$ 是切变，即相变中相应晶体学平面间夹角的变化. 如 N 是晶核中的粒子数，Ω 是每一粒子的比容，G 是切变模量，则基体和晶核的弹性能（数量级）

① 英文版误为 $\Delta T_0/T_c$. ——译者注

是 $G(u^0_{ik})^2 N\Omega$,即和核的体积成正比.系统的表面能(数量级)等于 $\alpha(N\Omega)^{2/3}$. 如果包含晶核形状参数和泊松系数的那些因子可设为 1,同时母相和新相的切变模量和膨胀模量相同,则上述式子成立.对下列典型值:$G \simeq 10^{12}\ \mathrm{erg/cm^3}$, $\alpha \simeq 10{-}10^2\ \mathrm{erg/cm^2}$,$u^0_{ii} \simeq 0.01{-}0.1$,$u^0_{ik} \simeq 0.01{-}0.3(i \neq k)$,得到当核的尺寸 $(N\Omega)^{1/3} \simeq \alpha/G(u^0_{ik})^2$,即几个原子间距离时,总弹性能和表面能可以相比. 由此可见在固相转变中弹性能起主导作用.

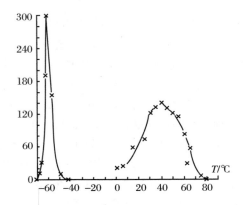

图 2.3　1 cm³ 熔体中的甘油晶核数(左侧曲线)和 1.2 cm³ 熔体中的胡椒碱晶核数(右侧曲线)与温度的关系[2.11]

成核引起系统热力学势的变化(数量级)是
$$\delta\Phi \simeq - N[\Delta\mu - G(u^0_{ik})^2\Omega] + \alpha(N\Omega)^{2/3}.$$
因此只有在 $\Delta\mu \gtrsim G(u^0_{ik})^2\Omega$[①],即 $u^0_{ik} \simeq 0.03$,$\Omega \simeq 2 \times 10^{-23}\ \mathrm{cm^3}$,$\Delta\mu \simeq 300\ \mathrm{cal/mol}$ 时,成核才有可能.由 1.1 节可知 $\Delta\mu \simeq \Delta H \Delta T/T_0$,这里 ΔH、T_0 分别是转变热和转变温度(通常 $\Delta H \simeq 1\ \mathrm{kcal/mol}$),因此当相对过冷度 $\Delta T/T_0 \simeq 0.3$ 时固体基体中可以出现新相.在较小的过冷度下,在不允许应力弛豫的刚性基体中,新相的出现在热力学上是不利的.如果在一定时间(和成核时间可以相比)应力可以松弛,则固相中可以和液相中一样成核.

在不能弛豫的情形下,系统的弹性能依赖于沉淀相的形状.这说明含沉淀相基体的弹性能公式 $G(u^0_{ik})^2 N\Omega$ 中还应包含和晶核形状有关的因子[2.12b].

包含这一因子后,片状或盘状(直径为 d,厚度为 h,$d \gg h$)沉淀的弹性能比接近等轴的柱状($d \sim h$)或球状沉淀要低得多(如果只考虑表面能,后面的外形在能量上有利).因此在固态基体中盘状和条状沉淀的成核比同样体积的球状

---

① 　英文版误为 $G(u^0_{ik})\Omega$. ——译者注

沉淀所需的平衡偏离度小得多.

随着平衡偏离度的增大和晶核中粒子数的减少,表面能($\delta\Phi$ 公式中的第二项)起的作用增大,这时出现近等轴状临界核会变得有利.

在前面的所有讨论中,假设热和质量的输运无限快.文献[2.12c,d]考虑了有限输运速率的影响.

成核的定量实验研究特别复杂.这首先是由于晶核尺寸很小,以至不能直接观察它们并测定凝结参数.利用场发射电子显微镜可以观察原子和原子团簇[2.13a,b],测量二维凝结的相图[2.13c],研究直观的成核过程[2.13d,e].这些方法结合起来,对将来研究非均匀成核是有用的.最近在蒸气中成功地制备了 30 种含 $N(1\leqslant N\leqslant 6000)$ 个原子的团簇材料(参见 2.2.2 小节).这一技术为直接研究均匀成核提供了良好的前景.但目前常用的是 Tamman 建议的"显影"法[2.11]:起始相(液体、固溶体、玻璃等)在过冷态保持一定时间,即使它在具有待测成核率的温度下"曝光".随后迅速加热到"显影"温度,使初始相处于事先实验中定出的亚稳区内以阻止新核的继续出现,同时使"曝光"中出现的核长大到可见的尺寸.得到的小晶粒数除以曝光时间和体积,就得到单位体积的成核率.图 2.3 给出的1 cm³ 和 1.2 cm³ 中甘油和胡椒碱晶核数就是这样得到的.

成核研究的第二个困难和晶态相的干扰有关.在一些异类粒子(灰尘、氧化物微粒等)的表面上成核比均匀成核要容易得多.晶核也更容易在器壁上形成.在 2.2 节中将讨论这些表面的活性,这种活性最终依赖于晶核在这些表面上的黏附性.熔体中的异类粒子数可以用过滤等方法减少[2.14a].

金属中干扰最大的是高熔点的不可溶金属氧化物,研究中采用还原性气氛,样品外包一层液态玻璃以防止氧化和外来颗粒的进入,同时也可使样品和容器壁隔绝.Turnbull[2.10a,2.15,2.16]建议的小滴法是很有效的.样品被分散成许多直径约 100 μm 的小滴,分别处在不氧化的液态基体中.宏观的杂质颗粒只出现在个别小滴中,这些小滴在较小过冷度下首先结晶,但它们的固化并不代表整个样品的固化.大部分小滴在最大的过冷度下被认为进行均匀成核.和液滴非均匀固化时的过冷不同,均匀成核时的最大过冷度是可以可靠重复的.这一点帮助我们对成核的性质作出判断.图 2.4(a)上的垂直线段是不同温度下异丙烯凝固的百分数.

从动力学角度看,最大过冷度并不是一个能给出成核率的物理量,因为成核起源于涨落,是随机的.在 $\mathrm{d}t$ 时间内成核的概率是 $JV\mathrm{d}t$,这里 V 是液滴体积,到 t 时刻凝固滴的百分数是 $\exp(-JVt)$,未凝固的百分数是 $1-\exp(-JVt)$.图 2.4(b)是未凝固 Sn 滴的百分数随 t 变化的实验曲线,它确实随时间指数地衰减,肯定了成核的随机性.知道了液滴的体积 V,就可以从图 2.4(b)那样的曲线得到成核率了.显然,同时研究大量液滴在统计上等同于对一个液滴进行多次重复实验;图 2.4(b)是严格按后一种方法得到的.实际工作中,在固定温度下研究成核不太方便,降温研究更为方便,这时在一定温度范围内出现的核的数目达到极大[2.20,2.21].

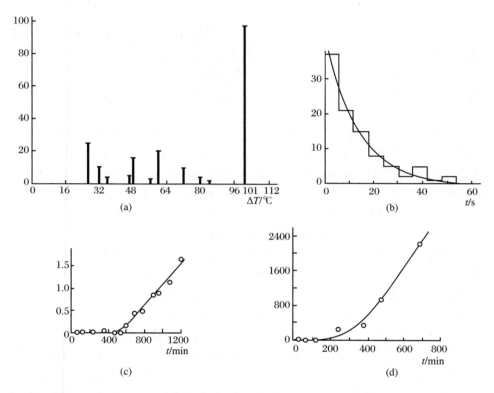

图 2.4　不同过冷度(a)和时间(b—d)下凝固的核数

(a) 不同过冷度 ΔT 下晶化的异丙烯液滴数.$\Delta T < 101$ ℃,非均匀成核,$\Delta T = 101$ ℃,均匀成核[2.1].(b) t 时刻未凝固的 Sn 滴数.过冷度恒定为 101 ℃[2.18].(c)(d) 含 Au(c)和 Ir(d)颗粒的 Graham 玻璃在恒温 332 ℃(c)和 302 ℃(d)下 t 时刻形成的晶核数密度[2.19].

近来通过彻底地清洁表面和防止氧化,在重达 500 g 的金属样品中达到了深度过冷(如对 Ni 达 470 ℃,见表 2.2、表 2.3).

成核率 J 强烈地依赖于过冷度 ΔT,实际达到的过冷度一般不超过几十度.这对检验 $J \sim \Delta T$ 关系有时是不够的;均匀和非均匀成核的 $J \sim \Delta T$ 关系有显著的不同.

小滴技术和过冷液滴寿命的统计处理方法提供了表 2.2 中以金属为主的

固-液界面能,表中材料按熔点由低到高排列.由晶粒边界凹槽处二面角(DA)和小颗粒(≲50 nm)熔点降低(DMP)法测得的界面能也列在表中以便比较.上述液滴实验得到的指数前因子在 10^{33}—10^{42}/(cm^3·s)之间.这样的值定性上和理论值相符,有利于均匀成核,因为在非均匀成核中此因子不和分子密度成正比,而和促进成核的杂质颗粒密度成正比,要小许多个量级.深信观察到的 $J\sim\Delta T$ 关系由随机的均匀成核过程决定,而成核过程受固-液界面能控制后,我们可以得到被研究材料的界面能.

表 2.2　实验上达到的过冷度 ΔT_c、熔点 T_0、熔解熵 ΔS 和固体-熔体界面能 α

	T_0/K	$\Delta S=\Delta H/T_0$/(cal/(mol·deg))	ΔT_c/deg	α/(erg/cm)
Hg	234	2.32	79[a],51.2[b]	31.2[a],23.0[b]
H$_2$O	273	5.28	39[c],36.4[b]	32.1[c],28.3[b]
Ca	310	4.31	76[c],99[b],106[d],153[k]	55.9[c],42.8[d],40.4[b]
In	429	1.81	81[b]	30.8[a]
Sn	505	3.36	105[c],122[b]	54.5[c],59.0[b](62,DMP)[m]
Bi	544	4.83	90[c],100.4[b],115[d],230[l]	54.4[c],61.2[d] (74,DA;55—80,DMP)[m]
Pb	610.5	1.9	80[c]	33.3[c],71[m],55[m](40,DMP)[m]
Sb	903	5.28	135[c]	101[c]
Al	933	2.80	130[c]	93[c],122[m](158,DA)[m]
Ge	1231	4.94	227[c],316[b],200[b]	181[c],251[b]
Ag	1234	2.19	227[c],292[b]	126[c],143[b],172[m]
Au	1336	2.27	230[c],190[t]	132[c],191[m](270,DMP)[m]
Cu	1356	2.29	236[c],277[b],180[f],218[g]	177[c],200[b],254[m](237,DA)[m]
Mn	1517	2.31	308[c]	206[c]
Ni	1726	2.40	319[c],480[h],290[i],400[i]	255[c],322[m]
Co	1765	2.1	330[c],470[h],310[f]	234[b]
Fe	1803	1.97	295[c]	204[c]
Pd	1825	2.0	332[c],310[f]	209[c]
Pt	2042	2.5	370[c]	240[c]

a [2.15],b [2.18],c [2.10a],d [2.22],e [2.16],f [2.23],g [2.24],h [2.25],i [2.26],j [2.27],k [2.1],l [2.2],m [1.116].

利用表中的界面能和过冷度的值,通过式(2.2)可以容易地估计出临界核的尺寸. 如对 Ni 为 $R_c \simeq 0.6$ nm, 对 Ga 为 0.4 nm, 对 Hg 为 1.3 nm. 换句话说, 即使在上述高过冷度下, 晶核包含几百个原子, 宏观处理也是正确的. 但它在过冷度达到 $\sim 0.5 T_0$(Ga) 时就不适用了[2.1]. 在这种过冷度下晶核只含几个原子. 更重要的是, 成核率如此之大, 会使液滴在更小的过冷度下凝固. 但是实验上却不是如此. 一个可能的解释是: 微小团簇的原子组态、振动模以及相应的化学势没有达到宏观固相的值. 这和 Ga 在大过冷度下至少出现五种亚稳晶态是一致的. 还报道过水在大过冷度下晶化时也出现亚稳的变态.

表 2.3　合金的固-液界面能[1.12b]

固相 A	液相 AB	T_0/K	X_{AL} 液相中 A 的摩尔分数	α/(erg/cm^2)
Al	Al – Sn	673	0.093	243
		823	0.440	197
	Al – In	673	0.018	290
		823	0.060	260
	Al – Bi	823	0.070	254
	Al – Pb	893	0.010	370
Cu	Cu – Pb	1093	0.115	390
Zn	Zn – Sn	600	0.473	124
	Zn – Pb	600	0.022	175
Ni[a]	Ni – Pb	100	0.0085	190
		1100	0.051	258
Fe[b]	Fe – Cu	1373	0.032	430
Nb[c]	Nb – Cu	1773	0.093	430
Cr	Cr – Ag	1673	0.022	540
Mo	Mo – Sn	1873	0.0015	735
W	W – Sn	2273	10^{-5}	1000

a $X_{Pb}^S = 6.10^{-3}$, b $X_{Cu}^S = 0.2$, c $X_{Cu}^S = 0.2$.

许多事实说明, 气相中的小团簇具有非晶的组态(见 2.2.2 小节). 电子显微镜点阵象表明: 3 Mn : 1 Mg 硅酸盐的反玻璃化初期也出现亚稳相[2.27b]. 在 800 ℃下退火 30 分钟, 在玻璃中出现辉石结构的岛(图 2.5(a)), 进一步退火后观察到更大周期的似辉石(图 2.5(b)),最后是稳定的锰三斜辉石.

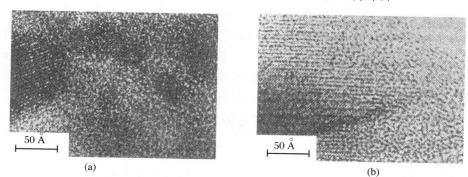

图 2.5 成核过程中的亚稳结构 3Mn：1Mg 硅酸盐玻璃中初始(a)和退火后(b)
出现的晶体具有不同的点阵常数

透射电镜照片(D. A. Jefferson).

Rasmussen[2.2]发现熔体和溶液在很大过冷度下成核时有亚稳分解的一些特征.但是结晶是一级相变,不应该是亚稳分解,虽然亚稳相成核可以产生这种效应.

2.1.4 瞬变成核过程

只有在晶化介质(气体、熔体或溶液)中建立了给定过冷度下的团簇稳态尺寸分布后,才能得出上述稳态成核率.由于在"达到"某一过冷的时刻,团簇的分布还对应着原先的温度,要达到新的稳态分布还需要一些时间.这个瞬变阶段不应和给定稳态成核率下出现一个核的简单期待时间相混淆.下面估计这个瞬变时间.在尺寸坐标(核中原子或分子数 N)用一点代表一个团簇.团簇增加一个原子时这个点向右跳一格,减少一个原子时向左跳一格,即代表团簇的点在坐标轴上无规行走.正是这种 x 轴上的行走过程使团簇有可能爬上图 2.1 的势垒顶并在克服它后向右侧下降成为宏观的晶体.在行走过程中沿尺寸轴的扩散系数在数量级上等于在有 N 个粒子的团簇表面 S_N 上增加一个原子的频率 $w_+ S_N$,这里 w_+ 是在表面的一个原子位置上增加原子的频率.由于"到达"过冷之前系统中大的团簇很少,过渡到稳态分布的时间在数量级上等于核在尺寸轴上从 $N=1$ 到 $N=N_c$ 扩散所需的时间,这里 N_c 是临界核中的原子数.这个时间 $\tau \simeq N_c^2/(4w_+ S_{N_c}) \propto N_c^{4/3}/w_+$.在单元凝聚相中频率 $w_+ \simeq \nu \exp[-E/(kT)]$,这里 E 是团簇上增加一个原子的激活能.

如果核在一个"润湿"的异表面形成(见 2.2 节),核的表面和体积较小,瞬变阶段也较短.但是只有在核和衬底完全润湿时,τ 才有数量级的变化.

在不发生化学反应的气相中, $w_+ \simeq Pa^2/\sqrt{2\pi mkT}$, 当 $P \simeq 1$ Torr 时, $w_+ \simeq 10^6/\mathrm{s}$. 所以在气相中, 当 $N_c \simeq 100$ 时, $\tau \simeq 10^{-4}$ s. 在熔体中 $N_c \simeq 1000$, $\tau \simeq 10^{-7}$ s, 很短. 在玻璃中黏滞度高达 10^{10}—10^{13} P, 而且 $E/(kT) \simeq 30$—40、$w_+ \simeq 10^{-2}/\mathrm{s}$, 当 $N_c \simeq 10$ 时, $\tau \simeq 10^5$ s, 即当 $E/(kT) \simeq 33$ 时, 瞬变阶段的量级为 24 h. 温度上升时, τ 急剧下降. 在 $\mathrm{Li_2O \cdot 2SiO_2}$ 硅酸盐玻璃中 430 ℃ 观察到的 $\tau \simeq 9 \times 10^4$ s[2.28]. 电解液中 Cd 和 Ag 在 Pt 电极上的成核实验得到 $\tau \simeq 10^{-4}$—10^{-1} s[2.19].

对非稳态成核原子图像的宏观描述得出依赖于时间的成核率[2.4b]:

$$\tilde{J}(t) = J\left[1 + 2\sum_{s=1}^{\infty}(-1)^s \exp\left(\frac{s^2 t}{\tau}\right)\right].$$

这里 J 是稳态成核率 (式(2.4)), τ 是上述孕育期. 直接的计算[2.4b]给出

$$\tau = \frac{8kT}{\pi D^+}\left(-\frac{\partial^2 \delta\Phi}{\partial N^2}\right)_{N_c}.$$

这里 $\delta\Phi$ 是团簇形成引起的吉布斯热力学势的改变 (式(2.1)), D^+ 是沿团簇尺寸轴的扩散率 ($\simeq w_+ S_{N_c}$), 临界核的 $N = N_c$.

在给定温度 "曝光" t 时间后, 观察到的单位体积中的晶核数是

$$\int_0^t \tilde{J}(t)\mathrm{d}t = J\left[t - \frac{\pi^2}{6}\tau - 2\tau\sum_{s=1}^{\infty}\frac{(-1)^s}{s^2}\exp\left(-\frac{s^2 t}{\tau}\right)\right] \simeq J\left(t - \frac{\pi^2}{6}\right).$$

后面的近似在 $t \gtrsim 5\tau$ 时成立.

在异类颗粒上非均匀成核也有类似的公式. Gutzov 和 Toshev[2.19] 在含 $\lesssim$ 1 μm 大小 Au 和 Ir 颗粒的 Graham 玻璃中完成了相应的实验, 这里晶核非均匀地在异类颗粒的表面上形成. 图 2.4(c)(d) 分别是两种玻璃中不同阶段的 $\mathrm{Na_3P_3O_9}$ 晶体的数目. 虽然 Ir 和 Au 的活性不同 (比较两图即可明显看出), 但两种情形下都观察到了孕育期.

2.2　非均匀成核

2.2.1　成核功和速率　核的大小和形状

在异类粒子、容器壁、已经存在的晶体界面上的成核被称为非均匀成核. 在界面上所有点处并不能以同样的概率成核 (参见 2.2.2 小节). 围绕个别的离子

成核(如泡室或威尔逊云室中)也被称为非均匀成核.在使成核率达到实验测量限的过冷度下,晶核尺寸不超过 10^{-6} cm(见 2.1.3 小节).因此,曲率半径 $\gtrsim$ 10^{-5} cm 的表面可以在非均匀成核时被认为是平的.这些表面包括器壁、异类粒子表面和已有晶体的表面.

下面考虑平表面上的成核.先从各向同性唯象模型①开始并设核的形状是球的一部分,它的表面和衬底形成润湿角 θ(图 2.6(a)),使

$$\alpha\cos\theta = \alpha_{sM} - \alpha_{sS}. \tag{2.8}$$

这里下角标 s 代表衬底,α_{sM} 和 α_{sS} 分别代表衬底、介质和衬底、晶体界面能.

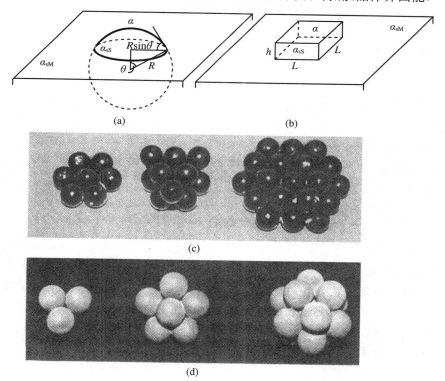

(a)   (b)

(c)

(d)

图 2.6   衬底上的核

宏观模型:(a) 球冠;(b) 平行六面体.原子模型:(c) 密堆积;

(d) 非晶体学五次对称堆积(含 3,7,13 个原子)[2.29].

润湿角决定球冠的外形,即它的高度和基面直径之比.由和 2.1 节类似的

———————————

① 成核的原子图像在 2.2.2 小节中讨论.

推导并利用三角公式得到球冠的形成功为

$$\delta\Phi = \frac{\pi R^3}{3\Phi}(1 - \cos\theta)^2(2 + \cos\theta)\Delta\mu$$
$$+ \pi(R\sin\theta)^2(\alpha_{\text{sS}} - \alpha_{\text{sM}}) + 2\pi R^2(1 - \cos\theta)\alpha. \qquad (2.9)$$

这里 R 是核的球面曲率半径. 式(2.9)的第一项是获得的块体能,第二项来源于衬底、晶体界面能代替了衬底、介质界面能,第三项是核和介质间球状界面的能量.

成核功的极大值是[2.6]

$$\delta\Phi_{\text{c}} = \frac{16\pi\Omega^2\alpha^3}{3(\Delta\mu)^2}\frac{(1 - \cos\theta)^2(2 + \cos\theta)}{4}. \qquad (2.10)$$

临界曲率半径是

$$R_{\text{c}} = \frac{2\Omega\alpha}{\Delta\mu}. \qquad (2.11)$$

式(2.11)和式(2.2)的比较显示:自由核的曲率和同一过冷度下衬底上核的曲率半径相同. 这是可以理解的,因为核表面的所有点都应存在核和介质间的平衡,参阅式(1.34)和式(1.35)就能明白. 因此,在给定 $\Delta\mu$ 下,表面上任一点的平衡仅依赖于该点的曲率,而和表面的整体形状无关,即和是完整的球还是球冠无关. 当然这一结论成立的条件是三相接触线上处处平衡,即平衡润湿条件式(2.8)处处满足.

衬底上的成核功(式(2.10))比介质整体内均匀成核功(式(2.3a))小. 如果成核材料完全和衬底润湿,则 $\theta = 0$,$\cos\theta = 1$,此时衬底上结晶或凝结不需克服势垒,也就是可以在零甚至负过冷度下发生. 即使在中等润湿下,$\theta = 45°$,式(2.10)的势垒也仅为均匀成核功的几分之一,因此在异类表面上成核要容易得多. 从上述分析还可看到,为了达到显著的过冷度,盛过冷溶液、熔体或蒸气的容器应该尽可能不和结晶材料润湿. 作为坩埚材料的石墨满足这一要求. 为此目的在过冷液体中能起成核"催化剂"作用的悬浮粒子也应满足此要求.

涉及两固相间界面的 θ 角通常了解得较差,但从相应熔体的接触角可以估计出来,因为熔体的表面能和晶体的表面能之差近似于它们的密度之差,两者的差别小于~10%.

以上讨论还可以在几个方面加以扩展. 首先必须考虑沉淀晶体、衬底和介质界面能的各向异性. 各向异性影响到晶体、衬底间的取向(外延,见 2.3 节)、核的外形以及关于临界核尺寸和势垒高度的公式(2.10)和(2.11)中的系数. 其次在大过冷度 $\Delta\mu$ 下,当核的尺寸和原子间距离可以相比时,系统的行为将具有 2.2.2 小节中的一系列特点.

先在唯象模型的框架内考虑上面提出的问题,设晶核为矩形平行六面体,边长为 L,高度为 h(图 2.6(b)).衬底上出现这样的核引起系统热力学势的改变为

$$\delta\Phi = -\frac{L^2 h}{\Omega}\Delta\mu + L^2\Delta\alpha + 4Lh\alpha.\qquad(2.12)$$

这里 $\Delta\alpha = \alpha + \alpha_{sS} - \alpha_{sM}$ 是单位面积的衬底、介质界面能 α_{sM} 被衬底、晶体界面能 α_{sS} 和晶体、介质界面能 α 取代的结果. $\Delta\alpha$ 的值可以通过黏附比自由能 α_s 表示出来,后者表示将晶体从衬底等温、可逆地分离开所需的(单位面积的)功. 利用"割开和粘接"方法建立晶体、衬底界面,很容易得到(见 1.2.1 小节)

$$\alpha_{sS} = \alpha + \alpha_{sM} - \alpha_s,$$

因此

$$\Delta\alpha = 2\alpha - \alpha_s.\qquad(2.13)$$

这就是说,$\Delta\alpha$ 表示的是将晶体分割开比将晶体从衬底分离开的困难程度. 当 $\Delta\alpha<0$ 时黏附强,晶体和衬底完全润湿;当 $\Delta\alpha>0$ 时黏附弱,润湿不好或中等. 如衬底和晶体等同,$\alpha_s = 2\alpha$,$\Delta\alpha = 0$.

团簇的形成功依赖于它的绝对尺寸 L 和 h 以及两者之比,即团簇的形状. 对于给定体积为 $L^2 h$ 的团簇,当式(2.12)的后两项之和取极大,即晶核具有平衡外形时,成核功 $\delta\Phi$ 极小. 在 $L^2 h$ 为常数的条件下求界面能 $L^2\Delta\alpha - 4Lh\alpha$ 的极小,得到平衡条件

$$\frac{h}{L} = \frac{\Delta\alpha}{2\alpha}.\qquad(2.14)$$

再对总功 $\delta\Phi$ 求极小,得到临界核的 L_c、h_c 和 $\delta\Phi_c$:

$$L_c = \frac{4\Omega\alpha}{\Delta\mu},\quad h_c = \frac{2\Omega\Delta\alpha}{\Delta\mu},\quad \delta\Phi_c = \frac{16\Omega\alpha^2\Delta\alpha}{(\Delta\mu)^2}.\qquad(2.15)$$

这些式子和各向异性的式(2.10)、式(2.11)在 L_c、$h_c>a$ 时才有意义. 如果形式上将 $\Delta\alpha$ 和 $\Delta\mu$ 代入式(2.15)[①]得出 L_c、$h_c<a$,即说明这些式子不能用. 核的大小愈接近原子尺寸,式(2.12)和式(2.15)就愈不准确,因为它们使用了核的化学势和表面能的宏观值,而 2.2.2 小节说明化学势和表面能与核的大小有关. 在概念的定性水平上,可以忽略这种依赖关系. 我们特别关心的是 $h = a$ 而 L 比原子尺寸大得多时平面核($L\gg h$)的形成. 当 $2\alpha/|\Delta\alpha|>1$(参阅式(2.13))时出现这种情形. 例如,当 $\Delta\alpha>0$、$\alpha_s>0$ 时,此不等式[②]成立,使 $L =$

---

① 英文版误为式(2.13).——译者注

② 英文版将 inequality(不等式)误为 in equality.——译者注

$2\alpha h/\triangle\alpha > h$（见式(2.14)）.

在牢记以上分析的近似性质后,我们来找出式(2.15)至少定性上成立的 $\triangle\alpha$ 和 $\triangle\mu$ 的范围,找出式(2.15)变得不再适用的关系式.让我们先用一组 $h = $ 常数的平面和式(2.12)的曲面 $\delta\Phi = \delta\Phi(L,h)$ 相交.每个交线都是通过 $L = 0$ 的抛物线,并在

$$L = L_c'(h) = \frac{2\Omega\alpha}{\triangle\mu - \Omega\triangle\alpha/h} \tag{2.16}$$

达到极大或极小,此时

$$\delta\Phi = \delta\Phi_c'(h) = \frac{4\Omega\alpha^2 h}{\triangle\mu - \Omega\triangle\alpha/h}. \tag{2.17}$$

当

$$\frac{\partial^2\delta\Phi}{\partial L^2} = \frac{2}{\Omega}(\Omega\triangle\alpha - h\triangle\mu) < 0 \quad (h = \text{常数}) \tag{2.18}$$

时上述 $\delta\Phi$ 是极大,即势垒顶 $\delta\Phi_c' > 0$;在相反的情形下则为极小.在所有 $\delta\Phi_c'(h)$ 中,最低的一个出现在 $\partial\Phi_c'/\partial h = 0$、$\partial^2\delta\Phi_c'/\partial h^2 < 0$ 处.当 $\triangle\alpha > 0$、$\triangle\mu > 0$时这种情形表现为一个鞍点,其坐标是 $h = h_c$,$L = L_c'(h_c) = L_c$,$\delta\Phi = \delta\Phi_c(h_c)$,它们自然和式(2.15)一致.

$L = $ 常数的一组平面和曲面 $\delta\Phi = \delta\Phi(L,h)$ 相交成一组直线,它们的斜率(相对 $L\text{-}h$ 坐标面)是

$$\frac{\partial\delta\Phi}{\partial h} = -\frac{L^2\triangle\mu}{\Omega} + 4L\alpha \quad (L = \text{常数}). \tag{2.19}$$

当团簇尺寸小于 $L_c = 4\Omega\alpha/\triangle\mu$(式(2.15))①时,此斜率是正的,反之则是负的.通过鞍点的直线平行于 $L\text{-}h$ 坐标面.当 $\triangle\alpha > 0$、$\triangle\mu > 0$ 时晶核在系统越过鞍点时形成;系统在起始态($L = 0$,$h = 0$)$\delta\Phi = 0$,在大 L 和 h 的范围 $\delta\Phi < 0$.

当过饱和度($\triangle\mu > 0$)增大和/或 $\triangle\alpha(>0)$值减小时,鞍点移到 $h = a$ 的平面上(由于 $L = 2\alpha h/\triangle\alpha$ 和 $2\alpha/\triangle\alpha > 1$,我们始终有 $L > h > a$).鞍点穿过此平面进入 $h < a$ 的区域在物理上是没有意义的;所以在 $h_c = 2\Omega\triangle\alpha/\triangle\mu < a$ 的 $\triangle\mu$ 和 $\triangle\alpha$ 区域,系统的势将仅仅在 $h = a$ 的平面上沿曲线 $\delta\Phi = \delta\Phi(L,a)$ 变化.曲线在 $L_c'(a)$ 处达到极大的 $\delta\Phi_c'(a)$,即极大的坐标是

$$h = a, \quad L = L_c'(a) = \frac{2\Omega\alpha}{\triangle\mu - \Omega\triangle\alpha/a},$$
$$\delta\Phi = \delta\Phi_c'(a) = \frac{4\Omega\alpha^2 a}{\triangle\mu - \Omega\triangle\alpha/a}. \tag{2.20}$$

这个极大点(严格地讲它不是曲面 $\delta\Phi(L,h)$ 上的鞍点)准确的是 $\triangle\mu >$

---

① 英文版误为 $L_c \leqslant 4\Omega\alpha/\triangle\mu$(式(2.13)).——译者注

$2\Omega\Delta\alpha/a(\Delta\alpha>0,\Delta\mu>0)$ 范围内凝结的势垒项,这里式(2.15)给出的估计值不再适用.

当 $\Delta\mu<0$(和 $\Delta\alpha<0$)时,在 $L=$ 常数截面上的直线斜率恒为正,即增大 h 使能量增加.另一方面,在这种情形下

$$\delta\Phi = \frac{L^2}{\Omega}(h\,|\,\Delta\mu\,|\,-\,\Omega\,|\,\Delta\alpha\,|\,) + 4Lh\alpha. \tag{2.21}$$

当 h 小,$a\leqslant h<\Omega\,|\,\Delta\alpha\,|\,/\,|\,\Delta\mu\,|$ 且 $L>L_c^{'}(h)$ 时,在衬底平面上的成核功随核边长 L 的增大而下降到 $\delta\Phi<0$ 的值.因此,当 $\Delta\alpha<0$ 时,凝结甚至可能在欠饱和度下($\Delta\mu<0$)进行;这种情况通过形成一个平的核,并一般在克服势垒式(2.20)后发生.但是,如果 $|\,\Delta\mu\,|>\Omega\,|\,\Delta\alpha\,|\,/a$,即欠饱和度很大,$\delta\Phi$ 甚至在 $h=a$ 时也随 L 增大而增大,此时凝结不可能进行.

当 $\Delta\mu>0$(和 $\Delta\alpha<0$)时,在 $L<4\Omega\alpha/\Delta\mu$ 的 $L=$ 常数的截面上直线斜率是正的,这就是说在双曲线分支 $L=L_c^{'}(h)$ 通过的($0<L<2\Omega/\Delta\mu$)区间内直线斜率是正的,而 $\delta\Phi=(L^2/\Omega)(-h\Delta\mu-\Omega/|\,\Delta\alpha\,|)+4Lh\alpha$ 对所有 h 和 $\Delta\mu$ 都在 $L>L_c^{'}(h)$ 的条件下随 L 增大而减小.因此,$\Delta\alpha<0,\Delta\mu>0$[①] 时势垒仍由式(2.20)描述,但和所有其他场合相比它是最小的,这就是说在完全润湿的衬底上过饱和蒸气容易凝结.

在后面的场合($\Delta\alpha<0,\Delta\mu>0$),$\Delta\mu=0$ 处达到的最大势垒高度 $\delta\Phi_c^{'}(a)=4\alpha^2a^2/|\,\Delta\alpha\,|\simeq2\alpha\varepsilon_1/|\,\Delta\alpha\,|$,这里 $\varepsilon_1=2\alpha a^2$ 是最近邻结合能.换句话说,当 $\Delta\alpha$ 不是太小时,势垒和单个原子的脱附能可以相比.在前一场合($\Delta\alpha<0,\Delta\mu<0$)对最小势垒高度也可正确地进行类似的估计,所以势垒也可以相当小.

在不同 $\Delta\alpha$ 和 $\Delta\mu$ 参数下衬底上的成核过程可由表2.4给出的关系加以分类.

表2.4 不同过饱和度和润湿条件下的成核过程有不同的关系式

$\Delta\alpha>0$	$\Delta\mu<0$		不能凝结
$\Delta\alpha>0$	$\Delta\mu>0$	$\Delta\mu<\dfrac{2\Omega\Delta\alpha}{a}$	式(2.15)[②]
		$\Delta\mu>\dfrac{2\Omega\Delta\alpha}{a}$	式(2.20)[②]
$\Delta\alpha<0$	$\Delta\mu<0$	$\Delta\mu<\dfrac{\Omega\Delta\alpha}{a}$	不能凝结
		$\Delta\mu>\dfrac{\Omega\Delta\alpha}{a}$	式(2.20)
$\Delta\alpha<0$	$\Delta\mu>0$		式(2.20)

---

① 英文版误为 $\Delta\mu<0$.——译者注
② 英文版将式(2.15)误为式(2.13),式(2.20)误为式(2.14).——译者注

我们特别有兴趣的是在本身衬底上的凝结($\Delta\alpha = 0$),即晶体生长.它在 $\Delta\mu > 0$ 时进行,并由式(2.20)描述.如临界核具有高为 a 的盘状外形,其半径 r_c 和成核功 $\delta\Phi_c$ 为

$$r_c = \frac{\Omega a}{\Delta\mu}, \quad \delta\Phi_c = \frac{\pi\Omega a^2 a}{\Delta\mu}. \tag{2.22}$$

在表面上的成核率公式具有和式(2.4)相同的形式,但指数前因子 B 具有 $\text{cm}^{-2}\cdot\text{s}^{-1}$ 的量纲,形式上也略有不同.如果围绕单位面积上 n_s 个吸附原子(分子、离子)中的每一个均可成核,并且联结到核上的粒子来自介质块体,则在非均匀条件下要获得 B 的值,就要将式(2.4)B 公式中的 n 改为 n_s,将 $4\pi R_c^2$ 改为 $4\pi R_c^2(1-\cos\theta)$(即将球面面积改为球冠面积).对在凝聚介质(熔体、溶液)中成核,还要将粒子流 $P/\sqrt{2\pi mkT}$ 改为 $na\nu\exp[-E/(kT)]$,这里的所有参数和式(2.7)中的意义相同.由吸附层的原子成核时,要将 $4\pi R_c^2 P/\sqrt{2\pi mkT}$ 改为 $2\pi R_c\sin\theta n_s a\nu\exp[-E/(kT)]$.

在台阶、划痕、裂缝等表面缺陷(见 2.2.3 小节)上的成核功比表面规则位置可以低得多.如这些有利成核的表面缺陷密度是 n',则式(2.4)B 公式中的 n 应改为 n',$\delta\Phi_c$ 应改为缺陷处的成核功.

在前面讲过的那些场合中非均匀成核的指数前因子和容器壁、异类颗粒的总表面积的乘积可能小于均匀成核的指数前因子和系统总体积的乘积,但是在足够强的吸附活性表面上成核功的降低使非均匀成核概率更大.

衬底上成核和块体中成核一样也以涨落的方式发生.在晶簇"攀登"势垒顶峰(比均匀成核时小)的过程中粒子不断随机地参加和离去,即沿尺寸轴随机行走.因此非均匀成核也有特征孕育期.这个孕育期比均匀成核短许多,因为前者临界核粒子数的平方比后者少.在各向同性近似下其比值为 $(1-\cos\theta)^4(2+\cos\theta)^2/16$.

2.2.2 成核的原子图像 团簇

我们已经介绍了成核的唯象处理方法,它适用于不太大的过饱和度(过冷度),此时临界核含好几十个原子,因此可以认为是一个宏观的对象.相应地核具有一定的外形,如球、立方体、平行六面体等,并可应用表面能概念.但是在高过饱和度下,式(2.2)给出的尺寸接近原子尺寸,上述方法就不对了.这时成核率、核的大小和外形应该用原子图像而不是宏观方法处理.当分子束在很冷的衬底上凝结、凝结材料的反向热蒸发(或化学蒸发)流比入射流小几个数量级时,特别需要利用原子图像.溶液中电解淀积时过饱和度也很高.

下面介绍原子图像的一般特点. 这里着重介绍衬底上的凝结, 但块体中的成核有相同的特点. 我们将利用 Stoyanov 的研究成果[2.3]. 文献[2.29]综述了理论和实验的比较.

设气相或吸附层中的 N 个原子在衬底某处聚集成团簇或复合物. 系统的热力学势的改变是

$$\delta\Phi(N) = \mu^0(N) - N\mu_v \equiv - N(\mu_v - \mu_s) + [\mu^0(N) - N\mu_s]. \quad (2.23)$$

此处 μ_v 是气相(分子束)中原子的化学势. 当吸附层中的原子联结成团簇时, μ_v 应改为团簇中的化学势 μ_s. 如果蒸气和吸附层平衡, $\mu_v = \mu_s$. 从分子束凝结时 μ_s 可以小于 μ_v. $\mu^0(N)$ 是 N 个孤立原子组成的团簇的化学势, 忽略它们作为一个整体的平移运动、转动和振动. 下面的讨论限于衬底上的成核, 这些运动当然可以忽略. μ^0 只涉及一个团簇, 因此它不包含许多团簇在衬底上的分布引起的组态熵项. 上述 $\delta\Phi(N)$ 公式中的一部分和式(2.1)很相似. 两式中的第一项都给出形成热力学上更稳定相——团簇——时系统势的降低($\mu = \mu_v - \mu_s > 0$), 而第二项表示团簇中 N 个原子的热力学势 $\mu^0(N)$ 和块体晶体中 N 个原子势的差别. 对于确定的宏观团簇, 这个差别按照定义就是团簇的表面自由能, 对原子尺度的团簇, 差别 $\mu^0(N) - N\mu_s$ 来自团簇外缘原子的不饱和键和团簇与块体中 N 个原子在排列、原子间距离和振动态("声子谱")上的不同.

小团簇热力学量的统计计算(包括计算机模拟)可以从文献[2.30, 2.29]查到. 这里我们将限于和 1.1 节的比较, 在那里宏观相化学势式(1.1)中的能量项起决定作用, 这里的情况也一样, 微观相的 $\mu^0(N) - N\mu_s$ 在定性上也起决定作用. 实际上在团簇中(大多数原子是表面原子)和块体晶体中每个原子的平均势能差接近结合能 ε_1. 例如金(蒸发热 $\Delta H = 84$ kcal/mol, fcc 点阵)的 $\varepsilon_1 \simeq 14$ kcal/mol, Si($\Delta H = 111$ kcal/mol, 金刚石结构)的 $\varepsilon_1 \simeq 55.5$ kcal/mol. 因此对 Au, $T = 700$ K, $\varepsilon_1 \simeq 10kT$, 对 Si, $T = 900$ K, $\varepsilon_1 \simeq 30kT$. 而每一粒子 $\mu^0(N) - N\mu_s$ 的熵项显然不会超过块状晶体化学势的熵项(几 kT). 因此在估计 $\mu^0(N) - N\mu_s$ 时可以只限于能量项.

给定原子数 N 后团簇中表面原子的未饱和键数显著地依赖于团簇的形状. 例如衬底上三个原子可形成链或三角形. 显然三角形不饱和键的数目最少, 在 $N = 3$ 时三角形团簇的 $\delta\Phi(N)$ 也最小. 四原子团簇成四面体时所需的功最小, 成菱形、链形等时则不然. 在计算成核率的原子模型中也利用给定 N 后的最小功 $\delta\Phi(N)$ 求出平衡外形, 或更严格些说求出团簇的平衡原子组态.

在小团簇中元素(如金属)的原子可以按晶体学堆积规则堆积, 也可以形成非晶体学的对称组态. 图 2.6(c)是黑球堆成的晶体学团簇模型. 图 2.6(d)是白球组成的非晶体学团簇. 出现图 2.6(d) 中的五边形团簇是可以理解的, 因为在这种堆积中第一或第二配位球的原子间距离和晶体学堆积的差别很小, 而这些球饱和键的数目比晶体学密堆积大. 随着团簇中原子数的增大, 五重对称多面体不可能填满空间的规律起的作用也增大 (可以从五边形团簇中原子数增多后原子间距离的增大看出), 这样的堆积就不利了.

团簇中粒子数 N 增加 1, $\delta\Phi(N)$ 的第一项永远减小 $\Delta\mu = \mu_{\mathrm{v}} - \mu_{\mathrm{s}}$. 第二项 $\mu^0(N) - N\mu_{\mathrm{s}}$ 则一般会增大, 因为团簇边界上的原子数 (它的"表面积") 增多. 和宏观方法不同的是, 粒子数增大时不再假设团簇的形状不变, 于是原子模型中的第二项不再随 N 单调地增大. 添加一个原子使团簇的配位层封闭起来要比增加一个新的配位层引起的新不饱和键数少. 在五边形团簇中, 当 $N = 7$ 和 $N = 13$ 处热力学势随粒子数 N 增大的单调性遭到破坏, 这表现在图 2.7(a) 上两个过饱和度 $\Delta\mu$ 的 $\delta\Phi(N)$ 曲线上, 当然只有 N 为整数的 $\delta\Phi(N)$ 才有意义. 图 2.7(a) 是 Stoyanov[2.3] 得出的, 他设每个凝结原子和衬底的结合能等于这些原子间一个键的能量 ε_1. 图 2.7(a) 中 $\delta\Phi(N)$ 的总趋势和宏观方法的图 2.1 是相同的: 在 N 小时 ($N < 7$) 增加, 在 N 大时下降. $\delta\Phi$ 在 $N = N_{\mathrm{c}}$, 即核达到临界尺寸时 $\delta\Phi$ 为极大. 在几个原子范围内 $\delta\Phi(N)$ 的线性部分和新原子添加到团簇表面扭折处对应, 直到配位球封闭时为止.

Sattler 和同事近来发现了团簇原子的"幻数", 肯定了团簇能变化的非单调性[2.31]. 他们首先获得质量从一个原子到几千个原子组成的团簇, 覆盖了从原子蒸气到约 10^{-6} cm 大小颗粒的整个范围.

已经发展了两种制备团簇的技术: 分别处理材料在室温下具有低蒸气压和高蒸气压的技术. 对低压材料, 在炉中产生的蒸气进入充氦的冷却室[2.31c], 在室中蒸气原子碰撞并形成团簇. 随后压强高于 10 mbar 的氦气带着蒸气原子和团簇连续地进入真空. 在真空中不再发生碰撞, 团簇停止生长. 它们再流入一台专门制备的飞行时间质谱仪, 在那里它们先被横穿气流的脉冲电子束电离, 再按照不同的质量被电场加速到不同的速度. 测量离子经过已知距离 (1.7 m) 的飞行时间, 就可以确定这些电离团簇的质量.

在室温下呈气态的材料则在 10 个大气压下通过 2 cm 长、直径为 0.2 mm 的喷嘴进入真空. 气体的绝热膨胀使它冷却并聚集. 团簇质量仍由飞行时间质量仪测定[2.31d].

用这种方法得到的 Pb 的质谱见图 2.7(b)[2.31e]. 横坐标是飞行时间, 在某些峰上标出了对应的原子数. 所有质量上都有强度峰 (计数/秒), 从一个原子 (左边第一个峰) 到 100 个以上原子. 图 2.7(b) 显示, 峰强随质量数的降低非常缓

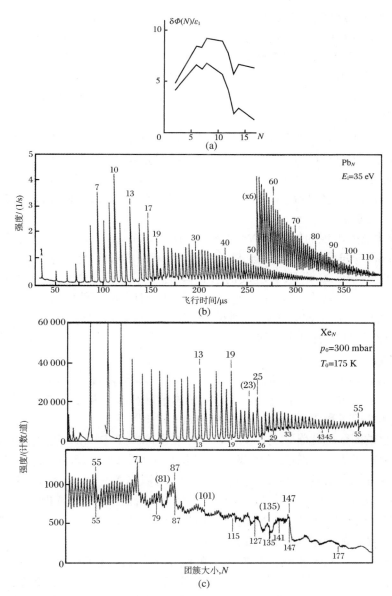

图 2.7　团簇的形成功(a)和质谱(b,c)

(a) 五边形团簇(图 2.6(d))形成时系统的热力学势随原子数 N 的变化,设每个原子和衬底的结合能等于团簇中原子间的结合能. 上边的曲线 $\Delta\mu = 2.4\varepsilon_1$,下边的曲线 $\Delta\mu = 2.1\varepsilon_1$[2.29];(b)(c) Pb 和 Xe 的质谱. 有些峰上的数字是团簇原子的"幻数". 在图(a)(b)(c)中 $N = 7$ 都是奇异的.

慢,而普通的质谱在质量数从 1 到 4—5 范围内强度下降 3—4 个量级[2.32]. 图 2.7(b)的最重要特点是峰的强度非单调下降. 从 $N=3$ 的团簇到 $N=7$ 的团簇,强度增大,在 $N=8$ 时,强度突降 30%. 峰强在 $N=10$ 时达到另一极大,在 $N=11$ 时又下跌约 50%. 在 $N=13,17,19$ 处还有一些极大值. 在不同蒸发温度、氦气压强、电离电压和其他实验条件下质谱的重复性很好. 对 Bi 也得到过类似的谱[2.31c].

可以用球的非晶体学堆积来解释这些观察到的"幻数"(类似核物理中的幻数):$N=7$ 是五角双锥,$N=13$ 是二十面体(图 2.6(d)),$N=19$ 是二十面体加一个六原子组成的五角锥帽子. 用 Lennard-Jones 势进行的计算没有得到 $N=10$ 和 17 的团簇能量最小,这可能是由于计算使用的势和 Pb 团簇中实际原子间的势不符造成的.

Sb 质谱中出现的幻数为 $N=4,8,12,16,20,36,52,84,\cdots$. 看来可用 Sb_4 四面体的晶体学堆积说明:在起始 Sb_4 四面体的面上分别加上一个 Sb_4 四面体的第一配位层. 在 20 个原子组成的四面体的每一个面上加上一个 Sb_4,得到 $20+4\times4=36$ 个原子. 如每个面上加上两个四面体,就得到第二个壳层并且 $N=52$. 每个面上加上四个 Sb_4,得到封闭的第三壳层,团簇中共有 $N=20+4\times16=84$ 个原子. 这样简单的几何模型不能给出团簇的能量,也不足以说明质谱的其他特点.

图 2.7(c)的 Xe 谱显示团簇的幻数是 13,19,55,71,87 和 147[2.31d]. 几何分析和计算机模拟[2.33a]再次显示:球的非晶体学堆积在能量上最为有利,特别是二十面体的原子数为 13,55,147,309 和 561 时[2.33b].

卤化钠团簇的化学式为 $Na_N X_{N-1}$,可能它原来是中性的,后来在电离时失去一个卤离子 X^-. 观察到的电离团簇幻数为 $N=5,14,23,28$,它们的结构可以用简单立方堆积解释:$N=5$ 时有 $3\times3\times1$ 个离子,$N=14$ 时有 $3\times3\times3$ 个离子,$N=23$ 时有 $3\times3\times5$ 个离子,等等[2.31a]. 对中性团簇的计算指出:最有利的结构是三分子环的堆积. 这个模型的 $N=3,6,9,12,15,\cdots$. 含 $5,8,11,14,\cdots$ 个离子的团簇可能是中性环结构的电离碎片.

用常规技术从气相获得的银团簇的电子衍射结果表明[2.32a]:团簇愈小,偏离 fcc 结构的现象愈明显[2.34a]. 但是衍射数据没有确切显示出团簇的二十面体结构. 电子显微镜观察到的许多五角形微粒可以被认为是非晶体学团簇结构的间接证据. 文献[2.32a,2.33a]概括了近来团簇研究的许多信息.

总结上述有关幻数的实验后可以得出结论:具有封闭壳层的团簇在能量上最为有利,同时在小团簇中非晶体学堆积(如图 2.6(d)和相应的计算(图 2.7(a))表明,它比块状晶体的堆积常常更有利. 因此在团簇生长过程中非晶体学团簇结构或它和块体结构的匹配结构的转变可能会引起微颗粒中的孪晶.这些孪晶在电镜中可以观察到,并对成核动力学有影响.

下面再回到图 2.7(a)所示的 $\delta\Phi(N)$ 关系.在过饱和度大时这个关系的重要特点是:在一定的过饱和度范围内核的临界尺寸和过饱和度 $\Delta\mu$ 无关,从图 2.7(a)上不同过饱和度的两条曲线的极大值一致可以看出这一点.由于 $\Delta\mu = kT\ln(P/P_0)$,对应 $\Delta\mu_1$ 的气压 P_1 和对应 $\Delta\mu_2$ 的 P_2 之比值等于 $\exp[(\Delta\mu_2 - \Delta\mu_1)/(kT)]$.当 $\Delta\mu_1 = 2.4\varepsilon_1, \Delta\mu_2 = 2.1\varepsilon_1, \varepsilon_1 = 14 \text{ kcal/mol}, T = 700 \text{ K}$ 时,$P_1/P_2 \simeq 20$.这就是说,在如此高的过饱和度($P/P_0 = \exp[\Delta\mu_2/(kT)] \simeq 1.5 \times 10^9$)以上,过饱和度再增大 20 倍,临界尺寸保持不变.一眼看来,N_c 和 $\Delta\mu$ 无关这一点似乎和式(2.11)矛盾,因为式(2.11)指出过饱和度减小时临界核尺寸增大.这里的关键是核中粒子数只能间断地变化.在 $\Delta\mu - N_c$ 坐标系中 $N_c(\Delta\mu)$ 是一个向大的 $\Delta\mu$ 下降的台阶函数,每一级台阶的高度是 1.台阶的宽度(即 N_c)固定时,$\Delta\mu$ 的范围随过饱和度 $\Delta\mu$ 的增大而增大.和式(2.11)等价的经典的连续函数 $N_c = 32\pi\Omega^2\alpha^3/[2(\Delta\mu)^3]$(利用 $N_c\Omega = 4\pi R^3/3$ 得到)在大 N_c,即小 $\Delta\mu$ 下和"台阶"状函数相当符合,但在小 N_c 时就太不准确了.

小 N_c 时衬底上成核的函数 $N_c(\Delta\mu)$ 和团簇的结构有关,一般情形下是不知道的.但是,在以下本质上是宏观的模型中可以容易地得到这个函数.设晶体相的原子形成简单立方点阵,最近邻间一个键的能量是 ε_1,设增原子和衬底的结合能是 ε_s,晶核是矩形平行六面体,它的尺寸为 $m \times m \times n$(单位:原子间距),由 $N = m^2 n$ 个原子组成.从对称性出发,显然当核的正方"面"平行衬底时核-衬底系统的界面能最小.因此

$$\begin{aligned}\delta\Phi(N) &= -N\Delta\mu + [\mu^0(N) - N\mu_s] \\ &= -N\Delta\mu + 2m^2\frac{\varepsilon_1}{2} + 4mn\frac{\varepsilon_1}{2} - m^2\varepsilon_s \\ &= -N\Delta\mu + m^2(\varepsilon_1 - \varepsilon_s) + 2mn\varepsilon_1.\end{aligned} \tag{2.24}$$

这里中间式子中的 $m^2\varepsilon_s$ 是核黏附在衬底上获得的能量,其他三项是气相中团簇的形成功.在约束条件 $N = m^2 n = $ 常数下对 m 和 n 求 $\delta\Phi(N)$ 的极小,得到

$$m^3 = N\Big/\Big(1 - \frac{\varepsilon_s}{\varepsilon_1}\Big), \quad n^3 = N\Big(1 - \frac{\varepsilon_s}{\varepsilon_1}\Big)^2. \tag{2.25}$$

将上式代入式(2.24)并对 N 求极小,得到和式(2.10)类似的以下关系:

$$N_c = \frac{8\varepsilon_1^3\Big(1 - \dfrac{\varepsilon_s}{\varepsilon_1}\Big)}{(\Delta\mu)^3}, \tag{2.26}$$

$$\mu^0(N_c) - N_c\mu_s = \frac{2\varepsilon_1^3\left(1 - \dfrac{\varepsilon_s}{\varepsilon_1}\right)}{(\Delta\mu)^2}, \tag{2.27}$$

$$\delta\Phi(N_c) = \frac{4\varepsilon_1^3\left(1 - \dfrac{\varepsilon_s}{\varepsilon_1}\right)}{(\Delta\mu)^2}. \tag{2.28}$$

式 (2.26) 就是上述台阶函数 $N_c(\Delta\mu)$；在 N_c 处台阶的宽度是

$$2\varepsilon_1\left(1 - \frac{\varepsilon_s{}^{①}}{\varepsilon_1}\right)^{\frac{1}{3}}\left[(N_c - 1)^{-\frac{1}{3}} - N_c^{-\frac{1}{3}}\right].$$

如果 $\Delta\mu > 2\varepsilon_1(1 - \varepsilon_s/\varepsilon_1)^{1/3}$，则核中只有一个原子 ($N_c = 1$)，台阶宽度无限. 当 $\varepsilon_1 = 14$ kcal/mol，$T = 700$ K，$\varepsilon_s/\varepsilon_1 = 0.5$ 时，这种情形只有在过饱和度为 $P/P_0 \simeq 10^7$ 时才能发生. 随着过饱和度的减小，临界核中的原子数增多，同时 N_c 保持固定的 $\Delta\mu$ 宽度按 $(\Delta\mu)^4/[24\varepsilon_1^3(1 - \varepsilon_s/\varepsilon_1)]$ 跌落. 上述模型准确地反映了主要的依赖关系，但是它太简单，不足以给出具体的数据，得到这些数据的办法是给出图 2.6(c)(d) 那样的具体原子组态后进行具体的计算.

　　下面考虑成核率. 设单位表面上有 $n(N_c)$② 个临界团簇，每个团簇含 N_c 个原子. 临界团簇的定义是：再加上一个原子就能使团簇转化为稳定核，而核的长大总是伴随着系统热力学势的降低. 设下一个原子只能克服表面扩散垒 U_D 后才能附加到团簇上，并且只有那些位置离团簇边缘为一个扩散步长，即 $\sim a$ 的原子才能附加上去. 如果沿团簇边缘这种位置的分数为 ζ，则单位时间单位表面积上有

$$J = \zeta\left(\frac{n_s}{n_0}\right)\nu n(N_c)\exp\left(\frac{-U_D}{kT}\right) \tag{2.29}$$

个超临界尺寸的团簇产生. 这里 n_s 是表面上单个增原子的数密度，$n_0 \simeq 1/a^2$ 是单位表面积的吸附位置数，$(\nu/n_0)\exp[-U_D/(kT)]$ 约为表面扩散系数 D_s. 表面上临界团簇的数密度 $n(N_c)$ 可以将质量作用定律应用到由 N_c③ 个吸附原子形成团簇的反应后得出：

$$\mu^0(N_c) + kT\ln\left[\frac{n(N_c)}{n_0}\right] = N_c\mu_s. \tag{2.30}$$

因此 $n(N_c) = n_0\exp[-\delta\Phi(N_c)/(kT)]$. 同样的方法可用来确定蒸气、溶液、熔体中给定尺寸团簇的数目 (见 2.1 节).

---

① 英文版误为 ε.——译者注
② 英文版误为 $n(N_s)$.——译者注
③ 英文版误为 N.——译者注

如果我们把增原子的稳态密度用它们在表面上的寿命 τ_s 和入射流强 I（见式(1.24)）表示出来：$n_s = I\tau_s = (I/\nu)\exp[\varepsilon_s/(kT)]$，并且把 $n(N_c)$ 和 n_s 代入方程(2.29)，即可得到成核率的一般表达式：

$$J = \zeta I\exp\left(\frac{\varepsilon_s - U_D}{kT}\right)\exp\left(\frac{N_c\Delta\mu}{kT}\right)\exp\left[\frac{\mu^0(N_c) - N_c\mu_s}{kT}\right]. \quad (2.31)$$

需要指出的是 $\exp[(\varepsilon_s① - U_D)/(kT)] \simeq n_0\lambda_s^2$。上式可描述低饱和度和高饱和度下表面上的成核率。在高饱和度下，在一个宽的 $\Delta\mu$ 范围内 N_c 是常数并且在两端跳变为 N_c+1 和 N_c-1。在每一范围内 J 必定随 $\Delta\mu/(kT)$ 线性地增大，其斜率给出 N_c 的值。在低饱和度下，N_c 可以认为是 $\Delta\mu$ 的连续函数，于是我们回到经典的关系，在上述模型下它具有如下的形式：

$$J = \zeta I\exp\left(\frac{\varepsilon_s - U_D}{kT}\right)\exp\left[-\frac{4\varepsilon_1^3\left(1 - \frac{\varepsilon_s}{\varepsilon_1}\right)}{(\Delta\mu)^2}\right]. \quad (2.32)$$

在高过饱和度下，成核率的一般公式可以变换。注意到

$$\frac{N\Delta\mu}{kT} = N\ln\frac{P}{P_0} = \ln\left(\frac{I}{I_0}\right)^N. \quad (2.33)$$

这里 $I_0 = \nu n_0②\exp(\varepsilon_1/2)$ 是在衬底温度下晶化材料射向（或离开）表面的平衡流强。前面已经说明：$\mu^0(N) - N\mu_s$ 中的熵项和势能项相比是一个小项。因此，记住 $\mu_s \simeq -\varepsilon_{1/2}$，得到

$$\mu^0(N_c) - N_c\mu_s = -U(N_c) + N_c\mu_{1/2}. \quad (2.34)$$

这里 $-U(N_c)$ 是衬底上临界团簇的势能，从气相中孤立原子的能量算起（$U(N_c)>0$）。对二维核有

$$\mu^0(N_c) - N_c\mu_s = -E(N_c) - N_c\mu_s + N_c\varepsilon_{1/2}. \quad (2.35)$$

这里 $-E(N_c)$ 是气相原子形成一个平面核的能量（$E(N_c)>0$），而 $N_c\varepsilon_s$ 是核和衬底黏合释放的能量。将式(2.33)、式(2.35)和 I_0 的式子代入式(2.31)，得到

$$J = \zeta I\left(\frac{I}{\nu n_0}\right)^{N_c}\exp\left[\frac{E(N_c) + (N_c+1)\varepsilon_s - U_D}{kT}\right]. \quad (2.36)$$

Walton[2.35,2.36] 在处理高过饱和度下分子束在衬底上凝结成核问题时以稍有不同的方式首先得到了上述公式。它也被称为 Walton-Rhodin 方程[2.37]。

2.2.3 缀饰 生长的起始阶段

上一小节的方法不仅可应用于表面上任何规则点处的成核，也可应用于奇

① 英文版误为 ε_1。——译者注
② 英文版误为 n。——译者注

异点上的成核,这里需要克服的势垒比规则"理想"点上的低.这些奇异点可以有不同的类型.例如,如果杂质增原子和晶化材料原子间的结合比后者之间的结合更强时,杂质原子就可成为成核中心.表面空位和空位簇也可以是奇异点:淀积原子在这种点上形成的团簇可以比围绕增原子的团簇更稳定.例如在金淀积时,在 KCl 晶体(100)面阴离子(Cl⁻)空位中的 Au 原子上形成一个具有强金属键的团簇[2.38].在其他点缺陷、台阶、晶粒边、畴和第二相颗粒上也可以形成强结合的团簇.图 2.8 是台阶角落、杂质簇近旁和空位坑上成核的示意图.上述地点的成核是有利的,例如图 2.8(a)的晶核和台阶的边缘能比孤立的晶核和台阶在宏观描述中降低了 $Lh\alpha_s$,这里的 α_s 是比黏附能.在真空中气相或分子束淀积时,$\alpha_s > 0$,它仅来自气体和固体的密度之差.

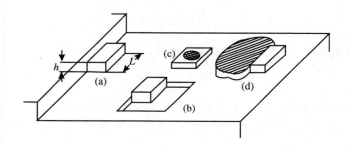

图 2.8　表面优先成核的几种可能性

(a) 在大台阶旁;(b) 在单位深度坑的角落;(c) 围绕杂质颗粒或在它之上;(d)在杂质颗粒旁.

　　对只有几个原子的核也可以在原子水平上进行类似的解释.如果在一定的缺陷上成核所需克服的势垒较低,成核将优先发生在这些缺陷上.这些孤立表面缺陷的活性依赖于团簇形成能中获得的 $U(N_c)$.$U(N_c)$ 愈大,在上述缺陷处成核的概率愈大.

　　某一种活性中心上的成核率和一般表达式(2.29)的差别是:要乘上因子 n^*/n_0(这里 n^* 是活性中心的面密度,单位为 cm^{-2}),并代之以活性中心上核的 N_c 和 $\mu^0(N_c)$.

　　如果吸附层的过饱和度对具有足够大 $U(N_c)$ 的某种缺陷已经超过了成核的临界值,而对其他(包括规则的)表面位置还低于临界值,成核将仅在前一种缺陷上发生,这就是所谓的缀饰.进一步长大后这些核可以在显微镜中观察,从而给出这些孤立高活性中心的分布信息.图 2.9 是 NaCl 晶体(100)表面上 Au 小晶体缀饰的电子显微镜图像.样品制备方法是在真空中凝结 Au 分子束.在 3.4.2 小节将简单介绍缀饰技术.优先成核的位置是高度为 0.282 nm 和 0.564 nm 的基元台阶.台阶之间的缀饰颗粒也可以在图 2.9 中看到.

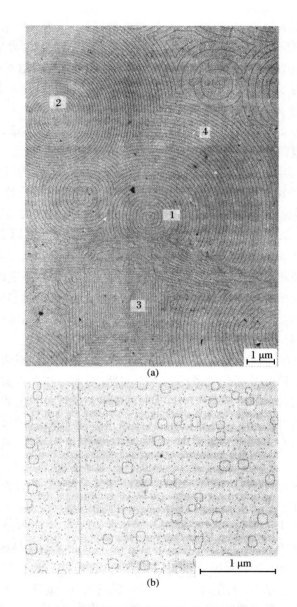

图 2.9　NaCl 蒸发表面上的 Au 缀饰

(a) 台阶具有不同的形状：1.单台阶螺旋，高 0.282 nm；2.双台阶螺旋，高 0.281 nm；3.单台阶螺旋，高 0.564 nm；4.同心层，高 0.281 nm[2.39]；(b) 成核不久的环状蒸发台阶.在左侧直台阶附近没有环状蒸发台阶(感谢 M. Krohn，在文献[2.39]中也有类似的图像).

　　衬底(NaCl,KCl)经中子、电子和 X 射线辐照后,作为成核中心的缺陷对后来的分子束凝结具有特别重要的作用[2.38,2.40—2.43].辐照在衬底上产生点缺陷——空位和填隙原子,大剂量照射产生相当粗糙的表面.结果辐照衬底上小晶体的分布密度大了好几倍.在晶体中加入杂质也可以增大缀饰颗粒的密度[2.44].缀饰密度还与凝结时残余气体的压强有关.

　　如果认为表面上的缀饰小晶体和点缺陷有一一对应的关系,并且在所有情况下都可以把表面缺陷密度和缀饰晶体数等同起来,那就错了.为了说明这一点,让我们考虑实际过程中决定观察到的表面缀饰晶体密度的因素.

　　开始时分子束在比分子源冷的衬底上凝结的增原子数很少,并且有 $\mu_s \ll \mu_v$.随着增原子在衬底的积累,增原子密度和化学势增大,成核首先在具有较高 $U(N_c)$ 的最活跃位置上发生.这种情形下成核也可以在 $\mu_s < \mu_v$,即 $\mu_s - \mu_s < \mu_v - \mu_s$ 的条件下开始.晶体从吸附层形成并长大到宏观尺寸后,在它们周围形成增原子贫乏区,这里的过饱和度 $\Delta\mu \ll \mu_v - \mu_s$ 不足以产生新核.结果表面核数在凝结开始时随时间增大,随后当贫乏区形成时趋向常数①.在这种情形下,不产生新晶体,淀积的材料被表面上已经存在的晶体(或小滴)吸收. Sigsbee[2.45,2.46]对相应的生长过程已作了计算.

　　从图 2.9(a)可以看到缀饰颗粒的相互作用.在缀饰台阶近旁发现缀饰颗粒的概率确实比台阶间原子级光滑的台面中间低.对此可作如下解释:Au 原子束开始淀积到被缀饰的 NaCl 表面后,它们在表面活性最大的位置——台阶上形成团簇,每一个台阶都是 Au 增原子的线性漏,使 Au 吸附层的过饱和度在台阶附近降低.因此,在台阶近旁发现可存活团簇的概率比远处低;然而在近旁仍有非零的概率.

　　实际上,在凝结的最初阶段,台阶还不是有效的漏,原子级光滑表面上的团簇可以有力地竞争到淀积材料,从而长大到显微镜中可见的尺寸.

　　潜在的成核中心不仅在缀饰时而且在生长和晶态表面本身蒸发时可以通过吸附层发生相互作用.从真空蒸发开始不久拍摄的 NaCl 晶体的 Au 缀饰表面的电子显微图像(图 2.9(b))中也可以明显地看到这一点.在照片左侧有一条从上到下的直线台阶,在其他部分有许多环状的台阶.蒸发早期和后期的类似照片显示这些环的尺寸随时间而增大.这些环代表高 0.281 nm 的基元台阶.电子显微镜可见的环来源于蒸发成核,即在具有基元深度和临界尺寸的平底坑中

――――――――――

　　①　如果在活性中心上的聚集不可逆,并设 $n^* \ll n$,则在表面上扩散的增原子向中心聚集的特征时间(从第一个增原子到达时算起)是 $\tau_s/(1 + 4D_s\tau_s n^*)$.

成核.在蒸发过程中直台阶将发射出 NaCl 分子进入台阶附近的吸附层.因此台阶附近在蒸发一开始时的欠饱和度就不足以二维成核,并且这种情形保持到后期.于是在图 2.9(b)的台阶周围出现"死区".NaCl 晶体上的"死区"的宽度在数量级上接近吸附 NaCl 分子的扩散长度,$T = 400$ ℃时,$\lambda_s \simeq 2 \times 10^{-5}$ cm,$T = 300$ ℃时 $\lambda_s \simeq 10^{-4}$ cm(Krohn[2.47]的测量值).

如果台阶的吸收(或发射)能力在台阶两侧的两个台面上不等,例如和"低"台面交换增原子比和"高"台面交换更容易,则台阶两侧台面上的"死区"不对称.生长和蒸发过程中的这类不对称性还没有被研究过,但它在异类原子的表面扩散过程中被观察过.例如,Ehrlich 和同事们[2.48]在场发射离子显微镜中直接观察某些金属表面上单个原子的迁移时发现在针尖顶台面上运动的增原子被台面四周的基元台阶"反射"回来.更多的近期数据在文献[2.13b,2.49]中综述.

Klaua[2.50]在 Ag 单晶(111)面上观察到缀饰材料(Au)原子"从上"和"从下"连接到台阶的不对称性.他确定:对 Ag 上的 Au 来说,"从上"和"从下"连接增原子到台阶上的势垒差是 0.67 eV $\simeq$ 15 kcal/mol.

如果在衬底表面上已有可观尺寸的正在生长的小晶体,在整个面上的过饱和度 $\Delta \mu = \mu_s - \mu_S$ 不是常数,它在小晶体周围的贫化区中相对较低,因为小晶体从贫化区吸收吸附原子.贫化区的半径在数量级上等于扩散长度 λ_s.随着衬底温度的升高,比值 $[\mu^0(N_c) - N_c \mu_S]/(kT) \propto U(N_c)/(kT)$ 和 $(\varepsilon_s - U_D)/(kT)$ 降低(和过饱和度 $\Delta \mu$ 的降低相应),供应区的半径近似和 λ_s 相同.因此,根据成核率 J 的公式(2.31)和式(2.36),自然会预期成核晶体的分布密度随温度升高而降低.果然 $I = 10^{13}/(\text{cm}^2 \cdot \text{s})$ 的 Au 原子束在 NaCl(100)衬底上凝结,$T = 125$ ℃时,Au 颗粒的密度是 $3 \times 10^{11}/\text{cm}^2$,而 $T = 300$ ℃时,密度只有 $9 \times 10^{10}/\text{cm}^{2[2.51]}$.上述密度在几百秒内即可达到.Robinson 和 Robins 测得电子显微镜可见的颗粒数随时间增加,由此得到的成核率已经用凝结开始后上述成核过程作了解释.总成核率 J 在 $T = 300$ ℃、$I = 10^{13}/(\text{cm}^2 \cdot \text{s})$ 时是 $8 \times 10^8/(\text{cm}^2 \cdot \text{s})$.$T = 100$—$250$ ℃,通量 $I \simeq 2 \times 10^{13}/(\text{cm}^2 \cdot \text{s})$ 时,在 NaCl(100)面上 Au 颗粒的出现率 $J \propto \exp[(1.10 \pm 0.15) \text{ eV}/(kT)]$,而颗粒的最大表面密度 $\propto \exp[(0.09 \pm 0.015) \text{ eV}/(kT)]$.在高温(250—350 ℃)下最大面密度 $\propto \exp[(0.34 \pm 0.1) \text{ eV}/(kT)]$.为了获得 Au 原子在 NaCl(100)面上的吸附能 ε_s 和表面扩散激活能 U_D,Robinson 和 Robins 用 Walton 的模型和公式[2.35,2.36]处理了这些实验数据.注意到 $J \propto I^2$,他们得出结论:临界核只含一个原子,这样上面的 1.10 eV $= 2\varepsilon_s - U_D$.此外他们还证明:标志颗粒最大密度增长的特征能量是 $U_D/3$,即 $U_D/3$ 等于上面的 0.09 eV.因此

$\varepsilon_s = 0.68$ eV, $U_D = 0.27$ eV.

Stowell[2.52]总结了 Au 在 NaCl(100)面上凝结的数据,得出寿命和表面扩散系数的下列关系:$\tau_s = 9.2 \times 10^{-13} \exp[0.69 \text{ eV}/(kT)]$ s,$D_s = 3.4 \times 10^{-4} \exp[-0.31 \text{ eV}/(kT)]/(\text{cm}^2 \cdot \text{s})$.它们的特征能量与 Robinson 和 Robins 的相近.

电子显微镜可见的颗粒数随时间的增长也可以有另外的解释[2.53,2.29].刚开始凝结,即时间的量级为 $\tau_s(1 + 4D_s\tau_s n^*)^{-1}$ 以内时,形成的晶体在表面上的分布足够混乱,所以它们到最近邻晶体间的距离随某个晶体而变.因此各个晶体从吸附层得到的供应各不相同,它们达到显微镜可见尺寸的时间也各不相同.如果这个机制确实起决定性作用,则观察到的"成核率"实际上反映小晶体的生长速率以及生长率在表面上的分布性质而不是成核的动力学.这时观察到的"成核率"的温度和其他关系参数具有另外的物理意义.Markov 和 Kashchiev[2.54,2.55]也处理过活性中心上成核的理论.

显然,前面的讨论和式(2.29)、式(2.31)、式(2.36)等不仅可用来描述蒸气或分子束在异类衬底上的凝结,还可用于描述同类材料原子级光滑衬底上的凝结以及原子级光滑表面的蒸发.围绕表面空位和其他晶体化学势高于规则位置的点缺陷蒸发成核更为容易.在空位上化学势的增加是由于出现更多的未补偿键,在位错露头上是由于更大的弹性能,在某些杂质原子上两种因素同时存在.

2.2.4 熔体中固体表面的活性

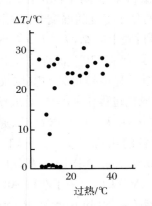

图 2.10 Bi 熔体的最大临界过冷度和冷却前过热程度的关系[2.14]

实际上在所有未经彻底纯化的系统中都发生非均匀成核.Danilov 的研究[2.14a]表明,在不够清洁的系统中临界过冷度的值依赖于冷却前熔体保持的过热程度:过热温度愈高,临界过冷度愈大(图 2.10).这一效应只保持到 15—20 ℃ 的过热,以后的临界过冷度保持不变.这一现象在 Bi、Hg、Sn、H_2O 中都从实验上进行过研究.熔体过滤后此效应消失,其过冷度等于不干净熔体经过预先过热后的过冷度.另一方面,引进异类固态颗粒(例如在 Sn 中引进 PbO 和 WO_3)恢复了临界过冷度对过热的依赖关系.这样,最大过冷度 ΔT_c 对熔体事先过热的依赖关系和不熔的杂质颗粒有关,这些作为潜在结晶中心的颗粒在过热过程中被钝化.如果有杂质的熔体先在最低钝化温度或更高的温度下过热,再降到较低的不发生钝化的温度下过热,得到的临界过冷度仍对应杂质的钝化态.杂质颗粒的活性只有在熔体结晶后才得以恢复.这些结果表明:在颗粒的表面或它的裂隙上存在着一层晶态的或类似的结构,这种结构在过热时解体,而在熔体结晶时重新出现.这种既有的结晶中心在相应的过冷度下会立刻生长,也就是说,结晶过程不再具有涨落的性质,相应地,晶核的出现不再延迟到一定的特征时间之后.

过热对溶液的钝化效应也已有报道[2.14b].

2.3 外　延

2.3.1　主要现象

外延是一种晶体在另一种晶体上的定向生长.此名词来源于希腊文 $\epsilon\pi\iota$(在上面)和 $\tau\alpha\xi\iota\sigma$(有序性).外延生长的协调性表现在生长晶体和衬底晶体的确定的(通常是晶体学低指数)面和方向的一致.例如,图 2.11 显示从水溶液中生长在方解石晶体菱面上的 $NaNO_3$ 晶体.可以看到在方解石表面解理台阶上的生长小晶体具有相同的取向. $NaNO_3$ 和 $CaCO_3$ 晶体沿(1011)菱面接触,面上的低指数晶体学取向也一致.这两种晶体具有相同的结构(同构性).一对晶体的结构或键的类型不同时也可以发生外延生长,但便利的程度有所不同[2.56].蒸气和溶液中的外延现象广泛地用来生长单晶薄膜,以便为电子器件、磁记录器件、集成光学等提供工作材料.外延受到许多人的关注,有关的资料有 Palatnik 等的专著、Palatnik 和 Papirov 的专著[2.44,2.57]和一些综述[2.58]. Kern 等[2.59a]广泛地综述了外延初期的基本现象.

Honjo 等在电子显微镜中原位观察到外延成核和生长初期的不少重要现象,并在文献[2.59b]中作了综述.

不仅沿着简单的界面接触时取向可能取得一致,一种晶体在另一晶体内部形成(例如过饱和固溶体的分解、多形性转变等)时取向也可能一致.在这种三维外延中,晶体沿若干不平行的面联结.这里取向的特征也是晶体学低指数面和取向平行.下面我们的讨论将限于衬底上的二维外延.

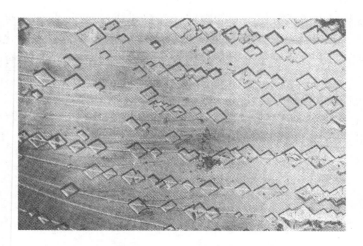

图 2.11 从水溶液中生长的 $NaNO_3$ 小晶体沿着方解石
（$CaCO_3$）晶体菱面上的宏观台阶分布
$NaNO_3$ 晶体的取向由菱面而不是由台阶的方向决定（M. O. Kliya）.

在同一个衬底表面上可以存在几种外延取向的小晶体以及非外延的小晶体. 不同取向小晶体的百分数表征外延的程度. 如果小晶体尺寸近似相等,外延程度可以用衬底加小晶体系统的电子衍射图样进行估计. 和一种小晶体取向对应的电子衍射斑图样表示严格的外延;几种取向的图样重叠表示部分的外延. 无外延时出现德拜环. 衬底上连续晶体层形成前常出现分散的核和团簇,它们长大、联结成连续层. 因此它们应在完全外延条件下形成,以便排除薄膜中的缺陷.

对衬底来说某一特殊取向的优势在晶核形成阶段也可以在晶核进一步生长阶段显示出来. Kern 等[2.59,2.60] 得出:在 NaCl(100)面上的 Au 小晶体（直径几 nm）在形成的初期并不与(100)面具有共同取向. 在 100—150 ℃退火几十分钟后初始阶段 Au 层的德拜环转变为电子衍射斑. Distler 和 Vlasov[2.61] 更早就指出在外延的初期没有取向性,他们讨论了小晶体合并阶段外延的可能性.

Kern 等[2.62a—c] 仔细地研究了 KCl(100)面上真空淀积的 Au 小晶体,他们发现 2—3 nm 的小晶粒作为一个整体不仅可以转动,而且可以平移,它们之间还存在可能的弹性和静电相互作用力.

许多人试图观察某一小晶体的位移,采用的方法是比较退火前后同一部分衬底上的小晶体或在电子显微镜中原位观察. 在 MgO(111)面上直径 1—3 nm 的 Au 团簇中的某几个移动了约 2 nm,而其余的保持不动[2.59b]. 在其他实验中位移率可高达 15 nm/s（原位观察）[2.63]. 文献[2.64]报道和综述了其他结果.

在一系列微电子学用外延对(如蓝宝石上的 Si 和 GaAs)中发现了另外的有趣现象.结果显示衬底和生长层的密堆积面和方向的一致是不严格的,两者之间的取向差总是达到 2°—4°.这一倾斜依赖于衬底表面相对衬底点阵的取向以及生长条件[2.65].

2.3.2　热力学

晶体和衬底的相互取向主要和它们的界面能有关.对于一定尺寸和状态的生长层,当系统的界面能极小时,系统的能量也接近极小.系统的界面能包括生长晶体-介质能、衬底-介质能和晶体-衬底能.

这些能量出现在异类衬底上团簇形成功的宏观形式 $\Delta\alpha$(2.2.1 小节的式(2.10)、式(2.15)、式(2.20))中和微观形式 $\varepsilon_1 - \varepsilon_s$(2.2.2 小节的关系)中.衬底-晶体界面的比自由能 α_{ss} 和出现在 $\Delta\alpha$ 中的黏附能 α_s 是各向异性的,即使衬底是非晶态的也如此.如果我们重复 1.2 节中讨论晶体的表面能各向异性时用过的论据,我们马上得到:α_{ss} 在某些晶体-衬底取向上出现奇异的极小.如果衬底是晶态的,α_{ss} 既依赖于接触界面相对它们点阵的取向,也依赖于界面上两个晶面的相互取向.考虑到 1.2 节中的周期性键链,可以得出结论:两晶体界面能极小的条件是不仅衬底和晶体的密堆积面一致,而且面内密堆积方向也一致.如果相互间形成最强键的原子面相互重合,晶体和衬底的表面键将达到最完全的饱和.不同晶体的原子面的结构和参数不可能完全重合,但它们的参数常常可以相近,因为由原子或离子半径决定的原子间距离在许多晶体中的差别显著地小于 1 倍.实际上,外延最经常发生在点阵参数错配度较小($\leqslant 10\%$—12%)的场合.但取向生长也可以在错配百分之几十时发生.这种情况确实存在,例如卤化碱金属晶体(100)面上 fcc 金属的外延;这里还一反常态,外延对应的错配大时外延程度更高(见下面).在较大的点阵参数错配度下,密堆积面和取向的一致始终保持下来[2.56].

对外延重要的 $\Delta\alpha$ 值也可以通过结合能表示出来.作为例子,设晶体和衬底具有简单立方点阵,原子间距离均为 a,衬底原子和晶体原子间结合能等于吸附能 ε_s.忽略接触面上结构的重构和黏附自由能 α_s 表达式中的熵项,得到 $\alpha_s = \varepsilon_s/a^2$.在同样的最简单近似中,$\alpha \simeq \varepsilon_1/2a^2$,因此

$$\Delta\alpha = 2\alpha - \alpha_s = \frac{\varepsilon_1 - \varepsilon_s}{a^2}.$$

在原子理论中(2.2.2 小节)差值 $\varepsilon_1 - \varepsilon_s$ 实际上确定成核过程的主要特征.

晶体和衬底的黏附愈强,$\Delta\alpha$ 和成核功 $\delta\Phi_c$ 愈小(式(2.15)、式(2.20)),成核所需的偏离平衡的 $\Delta\mu$ 愈小(2.2.1 小节和 2.2.2 小节).因此 $\Delta\alpha$ 的值可用作

各种非均匀成核和外延机制的现代分类的基础.表 2.5 列出了这些机制,它和表 2.4 密切有关.表的主要内容和引用的若干例子取自 Le Lay 和 Kern 的综述[2.66],最初的分类是 Bauer 完成的.

我们先考虑表 2.5 中的两个极端情形,即 Frank − van − der − Merve $(2\alpha < \alpha_s)$ 和 Volmer − Weber$(2\alpha > \alpha_s)$ 机制,再考虑中间的 Stransky − Krastanor $(2\alpha \simeq \alpha_s)$ 机制.

Frank − van − der − Merve 机制是凝结物-衬底对的一种典型机制,其特征是晶体-衬底在强黏附下的结合能超过晶体原子间的结合能:$\varepsilon_s > \varepsilon_1$.在完全润湿时 $\Delta\alpha < 0$,按照 2.2.1 小节的结果,即使蒸气欠饱和或更准确些,当 $-\Omega\Delta\alpha/a \simeq \varepsilon_s < \Delta\mu < 0$① 时,在衬底上形成一层或几层凝结物在热力学上是有利的.根据式(2.20),衬底上的成核功 $\delta\Phi_c$ 也低.

实验上,在同构金属(Au/Ag,Fe/Au)和半导体(2.3.4 小节)中,当点阵常数很接近时(错配<1%)已观察到完全润湿机制.在石墨(0001)基面上惰性气体(Xe,Kr)也完全润湿.在 Frank − van − der − Merve 生长时发现:和界面平行的原子面中晶体和衬底的原子间距严格相等.换句话说,衬底平面上的凝结膜已经横向膨胀或收缩.相应地,在垂直衬底平面上膜将收缩或膨胀,在一级近似下这一畸变由弹性方程的泊松比决定.如果我们忽略这一畸变,就可以认为凝结原子使自己和衬底点阵匹配,按照此点阵堆积,形成所谓的膺形层(见 2.3.4 小节).

上述情形中的外延关系是平庸的,即衬底和凝结物的所有类似晶体学面和取向重合.

用椭偏仪或淀积量测定法研究 Xe 和 Kr 在石墨(0001)面上的凝结时,观察到凝结量随衬底上气压增加而发生跳变,覆盖度的每一跳变对应一个单原子层.这一现象符合 2.2.1 小节中提出的模型在 $\Delta\alpha < 0$ 和 $\Delta\mu < 0$ 时的预言,它说明随着压强的增大和纯石墨上 Xe 蒸气化学势的增大,先形成稀二维气(表面覆盖度 $\Theta < 10^{-2}$—10^{-3});这一气体未能被所有的实验方法探测出来,后来在压强为 1.1×10^{-4} Torr$(T = 97$ K$)$时凝结成一层单原子晶态外延层(根据低能电子衍射结果).第二、三、四、五单原子层需要的压强分别是 1.22×10^{-1} Torr、2.0×10^{-1} Torr、2.3×10^{-1} Torr 和 2.4×10^{-1} Torr.当压强超过 2.5×10^{-1} Torr $(T = 97$ K 的饱和蒸气压)时,形成通常的宏观厚度凝结物.在 $T > 100$ K 时,上述跳跃中的第一个出现精细结构:它在覆盖度轴上分解成两个高度较小的跳

---

① 显然,这里和 2.2 节的论据全都可以应用到溶液和熔体中的外延.

跃.其中第一个跳跃被解释为二维气体到二维液体的相变,第二个是二维液体到二维晶体的相变.

表 2.5　外 延 机 制

机制及其后续阶段	能量条件	开始凝结的最小过饱和度 $\Delta\mu$	凝结物-衬底对	实验方法
Frank-van-der-Merve（强黏附,完全润湿） $-\Omega\|\Delta\alpha\|/a<\Delta\mu<0$ $\Delta\mu>0$	$\Delta\alpha<0$ 或 $2\alpha<\alpha_s$	$\varepsilon_1-\varepsilon_s<\Delta\mu$ <0 相对宏观相欠饱和	Au/Ag,Ag/Au, Fe/Au,Au/Pd, Xe,Kr/石墨	LEED, RHEED, AES,TEM,椭偏仪,吸附量测量
Stransky-Krastanov $-\Omega\|\Delta\alpha\|/a<\Delta\mu$ $\Delta\mu>0$	第一层: $\Delta\alpha<0$ 三维晶体: $\Delta\alpha>0$	第一层: $\Delta\mu<0$ 三维晶体: $\Delta\mu>0$	Ag/Si, Au/Si	LEED, RHEED, AES, TEM,TDS, 等温 TDS
Volmer-Weber 弱黏附 或	$\Delta\alpha>0$ 或 $2\alpha>\alpha_s$	$\Delta\mu>0$	Au/NaCl Ag/NaCl	RHEED, AES, TEM

注:LEED——低能电子衍射;RHEED——反射高能电子衍射;AES——俄歇电子谱;TEM——透射电子显微术;TDS——热脱附.

上述 Θ 的跳变说明:薄晶态(和液态)膜中原子的化学势比块状晶体中低,在厚度至少达到 5—6 个原子间距离(对 Xe)时,前者增大到和后者相等.根据式(2.15)和式(2.20),衬底上二维气体凝结成晶态(或液态)层,这是一种一级相变,需要二维成核,并且可能需要高于平衡压强的一定临界过饱和度.显然这一临界过饱和度和上述不同层厚时的值相近.这种二维成核过程(在表 2.5 中示意地图示在第一列)还没有弄清楚.衬底缺陷可能会使二维相的亚稳区缩小,但这一点仍待研究.

现在考虑 Volmer-Weber 机制(表 2.5 第三部分),这是晶体和衬底弱黏附时的典型机制.这里在衬底上的成核功大于所有其他场合,并且甚至可以在无黏附($\alpha_s\ll2\alpha$)和 $\Delta\alpha\simeq2\alpha$ 时达到均匀成核功.相应地,衬底上的缺陷(2.2.2 小节)在此机制中降低成核势垒的作用最大.弱黏附使晶体和衬底的取向关系不严格.这一点表现在同一晶体-衬底对在不同淀积条件下同时存在几种外延关系.

在碱卤化物晶体(NaCl、KCl、LiF)、氧化物(MgO)、盐(MoS$_2$)和石墨上凝结贵金属(Au、Ag、Pt、Pd)时弱黏附机制出现得很频繁.

对 NaCl 和 KCl 上 Au 和 Ag 的外延研究得最仔细.这些材料中 Volmer-Weber 机制的特征已用表 2.5 最后一列中的现代方法观察过.透射电子显微镜可以观察高真空(10^{-8}—10^{-10} Torr)中在 NaCl 和 KCl(100)解理面上蒸发淀积的尺寸约 1 nm 或更大的 Au 颗粒.小晶体的典型数密度是 10^{10}—10^{11}/cm^2 并依赖于蒸发条件(2.2.2 小节).这样分布的 Au 层的俄歇谱强度比假定这些 Au 均匀分布在表面上要低得多.由此可见只有 Au 颗粒才是俄歇信号的来源,而 Au 原子对衬底的覆盖度 Θ 低于实验方法能达到的灵敏度极限($\simeq 10^{-3}$).换句话说,在 Au 吸附层非常稀时就出现三维的 Au 晶体,这是弱黏附机制应该遇到的情形.

和前面的若干种 Au/NaCl 晶体-衬底取向关系的设想相符,在不同的淀积条件下观察到若干外延关系,其中主要的两种是

$$(100)\langle110\rangle\text{Me} \mathbin{/\mkern-5mu/} (100)\langle110\rangle\text{AHC},$$

$$(111)\langle110\rangle\text{Me} \mathbin{/\mkern-5mu/} (100)\langle110\rangle \text{或}(100)\langle100\rangle\text{AHC}.$$

这里先列出匹配面,后列出此面上相互匹配的方向之一,Me 代表金属,AHC 代表碱卤化物晶体.卤化物(100)面上的阴离子或阳离子形成简单正方网格,其结点间距离在 NaCl 上是 $a_1 = 0.399$ nm(NaCl 的点阵常数为 0.564 nm).在 fcc 点阵(100)面上的金属原子也形成简单正方网格.正方网格在$\langle100\rangle$方向的周期即 Au 的原子间距离为 $a_2 = 0.28$ nm(Au 的点阵常数为 0.407 nm).这样,对上述外延关系中的第一个,相接触的网格参数的相对错配度是 $\Delta a/a_1 = (a_2 - a_1)/a_1 = (0.399 - 0.288)/0.399 = 0.28$,即 28%.如果外延关系是 $(100)\langle110\rangle\text{Au}\mathbin{/\mkern-5mu/}(100)\langle100\rangle\text{NaCl}$,则 Au 原子交替地和衬底晶体的阴、阳离子接触的距离是 0.564/2 nm = 0.282 nm,相对错配只有 $\Delta a/a_1 = (0.288 - 0.282)/0.288 = 0.02$ 或 2%.然而这样的外延一般不能实现.这说明金属原子和阴、阳离子的相互作用能有显著的差别.

Au 在 NaCl 和其他碱卤化物上的黏附能没有测定.只有个别 Au 原子在 NaCl(100)面上的吸附能估计值 $\varepsilon_s \simeq 0.68$ eV(2.2.2 小节)可用,这时 Au 原子可能位于阳离子上[2.67,2.68].如果把这个能量和 NaCl(100)面上每个阳离子(或阴离子)的面积 $a^2 = (2.82)^2 \times 10^{-16}$ cm^2 联系起来,得到的黏附能为 $\varepsilon_s/a^2 = 1.4 \times 10^3$ erg/cm^2.实际上 Au 和 NaCl 原子面按 28%的错配度黏附时,在盐晶体离子上的 Au 原子数少了 4/5—5/6.不仅如此,由于黏附时 Au 凝结物和盐之

间的电子密度再分布不如吸附时那么显著，因此黏附时键强度比吸附时弱. 另一方面，采用 1.2.1 小节中 Au(111) 面同样的近似，$\alpha \simeq 4 \times 10^3$ erg/cm^2（最近邻原子结合能 $\varepsilon_1 = 14$ kcal/mol，它们间的距离为 0.288 nm），这样，对 Au/NaCl 完全可以期望不等式 $2\alpha > \alpha_s$ 会得到满足，实际上起作用的确实是 Volmer - Weber 机制.

对 Na、K、Rb 卤化物晶体上 Au、Ag、Al、Cu、Ni、Pd、Pt 等金属外延程度的分析显示：在外延对错配为 10%—50% 时，错配度减小并不使外延得到改善，而错配增大改善了外延. 更准确地说，外延随 $1 + a_1/\Delta a$①的减小而改善，此值表示经过几个点阵常数，凝结物原子和衬底原子间出现足够准确的原子面接触. 对 $(100)\langle 110 \rangle$Au $/\!/$ $(100)\langle 110 \rangle$NaCl, $1 + a_1/\Delta a$① $= 4.6 \sim 5$[2.69a]. 由此可见，在 Frank - van - der - Merve 生长初期决定理想外延的点阵常数相近性在 Volmer - Weber 机制中对外延关系没有直接的作用. 后一机制中外延由密堆积面和面内取向的对应性决定.

平行碱卤化物晶体的 fcc 金属密堆积 (111) 面的排列可以解释为：金属原子和衬底的键比金属原子间的键弱. 结果 Au 增原子显示出二维密堆积占优势的倾向，形成一小片 (111) 原子面那样的平面团簇. 在 (111)Me $/\!/$ (100)AHC 中接触原子面的对称性也不一致. 因此当一原子面的任一密堆方向和另一原子面的密堆方向重合时，其他的密堆方向就不能重合. 凝结物方位角的任意性产生织构，和非晶衬底上凝结物的特征相同.

(111) 团簇的形成可能只使凝结中的系统能量部分地降低到某一极小，实现了 Ostwald 的阶段规则②；这里的中间相是取向为 (111)Me $/\!/$ (100)AHC 的小晶体，最终的更稳定状态是 (100)Me $/\!/$ (100)AHC.

在凝结物-衬底的较弱键的条件下，淀积条件——温度、过饱和度（入射束流）及衬底缺陷的程度和性质（在本节末尾讨论）在外延行为中变得特别重要.

Stransky - Krastanov 机制是上述两种机制中间的一种机制，在表 2.5 的中间部分已列出了它的特征. 在这种机制中，良好黏附条件 $2\alpha < \alpha_s$ 对第一个单原子层成立，而三维团簇（即块状小晶体）的黏附较弱，并且转向相反的条件 $2\alpha > \alpha_s$. Ag 和 Au 淀积到 Si(111) 面的实验证实了这一概念的正确性. 俄歇谱和低能电子衍射证明 Ag 在 Si(111) 的淀积初期，出现了足够密的有序 Ag 层（二

---

① 俄文版和英文版误为 $1 + \Delta a/a_1$. ——译者注

② 此规则指出：在偏离热力学平衡的系统中可以先沉淀出中间的亚稳相，之后才转变为最终的稳定相.

维表面相),先是覆盖度 $\Theta = 1/3$ 的 (111)(3×1)①Ag,后来是 $\Theta = 2/3$ 的 (111)($\sqrt{3}×\sqrt{3}$)Ag.再继续淀积的 Ag 量引起三维小晶体的取向是 (111)⟨110⟩ Ag∥(111)⟨110⟩Si,此时不产生 Frank-van-der-Merve 机制要求的均匀增厚的层.现在还不清楚三维小晶体是直接和 Si 接触还是和中间的吸附层接触.相应地在表 2.5 的第一列中画出了两种可能的外延层的后续图形.

2.3.3 动力学

外延淀积通常在远离热力学平衡的条件下进行.这一点特别明显地出现在分子束淀积中;分子束的有效压强比凝结物在衬底温度下的平衡压强大几个量级.在这样的条件下,原子联接到核实际上是不可逆的,所以动力学因素和热力学因素一起发挥着重要的作用.动力学因素表现在外延过程的程度和性质与衬底温度、过饱和度(入射束流强)、衬底缺陷的多少和性质有关;衬底缺陷包括吸附在晶体表面和嵌入表面层的杂质组分.

对平衡的偏离会改变可能观察到的三种外延模式(见 2.3.2 小节)的温度范围.例如文献[2.69b]中,在 Mo(110) 面淀积 0.1 单原子层 Au 后出现单原子厚的 Au 岛,显示出 Frank-van-der-Merve 模式.然而在同一超高真空、500—700 ℃下退火 2 min 后这些岛转变为三维小晶体,说明 Stransky-Krastanov 模式在热力学上更为有利.实际上在 500—700 ℃淀积时可直接观察到这一模式.在 20 ℃<T<500 ℃的中间温度范围内,在完整的第一层上出现不完整的第二层. 在 Au 和 Ag/W(110) 和 (100)[2.69c]、Cu/W(110)[2.69d]、Fe/Cu (100)[2.69e]、Co/Cu(100)[2.69f]、Cu/Ag(111)[2.69g] 和 Fe/Cu(111)[2.69h] 中都观察到类似的现象.对它们的解释[2.69i] 如下:

在低温下淀积到衬底上的吸附层对不够稳定的单原子厚的岛来说也是过饱和的.在较高温度和较低入射流强下三维团簇形成得如此迅速,使单原子岛没有机会出现.这就是说,动力学上能更有效吸收过饱和吸附层的 Frank-van-der-Merve 模型在高温和高表面迁移率下不再能抑制热力学上更稳定的 Stransky-Krastanov 淀积结构.

结晶条件对凝结团簇数密度和取向的影响随团簇和衬底黏附的减弱(在表 2.5 中由上到下)而增强.这种趋势特别明显地表现在有若干可能的取向关系的 Au/NaCl 系中.

在固定的系统压强或固定的入射到衬底的分子束流强下,外延程度随衬底

---

① 符号(3×1)是二维 Ag 簇的参数,以 Si(111)的参数为单位.

温度增加. 反过来, 降低温度将产生混乱取向的甚至非晶态的膜. 使凝结膜变成单晶的温度被称为外延温度. 这不是一个严格的概念, 因为外延程度随着温度连续地而不是跳跃地变化(可参阅 8.2.3 小节). 外延温度随过饱和度的增大而升高, 并且依赖于系统中杂质的存在. 例如, 残余气压为 10^{-5}—10^{-6} Torr, $T \gtrsim$ 420 ℃时, ZnSe 在 Ge 上淀积成外延膜, 而在 10^{-7}—10^{-8} Torr 的真空中外延膜在 $T \gtrsim$ 300 ℃时形成. 这种量级的外延温度对许多材料都是适用的.

　　衬底温度对外延的影响首先表现在它和蒸发源的温度一起决定着系统的过饱和度. 更重要的是, 它决定着凝结在表面上的增原子的迁移率, 即表面扩散率(式(1.25)). 它还决定着成核和长大过程中新原子加入和离开团簇的概率, 即用尝试法进行选择的可能性. 随着温度的升高, 原子团簇作为一个整体有可能转动, 甚至移动, 这些运动也促进单一外延取向的完成以便达到最低的能量(见 2.2.2 小节). 很自然会想到: 系统黏附能 α_s 愈小(表 2.5 底部), 簇团迁移的机会愈多.

　　上述 Ostwald 规则也被观察到了: 在宏观凝结物熔点温度以下先凝结成液相而不是固相. Palatnik 和 Komnik[2.57]将 Bi 淀积到玻璃上时发现和研究了此现象. 他们得出结论: 只有在 $T \gtrsim$ 95 ℃, 即比 Bi 的熔点 271 ℃低得多时淀积的团簇才是晶态的. 而在 95 ℃以上, 材料在衬底上凝结成液滴而不是晶体. 这个温度和块样的熔点类似, 仅仅微弱地依赖于气压. 因此这里也存在由晶态团簇、液滴和增原子气组成的二维系统的压强-温度相图, 它和常规晶体-熔体-蒸气系统的相图相同, 但向低温方向移动了 176 ℃.

　　随着过饱和度(入射流强)的增大, 外延程度有所降低, 而核的数目增大(见 2.2.2 小节).

　　谈到外延或一般凝结过程的过饱和度时, 应该区分凝结气体整体(或分子束)的过饱和度和吸附层中的过饱和度. 在增原子迁移率足够高时成核实际上来自后者(见 3.2 节). 后者比前一过饱和度要低得多. 存在于表面的凝结物岛和台阶是增原子或增分子的漏. 因此, 当增原子以足够高的速率(足够大的动力学系数 β_{st}, 见 3.2 节)被台阶吸收时, 靠近台阶处的过饱和度接近零, 并且在原子级光滑台面上的过饱和度随离台阶的距离而增大. 远离台阶处过饱和度足够大, 可以形成新的二维核, 从而产生新的台阶, 降低过饱和度[2.70].

　　根据上述模型可以估计台阶间的平均距离 λ; 当束流强度 $I = 10^{16}/(\text{cm}^2 \cdot \text{s})$, 1000 K 的 Si(111)面上, 即在相对过饱和度为 10^9 和层生长速率为 3.5×10^{-4} cm/s 下凝结时, $\lambda/(2\lambda_s) \simeq 0.1$[2.70b]. 表面原子级光滑部分上的增原子浓度极大值约 $10^{-2} I\tau_s$, 过饱和度比假设没有台阶时低两个量级. 但在这种条件下过饱和度仍然很高($\sim 10^7$).

如果过饱和度如此之高,使得填充一单原子层的时间$(Ia^2)^{-1}$比一次扩散跳跃的时间短得多,即$(Ia^2)^{-1} \ll (1/\nu)\exp[U_D/(kT)]$,原子将不可能排列成规则的点阵,形成的是非晶态膜.

如果增原子在衬底上的寿命和浓度如此之低,以致它们之间的碰撞不够频繁,在衬底上就可能不发生凝结.例如,当 Au 从温度约 1500 ℃ 的源向温度约 700 K 的 NaCl(100)面蒸发时,两处的平衡气压分别为 10^{-1} Torr 和 10^{-9} Torr,即过饱和度约为 10^8.然而 Au 原子将在表面温度$\gtrsim$350 ℃时被完全反射回来(重新蒸发),这样吸附层中的 Au 浓度不足以凝结.这里的原因是 Au 在 NaCl 上的吸附能比较低.

高过饱和度下凝结甚慢的第二个可能原因是导致团簇形成的增原子碰撞效率低.增原子形成团簇的前提是形成增原子间的键.然而形成这样的键可能需要克服势垒,即使是物理凝结过程也有此需要,更不必说是化学淀积了.当金属在碱卤化物表面凝结时,金属增原子将会处在盐表面同类离子(可能是阳离子)之上,因此增原子间的距离等于和表面结构对应的平面网格上金属离子间的距离.由于阴离子的存在,这个距离是金属晶体平衡原子距离的 1.5—2 倍.因此增原子间价电子的交换很弱,决定了它们之间的弱吸引.增原子由于和衬底的相互作用不能互相靠得更近.两个增原子间成键势垒的另一个来源是增原子和衬底价电子的交互作用:吸附后电子密度重新分布,使增原子带正电或负电.它们和衬底的补偿电荷一起形成电偶极子[2.71,2.72].利用离子和电子枪对 W 上 Na 吸附的研究确定了吸附的 Na 原子带负电,每个增原子上的电偶极矩为 3—5 debye(1 debye = 10^{-8} cgs,相距 0.1 nm 的正负电子电荷对的偶极矩 $\simeq$5 debye)[2.73].迄今还没有直接测定盐晶体表面金属原子的偶极矩,但理论估计指出:增原子的电子被拉向衬底表面金属离子,即此时形成符号相反的电偶极矩.估计得出偶极矩的绝对值略小,但量级相同.这样增原子间的排斥能 $\sim s^2/R^3$,这里 s 是偶极矩,R 是增原子间距离.增原子排斥能和晶体原子间结合能可以相比,因此偶极-偶极排斥将严重阻碍凝结,显著增大成核势垒.

金属在盐晶体上凝结时,表面层的缺陷肯定会降低成核势垒.当 KCl(100)面的 Cl 空位被一个凝结金属原子填充时,它和周围的 K 原子形成一金属团簇.在它上面比较容易形成金属小晶体,因为增原子可以按金属结构而不是按衬底参数在这里聚集起来.按照这一机制,小晶体的取向由团簇的取向决定[2.42],形成的关系是(100)$\langle 110 \rangle$Au // (100)$\langle 110 \rangle$KCl.这和淀积前与淀积中电子辐照(能量为 100 eV,束流为 10^{16}电子/($cm^2 \cdot s$))KCl 衬底对 Au、Ag、Cu 外延的影响的实验结果相符[2.42].在这些实验中,辐照衬底使 Au 的外延温度从 250 ℃降为 200 ℃.此外,如果平均厚度为 0.1 nm 的 Au 在－195 ℃到 80 ℃的温度范围内淀积到受到辐照的衬底上,随后停止辐照继续淀积,则在衬底温度 $T>100$ ℃时形成单晶外延膜.在上述过程中,在辐照下低温淀积($T<80$ ℃)产生单个的均匀取向的小晶体,进一步在高温($T>100$ ℃)下凝结,小晶体在衬底上长大合并成单晶外延膜.

2.3.4　错配位错和赝同构条件

下面转向生长晶体和衬底间强黏附的系统,较详细地考虑具有类似键型(如金属和金属)、点阵面间距分别为 a_1 和 a_2 的两晶体的接触.设两点阵的原子面和界面 C 垂直,并且有两个任意选定的原子面匹配在一起形成连续的原子面(图 2.12(a)).在距离 l 范围内的其他原子面形成错排:下面的晶体有 l/a_1 个面,上面有 l/a_2 个面,当 $a_1<a_2$ 时,在两个连续面之间的距离 l 满足下列条件:

$$\frac{l}{a_1} = \frac{l}{a_2} + 1.$$

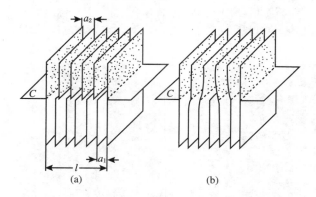

图 2.12　在界面 C 处两晶体原子面的匹配

(a) 除了两端的原子面外,其他所有的平直原子面均被断开;(b) 除了一个面外,所有的面联接起来,在唯一断开面的边上形成错配位错.

当下面的晶体每 l/a_1 个面内有一个面断开,而其他的面和上面晶体的面连接起来(图 2.12(b))时,则界面 C 上键的补偿更加完备,系统能量达到极小.

多余原子面的边上的组态实际上是点阵的位错,但这里点阵的两半由不同原子组成.这样的位错被称为错配位错.从前面的条件得到错配位错的密度为

$$\frac{a_2 - a_1}{a_1 a_2} \simeq \frac{\Delta a}{a^2}.$$

这里 $\Delta a = a_2 - a_1 \ll a_1, a_1 \simeq a_2 \simeq a$.对 Au/Ag 接触(符号中前面是生长晶体,

后面是衬底晶体)，$\Delta a / a^2 \simeq 2 \times 10^{-3}$，$a \simeq 2 \times 10^{-8}$ cm①，错配位错的直线密度 $\simeq 10^5/\mathrm{cm}$，即位错间的距离 $\simeq 100$ nm. 一般来说，在接触晶体间至少应有两套互不平行的位错，以便在界面上补偿点阵参数在两个互不平行的方向上的错配. 图 2.13 是 Au/Ag 界面上的错配位错网.

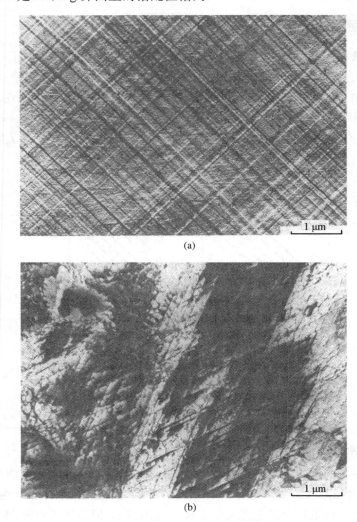

(a)

(b)

图 2.13　错配位错网的电子显微图像
(a) Au(100)/Ag(100)界面；(b) Au(110)/Ag(110)界面.[2.74]

———————————

① 英文版误为 2×10^{-3} cm.——译者注

在前面的论述中假设两个接触点阵作为整体不变形.事实上当生长晶体很薄时,它的每一个原子面都和衬底的原子面连接在一起,例如形成 Au 的原子间距离等于 Ag 的赝同构晶体.如赝同构层的厚度是 h,则单位表面上赝同构层的弹性能密度 $\sim Gh(\Delta a/a)^2/2$.当单位界面上形成密度 $\sim 2\Delta a/a^2$ 的错配位错时,这一弹性能将消失,此时单位面积的位错总能量 $\simeq 2\alpha_d\Delta a/a^2$,这里的比位错线能量 $\alpha_d\simeq[Gb^2/(4\pi)]\ln(ka/\Delta a)$[2.75].上式中的对数项考虑了位错的相互作用,$b\simeq a$ 是柏格斯矢量,G 是切变模量,k 是约为 1 的数值系数.在数量级上可认为 $\alpha_d\simeq Gb^2/8$,这里已考虑了 α_d 对 $\Delta a/a$ 的弱对数关系.赝同构生长层一直保持到厚度达到 h_c,此时上述均匀弹性能和位错能相等.结果赝同构层临界厚度 $h_c\simeq a^2/(2\Delta a)$.对 Au/Ag 系,$\Delta a/a=1.8\times10^{-3}$,$h_c\simeq50$ nm.实际上,当 Au/Ag 生长时,观察到厚达 60 nm 的赝形 Au 膜.超过此值后,在界面上形成错配位错网.改变生长晶体的点阵参数,例如按费伽规律引入杂质可以逐渐改变错配位错的密度[2.76].在半导体异质结 $GaAs_{1-x}P_x/GaAs$ 的形成过程中观察到这一效应.还可以在垂直外延面的方向上逐渐改变杂质含量以减小异质结的错配位错密度.这时衬底点阵和生长层点阵参数的最大差别在杂质含量梯度区逐渐过渡,相应地,过渡区内原子面上的位错密度下降.从图 2.14 可见,位错密度随等厚膜中的不同 P 浓度梯度而变.

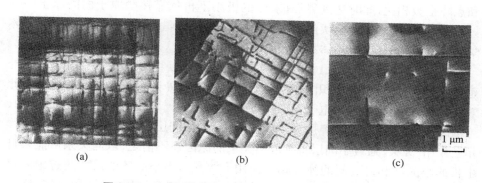

(a)　　　　　　　(b)　　　　　　　(c)

图 2.14　GaAs 衬底上 $GaAs_{1-x}P_x$ 膜的 X 射线貌相图

过渡层中 P 的浓度梯度分别是 5.0%/μm(a)、1.7%/μm(b) 和 0.21%/μm(c).放大倍数相同.[2.77a]

赝同构层生长时,衬底表面露头的位错会穿过生长层.当生长层达到临界厚度时,柏格斯矢量和衬底平行的这些位错会弯过来形成错配位错,再继续穿过生长层(图 2.15(a)).这时观察到的是分离的位错片段而不是错配位错网或组成网的位错片断(图 2.15(a)).另外,错配位错还可以使衬底表面延伸出来的普通位错闭合起来(图 2.15(b)).如果通过改变杂质浓度(如 GaAs 中的 P)、调整匹配点阵的参数,从而选定所需的错配位错密度,就可以获得具有高迁移率、低载流子浓度的无位错外延膜.

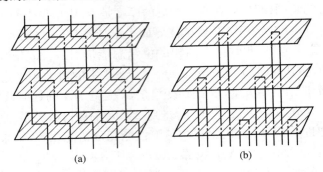

图2.15 下面的衬底和生长层界面上的位错

(a) 位错转化成新层中的错配位错片段;(b) 衬底位错(垂直线)被错配位错(水平线段)闭合起来.[2.77a]

文献[2.77b]报道了 Au/Pd(001)中错配应变引起的部分位错.文献[2.77c]综述了错配应变和错配位错的形成等问题.

外延生长不一定需要点阵相近.点阵不相近时,错配位错间的距离一定会和点阵常数相比,此时达到界面能 α_{ss} 的极小不再依靠接触原子面间原子的一一对应,而是依靠势能起伏的最大的谷和峰的对应,这些谷和峰沿低指数晶体学方向分布,并且决定晶体和衬底的取向关系.

1825年,Wackernagel 发现:一个晶体不仅可以直接在另一晶体表面上外延,它还可以通过事先淀积的一薄层塑性材料进行外延生长[2.78—2.80].后来对此效应的研究、包括近来用电子显微镜进行的研究[2.81,2.82]说明:非晶的或晶态的、绝缘的或导电的(金属)、厚度为 10—100 nm 的中间层的孔隙看来可能和"长程相互作用"无关.通过中间层得到取向关系的原因还不清楚.取向关系可能来自生长的小晶体和衬底间的弹性相互作用[2.83,2.59a],当小晶体的尺寸超过中间层的厚度时弹性相互作用就显现出来了[2.83]."长程相互作用"对淀积方法、气氛的纯度和温度非常敏感,而且常常不能重复.重复性不好的原因可能是薄膜和衬底间的弱黏附,从而阻碍了弹性相互作用从衬底向膜的传播.

外延的未解决问题还有:控制杂质效应的机制(杂质常使外延晶体的几个取向改进为一个);溶液中的外延需要先溶去表面(清除界面上的附着分子和(或)溶剂离子,或使溶液壳层中的结晶品种纯化);不同生长条件下预言外延取向的规则的公式;小晶体迁移和转动的机制;表2.5中的三种外延模式中动力学和缺陷的作用.

第 3 章

生 长 机 制

原子级粗糙表面的垂直生长和原子级光滑表面的逐层生长是晶态点阵形成的两种机制.这两种模式的条件、一般动力学和其他特征在 3.1 节中介绍.从蒸气、溶液和熔体中逐层生长的特点是 3.2 节的主题.生长台阶的来源——二维成核和螺位错——常常决定生长速率(见 3.3 节),并且决定生长界面的形貌(见 3.4 节).生长形貌还可显示生长的许多其他特征,如蒸气生长中液相的参与、台阶冲击波等.

在 3.4 节中还概述了用于研究表面形貌的光学方法.

3.1 晶体的垂直生长和逐层生长

3.1.1 垂直生长和逐层生长的条件

晶体生长是不断添加新原子、分子或更复杂的集团的过程.最后一种过程之所以可能,是由于某些物质在起始的气相中或液相中有聚合的倾向,例如 S 蒸气中有显著数量的 S_2、S_4、S_6、S_8,液相中的 Se 原子形成聚合物链.由集团堆积引起的生长还研究得很少,下面我们将讨论均匀单元(主要是单个原子或分子)引起的生长.

同一材料的新粒子的添加和晶体生长不一定是一回事.例如在原子级光滑表面上的吸附还不能当做生长,因为一旦增原子达到一定浓度它就会停止,这时吸附原子或分子的化学势开始和环境(蒸气、溶液)中同种原子或分子的化学势相等.吸附在台阶内的原子的化学势也和晶体中不同,这些吸附粒子离开时,表面上自由键的数目和相应的表面能发生变化.但在扭折处移开或添加一个原子并不影响表面能(图 1.7).因此扭折处粒子的化学势可以等同于晶体的化学势.

于是,把新粒子添加到扭折上意味着晶体生长.如 1.3 节所述,热涨落保证台阶上有一定的(常常是很大的)扭折密度和原子级粗糙表面.在原子级光滑表面上也可能产生扭折,因为表面层内有一定量的空位,它们可以位于空位或增原子团簇边界——长度为几个原子间距的台阶上.但是表面层中的空位和空位簇会被填充,以致(或早或迟)消失.增原子团簇则需要通过二维成核才能形成,这时需要克服式(2.22)给出的势垒高度.这就是说,原子级粗糙表面和台阶上的生长只需要克服单个原子或分子联接上去的势垒,而原子级光滑表面的生长还需要台阶形成的势垒.

从宏观角度看,在粗糙(模糊)界面上的任意地点都可以添加新的原子,所以在生长过程中,表面上任一点都沿着表面法线方向移动.所以这种生长被称为垂直生长.相反,原子级光滑表面通过逐层的淀积,即台阶的切向运动而生长,从而被称为切向生长和逐层生长.下面先考虑垂直生长的动力学.

3.1.2 垂直生长的动力学系数

图 3.1 给出了一个粒子(原子、分子或离子)移向或离开界面(扭折)时平均能量的变化.这里 ε_S 和 ε_M 是晶体和介质中处于平衡位置上的粒子的平均能量,边界两侧的波纹线表示晶体和介质中的粒子离开平衡位置引起的能量变化(实际的幅度可以比图上大得多).

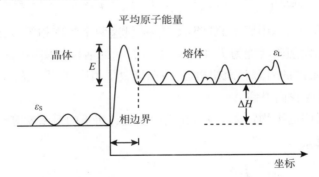

图 3.1 晶体-熔体界面附近一个原子的平均能量

如 1.1 节所述,一个粒子在平衡条件下从晶体移到介质,它的能量变化是

$$\varepsilon_M - \varepsilon_S = T_0(s_M - s_S) \equiv \Delta H.$$

此外,这个过程一般还需克服势垒 E(图 3.1).激活能 E 依赖于液体中活性集团的组态,即粒子从液相转移到固相时最近邻位置的改变.真正起作用的是活性集团各种组态中具有最低 E 值的组态.

在晶体-熔体界面上的这些组态和液相、固相结构都有关系,最适于转变的集团出现的概率决定于液体中的短程序列转变成固体中的短程序列的难易程度.在液体黏滞流动中原子组态也发生变化.因此曾经认为晶体-熔体界面上的

E 值和黏滞流动的激活能同量级.但是,近来的工作[2.10b]说明:生长速率超过以黏滞流动激活能为基础的理论值(见 2.1.3 小节).Jackson 等对熔体中的垂直生长进行了广泛的讨论[3.1].

在晶体-溶液界面上溶剂化物壳层会形成或消散,这时需要高得多的激活能,对各种材料的水溶液进行的实验得出其值在 10—25 kcal/mol.

简单化学材料(元素或具有高对称性的分子的材料)气相生长并且无化学反应时,在扭折处添加粒子的激活能接近零($E \simeq kT$).但复杂分子不能以任意的取向联接到晶体上,因此这里存在着一个显著的有效势垒.这种熵类型的势垒甚至在不需要再溶解、化学反应或短程序列重新排列(例如气相生长)时仍然存在.

下面估计熔体生长时原子级粗糙界面的运动速度.设单位时间内从熔体添加到晶体一个扭折上的原子数为 j_+,相反地从晶体到熔体的流为 j_-,根据图 3.1,它们分别是

$$j_+ = \nu\exp\left(-\frac{\Delta s}{k}\right)\exp\left(-\frac{E}{kT}\right), \quad j_- = \nu\exp\left(-\frac{E+\Delta H}{kT}\right). \tag{3.1}$$

这里 ν 是晶体和熔体中原子的热振动频率(设这两个频率相等),$\exp(-\Delta s/k)$ 是在扭折近邻发现激活能为 E 的液体中最有利的活性集团中的一个原子的概率.显然这种集团的组态和固相相近.按照细致平衡原理,$T = T_0$ 时两个流相等($j_+ = j_-$).因此我们得到 $\Delta s = s_M - s_S$.

如果扭折间的平均距离是 λ_0,在表面上发现扭折的概率就等于 a/λ_0^2.这样相界面的速度是

$$V = \left(\frac{a}{\lambda_0}\right)^2 a(j_+ - j_-)$$

$$= \left(\frac{a}{\lambda_0}\right)^2 a\nu\exp\left(-\frac{E}{kT}\right)\exp\left(-\frac{\Delta s}{k}\right)\left\{1 - \exp\left[-\frac{\Delta H}{k}\left(\frac{1}{T} - \frac{1}{T_0}\right)\right]\right\}$$

$$\simeq \beta^T \Delta T, \tag{3.2}$$

$$\beta^T \simeq \left(\frac{a}{\lambda_0}\right)^2 a\nu \frac{\Delta s}{kT}\exp\left(-\frac{\Delta s}{k}\right)\exp\left(-\frac{E}{kT}\right).$$

$\beta^T(\mathrm{cm}/(\mathrm{s} \cdot \mathrm{K}))$ 被称为熔体生长的动力学系数.在得到它的表达式时,利用了条件 $\Delta s \Delta T/(kT) \ll 1$,即生长前沿低过冷度 ΔT 的条件.

$\Delta T = 0, j_- = j_+$ 被称为扭折的交换流.类似地可以确定台阶交换流和表面交换流.

在低过冷度 ΔT 下得到的生长速度的线性关系式(3.2)是垂直生长的最基

本特征,它来源于扭折处原子的添加和离开事件的统计独立性.在不含台阶从而不含扭折的光滑面上,只有往吸附层投入原子具有统计独立性,原子联结成点阵时则没有统计的独立性.在这种表面上的二维成核会产生初基台阶,在这一过程中粒子离开的概率是不独立的,它依赖于先前原子聚集和离开事件中形成的团簇的组态.在这个意义上成核是一种合作现象,它的速率和过饱和度或过冷度的关系是非线性的.因此生长速度和决定成核过程的过饱和度(过冷度)的关系也是非线性的.

取 Si 的 $\Delta H/(kT_0) = \Delta s/k \simeq 3.5$,$T_0 = 1685$ K 以估计式(3.2)中 β^T 的值.设在量级上 $a \simeq 3 \times 10^{-8}$ cm,$\nu = 10^{13}$/s,$\lambda \simeq 3a$,E 远小于 ΔH,得到 $\beta^T \simeq 2$ cm/(s·K).垂直生长金属晶体的实验研究给出 β^T 为 1—50 cm/(s·K).

把式(3.2)中的 $(a/\lambda_0)^2$ 代之以 a/λ_0,就可以用来表示初基台阶的生长速度,它的增长基本上可以看成一条粗糙表面的带.因此台阶的动力学系数 $\beta_{st}^T \simeq (\lambda_0/a)\beta^T$,在上述 Si 的场合 $\beta_{st}^T \simeq 6$ cm/(s·K).β_{st}^T 的实验值约为 50 cm/(s·K),也就是说这个粗略的理论估计值小了一个量级(见 5.2.5 小节和文献[5.16c]).

下面讨论较少遇到的溶液中垂直生长的情形.设 C 是扭折近表面溶液的平均浓度,a^3 是溶液中溶质和溶剂粒子的体积(认为两者在量级上相等),λ_0 是扭折的平均距离,E 是扭折处势垒(图 3.1).在扭折附近找到结晶物粒子的概率 $\sim Ca^3$,在一个扭折上结晶物的流可表示为 $j_+ = \nu Ca^3 \exp[-E/(kT)]$.溶质粒子的反向流和上述扭折附近发现自由溶剂离子(分子)的概率成正比,这些溶剂粒子可以和进入溶液的粒子形成溶剂化物壳层.这一概率可以等同于扭折处不存在结晶物粒子的概率 $(1 - Ca^3)$.在这样一个扭折上从晶体到溶液的流为 $j_- = \nu(1 - Ca^3)\exp[-(E + \Delta H)/(kT)]$,这里 ΔH 是溶解热.溶液中界面垂直生长速度可以用 j_+ 和 j_- 的新表达式表示成类似式(3.2)那样的公式:

$$V = a\left(\frac{a}{\lambda_0}\right)^2 (j_+ - j_-). \tag{3.3}$$

平衡时 $V = 0$,$j_+ = j_-$,设温度 T 的平衡浓度为 C_0,得到

$$C_0 a^3 = \frac{\exp\left(-\dfrac{\Delta H}{kT}\right)}{1 + \exp\left(-\dfrac{\Delta H}{kT}\right)}. \tag{3.4}$$

平衡时晶体和溶液间交换的流 $(a/\lambda_0)^2 j_+$ 被称为交换流.台阶上的交换流 $(a/\lambda_0)j_+ = (a/\lambda_0)j_-$ 仅仅在 6 mol/L AgNO$_3$ 水溶液中的 Ag(100) 面的初基台阶上被实验测定过,得到的值约是 3×10^6/s[3.2](见 3.3 节).

在过饱和溶液中 $j_+ > j_-$, $V > 0$. 利用式 (3.4) 容易得到 $j_+ - j_- = \sigma\nu\exp[-(E+\Delta H)/(kT)]$, 这里 $\sigma = (C - C_0)/C_0$ 是生长晶体表面的相对过饱和度. 于是

$$V = a\nu\sigma\left(\frac{a}{\lambda_0}\right)^2\exp\left[\frac{-(E+\Delta H)}{kT}\right] \equiv \beta\Omega C_0\sigma = \beta\Omega(C - C_0),$$

$$\beta = a\nu\left(\frac{a}{\lambda_0}\right)^2(\Omega C_0)^{-1}\exp\left[\frac{-(E+\Delta H)}{kT}\right] \simeq a\nu\left(\frac{a}{\lambda_0}\right)^2\exp\left(-\frac{E}{kT}\right). \quad (3.5)$$

这里的 β 是溶液生长的动力学系数, $\Omega \simeq a^3$ 是一个粒子在自己的晶体中占据的平均体积. 进一步根据扭折上粒子添加和离开事件的统计独立性可以得到生长速度和过饱和度的线性关系.

实验上观察到室温下水溶液中 NH_4Cl 晶体和水热条件下石英 ($\alpha - SiO_2$) 晶体 (0001) 基面的垂直生长机制. 图 3.2 是石英晶体 (0001) 面的典型线性 $V(\sigma)$ 关系. 按照式 (3.5) 应该预期 $\ln\beta$ 和 $1/T$ 有线性关系, 实验上确实观察到石英 (0001) 面上有这种关系 (图 3.3). 图 3.3 中直线的斜率给出的激活能实验值为 (20 ± 1) kcal/mol. 根据式 (3.5), 它自然应该是 E 的值. 根据这个 E 值, 设 $\lambda_0 \simeq 3a$, $\nu \simeq 3 \times 10^{12}$/s, $a = 3 \times 10^{-8}$ cm, $T = 658$ K[①], 得到 $\beta \simeq 2.9 \times 10^{-3}$ cm/s. 另一方面, 在 $H_2O - NaOH$ 的含 3% SiO_2 的溶液 (生长石英用) 中, $\Omega C_0 \simeq 3 \times 10^{-2}$. 知道溶解度的温度依赖关系、生长区和溶解区温度差后可以粗略估计整个溶液中的过饱和度. 对 385 ℃ 下 0.5 m NaOH 水溶液中的 SiO_2 溶液, 生长区、溶解区的温度差为 60 ℃ (在高压釜外测量) 时, 过饱和度为 7%. 在生长前沿的实际过饱和度应该更低, 这是由于高压釜内的温度降应低于高压釜外的温度降, 以及生长表面附近母相贫乏. 为了估计, 设 $\sigma \simeq 3 \times 10^{-2}$, 得到垂直生长速度 (式 (3.5)) 的量级是 2×10^{-6} cm/s, 定性上和实验符合. 在上述和其他许多场合下很难和溶液生长实验进行严格比较, 原因是缺乏生长晶体表面 (而不是母液整体, 见 5.1 节) 上的直接过饱和度数据, 另外还缺乏激活能 E 的数据.

在上述 Ag(100) 面的电结晶中, 利用交换流的数据估计出台阶的动力学系数 $\beta_{st} = 0.2$ cm/s, 比石英基面的动力学系数大两个量级. 这一差别说明, 台阶的生长和整个面的生长的阻力显著不同, 以及 Ag^+ 离子与 SiO_2 分子的结晶行为不同.

^{4}He 熔体 (超流体) 在低温下 ($T < 1$ K) 的 **量子结晶** 和上述经典结晶完全不同. ^{4}He 晶体生长的驱动力是超过平衡的 25 atm 的压强. 联结到晶体上的 He 原子不需要克服扭折处的势垒. 作为量子粒子, 转移到晶体上的 He 原子在势垒

---

① 俄文版为 658 ℃, a 和 β 的值也略有差别. ——译者注

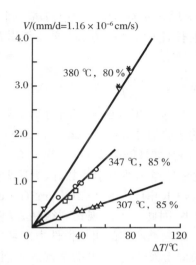

图 3.2 在水热溶液中过饱和度 ΔC 下石英晶体的垂直生长速度
过饱和度以 ΔT 表示,即以溶解区和生长区的温度差表示;$\Delta T \propto$
ΔC(见 9.3.5 小节).直线旁的数字是饱和温度和室温下高压釜内
填充溶液的程度.$V(\Delta T)$ 的线性关系证明动力学系数是常数[3.3].

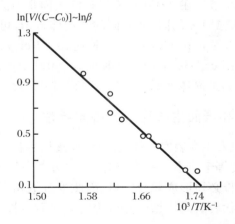

图 3.3 水热溶液中石英基面生长的动力学系数和温度的关系

下隧穿过去.由于量子界面上的台阶和扭折是非局域的(见 1.3.4 小节),界面
的运动是相干的,并且在 $T = 0$ K 时不伴随能量的耗散.这对应于无限快的生长
动力学.$T > 0$ K 时,系统中存在着声子和旋子.它们会被具有密度突变的运动
界面散射.如果声子是系统中主要的元激发,这种相互作用引起的能量耗散约

为 $E_{pb}V^2/c$,这里 $E_{pb} \simeq kT^4/(\Theta^3\Omega)$ 是声子能,Ω 是每个原子的比容,Θ 是德拜温度,c 是声速,V 是生长速度.另一方面,这一耗散应等于 $V\Delta\mu/\Omega$,因此得到[1.32a]

$$V \simeq \left(\frac{c\Theta^3}{kT^4}\right)\Delta\mu = \beta^\mu\Delta\mu.$$

$T = 0.6$ K,$\Theta = 32$ K,$c = 2.4 \times 10^4$ cm/s 时动力学系数 $\beta^\mu = 6 \times 10^{25}$ cm/(s·erg).$T = 0.6$ K 时 β^μ 的实验值是 3×10^{23} cm/(s·erg),比上述值低得多,这说明旋子、可能还有其他因素(如 ^{3}He 杂质)对相界面有重要的减速作用.尽管如此,量子动力学系数仍远超过经典动力学系数,因为后者的 $\beta^\mu = (\Delta T/\Delta\mu)\beta^T \simeq \beta^T/\Delta S$,当 $\beta^T = 10$ cm/(s·K)时,$\beta^\mu = 6 \times 10^{14}$ cm/(s·erg).

量子生长的阻力很小,因此有可能观察到结晶波,它包括界面任何点上的周期性生长和熔解[1.32b].结晶波所需的机械惯性力来自生长和熔解时产生的密度变化.结晶波看起来类似于液-气表面上的常规的表面张力波,并且服从相应的色散关系:

$$\omega^2 = (\alpha + \alpha'')\frac{\rho_L k^3}{(\rho_L - \rho_S)^2}.$$

这里 ω 是频率,k 是波数,ρ_L 和 ρ_S 分别是液体和固体 ^{4}He 的密度,$\alpha + \alpha''$是有效界面能(见 1.4.1 小节).在 $T = 0.6$ K 进行的表面张力波实验[1.32b]给出 $\alpha + \alpha'' = 0.21$ erg/cm^2.根据 He 的固-液界面的类液体行为,可以利用常规的毛细上升技术测量 α[1.32c].对 hcp ^{4}He,$T = 0.4$ K 时,$\alpha = 1$ erg/cm^2,$T = 1.31$ K 时,$\alpha = 0.11$ erg/cm^2;对 bcc ^{4}He,$T = 1.67$ K 时,$\alpha = 0.1$ erg/cm^2.

$T = 0.5$ K 时平衡的晶体外形呈圆形,生长时外形变为多面体[1.32b,c,d].

3.1.3　层状生长和表面生长速率的各向异性

垂直生长实际上发生在表面的任何地点,而逐层生长时扭折仅仅集中在台阶上.初基台阶(高度等于或小于一个点阵常数)分散在原子级光滑表面上(图3.4),光滑表面要生长必须形成新台阶核.因此当过饱和度不足以在原子级光滑面上成核时,台阶状表面只能靠已有台阶的运动而生长.在 3.3 节将讨论台阶的来源问题.

在显微镜中直接观察可以获得逐层生长的动力学和过程的最全面信息,但研究生长后晶体表面形貌却更简单、更常用.图 3.5(a)的照片显示人工金刚石晶体(100)面上绕位错的逐层生长(见 3.3 节).晶体在高温高压下生长,因此不可能直接观察生长过程.金刚石结构的立方面在最近邻近似下是一种原子级粗糙的结构,即它属于 Hartman 和 Perdok 的 K 类面(见 1.3.4 小节).然而表面

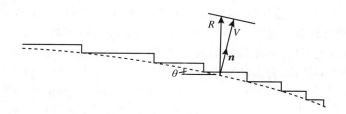

图 3.4 晶体的台阶状表面

角 θ 表示表面某处取向和密堆积原子面的差别, R 是垂直密堆
积面方向上的生长速度, V 是沿台阶状表面法线方向 n 的速度.

上台阶的存在说明次近邻有重要作用, 并且晶体表面和溶液(这种金刚石在催
化金属熔体的 C 溶液中生长而成, 见 9.4 节)间有相互作用.

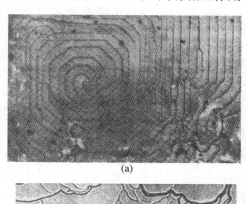

(a)

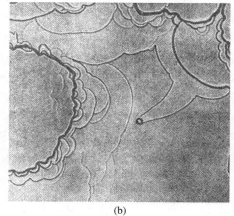

(b)

图 3.5 逐层生长的表面形貌

(a) 人工金刚石(111)面[3.4]; (b) 甲苯胺薄晶体, 在交叉偏振片间用偏振光观察[3.5].

图 3.5(b)是气相生长的有机材料甲苯胺($CH_3C_6H_4NH_2$)晶体表面上的台阶结构.这种材料在垂直图 3.5(b)的 c 轴方向上的点阵常数很大(2.3 nm),并且双折射系数很大(沿 c 轴传播的两束光的折射率差为 0.27).因此可以用偏振光研究生长中的晶体.台阶的高度可以用图 3.5(b)上的干涉色测定.3.4 节将简要介绍若干研究表面形貌的光学方法的原理.图 3.5(b)是 Lemmlein 和 Dukova 在生长过程中获得的电影胶片中的一帧[3.70].这种电影一般可以在简单设计的特殊样品室中生长的典型材料(对甲苯胺、二苯基、CdI_2)上获得.这种研究气相生长的样品室如图 3.6.结晶材料 2 放在玻璃室 1 中,玻璃室可以抽空或与大气相通.此室有两层壁,从两个不同的恒温器中取出的液体(水)分别流过室的上部和下部以保持不同的温度 T_1 和 T_2.如 $T_2 > T_1$,材料将从下部蒸发出

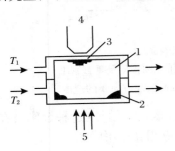

图 3.6 研究气相生长的装置
1.室;2.蒸发材料;3.生长中的晶体;4.显微镜;5.偏振光.

来并在上部凝结成液滴(当 T_1 超过熔点 T_0 或比熔点略低时)或小晶体.更简单的室只有一层壁,不用恒温器,蒸气源是室内用小型电炉加热的坩埚中的材料.在室上部凝结的过程由显微镜进行观察.

图 3.5(b)的照片显示:生长层从晶体粘牢的地方向外传播,并且和图 3.5(a)不同,这里没有位错源.照片还显示厚层会分裂成薄层,薄层会汇合成厚层.这种现象是表面扩散引起生长的结果(见 3.2.1 小节).在带有位错生长层源的晶体中可以观察到几十周螺旋台阶.在远离螺旋中心处,台阶状起伏显示等高的(包括初基高度)、近乎平行的楼梯.在过饱和度高达～100%时,台阶速率通常不超过 10^{-3} cm/s,因此可以用简单的测微目镜和停表进行测量.由此测得的台阶速率依赖于台阶的高度(图 3.10),我们将在 3.2.1 小节进行讨论.

从上面的讨论可见,表面上各个微区的生长是通过逐层的淀积完成的.最简单的模型是一组平行的初基(或更高)台阶组成的阶梯.设每个台阶沿表面的运动速率为 v,则台阶状表面整体平行,其沿晶体学密堆积面法线方向运动的平均速度是

$$R = \frac{a}{\lambda}v = |p|v. \qquad (3.6)$$

这里 λ 是台阶间的距离,a 是台阶高度,$p = \tan\theta$ 是表面相对密排面的斜率(图 3.4),速度 v 也是 p 的函数.如果图 3.4 上的台阶状表面相对一个垂直密堆积面、平行台阶的平面作一次反射操作,得到的是一个台阶面向相反方向的邻晶

面.当这些反号的台阶仍具有正号台阶相同的速率,即反射平面是晶体的对称面时,则速度 R 仍等于 $(a/\lambda)v$.这就是说,在这种情形下生长速度只依赖于斜率 p 的绝对值,即在式(3.6)中表现为绝对值符号.相反,当上述反射平面不是晶体的对称面时,在奇异的密堆积面 $(p=0)$ 附近的函数 $R(p)$ 的斜率在 $p>0$ 和 $p<0$ 处就有差别.图 3.7(a)的连续曲线表示对称的 $R(p)$ 关系.表征这一关系的各向异性指数由 3.2.2 小节中的式(3.21)决定.

如果表面逐层生长,相应的函数 $R(p)$ 必定在 $p=p^0=0$ 处出现尖锐的奇异极小.在这种情形下,根据式(3.6),生长速度在 $p=p^0$ 处为零 $(R=0)$,并且一般地在其他 $p=p^i(i=0,1,2,\cdots)$ 处,即对应其他奇异面时 $R=0$(见图 3.7(a)的连续曲线).在靠近 p^i 的方向上,所有对 $p=0$ 的讨论都有效.

应该指出:表面的实际的**局域**斜率已包含在这里的 p 中,所以对应 $p=0$ 的是零台阶密度.但是,如果用 p 代表平均斜率 $\bar{p}$,即使表面的平均取向和奇异面重合,也即 $\bar{p}=p^i$,则局域台阶密度也不等于零.例子之一就是存在邻晶小丘的奇异面.这样的面的生长速度自然不等于零,因为在邻晶小丘斜坡上的台阶密度无疑是不为零的.同样地,如果过饱和度大得多以致可以在面上形成大量二维核,$p=p^i$ 的奇异面也具有不等于零的生长速度.3.3.3 小节将讨论这种情形.3.2 节将介绍偏离奇异面相当大的取向上的 $v(p)$ 关系,它决定 $R(p)$ 的行为.

图 3.7(b)—(d)分别是水热条件下不同取向石英晶体和化学气相淀积下的 Si 晶体的垂直生长速度实验值.从图 3.4 的几何考虑可以明显地看到:晶体表面平行地沿法线方向 n 的位移速度[①] V 可表示为

$$V = R\cos\theta. \tag{3.7}$$

θ 小时,即 $p\ll1$[②] 时,$V=R$.

显然,动力学关系式(3.6)和式(3.7)不仅可以描述生长,还可以描述晶体的逐层消失(蒸发、熔解、溶化、浸蚀等).

如果包含许多扭折的原子级粗糙表面按垂直机制生长,则取向不同的表面不会具有高得多的扭折密度.此外,溶液或熔体中原子联接到扭折上的势垒主要依赖于液体中的原子组态,其概率 $\exp(-\Delta s/k)$ 对所有面近乎相同.对应不同的晶体学奇异面的液体边界层的结构会显著不同(特别是在复杂的化学溶液

---

① 这一速度被称为表面的垂直生长速度,和台阶的切向速率 v 显然不同.垂直生长速度可同样地应用于逐层生长和垂直(漫散)生长机制.和 V 不同,速度 R 是生长前沿沿晶体学低指数面法线方向的速度.

② 英文版误为 $p<1$.——译者注

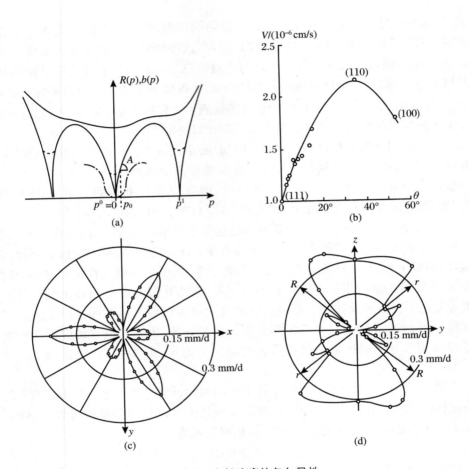

图 3.7　生长速度的各向异性

(a) 生长速度 R 和动力学系数 b（见 3.2.2 小节）与表面取向 $p = \tan\theta$ 的关系，θ 是表面相对奇异面的偏离角（图 3.4）. 生长速度各向异性 Θ 表示为 R 对 p 的相对变化，即 $\Theta = \tan A/R(p_0)$，A 和 p_0 见图. 实线：理想晶体，低过饱和度；点划线：同样情形，但有杂质；虚线：有位错的晶体. p_0：产生位错生长邻晶小丘的斜率. 细实线：形成大量核的生长或近垂直生长（各种取向）. (b) 在氯化物气体中 Si 晶体的生长速度（见 8.4.2 小节），衬底相对 (111) 面有多种取向[3.6]. (c) 石英在垂直光轴的面上的生长速度的极坐标图[3.7]. (d) 石英在棱柱面 $(1\bar{2}10)$ 上生长速度的极坐标图. R 和 r：主菱形面和次菱形面法线方向；z：光轴方向[3.7].

中），然而对于各种取向的粗糙面来说，边界层结构显然不会变化太大. 根据这些理由，原子级粗糙表面的取向的不大的变化不应该也没有引起生长速度的显著变化.换句话说,逐层生长时生长速度的各向异性和垂直生长有定性上的差异,如同奇异面表面能的各向异性不同于非奇异面(原子级粗糙面).生长速度各向异性的差异表现在生长外形上就是小面化还是呈圆拱状(见5.2节).

一般来说,表面不仅可以包含高度等于一个点阵常数的初基台阶,而且可以有高达几百和几千点阵常数的台阶.后者可以用显微镜甚至肉眼容易地检测到(图3.6).这时式(3.6)必须推广为

$$R = \sum_{h=a,2a,\cdots}^{\infty} \frac{hv(h)}{\lambda(h)}.$$

这里 $v(h)$ 是高为 h 的台阶的切向运动速率,$1/\lambda(h)$ 是各种台阶的密度(每厘米内台阶数).虽然宏观台阶清楚可见,但它们通常对生长速度的贡献不大,因为它们的速度低、密度小(见3.2节).例如七水合硫酸镁($MgSO_4 \cdot 7H_2O$)溶液生长时,显微镜可见的宏观台阶的贡献不大于5%[3.8].

3.2 不同相中的逐层生长

3.2.1 气相生长

如1.3节所述,晶体-蒸气界面是原子级光滑面,因此它的生长和缩减是逐层进行的.基本结构单元(原子、分子或集团)在光滑的无台阶表面上形成吸附气体(或液体),并和蒸气保持平衡.二维吸附气体的平衡密度 n_{sv} 由式(1.24)决定,它也可由通常的三维气体和二维吸附气体中粒子化学势相等导出.

当表面上存在台阶时,扭折和吸附层将交换粒子,当吸附层和晶体的化学势相等时,将达到晶体和吸附层的平衡.相应的吸附层浓度是 n_{ss}.如蒸气是过饱和的,则 $n_{sv} > n_{ss}$,并且在远离台阶的原子级光滑面上的相对过饱和度和蒸气中相同,即

$$\sigma = \frac{n_{sv} - n_{ss}}{n_{ss}} = \frac{P - P_0}{P_0}.$$

由于 $n_{sv} > n_{ss}$,出现增原子向台阶的表面扩散,台阶附近的浓度变为高于平衡浓度,此时向着晶体相的流超过反向流(蒸发流).台阶会运动,晶体将生长.如蒸气是欠饱和的,台阶将反向运动并且并发生蒸发.晶体和蒸气在台阶上

的粒子交换不仅可以通过吸附层进行,还可以直接进行.但是直接流的强度要低得多,因为蒸气密度低、台阶的表面积小以及三维蒸发能比二维蒸发能大.从简单立方点阵扭折处转移一个粒子到三维蒸气中需要断开三个键.而把这个粒子转移到(100)面上的二维吸附气体中只需要断开两个键.相应地,后者的转移频率要高得多.

  Volmer 和 Estermann 从实验上证实表面扩散在气相晶体生长中的主导作用[3.9].图 3.8 是实验装置.用显微镜观察充满 Hg 蒸气的室中小晶体 K 的生长.小晶体呈薄片状.薄片的终端的线速度 v 经计算为 $v = \Omega(P - P_0)/\sqrt{2\pi mkT}$,它为实验值的 10^{-3}.在此基础上作出的假设是薄片的快速生长的终端面不仅吸收直接从蒸气来的粒子(数量远不够多),而且吸收薄片的基面(条状面)扩散到终端面的粒子.可以设想由两个平行基面和终端面组成的薄带的长度比终端面的宽度(晶片厚度)至少大 1000 倍.粒子通过表面扩散源源不断地到达终端面.

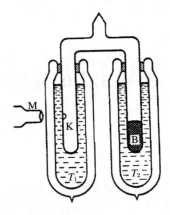

图 3.8 Volmer 和 Estermann 用来研究气相生长 Hg 晶体的装置示意图
B 是 Hg 蒸气源.杜瓦瓶中的温度 $T_2 > T_1$[3.10].

  下面估计生长或蒸发过程中高为 h 的孤立台阶的运动速率[1.17].我们只讨论台阶上扭折间的平均距离 λ_0 远小于表面上吸附粒子的平均自由程 λ_s 的情形.这样台阶可以看成吸附原子的连续的线状漏或线状源.在晶体生长过程中,这些漏吸收台阶两侧宽度~λ_s 的表面上的吸附原子.远离台阶的粒子的再蒸发概率占优势,因此离台阶的距离超过 λ_s 处,吸附原子的浓度是吸附层-蒸气的平衡浓度 n_{sv}(图 3.9(a)).如果在台阶处存在吸附层和晶体间频繁的粒子交换,接近台阶的吸附原子浓度等于 n_{ss},即晶体温度下的平衡值.因此单位长度台阶上的表面粒子流 j_s 约为 $(2D_s/\lambda_s)(n_{sv} - n_{ss}) \simeq 2\lambda_s(P - P_0)/\sqrt{2\pi mkT}$

（利用 $n_{sS}/\tau_s \simeq P_0/\sqrt{2\pi mkT}$）. 直接从蒸气来到单位长度台阶的流 j 约为 $(P-P_0)h/\sqrt{2\pi mkT}$. 台阶速率为两者之和：

$$v \simeq \frac{\left(1+\dfrac{2\lambda_s}{h}\right)\Omega(P-P_0)}{\sqrt{2\pi mkT}}. \tag{3.8}$$

如果台阶高度 h 远小于扩散长度 λ_s，台阶速率随 h 增大而下降，此时表面扩散是主要供应源. 宏观高台阶实际上是小面，当 $h \gg \lambda_s$ 时，台阶速率和 h 无关.

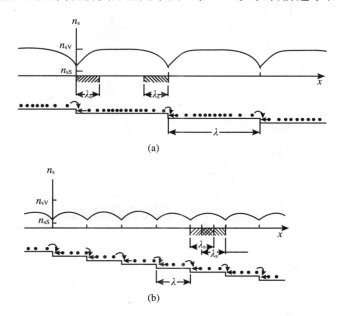

(a)

(b)

图 3.9 台阶状生长表面上的吸附原子及其在表面上的分布

（a）台阶附近的扩散区不重叠（$\lambda > 2\lambda_s$）；（b）扩散区重叠（$\lambda < 2\lambda_s$）.

类似的论据对表面扩散下的溶液生长在定性上仍然有效. 如果溶液生长速度由体扩散决定（见 3.2.2 小节），向着高为 h 的台阶的扩散流在小 h 条件下（$h \ll D/\beta_{st}$）随 h 的增大引起的变化很小，台阶速率约随 $(1+$ 常数 $\times \beta_{st}h/D)^{-1}$ 而减小[1.18]. 这对于熔体生长也是正确的，那里的台阶速度由热量转移决定（见 3.2.3 小节）.

图 3.10 是不同介质中生长的对甲苯胺和 β-甲基萘晶体的实测台阶速度和台阶高度的关系.

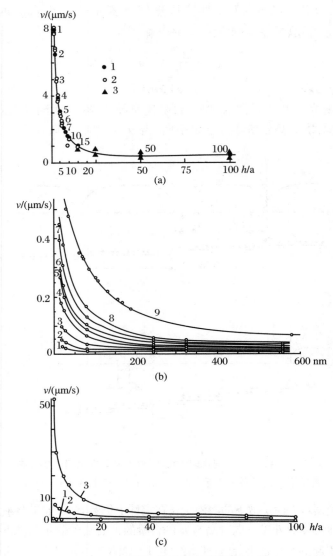

图 3.10　层生长速率和层厚的关系

（a）对甲苯胺,气相生长;1.由 Cenarmon 方法测定层厚;2.Perrin 方法;3.交叉偏振片下测量. x 轴表示层厚,以 c 轴的点阵常数为单位[3.5].（b）β-甲基萘,在流动的甲醇溶液中生长.饱和温度为 19.5 ℃,各曲线的过冷度为(1)0.05 ℃、(2)0.1 ℃、(3)0.2 ℃、(4)0.4 ℃、(5)0.5 ℃、(6)0.6 ℃、(7)0.8 ℃、(8)1.0 ℃、(9)2.0 ℃.层厚在 x 轴上以 nm 表示[3.11].（c）β-甲基萘.(1) 气相生长,蒸发器温度为 44 ℃,生长晶体温度为 30 ℃;(2) 溶液生长,饱和温度为 27.5 ℃;(3) 熔体生长,过冷度为 0.5 ℃(熔点为 35 ℃).层厚在 x 轴上以点阵常数表示[3.11].

在推导式(3.8)时已利用以下假设:和动力学系数 β_{st} 成正比的台阶和吸附层间的交换流足够强,可以认为直接在台阶上的结晶速率大于表面扩散的特征速率 D_s/λ_s. 和 3.1 节的式(3.1)类似,台阶的动力学系数是

$$\beta_{st} \simeq a\nu\left(\frac{a}{\lambda_0}\right)(n_{sS}a^2)^{-1}\exp\left(-\frac{E + \Delta H - \varepsilon_s}{kT}\right)$$

$$\simeq a\nu\left(\frac{a}{\lambda_0}\right)\exp\left(-\frac{E}{kT}\right). \tag{3.9}$$

这里 $\Delta H - \varepsilon_s$ 是台阶到吸附层的转移热. 动力学系数通过下式

$$\nu = 2\beta_{st}a^2(n_s - n_{sS}) \tag{3.10}$$

决定台阶近旁的相对过饱和度 $(n_s - n_{sS})/n_{sS}$ 下的台阶生长速率. 上式中的 2 考虑了粒子可能"从上"和"从下"到达台阶(图 3.9(a)). 如果在台阶上的结晶阻力和输送结晶材料到台阶的扩散阻力相近,即 $\beta_{st} \simeq D_s/\lambda_s$,生长速率将不仅由表面扩散,而且由台阶上的过程决定. 这时式(3.8)的右边还需补上近似为 $(\beta_{st}\lambda_s/D_s)(1 + \beta_{st}\lambda_s/D_s)$ 的因子(见后面的式(3.16)).

上面估计的是表面上一个孤立台阶的速率. 实际上表面上有许多台阶,它们形成完整的楼梯或台阶梯队. 当台阶间距离 $\lambda \gg \lambda_s$ 时,扩散范围没有重叠,每个台阶的速率仍由式(3.8)决定. 当 $\lambda \simeq \lambda_s$ 时,相邻的台阶竞相吸收从气体中来的粒子,使每个台阶的速率比扩散范围不重叠时低. 为了协调地考虑到这种情况,必须解出向成列台阶的表面扩散的问题. 图 3.9(b)给出了这种场合的吸附层的浓度分布,成列台阶中的浓度明显降低. 与图 3.9(a)相反,这里的台阶间距离 $\lambda < \lambda_s$.

吸附层浓度满足表面扩散稳态方程,其推导过程如下. 表面扩散满足

$$j_s = -D_s\,\mathrm{grad}\,n_s. \tag{3.11}$$

如果吸附层和气相不交换粒子,浓度 n_s 满足通常的扩散方程 $\mathrm{div}j_s = 0$,即二维拉普拉斯方程:

$$\nabla^2 n_s = 0. \tag{3.12}$$

实际上单位时间内从单位表面转移到蒸气的粒子数为 n_s/τ_s,而达到表面的粒子数为 $P/\sqrt{2\pi mkT} = n_{sv}/\tau_s$. 因此从蒸气到表面的净通量为

$$j = \frac{n_{sv} - n_s}{\tau_s}. \tag{3.13}$$

这时的扩散方程为 $\mathrm{div}j_s + (n_{sv} - n_s)/\tau_s = 0$,即

$$\frac{\lambda_s^2}{4}\nabla^2 n_s - (n_s - n_{sv}) = 0. \tag{3.14}$$

在推导上式时已利用式(1.26) $\lambda_s = 2\sqrt{D_s\tau_s}$. 除了式(3.14),表面浓度 $n_s(x,y)$ 还必须满足台阶处的边界条件,这里 x 和 y 是原子级光滑表面上的坐标. 忽略

直接从气相来到台阶的通量($h \ll \lambda_s$ 时可以成立),并且为简单起见假设从上台面和下台面来到台阶(图 3.9 中的箭头)的通量密度相等,就可得到(对平行 y 轴的一个台阶)

$$2D_s \left| \frac{\partial n_s}{\partial x} \right| = \frac{h}{\Omega} v.$$

这里 h 是台阶高度.由上式和式(3.10),得到 $x = 0, \pm \lambda, \pm 2\lambda, \cdots$ 的台阶处

$$D_s \left| \frac{\partial n_s}{\partial x} \right| = \frac{h}{a} \beta_{st}(n_s - n_{sS}). \tag{3.15}$$

在边界条件式(3.15)下解一维的式(3.14) $\left(\nabla^2 n_s \equiv \dfrac{\partial^2 n_s}{\partial x^2} \right)$,容易得到楼梯中的台阶速率[1.17]:

$$v = \frac{\sigma \lambda_s \nu \exp\left(-\dfrac{\Delta H}{kT}\right)}{1 + \dfrac{D_s}{\beta_{st} \lambda_s} \tanh \dfrac{\lambda}{\lambda_s}} \tanh \frac{\lambda}{\lambda_s} = \frac{a^2 \lambda_s P_0 \sigma}{\sqrt{2\pi m kT}} \frac{\tanh \dfrac{\lambda}{\lambda_s}}{1 + \dfrac{D_s}{\beta_{st} \lambda_s} \tanh \dfrac{\lambda}{\lambda_s}}. \tag{3.16}$$

最后式子中的第一个分数是 $\beta_{st} \lambda_s / D_s$①$\to \infty$ 时孤立台阶的速率,$\sigma = (P - P_0)/P_0 = (n_{sv} - n_{sS})/n_{sS}$.台阶间隔 λ 比扩散长度 λ_s 小得愈多,楼梯中的台阶速率愈小.

图 3.11 是不同 $\beta_{st} \lambda_s / D_s$ 值的式(3.16).如果考虑到台阶不仅可以通过吸附层中表面扩散得到粒子,还可以直接以气相得到粒子,台阶速率在 $\lambda \to 0$ 时仍不为零.

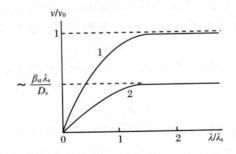

图 3.11　平行的等间距的台阶的相对运动速率和 v/v_0 的关系

这里 $v_0 = a^2 \lambda_s P_0 \sigma/(2\pi m kT)$(见式(3.16)).台阶上的结晶过程的动力学系数 β 不同:1 为 $\beta_{st} \lambda_s / D_s \gg 1$;2 为 $\beta_{st} \lambda_s / D_s \ll 1$.

从式(3.6)和式(3.16)可得出面生长速度 R.图 3.12 是它和取向 $p = a/\lambda$

---

① 英文版误为 D.——译者注

的关系.在 3.1.3 小节已经指出,在 $p=0$ 处速度 R 有一个奇异的极小.实际观测到的奇异表面的生长速度既和台阶上原子级光滑表面上的过程有关,又和台阶的密度有关.台阶密度依赖于产生台阶的能力(见 3.3 节).

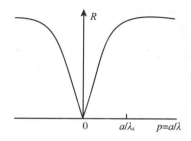

图 3.12 通过吸附层生长的面生长速度 R 和面取向 p 的关系

λ_s 是扩散长度.

3.2.2 溶液生长

溶液生长一般是逐层生长(见 3 节).结晶材料可以通过体扩散也可以通过表面扩散输送到台阶.两者的相对比重还没有弄清楚.

在溶液生长的许多场合,溶液受到搅拌或发生对流,后者源于生长晶体附近溶液的贫化和相应的密度变化,引起所谓的浓度流.然而,液体具有有限的黏滞度,从而粘贴在固体表面,在表面附近形成搅拌不到的边界层,在层内靠通常的扩散输运质量.当液体渡过与流向平行的薄板时,所谓的扩散边界层厚 δ 随离板端(与流体相遇的一端)的距离 x 而增大[3.12]:

$$\delta = 4.5 \left(\frac{D}{\nu}\right)^{\frac{1}{3}} \left(\frac{\nu x}{u}\right)^{\frac{1}{2}}. \tag{3.17}$$

这里 D 和 ν 分别是溶液的扩散率和动力学黏滞度, u 是液流速度.对室温下的水溶液, $D \simeq 3 \times 10^{-6}$ cm²/s[①], $\nu = 10^{-2}$ cm²/s,当 $u \simeq 30$ cm/s, $x \simeq 1$ mm 时,得到 $\delta \simeq 10^{-3}$ cm.式(3.17)给出的当然仅仅是实际搅拌条件下晶体的扩散层厚的定性概念,因为围绕大块晶体的液流和薄板情形不同. Rosenbergerr[1.26]综述了严格的流体动力学处理方法.

在边界扩散层内,溶液浓度 C 近似满足扩散方程,如果台阶速率 $v \ll D/h$ (D/h 是向着台阶的特征扩散率),即溶液中的扩散场在任何时刻都能"紧跟"运动着的台阶,则扩散方程可用拉普拉斯方程替代.设 $D \simeq 3 \times 10^{-6}$ cm²/s, $h \simeq$

---

① 英文版误为 cm/s.——译者注

10^{-7} cm 时,v 只需要远小于 30 cm/s. 这一不等式可以充裕地得到满足. 如果速率 v 仅仅由扭折处的过程决定,根据式(3.5),$v = \beta_{st} \Omega C_0 \sigma$. 当 $\Omega C_0 \simeq 10^{-1}$ (~10% 的溶液),$\sigma \simeq 10^{-2}$ (1%),$\beta_{st} \simeq 2 \times 10^{-1}$ cm/s 时,我们得到 $v \simeq 2 \times 10^{-4}$ cm/s. 如果扭折处的阻力还要加上扩散阻力,则 v 还会更小,所以在每一运动台阶周围的扩散场实际上和固定台阶的情形一样.

台阶起着溶质的线状漏的作用. 把台阶近似看成半径为 h/π 的半个圆柱体,它和高为 h 的台阶具有同样的吸收面积,这样得到的每一台阶上的边界条件的形式为

$$D \frac{\partial C}{\partial r} = \beta_{st}(C - C_0), \quad r = h/\pi.$$

这里 r 是从圆柱状漏中心算起的半径. 在台阶间的地段内没有向着固相的溶质流,即

$$\frac{\partial C}{\partial n} = 0.$$

这里的 $\partial/\partial n$ 是沿奇异面法线的微商.

在搅拌的液体中,特别是在涡流情形下,浓度虽随时间、空间而涨落,但实际上是恒定的. 忽略涨落并且设离晶体表面 δ 处的浓度 $C = C_\infty$,这里 C_∞ 是母液整体的浓度(文献[1.1]和[3.12]给出了更严格的解,不需假设仅仅在厚度为 δ 的层内液体是停滞的,而是将整个液体看成片流). 在平行的等距离的台阶下容易得到上述问题的解. 图 3.13 给出了得到的等浓度线(虚线)和流线(实线),图平面垂直台阶和晶面表面(带阴影线). 计算向着台阶的扩散流后得到台阶的速率为[1.18]

$$v = \beta_{st} \Omega (C - C_0) = \frac{\beta_{st} \Omega C_0 \sigma_\infty}{1 + \frac{\beta_{st} h}{\pi D} \ln \frac{\lambda}{h} \sinh \frac{\pi \delta}{\lambda}}. \tag{3.18}$$

从式(3.18)可见,台阶速率随台阶间距离 λ 增大而减小. λ 愈小(一般 $\lambda \ll \delta$),各台阶的圆柱状扩散场的重叠愈多,每一台阶上的过饱和度愈低. 相反,当台阶相距足够远时,式(3.18)的分母中的第二项比 1 小,每一台阶的供应是独立的,台阶速率和 λ 无关. 当 $\lambda \gg \delta$ 时可以得到同样的结果,这时式(3.18)仅在定性上正确.

在式(3.18)中除了明显的几何参数 δ/λ 和 λ/h 外,还包括无量纲的参数 $\beta_{st} h/D$. 它反映台阶上生长过程的速率和结晶材料向台阶扩散输运速率之比. 当 β_{st} 为 10^{-3}—10^{-1} cm/s,$D \simeq 3 \times 10^{-6}$ cm^2/s,$h \simeq 10^{-7}$ cm 时,这一比值为 $3 \times (10^{-5}$—$10^{-3})$.

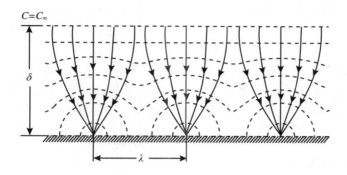

图 3.13 在台阶状生长面上的边界层内的溶液浓度的分布
台阶间的距离为 λ,台阶垂直于图平面.

从式(3.18)得出结论:台阶愈高,它的速率愈小.当 $\lambda \ll \delta, \beta_{st} h\delta/D\lambda \gg 1$ 时,$v \simeq D\lambda(C-C_0)/(h\delta)$,速率和台阶高度成反比.这时 v 和台阶上的动力学系数无关,即向台阶的材料输运而不是材料向晶体的联结是限制生长的因素.

在上述模型中只考虑了直接联向台阶的结晶材料.这和电解沉积实验相符[3.32b](见 3.3.4 小节).和通常的比较不严格的溶液生长比较后有理由认为表面扩散也可以有显著的作用[3.13].

知道一定密度的台阶的速率后,利用式(3.6)和式(3.18),得到面生长速度为

$$R = b(p)\Omega C_0 \sigma_\infty = B(p)\sigma_\infty. \tag{3.19}$$

这里 $b(p)$ 和 $B(p)$ 是取向为 p 的面结晶动力学系数.如果台阶的扩散场不重叠,即 p 足够小,则

$$b(p) = \beta_{st} | p |. \tag{3.20}$$

图 3.7 和图 3.12 已给出了面生长速度的性质和相应的动力学系数的各向异性.

前面为生长速度 V(见式(3.5))引进的动力学系数 β 和 b 间存在以下几何关系:$b(p) = \beta(p)\sqrt{1+p^2}$(见式(3.7)).在给定过饱和度下 $b(p)$ 关系的特征和 $R(p)$ 相同,并且清楚地表示在图 3.7(a)中,那里的实线表示过饱和度下理想晶体的生长.图上尖锐的奇异极小和圆拱状或平的极大($\partial b/\partial p = 0$)互相交替.后者对应着表面上的高密度台阶和扭折.在远离奇异面的取向 p 的范围内,生长晶体的表面通常可分解为奇异面组成的宏观面积(宏观台阶).这些面的生长机制、动力学系数和相对尺寸决定着远离奇异面的平均取向 p 的范围内 $b(p)$ 的具体形式.

动力学系数 $b(p)$ 各向异性的量度是它的对数的微商:

$$\Theta = \frac{\partial \ln b(p)}{\partial p} = \frac{1}{b}\frac{\partial b}{\partial p}. \tag{3.21}$$

很容易得出 $\Theta = \partial \ln R / \partial p$. 当 p 较小,即生长表面离奇异面的偏差不大时,$\Theta \simeq \partial \ln V / \partial p$. 各向异性参量在奇异极小附近的取向范围内达到极大,此时根据式(3.20),$\Theta \simeq 1/p$. 离开奇异极小的取向使 Θ 减小. $b(p)$ 达到极大的取向上,$\Theta = 0$.

3.2.3 熔体生长

纯组元熔体生长和溶液生长有许多共同点. 然而前者的结晶热从表面输出的问题代替了后者的向表面供应结晶材料的问题. 结晶潜热可以通过熔体传出,或者更经常地通过晶体或熔体加晶体传出. 每一台阶是一个圆柱状热源,在逐层生长表面附近的晶体中的温度场类似图 3.13 上溶液中的浓度场. 台阶速率和过冷度、台阶距离之间有类似式(3.18)的关系. 但在熔体场合,要用 $\beta_{st}^{T}(T_0 - T)$ 代替 $\beta_{st}\Omega(C - C_0)$,用参量 $\beta_{st}^{T} T_Q h / a_{S,L}$($a_S$、$a_L$ 分别是晶体和熔体的势扩散率)代替各处的参量 $\beta_{st} h / D$,这里的 T_Q 是结晶潜热和固体热容量之比. T_Q 近似表示如果结晶时没有热量向四周传出时过冷熔体的温度升高多少. 对各种简单材料,T_Q 的典型值 $\simeq 10^2$ K.

晶体和液体的热扩散率(10^{-3}—10^{-2} cm²/s)比扩散系数(质量扩散率)约大 1000 倍. 因此结晶热的传输比结晶材料的扩散要快得多. 不仅如此,粒子从熔体联向晶体的势垒比粒子从溶液联向晶体时要低得多,这一事实使熔体生长的动力学系数(见 3.1 节)增大,使通常过冷度下熔体生长速率远远超过溶液生长速率. 例如,Si 熔体 $\Delta T \simeq 1$ K,即 $\Delta \mu = \Delta S \Delta T \simeq 4.8 \times 10^{-16}$ erg,或无量纲驱动力 $\Delta \mu / (kT) \simeq 2 \times 10^{-3}$ 时,台阶速率是几十 cm/s(见 3.1 节). 而在室温溶液生长且驱动力同样为 $\Delta \mu / (kT) \equiv \sigma = 2 \times 10^{-3}$ 时,即使溶液较浓($\Omega C_0 \simeq 10^{-1}$),在典型的 $\beta_{st} \simeq 10^{-2}$—$10^{-1}$ cm/s 下,台阶速率仅为 $v = \beta_{st} \Omega C_0 \simeq 2 \times (10^{-6}$—$10^{-5})$ cm/s. 除了结晶势垒高,v 值小外,还因为溶液中结晶材料的密度比晶体小(通常 $\Omega C_0 \lesssim 2 \times 10^{-1}$). 因此,不论生长速率依赖于结晶过程本身还是质量或热输运,熔体生长的台阶速率比溶液生长快几个量级. 后面我们会看到宏观面整体的生长速度也有同样的结论.

3.3 层源和面生长速度

切向生长晶面的法向速度 R 和 $V(R \simeq V)$ 正比于面上台阶密度和台阶的速度,见式(3.6).在上一节讨论切向生长速率时,曾假设台阶间的距离 λ、相应的台阶密度已知.下面讨论台阶密度依赖于哪些因素.

3.3.1 核

在无位错晶体奇异面上的生长层的源是二维核(见 2.2 节),它们的形成功依赖于台阶的线比自由能的值,$\simeq \alpha a$(参阅式(2.22)).设此面上的成核率为 J(单位为 $/(cm^2 \cdot s)$),L 是此面的尺寸,v 是台阶移动速率(同前),则从一个核长成尺寸为 L 的新层所需的时间为 $\simeq L/v$.在这段时间内出现的核数 $\simeq JL^3/v$.如此值小于 1,即 $L < (v/J)^{1/3}$,则在一般情形下,下一个核出现在前一核长成覆盖整个面的层之后.这时

$$R = V = JL^2 h. \tag{3.22}$$

这里 h 是核的高度,在通常衬底上 h 等于点阵距离 a 或小于 a.

如果过饱和度高,并且面的尺寸大,在前一层完全覆盖上述面前在表面上就出现新核,此时式(3.22)不再适用.在表面上任意点处的核有足够时间长成半径 $\lambda \simeq [v/(J\pi)]^{1/3}$ 的层,然后和其他核长成的层相遇.因为前面的闭合台阶生长到遇上后面的核的时间的数量级是 $\lambda/v \simeq 1/(\pi J \lambda^2)$.因此生长速度是[3.14b—d]

$$R \simeq \pi \lambda^2 J h \simeq h(\pi v^2 J)^{\frac{1}{3}}. \tag{3.23}$$

如果生长在基本上无台阶的表面上开始,第一代核在时间上同步出现,即第一代台阶在欠饱和度或过饱和度出现的时刻形成.开始时,台阶的形状是孤立的岛.岛在表面上不断扩展,使总周长(总台阶长度)随时间增大.当相邻的岛相遇时,部分台阶消失,使总台阶长度减小.与此同时,下一层(下一代)的核出现,使总台阶长度随之再次增大.这样,总台阶长度和相应的结合到晶体上的粒子流在生长最初阶段随时间振荡,随后达到给定驱动力的下一个固定的稳态值.振荡周期显然是 $\simeq (\pi v^2 J)^{-1/3}$.真空蒸发淀积 KCl 和 LiF[3.14e,f]与电淀积

Ag[3.15—3.17]的振荡次数≃3,和计算机模拟结果相符[3.18].

由于 $J\sim\sqrt{\Delta\mu/kT}\exp(-\delta\Phi_c/kT)$ 和 $v\sim\Delta\mu$,由式(3.23)得出

$$V \sim \left(\frac{\Delta\mu}{kT}\right)^{\frac{5}{6}}\exp\left(\frac{-\delta\Phi_c}{3kT}\right). \tag{3.24}$$

由此可见,只有过冷度超过式(2.5)、式(2.6a)型的式子决定的成核功的某一临界值时,才有显著的生长.值得指出的是:式(3.24)只包含成核功 $\delta\Phi_c$ 的 1/3.在高过冷度下指数函数的值接近 1,从式(3.24)得到 V 和 $\Delta\mu$ 的近线性($\sim\Delta\mu^{5/6}$)关系,并且从急速增长的 $V(\Delta\mu)$ 的直线部分外推到零生长速度时将和过冷度轴相交在原点的右侧.

决定面的法线生长速度的式(3.24)(由 v 和 J 代入后得到)允许在台阶的无限近处出现核.然而,近台阶处的过饱和度(过冷度)实际上小于大块介质的过饱和度,如果在给定的偏离平衡条件下核不能出现在台阶外 Λ 距离以内,这时即使 $\lambda\simeq[v/(J\pi)]^{1/3}<\Lambda$,相继形成的台阶间的距离也只能是 Λ.因此在这样高的过饱和度下法线生长速度是

$$V \simeq hv/\Lambda. \tag{3.25}$$

气相生长时 $\Lambda\lesssim\lambda_s$,并且一般随过饱和度的增大、台阶动力学系数的减小而减小.在溶液和熔体生长中表面上近台阶处的实际过饱和度按照式(3.18)由三个特征长度(δ、$\lambda\simeq(v/J)^{1/3}$ 和溶液的 D/β_{st} 或熔体的 $a_{S,L}/(\beta_{st}^T T_Q)$)间的比决定.在刚形成的台阶的扩散场中出现二维核的模型在足够大的过饱和度下给出 $V\sim\Delta\mu$ 的结果[3.19].

如果晶体表面带有吸附粒子或杂质原子使成核阈降低,生长开始的临界过冷度可以显著减小.但基本的图像保持不变,除非这种减小如此显著,使临界过冷度变得比给定实验条件下能获得的最小过冷度还小.在后一情形下,生长速度在整个范围内和过冷度存在线性关系.

这种类型的"垂直"生长是所谓动力学粗糙化的结果,而不是 1.3.4 小节中热力学粗糙化的结果.动力学粗糙化也就是表面上出现的核的密度如此之大,使台阶间的平均距离 $[v/(J\pi)]^{1/3}$ 小到实验上观测不到,甚至接近原子间距离.动力学粗糙化是我们引入的[3.20,3.21],并且由 Miller 在计算机模拟结果中再次引入.为获得动力学粗糙化,需要高成核率,也就需要有很高的过饱和度和/或存在大量有利于成核的缺陷.台阶的线能 α_1 低也有利于成核,此时参量 $\varepsilon/(kT)$ 接近标志原子级光滑向原子级粗糙转变的热力学临界值(见 1.3.4 小节).

3.3.2　位错

晶体含有位错时情况显然不同.Frank 在 1949 年首先指出:表面上螺位错露

头引起的台阶在生长过程中不会消失,因为含螺位错的晶体实际上由一个蜷起来的螺旋原子面组成.位错露头是一个连续发挥作用的层源,它不需要通过二维核就可使奇异面不断生长.下面更详细地考虑具有单位柏格斯矢量的螺位错在晶体生长过程中的作用.设表面上螺位错露头 O 处形成的台阶 OA 在最初的时刻是直线(图 3.14(a)).在生长过程中台阶向右移动,由于台阶各处的线速度相同,各处的角速度随离 O 点的距离增大而减小.这时台阶的形状不断变化,直到蜷成一个螺旋,以保证台阶的所有部分绕 O 点以恒定角速度"旋转"(图 3.14(b)—(d)).图 3.15 是 Lemmlein 于 1945 年[3.14f,278页;3.14g] 在 SiC(0001) 面上观察到的螺旋台阶. Lemmlein 在那时还指出在生长过程中螺旋台阶不会消失,并制作了动画片描述这一现象;然而他未能确定螺旋中心和螺位错之间的关系.

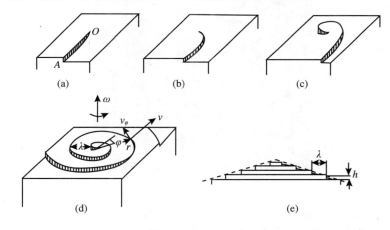

图 3.14　在晶体表面螺位错露头处形成螺旋台阶的各个阶段

　　下面讨论由螺位错决定的垂直生长速度和过饱和度的关系 $R(\sigma)$.螺旋的稳态"旋转"条件是

$$\frac{v_\varphi}{r} = \omega = 常数. \tag{3.26}$$

式中符号的意义表示在图 3.14(d)中.根据台阶速率正比于过饱和度、决定台阶上过饱和度和台阶曲率的关系的 Thomson 公式(式(1.35))(此时 $R_2 = \infty$, $R_1 = \rho$, ρ 为台阶的曲率半径)和 $r_c = \Omega\alpha/(\mu_M - \mu_S)$,得到弯曲台阶速率和 ρ 的关系为

$$v(\rho) = v\left(1 - \frac{r_c}{\rho}\right), \tag{3.27}$$

这里 v 是直台阶的速率, r_c 是二维临界核的半径.在位错露头处, $v(\rho) = 0$,因此必然有 $\rho = r_c$.在数量级上显然有 $r \simeq r_c\varphi$,所以两个相邻旋转台阶之间的距离是

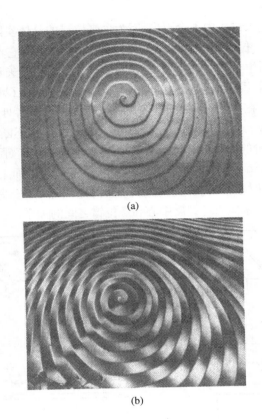

图 3.15　气相生长的 SiC 晶体表面的螺旋台阶(G. G. Lemmlein)
约放大 100 倍.(a) 显微镜中的表面形貌;(b) 同一表面上放一镀 Ag 玻片,
在台面上形成的干涉条纹在台阶处发生突然位移(见 3.4.1 小节).

$$\lambda \simeq 2\pi r_{\rm c}. \tag{3.28}$$

更准确的计算得出 $\lambda = 19 r_{\rm c}$[3.23a],于是垂直生长速度为

$$R = \frac{h}{\lambda}v = \frac{h}{19 r_{\rm c}}v = \frac{h\Delta\mu v}{19\Omega\alpha}. \tag{3.29}$$

在低过饱和度下,$r_{\rm c}$ 大,台阶的扩散场不重叠,则 $v \propto \Delta\mu$,$R \propto (\Delta\mu)^2$.随着过饱和度的增大,半径 $r_{\rm c}$ 和相应的相邻旋转台阶间距离减小,台阶的扩散场或热场重叠,得到 $R \propto \Delta\mu$.上述有关生长的论据同样适用于晶体表面原子的脱离过程.

温度/键强度比低时,台阶上的扭折密度低,台阶速率对表面上台阶的取向来说是各向异性的.台阶能的各向异性也随温度的降低而增大,虽然这种变化不那么显著.两种因素都使螺旋各向异性.对四重对称的多边螺旋的分析[3.23b—d]指出:$\lambda = 8 r_{\rm c}$ 和圆拱状螺旋 $\lambda = 19 r_{\rm c}$[3.23d]不同.螺旋台阶的各向异性

（多边化的程度）由台阶线能 α_l 和台阶动力学系数 β_{st} 的各向异性决定. 前者（α_l）在螺旋中心部分起主要作用,而后者在螺旋外缘占优势.如果 α_l 的各向异性不及 β_{st},则螺旋中心较圆,并且在远处呈多边形[3.23c].定量估计表面扩散模型的晶体生长参数的方法见文献[3.23e].将其应用于 SiC 的螺旋状图案[3.23e]和钇铁石榴石的生长小丘[3.25f]已在文献中报道.

刃位错的露头由于柏格斯矢量和表面平行不能在表面产生台阶.然而它可以吸附杂质或颗粒.这可能有利于二维成核,并引起同心的闭合的台阶.在晶体去结晶中刃位错的显著促进作用是普遍的,因为此处积累了较多的弹性能密度,从而在离位错几个 b（柏格斯矢量）范围内晶体的化学势较高.这一效应是位错的选择性浸蚀和沿位错线产生中空沟槽的主要原因.由于弹性能密度和 Gb^2 成正比,绕位错的材料的选择浸蚀率和中空沟的半径随位错柏格斯矢量 b 的增大而增大.Heimann 对溶解和浸蚀进行了详细的分析[3.23k,l].

对刃位错周围应力场在生长中的活性可以有如下的考虑.由于一个核的产生意味着一个台阶的产生,因此二维核会在衬底引起应力场.这种成核引起的应力必然和刃位错的应力相互作用,从而在位错的压缩区或伸张区导致可能的成核垒的降低和优先成核.另一种略为不同的论据以表面层的应力状态及其在位错露头处的弛豫为基础[3.23g].然而上述效应会被位错处化学势的增大（表现为优先浸蚀）所抵消.3.3.4 小节将介绍位错的生长活性的一些实验结果.

螺位错周围的应力增大 r_c 的值,从而降低螺旋转动速率 ω 和垂直生长速度 R[3.23h].

位错在生长中产生的台阶形成锥状小丘（图 3.14(d)(e)；图 3.15）.位错在晶体去结晶时产生的台阶形成蚀坑.当螺位错引起高为 h 的台阶时,小丘斜面的斜率为 h/λ（图 3.14(e)）.根据式(3.29),螺旋台阶的周距随偏离平衡程度的增大而减小($r_c \propto 1/\Delta\mu$),即台阶生长源的强度愈大,生长丘或去结晶坑的斜率愈大.如果台阶速率各向同性,则螺旋呈圆拱状（图 3.15）；如果台阶的扩展速率在若干方向上出现奇异极小,则螺旋由若干直线线段组成,即呈多边形（图2.9(a)、图 3.5(a)）.相应地,邻晶生长丘可以呈圆锥状或者是由平面组成的多面体.

在生长面上各点的过饱和度（过冷度）比母体介质中的过饱和度小,这是由于生长面上台阶（或扭折）吸附了结晶材料（见 3.2 节).

台阶的扭折密度愈高,它们吸附的粒子数目愈多（动力学系数 β_{st} 愈大）,生长前沿上实际的平均过饱和度愈低.表面上螺位错露头点也不例外.紧靠此点的一部分螺旋台阶处在螺旋台阶其余部分,首先是第一周台阶的扩散场中.因此决定式(3.28)中半径 r_c 和相应的平均台阶密度的过饱和度或过冷度比母体介质中的过饱和度或过冷度低,并且它本身也依赖于台阶密度.结果在低过饱和度下邻晶丘的平均斜率随过饱和度线性增大,后来这一关系变得平缓.最后在很高过饱和度下,当螺旋周距比扩散场重叠距离小得多时,小丘斜率不再和过饱和度有关(当然,二维核到处开始形成、小丘消失并转变为平面时又当别论,此时达到了表面的动力学粗糙化,见3.3.1小节).这种所谓的背应力效应[3.24]在晶体在真空中蒸发时表现得特别明显,这时块体的相对欠饱和度 $\ln(P/P_0)$ 为无穷大($P=0$),而蒸发仍按螺旋层机制进行(图2.9(a)).这种场合下螺旋周距 λ 可以估计如下.把影响位错露头点过饱和度最严重的第一周代之以半径为 r 的圆.计算此圆中心的过饱和度时,我们从超越方程得到 $\lambda = 19 r_c$.这样超越方程可表示为

$$\frac{2\lambda}{\lambda_s}\ln I_0\left(\frac{2\lambda}{\lambda_s}\right) = \frac{19\Omega\alpha}{kT\lambda_s}. \tag{3.30}$$

这里 I_0 是虚自变量的零阶贝塞尔函数,λ_s 则按式(1.26)定义.关于式(3.30)左侧部分的函数数值可查阅文献[3.25].这样台阶间的距离和相应的邻晶小丘的斜率在足够高的过饱和度或欠过饱和度下只依赖于温度(主要通过扩散距离 λ_s).

在溶液中通过体扩散生长时,台阶的扩散场具有长程性质.这时要考虑所有台阶扩散场的重叠,处理办法和决定位错露头点过饱和度和相应的 λ 值的式(3.18)相同.

要强调的是:上述面生长率随平衡偏离度的关系 $R(\Delta\mu)$ 对气体、溶液和熔体生长基本上是相似的.这是由于在三种场合下控制位错活性和台阶间的互相牵制的因素是类似的.

在平衡偏离度小时,$R(\Delta\mu)$ 是抛物线关系,而在平衡偏离度大时为线性关系.这里的前提是:螺旋台阶是初基的,即它不会再分裂为由更低台阶组成的楼梯.如果螺位错的柏格斯矢量等于几个点阵距离,由它引起的宏观台阶可以分解为更低的甚至是初基的台阶,从而产生多台阶螺旋(图3.16).多台阶螺旋的周距比单台阶螺旋小,前者表面上的平均扭折密度比后者大.螺旋的分叉数常常随过饱和度增大,这可以从图3.17的系列照片上看出.在这种场合下,柏格斯矢量愈大,转变为线性 $R(\Delta\mu)$ 的过饱和度愈低.足够大的表面通常具有大的柏格斯矢量的位错,因此即使存在螺旋层和由它们组成的锥状生长丘,实际上在所有过饱和度下测得的大晶体的垂直生长速度也都可以是线性关系.

在气体、晶体、熔体共存的三相点附近,在高过饱和度下气相生长时,观察到晶体在偏振光下显示出绝对均匀的颜色[3.21](观察方法见图3.6①).在低过饱和度下这些晶体上出现邻晶丘和生长层.在高过饱和度下不出现可见的层,

---

① 英文版误为图3.5.——译者注

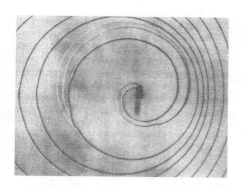

图 3.16 气相生长的 SiC 晶体基面上的双台阶螺旋(G. G. Lemmlein)
反射光,放大约 200 倍.

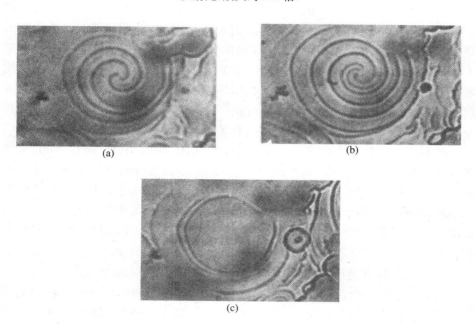

图 3.17 气相生长的对甲苯胺晶体[1.18]
宏观台阶(a)随过饱和度增大而分裂为几个高度较小的台阶,在(b)中形成三台阶螺
旋,在(c)中形成平顶生长丘.放大 200 倍.

这一点可以看作多核生长(动力学粗糙表面,见 3.3.1 小节)的证据,或者垂直
生长的面上可能覆盖一薄层熔体或溶液(见 3.3.4 小节)的证据.晶体-液体界
面能比晶体-气体界面能小,这一点可以引起热力学的(见 1.3.4 小节)或动力
学的(见 3.3.1 小节)粗糙化和垂直生长.

3.3.3 面生长的动力学系数和各向异性

以上对成核生长和位错生长机制的分析得出结论:两者的特征是在低过饱和度(过冷度)下垂直生长速度和过饱和度有非线性关系,而在高过饱和度下有线性关系.利用在过饱和度的可能的、不太宽的范围(气相生长时 ~50%—100%)内的 $R(\Delta\mu)$ 的线性近似,可以肯定 $R(\Delta\mu)$ 函数的线性部分向低过饱和度范围的外推不和原点相交,而是和 x 轴交于正的 $\Delta\mu_0$ 处.因此 $R(\Delta\mu)$ 关系可以近似地表示为

$$R(\Delta\mu) = \frac{b(p)\Omega C_0(\Delta\mu - \Delta\mu_0)}{kT}, \tag{3.31}$$

在溶液生长时 $(\Delta\mu = kT\sigma)$ 为

$$R = b(p)\Omega C_0(\sigma - \sigma_0). \tag{3.32}$$

过饱和度 σ_0 被称为阈值或临界过饱和度.从图 3.21 可以清楚地看出它的意义,这将在 3.3.4 小节中讨论.在成核生长机制中这个阈值在意义上和数量上都接近二维成核的临界过饱和度[3.26].在位错生长机制中它依赖于台阶的线能和为台阶提供给养的区域的特征尺寸,即表面扩散长度(按式(3.16))或边界层的厚度(按式(3.18)).临界过饱和度也可以由杂质的吸附(见 4.2 节)或生长面上的溶质决定.它的本质并没有在所有场合下都已肯定下来.

按照式(3.16)、式(3.18)—式(3.20),式(3.31)中的动力学系数 $b(p)$ 依赖于台阶处聚集过程的速率.这些过程可说明不同面上 $R(\sigma)$ 线性部分生长速度的差别.溶液生长时实际的台阶源使生长面上出现斜率为 $p \simeq 10^{-2}—10^{-1}$ 的邻晶小丘,不同面上的小丘斜率不同.结合前面的估计 $\beta_{st} \simeq 10^{-1}$ cm/s,式(3.20)给出典型值 $b\Omega C_0 \simeq (10^{-2}—10^{-3})\Omega C_0 \simeq 10^{-3}—10^{-4}$ cm/s,和实验在定性上相符[3.21,3.27,3.28].

动力学系数 b 随温度按式(3.5)变化,常遵循 Arrhenius 定律.

成核功依赖于台阶自由能,所以它随面而异.同样道理,不同面上位错的活性不同.还有一点很重要:在给定浓度的介质下,增原子密度也随面而异(见 1.3 节),所以台阶速率和垂直生长速度也随不同的面而不同.在高过饱和度下,台阶和扭折的密度已足够高($R(\Delta\mu)$ 已为线性)时,不同的增原子密度以及台阶上扭折处的聚集过程对各向异性有决定性的贡献.因此化学上简单的熔体和气相在高过饱和度下生长时垂直生长速度只有微弱的各向异性.气相凝结或分子束

凝结时这意味着在任何取向上的表面凝结系数①都接近 1.

下面回到 3.1 节末尾提出的问题——在整个面取向范围内(而不仅限于分离的奇异取向)垂直生长速度的各向异性.式(3.6)的结论是:当 $p = p^0 = 0$ 和 $p = p^i$ 时生长速度 $R = 0$.这个结论只有在 p 代表表面奇异点附近的实际局域台阶密度时才成立;我们感兴趣的正是这种点上的生长速度.我们已经在前面看到,有螺位错露头的面的平均取向为 $p = 0$,但却具有对应于邻晶生长丘斜率的台阶密度决定的一定生长速度.如果这些小丘的取向是 $p = p^0$,则式(3.6)显然只有在 $p > p_0$ 时才成立,当 $p < p_0$ 时我们有 $R = |p_0| \cdot v$.换一种情形说,如果平均斜率 $p = 0, R$ 已经不为零.对于在初基位错处的生长(见 3.3.2 小节),$p = h\Delta\mu/(19\Omega\alpha)$.这种情况在图 3.7(a)中由虚线的奇异极小表示.由于通常 $p_0 \lesssim 10^{-2}$,曲线 $R(p)$ 的整体是一条有奇异极小但 $R \neq 0$ 的曲线.

粗略估计各向异性的最简单的实验方法是制备不同取向切割的晶体并观察它的生长.用这种方法研究了水热溶液中的石英生长(图 3.7(c)(d)和 9.3 节)和氯化物气相中的外延 Si 生长(图 3.7(b)和 8.3 节)的生长速度的各向异性.前者的曲线在极坐标 $R - \theta$ 中表示,后者在直角坐标 $R - \theta (\theta = \arctan p)$ 中表示.这种方法只能给出各向异性的概貌,它不适于研究偏离奇异方向很小 $(|p| \lesssim |p_0|)$ 的取向.

对于具有平均的奇异取向,但带有许多二维核的台阶的面(动力学粗糙面,见 3.3.1 小节),式(3.7)给出的垂直生长速度 R 和 V 也不等于零.这时尖锐的极小变圆(图 3.7(a)中的虚线).最后,原子级粗糙表面实际上不存在各向异性(图 3.7(a)中的点划线),在 3.1 节末尾已经指出了这一点.

如果已知邻晶丘斜率 p 和由这些丘决定的生长速度 R 对过饱和度的依赖关系,就可以得到斜率 $|p| \lesssim |p_0|$ 时的生长速度的各向异性.这两项依赖关系决定了函数 $R(p)$ 或 $b(p)$ 的参量形式;过饱和度就是这个参量[3.29].其他唯象方法[3.30]和冲击波分析技术[3.31]曾被用来决定 $|p| \lesssim 10^{-2}$ 的条件下化学气相淀积过程中 Si 生长速度的各向同性.

3.3.4 层源的实验数据

下面介绍一些由二维成核和位错生长机制引起的定量生长实验结果.研究二维成核生长需要用无位错晶体,一般它可以在高纯系统中在严格控制条件下

① 回忆一下,凝结系数是粒子流中永远留在表面上的百分数,在表面对粒子理想吸附条件下凝结粒子流量为 $(P - P_0)/\sqrt{2\pi mkT}$.

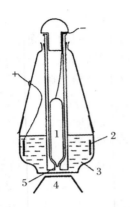

图 3.18　研究 Ag 晶体生长的电解槽
1. 晶体；2. 环状阳极；3. 电解液；
4. 显微镜；5. 毛细管.

得到. Kaishev、Budevski、Bostanov 和他们的同事[3.2,3.16,3.17,3.32a,b]在 6 n 的 $AgNO_3$ 水溶液中用电解法定量地、系统地研究了 Ag 的结晶. 图 3.18 是玻璃电解槽的示意图. 晶体生长在直径约 100 μm 的毛细管中的晶种之上. 靠近毛细管出口的晶种端面用带相衬装置的干涉显微镜观察（见 3.4 节）. 晶种的 ⟨100⟩ 或 ⟨111⟩ 轴沿毛细管，因此可用来研究立方体面或八面体面上的生长. 在面心立方的银点阵中位错通常具有 ⟨110⟩ 取向，因此即使位错从晶种穿透进在毛细管中新生长的晶体，它们也会或早或迟地到达晶体的横向面上并不再和生长面相交. 在生长过程中采取措施防止新位错产生后，可以得到无位错露头的立方体面或八面体面. 当这些面获得后，实验显示如果晶体上的电压小于临界电压（8—12 mV，对应的过饱和度是 25%—38%），立方体面停止生长. 在若干次实验中研究了二维核的形成，其中之一是通过无位错晶体的电流保持恒定. 这时加在晶体上的电压自发地脉动起来，即一通电流，电压很快上升到约 10 mV，在此电压下在晶体面上形成一个或几个二维核. 当核长大，它的周界台阶扩展后，晶体的表面电阻跌落，于是晶体上的电压也相应地跌落. 但当生长层覆盖整个表面后台阶消失，表面电阻和相应的电压再次升高. 上述过程不断重复. 通过电解槽的电流愈大，振荡周期愈短. 计算一个周期内通过晶体的电量后得出结论：此电量精确地对应于单原子层在晶面上的淀积. 在另一组实验中电解槽中的电压而不是电流保持恒定. 实验中电压保持在 6 mV 水平上，它肯定低于立方体面上自发成核的临界值. 在这一电压背底上从一个特别的发电机对电解槽附加一个 1 μs 的电压脉冲，使电压达到约 13 mV. 在图 3.19 中用箭头标明施加脉冲的时刻，图中 y 轴代表电流，x 轴代表时间. 每一脉冲产生一个有台阶的核，台阶沿面的扩展决定通过电解槽中随后的电流. 图 3.19 中电流脉冲的周期约为 4 s. 每一脉冲电流下的面积等于此脉冲中通过电解槽的总电量. 用法拉第常量除此电量后得到通过的电子数和相应台阶处淀积在表面上的单价银离子数. 计算得出在毛细管直径范围内淀积的 Ag 层厚为 0.204 nm，即单原子层的高度（Ag[100]方向上的晶胞参数是 0.408 nm）. 由此可见生长通过二维成核不断继续下去.

　　用不同宽度的短脉冲触发成核，可以得到脉冲输入中有多少（百分数）引起

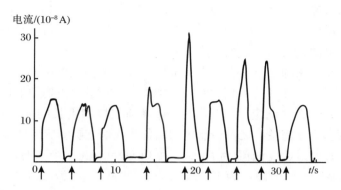

图 3.19　在 Ag(100)面上引入单个单原子层后电流的变化
层核在短脉冲作用下出现,加脉冲的时刻由箭头表示[3.32].

了成核.保持成核概率为 50%,可以得到所需脉冲宽度 τ 和电压 η 的关系.从图 3.20 可见,$\log\tau$ 和 $1/\tau$ 间存在线性关系,和理论(见 2.2 节,式(2.22),式中 $\Delta\mu\sim\eta$)一致.由直线斜率得出的 $\langle 110 \rangle$ 初基台阶的比自由线能是 2.1×10^{-6} erg/cm,对应(100)奇异面上的能量为 370 erg/cm^2,对应(111)面上的能量为320 erg/cm$^{2[3.21]}$.

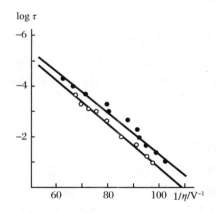

图 3.20　在 Ag(100)面上有 50%的概率出现晶核的孕育时间 τ 和过电压 η 的关系
圈和点代表两个不同的电极[3.32].

　　当实验晶体中存在螺位错时,表面上出现锥状生长丘,此时电压和生长速度的关系显示出根本的变化:阈值电压降为零,生长速度曲线 $R(\eta)$ 变成整个电压使用范围内的抛物线,和位错生长机制的预期一致.此时生长面上邻晶丘的斜率随电压线性地增大,也和理论相符.

在矩形截面毛细管内,一个孤立二维核的台阶运动引起的电流的测量结果指出:台阶是多边形并且在(100)面上沿⟨110⟩方向.实验还有助于找到3.1节提到的台阶上的动力学系数和交换流的值.

上述实验方法的一个最重要优点是可以准确地测定电结晶的量,并且不存在惯性.不幸的是,常规的气相、溶液或熔体生长中还没找到类似的方法,生长速度只能由光学方法测定.所以至今没有得到成核和生长的元过程的直接信息.尽管如此,高度完整的无位错晶体的制备使我们能够测定熔体生长的 Ga 晶体表面上生长的过冷度阈值.Alfintsev 和 Ovsienko 在一个平的玻璃容器中生长了 Ga 单晶[3.33a,b],其厚度为 1—2 mm,呈平板状,端面为(001)或(111)面.这种形状有利于位错在晶体的横向面(和玻璃接触的面)上终止,以便在无位错的端面上开始生长.图 3.21(a)给出了(001)和(111)面上的生长速度.如果用玻璃棒轻轻碰一下生长面,上述过冷度阈值就会降到零而且生长速度急剧增大.这样形变后两个面上的生长速度和过冷度的关系由图 3.21(a)左侧的点表示,由此估算出 $R \simeq 2.5 \times 10^{-3} \Delta T$ cm/s,ΔT 的单位是度.未形变(001)和(111)面的曲线在 $\ln R - 1/(T\Delta T)$ 坐标中成一直线,和二维成核生长理论相符.还测得无位错 Si 的过冷度阈值 $\simeq 1$ K.

许多水溶液生长单晶都需要临界过饱和度(或等价的过冷度)以启动生长.例如,NaCl 晶须只能在过饱和度 $\sigma \gtrsim 0.3\%$ 时生长(图 3.21(b)).石英、刚玉、方钠石在水热溶液中不同晶面的生长所需临界过冷度一般为几度[3.35,3.36].这样的过饱和度说明在实际生长条件下是二维成核生长;此外,最近的 X 射线貌相研究不排除某些晶体如 SiO_2(石英)[3.37,3.8]、KH_2PO_4(KDP)[3.39]和 NaCl[3.26]生长中没有位错.

式(3.32)①型的关系在 $\sigma > \sigma_0$ 时适用,但并不总是在 $\sigma < \sigma_0$ 时生长速度为零.例如钾明矾八面体面在 $\sigma < \sigma_0$(约 40%)时仍生长,但速度慢了下来.在这种场合下 $\sigma > \sigma_0$② 范围内,式(3.31)也可来源于位错机制.最近,原位 X 射线貌相术已成功地用来直接观察 ADP 晶体的肯定无位错露头的双锥面(110)的生长.在过冷度约 1.5 K($\sigma = 2.7\%$)下,这些晶体的生长速度为有位错晶体的 1/30—1/100.

未达临界过冷度晶体完全不生长或生长很慢的现象也可以由杂质的吸附(见 4.1 节)或部分有序固溶体层——形成阻止生长的"保护层"引起.这种层

---

① 英文版误为(3.31).——译者注
② 英文版误为 $\sigma < \sigma_0$.——译者注

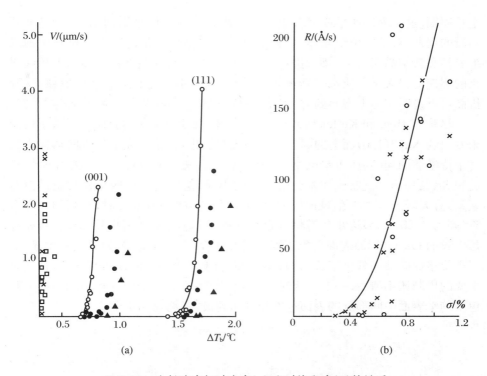

图 3.21　生长速度与过冷度(a) 和过饱和度(b)的关系

(a) Ga 和 Ga 合金晶体(001)和(111)面的 $V(\Delta T)$曲线.○为纯 Ga,●为 Ga－0.01%(质量分数)In,▲为 Ga－0.1%(质量分数)In,×为 Ga－0.01%(质量分数)Ag,□为形变纯 Ga[3.33b]. (b) NaCl 晶须在水溶液中的生长速度和过饱和度的关系[3.26].数据从原先在空气中用 Gyulai 法生长的晶体上得到[3.34].沿晶须轴(以圆表示)和垂直此轴(以叉表示)的平均生长速度相等说明在晶须的所有面上的成核过程相同.**连续曲线**用多核机制计算而得(见式 (3.23)),所用的台阶比能为 5.9×10^{-15} erg/离子(如每个离子的面积取 2×10^{-16} cm²,此值相当于约 30 erg/cm²),吸收离子的势垒取为 $E = 18.7$ kcal/mol.

(如果确实存在的话)具有近似晶态的表面"外延层"的形式.当表面处于最高有序状态时,它将对面生长(包括台阶的运动和产生)产生很大的甚至无穷大的阻力.如果过饱和度足够大,面生长速度将超过"装甲层"形成的速度,使它没有时间在表面上晶化,于是对生长的阻力只达到中等程度.

即使杂质含量很小,只要它能在表面强烈吸附并且难熔于晶体,晶体生长速度就会减慢,并且在杂质达到临界的表面覆盖度时使生长前沿停止下来(见4.1.3 小节).在杂质吸附层上的新核会引起一个新的结晶层并产生一个新鲜的晶体-液体界面.这个新层在中毒表面上扩展并埋葬了杂质之后,开始一个新的生长周期. 这个周期或早或迟会由于下一批杂质原子的吸附而结束, 于是又开始新的周期. 对于无位错晶体, 生长的延续或终结可以是时间上随机发生的二维成核和新结晶层上杂质吸附相互竞争的结果. 如果在给定活性表面上相继成核的周期变得大于杂质毒化新鲜表面的时间, 将不可能有进一步的成核. 这种机制可以说明实验上观察到的无位错 ADP 晶体双锥面生长速度的涨落[3.40b].

尽管 Bethge 和 Keller 后来在 1965 年和 1974 年举行的会议上报道了最初未发表的 NaCl(100) 面上的同心台阶的观察结果, 刃位错在生长中的活性仍是一个待澄清的问题 (还可参阅文献[3.23a]). 后来, Shimbo 等[3.41a] 在化学气相淀积 Si(111) 面上观察到初基台阶组成的小丘. 他们主张这些小丘和位错没有联系. 有人看到[3.41b—d] 在 NaCl 解理面上用分子束淀积 NaCl 时, 系列的同心台阶 (高为 0.281 nm) 逐步代替螺旋台阶并扩展到整个面上 (图 3.22). 在液相外延生长的 GaAs(100) 表面上也观察到同心台阶[3.41e]. 还有, X 射线貌相术显示: 一刃位错伸向液相外延生长的 GaAs(100) 面上一个小丘的顶角[3.41f]. 这种台阶生成的机制还不清楚. 一个可能的解释是[3.41c,d]: 在第一个向外运动的中心台阶包围的平表面中间部分的表面过饱和度达到极大 (见 3.3.4 小节).

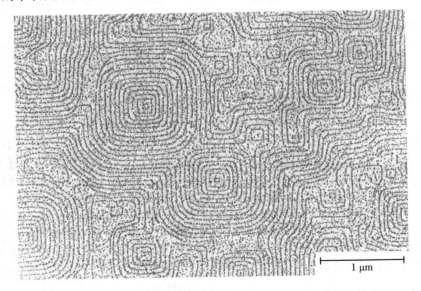

图 3.22　在 NaCl(100) 面上分子束淀积 NaCl 时出现的初基同心台阶
衬底温度 385 ℃, 有效过饱和度 $\ln(P/P_0) = 1.7$.

3.4 层状生长表面的形貌

对生长表面的形貌的研究可以提供有关生长机制的重要结论.如果这种研究和生长动力学研究相配合,就更有意义.遗憾的是,常遇到的是只有形貌或只有动力学.

3.4.1 研究生长过程和表面的光学方法

研究生长中或生长后晶体表面形貌的主要方法是光学和电子显微方法.表面原子结构和组分可用低能电子衍射、质谱方法(包括二次离子质谱)、俄歇电子谱、紫外和 X 射线光电子谱和场发射显微术.这些方法在不少文献中都有介绍[2.48,2.49,3.42—3.46].电子显微术的基本技术见文献[3.47—3.51].下面我们只简要介绍光学显微和椭偏方法的一些基础知识.

除了一般的专著[3.52],读者还可从 Tatarsky[3.53]与 Rinne 和 Berek[3.54] 的书中得到经典显微术(包括偏光显微术)的知识.

1. 偏光方法

先从透射偏振光的利用讲起.这种方法在研究薄的双折射晶体的生长时很有效.一束偏振光经过这种晶体分裂成两束偏振方向互相垂直的光.在单轴晶体中它们分别被称为寻常光和非常光.一般情形下,两束光在晶体中的折射率是不同的.因此当它们从所观察的晶片中出射时,两者之间由于光程差出现相位差,光程差等于折射率差和晶片厚度(更准确地说是光在晶片中的路程长度)的乘积.两束光组合成椭圆偏振光,椭圆的取向和形状依赖于光束间相位差,即依赖于晶片厚度.椭圆偏振光经过检偏器显示晶体的像.如果用的是单色光,则像由明暗区域组成.像的不同区域的光强依赖于两束光在晶体中的光程差,即依赖于晶体各部分的厚度.用白光时出现干涉彩色,不同颜色对应一定的光程差,这可以从干涉色的表中查到.将查到的光程差和两偏振光已知折射率之差的比值求出后,得到颜色表示的各处的厚度.从相邻部分厚度差可得到台阶高度.用这种方法在对甲苯胺上测到的台阶高度为 c 轴点阵常数(2.3 nm)的20—150 倍,即厚度差约 45—350 nm.

还可以在晶体和检偏器(或起偏器)间的光程上插入补偿片以测量双折射

晶体的低台阶高度. 补偿片是一片晶体, 它可引起偏振互相垂直的光束间的附加相位差. 补偿片的转动可改变观察的晶体的干涉色或像的亮度, 从而可测定台阶分开的晶体两部分的厚度差和台阶的高度. 例如, Senarmont 补偿片(引起四分之一波长光程差的云母片)转动 1°, 在汞灯单色光下(绿汞线, 波长 546 nm)能测定 3.0 nm 的光程差. 在对甲苯胺中这一光程差相当于厚度 13.6 nm, 即 6 个点阵常数[3.5].

使用单色光后表面台阶结构的测定归结为亮度的测量. 为此可用光电倍增管[3.35]或光电池加上调制入射光[3.56]以改进方法的灵敏度.

2. 干涉法

此法的基础是反射光在薄膜上产生的干涉色, 利用它可以测定透明薄晶片表面上高度为几十 nm 的台阶. 从表面反射的光和进入薄膜后从下表面反射的光会发生干涉. 两束光的光程差等于晶片厚度的两倍和平均折射率的乘积(晶片中光程的两倍). 对同样的晶体厚度这里的光程差约比前面的双折射法大一个数量级. 这样薄膜彩色法要灵敏得多, 它能测量对甲苯胺晶体上高为 10 个点阵常数(23 nm)的台阶. 更矮一些的台阶的两侧难以用颜色来区别, 但这些台阶由于光的衍射而呈现为细线. 如果一个阶梯状区域包含足够多的矮台阶, 由阶梯分开的两个区域的总厚度差可以由颜色的改变测定. 将此厚度差除以台阶数, 可以得到对甲苯胺晶体和 β-甲基萘晶体的高为一、二个点阵常数的台阶高度(前者为 2.3 nm 和 4.6 nm, 后者为 1.8 nm 和 3.6 nm). 应该强调的是, 薄膜彩色法不仅可用于双折射晶体, 还可用于其他透明晶体.

在观察生长中的晶体表面时, 原则上也可以在透射光或非平行光下(在晶体表面出现局域的干涉带)利用薄膜彩色法.

激光为干涉法开辟了新的可能性, 特别是用全息术可观察表面凹凸[3.57,3.58]、围绕生长或消失晶体的浓度和粒子流的分布[3.59a], 以及用干涉量度法测定生长速度[3.59b—d].

干涉法包括下面要介绍的干涉显微术和晶体表面与覆盖半透明片的间隙内发生的多光束干涉法.

下面介绍相衬和干涉显微镜的工作原理[3.60].

3. 相衬显微镜

这种显微镜可用于观察引起透射光或反射光一个小的相位差 Δ 的物体. 这些物体包括表面凹凸的不均匀性、透明晶体中的不均匀杂质或应力分布引起的折射率的不均匀性. 透明晶体的表面台阶引起的透射光的相移等于台阶高度和晶体折射率的乘积.

按照相衬法原理, 不接触物体的光(参考光)由特殊装置相移 $\pi/2$, 即相对从物体来的光相移四分之一波长. 散射光和参考光在显微镜像平面上互相干涉, 即在物的像空间两个相位差为 $\pm\pi/2 + \Delta$ 的电磁波相干叠加. 利用 Δ 小这一优点, 把散射光展开为此小量的级数. 将展开式平方后对时间积分, 得到由物体来的会聚于显微镜物镜后面的像平面上各点的光强. 很容易看出这个强度等于反射光和参考光振幅**之和的平方**. 在像平面的其他地方光强等于参考光振幅的平方. 像的衬度等于物体光强和参考光强之差对参考光强的比值, 它和 Δ 成正比. 引进 $\pi/2$ 的相移是为了增大衬底. 不引进此相移时像的强度等于参考光和反射光振幅的**平方之和**. 此时衬度和 Δ^2 成正比, 要弱得多.

用下面的方法分离经透明物的散射光和参考光, 并使后者相移. 平行光通过物后再通过显微镜的物镜并在物镜焦点上会聚. 根据惠更斯原理, 由例如台阶附近样品折射率的不均匀性散射的光形成不均匀径向发射出来的光. 因此显微镜透镜将径向发散光聚焦到显微镜的像平面上而不是焦平面上(后者会聚平行光). 把所谓的相衬板(由折射率不同的两透明部分组成, 折射率差和板厚度的乘积等于四分之一波长)放在透镜焦平面上. 板上一个面积很小的区域和平行参考光在透镜后的聚焦区重合, 板上其余部分具有另一种折射率. 小区域的形状由光阑决定, 因为光阑决定进入透镜的平行光的形状. 环状光阑对应一个窄环, 圆形光阑对应一个小圆盘, 狭缝光阑对应一条窄带(最后的场合下相衬出现在样品的方位角取向上).

当平行光束经过相衬板上的小区域, 而散射光通过整个相衬板时, 相衬板后一束光的振动相位相对另一束移动了 $\pi/2$, 正好是获得像的相位衬度所需的. 为反射而不是透射设计的 Nomarsky 型相衬板做起来很方便. 这是除了一个小区域外都镀上 Ag 的玻璃, 平行光的聚焦束被此小区域反射, 散射光被整个面反射. 改变反射层的厚度以选择相位差.

可以从不透明样品得到相位衬度. 此时利用反射光, 相位差由凹凸中的不均匀性引起. 例如溶液中金属晶体的表面台阶引起的相位差等于二倍台阶高度和溶液折射率的乘积.

4. 干涉显微镜

在这种显微镜中光源发出的光被半透明板分为两束. 其中之一通过常规显微镜中的通路但不经过物. 另一束光(和前者相干)经过很相似的路程, 同时通过物或从物反射. 物使第二束光相对第一束相移, 情形和通常的干涉仪相同. 两束光在像平面上干涉. 假设未放置物时到达像面的两束光相位相反, 这一点总是可以通过调节干涉仪臂来达到, 这时视场(未放物)是暗的. 放入物后, 在物的像的范围内改变了干涉条件, 视场中在暗背底上出现亮的物像. 调节干涉臂后可以得到明场像. 和相衬显微镜一样, 这里的衬度和 Δ 而不是和 Δ^2 成正比.

在某些类型的干涉显微镜中,两束相干光先按同样的光路但反方向传播,当然在最后一段光路上按同一方向到达像平面.每束光都给出物像,而且通过调节反射镜一个像可相对另一个像移动.随后一束经过物(或从物反射)的光和另一束未接触物的光干涉.最后我们得到所观察的物的重像.

如果未放样品时像平面不和相干光束恒定相位面重合,而是和后者略有转动,则背底不再均匀,而是由平行的明暗交替的干涉条纹组成.放入样品后,在像位置处这些条纹会移动和(或)弯曲,条纹移动一个条纹间距离相当于物引起所有光一个波长的光程差.

5. 多光束干涉显微术

这里起始光不像上述双束系统中那样分为两束光,而是分为许多束光.此法的基础是对在法布里-珀罗干涉仪中得到的像进行显微观察.众所周知,仪器由平行的表面镀银的玻璃板组成.通过一块板进入两板间隙的光束在镀银面上多次反射,每次都分成一反射束和一透射束.所有通过第二块板离开干涉仪的光相互间干涉,出口处的光强决定于相邻两次反射光之间的光程差.初始光垂直入射时,光程差等于二倍间隙距离和填充材料折射率的乘积.假如只有两束干涉光,则这两个简谐振动会组合起来.这时穿过干涉仪的光强会是光程差的平滑的(也是简谐的)函数.但实际上有许多束光互相干涉,结果强度是光程差的非常尖锐的函数,即强度只在光程差的很窄范围内才不等于零,对应于入射单色光波长的整数倍.锐函数是多光束干涉的主要特点.它保证了仪器对干涉仪平板间隙中引入折射率和介质不同的物是非常敏感的.例如当干涉仪中的光程差选在锐峰边上时,由物引进的微小光程差可以在暗背底中使物可见[3.23f].

如果干涉仪板不严格平行,显微镜像平面上的图案是黑背底中许多很窄的亮带.在物像位置上,这些带相对移动和弯曲.由于带很窄,能观察的光程差是波长的二十分之一到三十分之一,即 15—20 nm.

在半透明板和反射率高的样品表面(有时也镀银)之间也可以在反射光下产生多束干涉图样.如牛顿环一样,等强度线对应于两束光(未经和经过样品表面反射的光)间的等光程差,即对应于相同的间隙距离.如果表面上有一大的宏观台阶,则经过它的干涉条纹将发生位移而折断(图 3.15(b)).在这种简单的方法中干涉条纹的宽度和条纹间距离(一般不超过 3 μm)可以相比.这就限制了这种方法在观察一般表面凹凸(如邻晶小丘斜率)中的应用范围.

Tolansky 的书介绍了干涉装置的设计和操作[3.61].

双束干涉显微镜的一个变种是**偏光显微镜**.仪器中一束光经过双折射晶片后产生两束相干光,即光束分裂为寻常光和非常光.两束光产生的像在像平面的方向,或者垂直像平面的方向上略有相对的位移,并且相互干涉.于是在白光照明下可得到鲜明的彩色图像,在不同的彩色区域可见物体由各种原因引入的附加相位差.

6. 椭偏术

众所周知,椭圆偏振光可以表示为两个线性相干偏振之和.椭偏波的电场(和磁场)矢量的终点以该光的频率在垂直传播方向的平面内随时间旋转.两个椭圆轴长度之比和椭圆的取向决定于两个独立的参数,例如电(磁)场矢量长度之比和椭偏振动中两个线性极化振动间的相位差.在描述反射时,比较方便的选择是将两振动之一的电场矢量取为垂直于入射面(从而平行于反射面),另一振动的电场矢量则处于入射面内.前面称为 s 波,后者称为 p 波.p 波电场矢量和反射面的夹角等于光束入射角.由于两个波的电场矢量相对反射面有不同的取向,这两个线性偏振波反射后的振幅和相位变化也不相同.因此反射波中椭圆的形状和取向与入射波不同.这种变化对表面状态非常敏感,也就是说,表面上异类材料或相(即使只有单层的量级)的存在、成分和表面凹凸的系统的不均匀性以及其他改变被观察表面反射条件的因素都会引起这种变化.测量反射前、后表征椭偏度的参数的变化可以得到表面状态的信息.通常测量的是反射引起的 s 波和 p 波间的相移与它们的反射率之比.

在椭偏仪中,光源发出的光经过起偏器后从样品反射,再经过检偏器进入光探测器.补偿器放置在物和起偏器间或物和检偏器间的光程上,改变 s 波和 p 波的相位,从而改变极化椭圆的参数.近来出版的书籍[3.62a,b]和综述[3.63]介绍了椭偏术的理论和实践.气相化学淀积 GaAs 时,椭偏术有助于弄清GaAs(100)面上吸附的 Cl 的量随 $AsCl_3$ 分压的显著变化[3.64a].用椭偏术研究了气相 Cd(0001)面上的逐层生长[3.64b].

3.4.2 气相生长时的台阶、邻晶丘和位错的形成

图 2.9(a)(b)是 NaCl 的金缀饰表面的电子显微像.在真空中用热金(或银、铂、铬)滴发射出的原子缀饰待观察表面几秒钟.NaCl 表面温度小于300 ℃.金淀积后再在表面上用电弧淀积一层连续的碳膜(仍在真空中).碳膜和黏附着的金颗粒用溶掉 NaCl 的办法分离出来,并在电子显微镜中观察.在淀积中,金首先在成核垒低的表面位置上形成小晶体,从而缀饰出这些不均匀性(见 2.2.2 小节).从图 2.9(a)(b)可见,台阶由排列较密的、几十 nm 大小的金粒链显示出来.对观察到的台阶和滑移带的相互作用的分析使我们有可能测量高度小得多的台阶[3.65].观察到的最小高度是 0.281 nm,即点阵常数的一半.图2.9(a)中圆状台阶(1、2、4)具有这一高度.图 2.9(a)中的多边形螺旋(3)是高度为 0.562 nm 的台阶.这些台阶可以分裂为高度为 $a/2$ 的两个台阶.图 2.9(b)

是蒸发核长大后形成的岛.

在表面的某些点上持续形成的生长层或蒸发层引起生长丘或蒸发坑(溶化坑、腐蚀坑)的出现,通常它们在这些点上斜率较小(0.1°—10°),图 2.9(a)、图3.23、图 3.24 就是一些例子.实验显示丘(或坑)由同心台阶组成,这显然是在这些顶(或底)上不断发生二维成核的结果,以保证获得比螺旋台阶更高的生长(或蒸发)速率[3.41b—d].这就是说,在一定条件下,逐次成核机制比螺旋-位错机制更有效.既可位错成核又可二维成核形成台阶的计算机模拟也与实验相符:在低过饱和度下螺旋机制有较高生长速率,在高过饱和度下二维成核更为有效[1.26c].自洽成核的解析理论也给出同样的结论[3.25,3.41c,d].

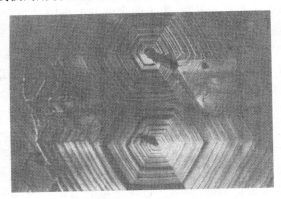

图 3.23　气相化学反应形成的 ZnO 晶体上的邻晶生长丘[3.66]

图 3.24　NaCl 晶体表面上的蒸发坑

相衬显微镜照片.坑和(100)面形成约 10^{-2} 的角(M. O. Kliya 和 Yu. A. Gelman).

图 3.25 是在图 3.6 所示的装置中**对甲苯胺**晶体生长的电影片中的几幅照片.它显示在玻璃衬底上气相生长的分叉片状晶体凹角处形成一个大柏格斯矢量位错的各个阶段.

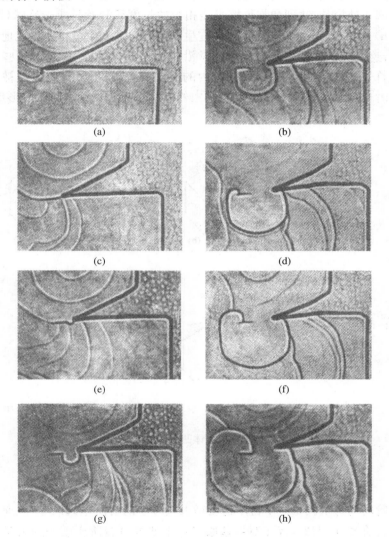

(a)

(b)

(c)

(d)

(e)

(f)

(g)

(h)

图 3.25 对甲苯胺晶片中螺位错形成的各个阶段

图 3.26 是上述现象的示意图.由于沿晶体的温度不恒定或其他原因,晶体的分叉在垂直晶片方向上相互位移(其矢量在图 3.26(a)中表示).应力和杂质在凹角顶部的集中以及此区域内结晶材料的供应不足阻碍了顶部附近的生长,

并造成一个空洞(图3.25(a),图3.26(b)).当空洞的壁靠在一起时,形成一中空的沟(或填充有杂质或母相的沟),原子的网格不能严格重合(因晶体分叉有相对位移),于是在分叉的壁相遇时形成螺位错(图3.25(b),图3.26(c)(d)),后来在凹角处拉长,达到和临界核半径相当的长度后开始长成螺旋状(图3.25(d)—(h),图3.26(e)(f)).上述凹角在生长过程中会发生位移并自然地形成几个位错.这一点的证据是若干位错通常沿着凹角顶端的轨迹排列.这些位错有不同的符号,这说明生长过程中凹角内的应变具有随机性.异类颗粒被片状晶体俘获时也可以在晶体中形成位错[3.69].在6.1节中也讨论了位错的形成.

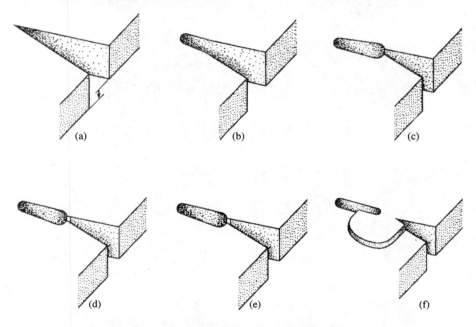

图3.26 分叉晶体凹角处形成螺位错

3.4.3 动力学波和宏观台阶

台阶的动力学波是一个台阶密度增大或减小的台阶系列区域,波速依赖于其中的台阶密度.例如,曾在**对甲苯胺**晶体上研究过台阶密度的动力学波和宏观台阶.观察方法是记录先经过晶体再经过显微镜像平面上和台阶平行的狭缝的单色偏振光的强度.用光电倍增管检测台阶波通过狭缝视场时信号强度的变化.用这种方法可以跟踪高2.0—3.0 nm的初基台阶的运动[3.55].

图3.27是水溶液中生长的$NaBrO_3$晶体表面上的同心动力学波,用普通

显微镜拍摄而得.这些波围绕着生长层的源,并且在由源产生的邻晶丘的斜坡上形成.

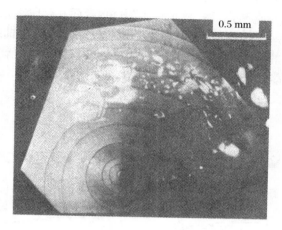

图 3.27 NaBrO₃ 晶体表面上的台阶动力学波[3.72]

为理解动力学波的形成机制,让我们考察起始时存在一束初基台阶 AB 的层状生长表面的外形(图 3.28(a)).例如,这束台阶起因可以是产生台阶的点上过饱和度的瞬时增大.台阶的速率依赖于它们间的距离(见 3.2 节).例如,根据式(3.16)、式(3.18),台阶的相互阻滞作用将导致图 3.11 那样的 $v(\lambda)$ 关系.这样,台阶密度最大的部分应以最小的速率运动,于是 A 左侧的台阶(图 3.28(a))将赶上台阶束,并且合并进去;最终形成①表面斜率即台阶密度突变的 C 边(图 3.28(b)).这种台阶密度突变的束(表面上的锐边)被称为台阶密度的冲击波,它以 $(R_1 - R_2)/(p_1 - p_2)$ 的速率在表面上传播,这里 p_1 和 p_2 是 C 边两侧倾角 θ_1 和 θ_2 的正切(角小时 $p_{1,2} \simeq \theta_{1,2}$),$R_1$ 和 R_2 分别是这些倾角对应的速率[3.73,3.74,3.24,1.18].波速和 $p_1 - p_2$ 的值都随时间减小,最后波将消失,除非它被杂质或其他因素稳定下来.通常相邻生长丘上的波在这些相邻丘上异号台阶相遇相消之前还来不及消失.一般来说,某一面上所有生长丘都具有同样序列的大、小动力学波,波间距离也都相同.这表示波的产生来自母相整体因对流、热稳定性差等引起的温度和浓度涨落,这些涨落基本上在某一面的不同部位上甚至在晶体的所有面上同时发生.有时发现动力学波的边带头运动(图 3.28(c))[3.55].这种形貌和台阶间相互加速作用相对应.

台阶相互加速的原因可以是被晶体俘获在生长面上并且阻碍生长(见 4.1.2

① 英文版将 form 误为 from.——译者注

小节)的杂质吸附.事实上在"曝光时间"内(从前一台阶在某处形成一个位置到后一台阶扫过此处"埋葬"掉此位置),杂质会来到相邻台阶间原子级光滑台面上的某一位置.台阶密度愈高,上述"曝光时间"愈短,台面和台阶上杂质浓度愈低,台阶的速率愈大(见 4.1.2 小节).这一相互加速效应[3.73]使 $b(p)$ 曲线上出现曲率为正的($\partial^2 b/\partial p^2 > 0$)的一段.图 3.7(a)靠近 $p = 0$ 处的点划曲线上就有这样的一段.用光学显微镜观察时动力学波通常表现为宏观高度的台阶.

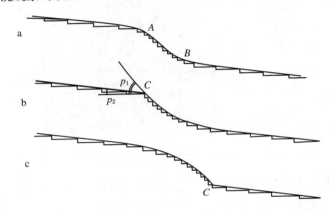

图 3.28 台阶密度的动力学波的形成

p_1 和 p_2 表示不同的斜率.

还可能出现另一种类型的宏观台阶,即由简单晶体学指数面形成的台阶(真正的宏观台阶).电子显微镜研究证实了这种宏观台阶的升高面本身也是层状生长的.

台阶升高处宏观台阶以简单晶体学面形式存在的最一般原因是表面能的各向异性.从 1.4 节可知,$\alpha + \partial^2 \alpha/\partial \varphi_1^2$ 或 $\alpha + \partial^2 \alpha/\partial \varphi_2^2$ 为负的表面是不稳定的,并且一定会分解为宏观台阶.不仅如此,稳定的顶和边的唯一组态是晶体平衡外形中存在的组态[1.18,1.32].因此,如果平衡外形包含宏观锐边和锐顶,则在这些晶体的生长过程中,在简单面上必然形成宏观台阶.反过来说,在这种条件(给定母相成分、温度和压力)下如果晶体外形由宏观的圆拱状"边"和"顶"组成,则它的生长面即使是简单面也不会具有真正小面化的宏观台阶.

当我们讲到尖的或圆的顶和边时并没有牵涉到原子级粗糙化,它在 $T > 0$ 时表现为初基的台阶.引起初基台阶粗糙化的涨落必然会使高度为 10 个点阵常数量级或更小的台阶模糊起来,条件是协同作用仍具有中等的程度.但实验却显示台阶和扁平晶体在高度高达 100 nm 时有时仍具有圆拱状生长外形(见 5.2 节)和相应的粗糙增大.

用光学显微镜难以区分宏观台阶和动力学波.宏观台阶升高处没有小平面的间接证据是台阶的圆拱形状(图 3.27、图 3.29),它表明台阶升高处有很高的平均扭折密度.

在生长过程中,宏观台阶常分裂为较浅的台阶,在图 3.17、图 3.25(d)、图 3.29 上均可看到.浅台阶则相反,它具有高的生长速率(见式(3.16)、式(3.18)和图 3.10),从而能赶上高台阶并与之合并.因此生长表面具有一整套不同高度的台阶,它们的平均高度依赖于过饱和度、杂质的存在和其他生长条件.

3.4.4 表面熔化

图 3.29 显示在相图三相点附近气相生长时发生的一个有趣现象,即液体-熔体液滴的形成[3.70,3.71],或表面上杂质溶液的形成.当这

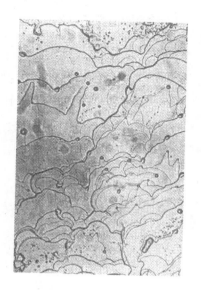

图 3.29 气相生长的 β-甲基萘晶体表面上的液滴

些滴润湿台阶升高处时,台阶不再靠气相生长,而靠熔体(溶液)生长,从而具有大得多的生长速率.结果在液滴后面紧跟着凸出部(图 3.29).有时液滴在接触到台阶时立刻消失.晶体熔点附近台阶的更大的可见度间接证实气相生长过程中台阶升高处出现了液相.

Nenov 等[3.75]综述了熔点附近晶体-气体界面上存在液体或准液体膜的其他结果.迄今为止主要的信息来自生长和平衡条件下晶体表面的光学观察.用这样的方法不能确定表面层的成分、厚度和原子结构,所以以下三种可能性仍然没有澄清:

(1) 所研究的材料和系统中的杂质形成溶液,其熔点低于实验温度(见 8.5.1 小节 VLS 生长).

(2) 气-晶体界面变为原子级粗糙面,形成几个原子间距厚的模糊界面层.

(3) 界面上出现比模糊原子级粗糙层厚得多的熔体膜.

尽管如此,形貌观察仍然提供了有机晶体、冰和某些金属表面行为的重要信息.生长的二苯基晶体在 55 ℃时呈多边形片状,在 60 ℃时呈圆盘状[3.76](二苯基的熔点是 69 ℃).片状负晶体——萘晶体(熔点为 80 ℃)中的气体夹杂物在 70 ℃出现类似的变化[3.77].但是两种情形下最密堆的基面(F 面,见 1.2.2 小节)仍保持为奇异面并且成为片板晶体和片状夹杂物的基面.四溴甲烷(熔点 94 ℃)中的夹杂物在 40 ℃时近似为立方体,在 90 ℃时变为球状[3.75].图 3.30

显示**金刚烷**(熔点为 272.5 ℃)晶体-气体界面上生长外形奇异面大约在260 ℃消失[3.78].一般的规律是:面愈密,表面熔化的温度愈高.例如晶体(111)、(110)①、(100)面的转变温度分别为 255 ℃、251 ℃ 和 177 ℃.它们对应的转变温度/熔点比分别是 0.97、0.96 和 0.82,这些比值对其他有机晶体也是典型的.Pt 的(511)和(100)面的这一比值分别是 0.74 和 0.80[3.79].

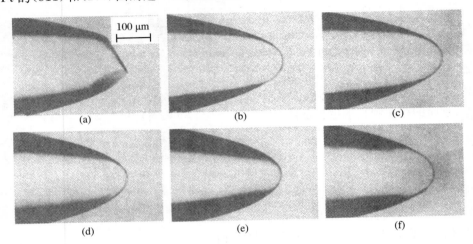

图 3.30 金刚烷晶体的生长外形随温度的变化

(a) 225 ℃;(b) 246 ℃;(c) 250 ℃;(d) 256 ℃;(e) 258.5 ℃;(f) 259 ℃.从(a)到(f),可看到正(111)面和负($1\bar{1}1$)面(四面体面)的消失过程[3.78].

冰白霜的一个样品在 $T < -50$ ℃时显示出质子核磁共振的宽信号,它和质子的低迁移率即固态对应.温度较高时出现迁移质子引起的窄峰.窄峰的积分强度正比于样品中液体的量[3.80].比芘的熔点低约 2 K 时出现类似的窄峰[3.81],比联苯熔点低约 20 K 时,我们的 NMR② 实验也得到类似结果.

还在冰的熔点附近对冰的表面进行了椭偏术研究[3.82].在文献[3.83]和它引用的文献中对冰上的准液体膜进行了讨论.

观察 Sn、Bi 和 K 表面熔化的尝试没有成功[3.84].在文献[1.26a—f](见1.3.4 小节)中讨论了表面熔化的分子动力学模拟.

---

① 英文版原为(111),俄文版无此段内容.——译者注
② 英文版为 NMP,应为 NMR(核磁共振),俄文版无此内容.——译者注

第 4 章

杂 质

　　和任何界面过程一样,晶体生长也显著地依赖于结晶系统中存在的活性杂质,即使杂质的量对大块性质并无影响时也会如此.另一方面,许多性质依赖于生长晶体中杂质或点缺陷的量.因此生长晶体俘获杂质的状况是生长工艺最重要的特征之一.4.1 节概述杂质对生长动力学的影响,4.2 节和 4.3 节分别讨论杂质俘获的热力学和动力学.

4.1　杂质对生长过程的影响

4.1.1　平衡的移动

　　杂质是母相介质或晶体中存在的少量附加物.热力学上杂质按相图使晶体和介质(气、溶液、熔体)间的平衡点移动,因此引起晶体生长或消失的过饱和度或过冷度应根据相图随杂质含量而变.例如杂质 KCl、KBr、KI、$(NH_4)_2SO_4$ 使铝钾矾在水中的溶解度按质量作用定律减小.众所周知,加进食盐后水的熔点降低.溶解度和熔点的变化一般和杂质含量成比例(实际上杂质浓度的涨落使测得的样品熔点不很确定).不同系统的比例系数显然不同.例如在 25 ℃ 下把质量分数约为 2% 的 Cr 加进铝钾矾溶液,使它的溶解度提高约 2%(质量分数)(无杂质时溶解度≃15%(质量分数)),即溶解度随杂质浓度变化的比例系数的量级达到 1.Pb‑Bi 系统在 Bi 含量较小的范围内液相线的倾斜 $m = \partial T_0 / \partial C_i$ 为每 1%Bi(质量分数)约 3°.显然上述系数不是绝对的,在每一具体情形下都需要查阅相图.

　　溶液中组分含量较大时(10% 的量级),通常会改变溶液中溶质络合物的组分、结构和数量,从而改变与动力学过程特性和速率有关的生长速.分析第三组元对水溶液中晶体溶解度和生长速度的影响表明:如溶解度下降,则垂直生长速度 V 和无量纲结晶驱动力 $\Delta\mu/(kT)$ 间(在实验测定的 V 和 $\Delta\mu$ 线性关系范围内)的动力学比例系数增大.在碱金属硝酸盐中观察到这种关系[4.1,4.2].这些盐随阳离子水合热的减小,动力学系数增大.文献[4.2]通过交换通量也对此进行了讨论.

　　把 Van t'Hoff 和 Bernsted 规则推广到溶液生长后[4.1],可用来说明 pH 值对溶液生长速度的影响.

如果第三组元的引入有助于在溶液中建立接近晶体结构单元的络合物,则上述动力学结晶系数将增大.例如,在 $FeCl_2 \cdot 4H_2O - HCl - H_2O$ 溶液中添加 HCl 的效果看来是:Cl^- 离子替代了 Fe^{2+} 八面体络合物$[Fe \cdot 6H_2O]^{2+}$ 的一个或两个水分子,并组成了进入晶体结构的原子团[4.1].Troost[4.3a,b]出色地揭示了溶液结构对结晶速度的影响,他观察到 $Na_5P_3O_{10} \cdot 6H_2O$ 的不同变态可改变这种材料从溶液中成核和晶体生长速度达几倍.

晶体及其饱和固溶体中的离子络合物在晶体和固溶体吸收光谱中引起特殊的电子吸收带.如两者的某些吸收带的波长 λ 相近,可以期望在晶体和固溶体中存在类似的离子络合物.Cs_2CuCl_4 晶体的吸收峰在 $\lambda = 239$ nm,297 nm,410 nm,870 nm.它的饱和固溶体的吸收带在 $\lambda = 239$ nm,271 nm,385 nm,870 nm.271 nm带属于水络合物$[CuCl_m(H_2O)_n]^{-(m-2)}$,239 nm、385 nm 和 870 nm 带属于晶体结构中的$[CuCl_4]^{2-}$ 络合物.已经知道非同分溶解化合物的完整晶体不能从它的化学比溶液中生长[1.1a,172页].例如,Cs_2CuCl_4 的完整晶体不能从溶解这种晶体的水溶液中生长出来.完整晶体可以从这种溶剂中生长,但其母液组分必须对应于相图上溶解度曲线上的特定点,它处在上述化合物溶解度曲线两端不变点之间.例如,为生长 Cs_2CuCl_4 应该采用的 $CuCl_2$ 的量约为化学比组分中的量的 1/3.光谱分析使人相信这一非化学比溶液具有更多"晶态"$[CuCl_4]^{2-}$ 络合物,而 Cs_2CuCl_4 晶体不能生长的化学比溶液中这种络合物较少[4.4a—c].

$CaWO_4$ 熔体的拉曼散射谱研究显示:至少在接近 $CaWO_4$ 熔体的液体中仍存在着 WO_4^{2-} 团[4.4d].

在溶液中存在氧化物分子的假设曾被用来发展 PbO/B_2O_3 溶液中稀土石榴石的溶解度模型[4.43].

4.1.2　吸附

杂质在表面上的吸附显著改变了表面层粒子间沿表面的平均结合力.因此,杂质的加入可以使原子级粗糙表面向光滑表面转变,或反过来[1.31].例如,在水溶液中 NH_4Cl 具有原子级粗糙的表面,反映在它们的平衡和生长外形呈圆拱状(图 1.14).如果二价和三价离子 Cd^{2+}、Fe^{2+}、Ni^{2+}、Co^{2+}、ZrO^{2+}、Fe^{3+} 等加进溶液,NH_4Cl 晶体则以良好的小面生长(图 4.1)[4.5].

杂质的动力学作用可归结为对体输运过程的影响和对界面结晶现象的影响.一般来说,杂质改变了液相的结构,从而影响了扩散系数,但这种影响通常不大(特别是浓度≪1时).杂质对常规结晶温度下的热传导的影响更小.但是,

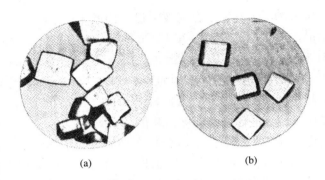

图 4.1 存在离子时生长的 NH_4Cl 晶体

(a) Cd^{2+}；(b) ZrO^{2+}[4.5]. 和图 1.14、图 5.8(a)比较. 放大 37 倍.

液相结构的改变影响到溶液表面层的结构，由于吸附层内杂质浓度会提高，从而显著地改变了扩散阻力. 例如，根据 Mullin[4.6,197页] 的数据，水合离子 $M(H_2O)_6^{3+}$（M 为 Cr、Al 或更复杂的原子团）的尺寸足够大，以至当其被氨或磷酸二氢铵（或钾）（ADP 或 KDP）晶体表面的磷酸根吸引时可屏蔽住表面，不让新的结构单元沉积. 吸附在表面的杂质离子也保持住自己的溶质壳层部分，也可足够有效地屏蔽住生长的表面.

溶液中的过渡金属也可以形成水合氧化物，这依赖于溶液的 pH 值. 例如在酸溶液中，铝和铁主要以离子形式 Al^{3+} 和 Fe^{3+} 存在；而在碱溶液中，则有相当多的 $Al(OH)^{2+}$、$Al(OH)_2^+$ 和 $Al(OH)_3$，铁有同样的情况. 所有这些品种具有不同的吸附活性，因此溶液 pH 值可以通过杂质的状态影响生长. 此外，目前也不能排除 H_3O^+ 和 OH^- 离子在生长面上的吸收对生长的可能影响.

如果在溶液中存在阻碍生长的杂质，则与这种杂质形成另外的不活泼的络合物可以使生长速度增大.

杂质对表面上的结晶过程[4.7]的影响最为严重. 这一影响的原因是：杂质以原子、分子、络合物甚至聚集体的形式在表面各种位置（扭折、台阶、原子级台面等）上吸附. 在各种位置上杂质的浓度首先由杂质和这些位置的点阵的相互作用能有关. 物理吸附时能量为几 kcal/mol，化学吸附时能量为几十以至一百 kcal/mol 以上[4.8].

杂质粒子的尺寸和它们可能替代的晶体中的原子、离子或络合物不同. 此外，杂质离子、原子或分子和母相粒子组成多多少少稳固的聚集体. 后者在溶液中最明显，杂质和溶剂离子可能组成牢固的络合物. 这些因素阻碍了杂质进入晶体.

化合物或化学反应产物中的（如结晶在化学反应中进行）原子和离子也可以起杂质的作用.

如果难于进入晶体的杂质牢固地吸附在扭折上,则这些扭折(或台阶,甚至整个表面)将失去吸收新的粒子组成晶体的可能性.显然,对不同表面结构的面,杂质降低生长速度的作用是不同的.带杂质粒子的扭折不计入生长点的数目之内,除非杂质在热学上或化学上脱附或被晶体的结构单元挤出或容纳进去.

下面估计不带杂质的扭折密度[1.18].在晶体-气体表面台阶上自由扭折间的距离 λ_i 在朗缪尔等温吸附近似下(即杂质原子间无相互作用)为

$$\lambda_i = \lambda_0 + \xi_v P_i. \tag{4.1}$$

这里 P_i 是杂质气压,而系数

$$\xi_v \simeq \frac{a(kT)^{1/2}}{2(2\pi m_i)^{3/2}\nu_i^3}\exp\left(\frac{\varepsilon_i}{kT}\right). \tag{4.1a}$$

这里 m_i 是杂质粒子的质量, ν_i 是杂质热振动整体的频率.如扭折上的吸附能 ε_i 为 0.5 eV($\sim$ 12 kcal/mol), m_i 为 $50 \times 1.6 \times 10^{-24}$ g, $T = 300$ K,则 $\xi_v \simeq$ 0.1a mmHg^{-1}.由此可见,即使杂质吸附能在上述较低的数值下,在 $P_i \simeq$ 1 mmHg 时自由扭折的密度仍显著降低.化学吸附杂质的吸附能可达几十 kcal/mol(如 Cl 在 Si 上达$\sim$100 kcal/mol),因此它可以在低得多的气相浓度下使台阶中毒.

类似地考虑晶体-溶液界面上的台阶后得到与式(4.1)相似的自由扭折密度和台阶附近溶液杂质原子浓度之间的线性关系:

$$\lambda_i = \lambda_0 + \xi_{sol} C_i,$$
$$\xi_{sol} = \frac{a}{2\Omega\nu_i^3}\left(\frac{kT}{2\pi m_i}\right)^{\frac{3}{2}}\exp\left(\frac{\varepsilon_i}{kT}\right). \tag{4.2}$$

取 $m_i = 50 \times 1.6 \times 10^{-24}$ g, $\nu_i = 10^{12}$/s, $\varepsilon_i = 5$ kcal/mol 时,则 $\xi_{sol} \simeq 10^5 a$,即杂质相对原子浓度 $C_i \simeq 10^{-4} = 10^{-2}$%(摩尔浓度)就足以显著降低生长速度(如 λ_0 为 $5a$—$10a$).

不论是气相生长还是溶液生长,粗糙台阶的动力学系数显然都和自由扭折密度成正比(式(3.9)):

$$\beta_{st}(C_i) = \beta(0)\frac{\lambda_0}{\lambda_i}. \tag{4.2a}$$

利用 3.3 节中上述形式的动力学系数得出有杂质时各种机制下的面的垂直生长速度[1.18].

根据式(3.16)和式(3.18),生长速度随动力学系数的减小而减小,因此使扭折中毒的杂质一般使生长速度降低.这一关系的解析表达式很复杂,但在位错生长下它的最本质特性是:有杂质时生长速度和过饱和度的平方关系范围会扩展.生长速度和杂质浓度的实验关系在下一节中介绍.它们的总的趋势和扭折中毒模型得到的关系相符.详细的比较还难以进行,因为缺乏生长和吸附基本作用的定量数据.

还可以提出另外的杂质减慢生长的机制.当杂质吸附在原子级台面上时,运动的台阶应该"清除"掉杂质,即做功使杂质原子或含杂质的络合物脱离台面.被台阶挪开的原子(或络合物)可以再次被台阶扫过去形成的新台面吸附,因此产生和杂质存在有关的附加的生长势垒.它的高度的量级是杂质和平表面的结合能.当杂质壳(甚至是被看作杂质的溶剂壳)存在与表面上粒子的协同相互作用(见1.3节)时结合可以特别牢固.这样,溶液杂质吸附层不仅阻碍已有台阶的运动,它还阻碍成核并导致生长速度-温度关系上的异常的非单调的变化[4.2].

杂质不仅强烈地影响层生长,也强烈影响晶体的逐层消失.例如在水中加入 10^{-6}% (质量分数)的 $FeCl_3$ 就能使台阶切向运动速率急剧下降;用它浸蚀碱卤化物晶体时使抛光规程转变为在位错上的选择性浸蚀[4.12].

浓度较大的杂质可以改变溶液中络合物的组成和结构(见4.1.1小节)与表面吸附层的组成和结构,并且可以引起生长速度的减慢或加快.例如,添加 0.5 m $NaCl$ 杂质后石膏 $CaSO_4 \cdot 2H_2O$ 晶体从水溶液中的生长显著增快了 30%—60%[4.13];存在~$10^{-6}NH_3$ 时,$BaSO_4$ 的晶体生长也大为加快[4.14].

杂质在台阶升高处的吸附降低了比线能,从而增大了二维成核的可能性,在位错生长情形下则降低了螺旋台阶间的距离.这两个效应均使生长速度增大.但是,目前还不清楚杂质引起的生长速度常见的中等增大[4.3,4.15]是否和它们有关.不能排除少量杂质引起的生长加快是原子级平台上个别杂质分子诱导二维成核的结果.

能提高反应产物产率或起催化作用的杂质也会使晶体的生长或消失加快.例如在冰醋酸浸蚀剂中添加千分之几重量比的水会急剧增加浸蚀碱卤化物晶体的速度,看来是由于提高了溶解度[4.16].

决定杂质对溶液生长的影响程度的另外的参量是离子的尺寸和电荷及"压缩率".这种影响随阳离子电荷的增大、半径的减小而增大[4.6].这与4.1.1小节中动力学和阳离子水合热的关系相符.

综上所述,杂质的影响显然依赖于杂质-晶体和杂质-溶剂化合物的形成能,这些化合物的溶解度(见4.1.1小节),分布系数(见下面的4.2.2小节),溶液的 pH 值和结晶温度.

原子级粗糙表面的平均扭折密度比层生长表面要大得多.因此在垂直生长时要使扭折中毒的杂质的量应比层生长时大 3—5 个量级.实际上实验得出:杂

质对低熔化熵材料的熔体生长速度的影响可归结为熔点的移动.但是,如果杂质的量足够大,从而显著降低了熔点或提高了表面能,则表面也会从粗糙转变为平滑.相应地,此时同一过冷度下的生长速度比纯熔体要慢得多.相反,如第二组元的添加降低了单位界面的平均界面能和温度的比值,也可能发生平滑界面向粗糙表面的变化,使生长速度急剧增大[1.31a].

从垂直生长转变为层生长的相反的例子是 Bi-Sn 和 Bi-Pb 熔体在第二组元很窄的范围内(Sn:3.5%—4%,Pb:16%—17%,均为质量分数)Bi 晶体的生长[4.17].

Podolinsky 和 Drykin[4.18] 在很窄的浓度和温度范围内在萘-对二溴苯系统中确实发现了早已预期[1.31]的粗糙化转变(参阅 1.3.4 小节末尾图 1.9(c)).

4.1.3 生长速度、外形和杂质浓度的关系

下面较详细地介绍杂质影响生长速度的定量结果.$KClO_4$ 晶体(131)面的生长速度和绯红染料 Ponso 3R 杂质浓度在不同结晶温度下的典型关系见图 4.2.这些曲线清楚地显示出生长速度随杂质浓度的增大而减小.它们可以很好地由经验公式[4.19]

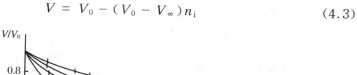

$$V = V_0 - (V_0 - V_\infty)n_i \qquad (4.3)$$

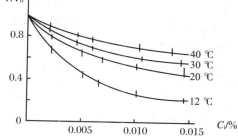

图 4.2 $KClO_4$ 晶体(131)面生长速度和绯红染料 3R 浓度的关系
实验温度在曲线旁标出.[4.19]

表示,这里 V_0 和 V_∞ 分别是无杂质($C_i = 0$)时和杂质足够多时的生长速度,n_i 可以近似地解释为杂质封闭的扭折和纯溶液中界面上扭折数的比值.显然式(4.3)在 $V_\infty > 0$ 时对应于扭折被杂质占据后仍有一定的生长可能性.中毒扭折可能生长的原因是:杂质粒子被并进点阵中或被新黏附的结构单元挤开.中毒扭折的百分数 n_i 可由大块母相介质中的杂质浓度 C_i 表示,后者可方便地测得.在朗缪尔等温吸附条件下

$$n_i = \frac{C_i}{A + C_i}. \tag{4.4}$$

这里 A 和 $\exp[-\varepsilon_{is}/(kT)]$ 成比例,而 ε_{is} 是杂质吸附能.将式(4.4)代入式(4.3),得到

$$\frac{1}{V_0 - V} = \frac{1}{V_0 - V_\infty} + \frac{A}{(V_0 - V_\infty)C_i}. \tag{4.5}$$

此方程说明 $(V_0 - V)^{-1}$ 和 $1/C_i$ 间存在线性关系,这种关系确实经常被观察到(图 4.3).不仅如此,根据式(4.4),$\ln A$ 应和 $1/T$ 有线性关系,并且线的斜率给出晶体生长条件下杂质的吸附能.尽管研究的范围迄今限于很窄的温度区间(如图 4.3),但确实显示出 $\ln A$ 和 $1/T$ 的线性关系.表 4.1 给出一些晶体中杂质的吸附能.根据吸附能小(不超过 10 kcal/mol)可知,这里涉及的是物理吸附;有机染料杂质理应属于物理吸附.

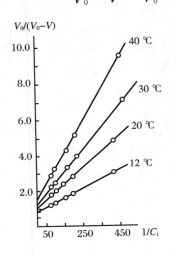

图 4.3 根据图 4.2 的数据[4.19] 得到的生长速度-杂质浓度关系的等温线

表 4.1 影响生长速度的杂质吸附能[4.19]

晶体	杂质	面	吸附能/(kcal/mol)
$MgSO_4 \cdot 7H_2O$	$Na_2B_4O_7 \cdot 10H_2O$	111	4.18
KBr	酚	100	5.10
$KClO_4$	PONSO 3R	131	3.68
NaCl	Cd^{2+}	100	7.85[a]
			5.10[a]
NaCl	Cd^{2+}	111	8.95[a]
			4.80[a]

a 按照文献[4.19b]提出的假设,两个面上的较小的值可能归结为台阶处的吸附焓,较大的值归结为台阶上扭折处的吸附焓(见表 1.1).数据得自辐射计法测得的吸附等温线.

式(4.3)和式(4.4)实际上假设生长速度和扭折密度(从而和台阶密度)成

正比. 实际的关系更复杂,这已在前一节中叙述.

　　除了上述生长速度随杂质浓度增加而连续地相当陡地下降之外,还观察到另一种类型的 $V(C_i)$ 关系. 它的特征是存在临界杂质浓度、在较高浓度下观察不到晶面的生长(至少在实验精度以内观察不到). 具有这种效应的例子是 $NaCl + K_4Fe(CN)_6$ 的水溶液[4.20]. 另一个例子是硫代十二烷苄基钠 ($C_{12}H_{25}$ ——⬡—— $SO_3^- Na^+$)对 $Na_5P_3O_{10}$ 晶体生长的影响(图 4.4). 由图可见,在不同杂质浓度下生长速度和过饱和度曲线上的临界过饱和度随杂质浓度增大而增大. 对此效应的一个可能的解释如下[3.74]:表面上的杂质粒子的吸附很强,并且其尺寸比主点阵常数大得多. 一个这种粒子到达后,台阶就在和它接触处停了下来并开始从两侧绕过去. 于是在两个相邻杂质粒子间形成台阶的凸起部(图 4.5(a)),它比直台阶需要更大的过饱和度才能生长,于是它的运动慢了下来. 如果杂质粒子间的平均距离小于二维临界核的直径,台阶将完全停止下来(台阶受阻类似受力晶体中运动位错受杂质阻滞,后者是所谓的杂质硬化. 具有未知位错结构[4.19c]和无位错[4.19d,e]面的生长速度的偶然涨落可用前述效应解释). SiC 表面上的宏观杂质粒子和宏观台阶的相互作用与上述微观过程类似(图 4.5(b)).

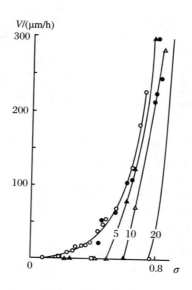

图 4.4　$Na_5P_3O_{10} \cdot 6H_2O$ 晶体生长速度和纯溶液(左侧曲线),
含 5 mg/L、10 mg/L、20 mg/L 硫代十二烷苄基钠的溶液
(由数字标示的曲线)过饱和度的关系[4.3]

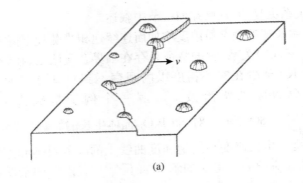

(a)

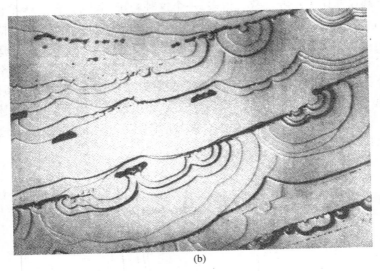

(b)

图 4.5　强吸附、难俘获杂质粒子对台阶的阻碍

（a）示意图；（b）气相生长的基面照相，用反射光，放大约 250 倍[4.21].

　　杂质的吸附随不同的晶面而异，并且对给定晶面生长动力学的影响随不同的过饱和度而异.因此可以设想，在杂质浓度-过饱和度平面上可以出现具有不同晶体外观的区域.这种图被称为外形图[4.22].杂质一旦吸附在表面上，它不仅改变生长速度和整个晶体的惯态（见 5.2.1 小节），它还改变层生长面的形貌.例如，水溶液生长碱卤化物晶体的立方面上出现大的不规则台阶，使生长晶体中包含许多夹杂物（见 5.2 节）.添加二价重离子（Pb、Cu、Zn、Cd 等）使溶液生长表面成为平滑的镜面[4.5,4.23,4.24].这种面最可能生长出初基的或近初基的层，因此晶体不再俘获夹杂物（见 5.2 节），从而长成对肉眼完全透明的晶体.当然这并不排除晶体中存在胶体夹杂物或更小的原子级杂质.

如果吸附能足够高,即使杂质的体浓度低,表面上的杂质浓度也可以不低.在这样的条件下杂质本身的外延结晶可以在表面上发生,同时主晶体的生长速度可降为零.

由于表面结构和生长机制依赖于溶剂的成分,有时某种溶剂可以看作大量存在的杂质.

Buckly 的书[4.25]积累了大量有关杂质和介质对生长外形的影响的实验材料.

4.2 杂质的俘获:分类和热力学

4.2.1 分类

1. 均匀和非均匀俘获

在母相介质中的杂质可以被生长晶体以单个原子、离子、分子的形式或原子尺寸复合物(双体、三体)的形式均匀地俘获,或者以胶体($\sim 10^{-5}$—10^{-6} cm)、宏观夹杂物的形式非均匀地俘获.

2. 平衡和非平衡俘获

均匀俘获后形成固溶体(混晶体),它的浓度可等于或不等于生长浓度下的平衡浓度(见 1.1 节),并且依赖于过程的动力学.习惯上把它们分别称为热力学平衡或非平衡俘获.非均匀俘获都是非平衡的.

均匀或非均匀俘获杂质的浓度和状态在大块晶体中很难保持恒定.存在三种主要类型的不恒定性——扇状、带状和结构不均匀性,它们以不同的杂质分布相区别.不均匀的杂质分布在热力学上永远是非平衡的.

3. 扇状不均匀性

材料在不同晶面上生长后形成的不同生长锥体即扇区具有不同的杂质含量.晶体的这种不均匀性被称为扇状结构(图 4.6).显然,扇区在杂质的浓度和进入方式上均不相同,而且在其他缺陷的浓度上也不相同.一般来说,形成生长锥体的材料不仅能"记住"面的晶体学取向,它还能"记住"生长的方向.例如,这种精细的效应表现于 Tsinober[4.26]在小菱面体面 r($01\bar{1}1$)的生长锥体中发现的烟色水晶的异常多向色性.图 4.7 是沿平行光轴、垂直菱面体的面 r 切割的水晶片的照片. 如果晶片绕 r 面法线略有倾转, 生长锥体之一变为棕色, 而另一则为绿色(图 4.7(a)). 如果倾转的方向相反, 则锥体的颜色也反过来(图 4.7(b)). 图 4.7(a)(b)中的暗区和略为亮一些的区域分别对应于紫色和绿色.①

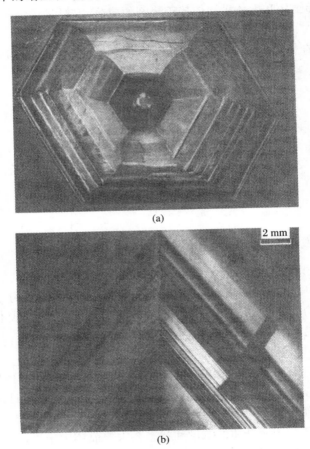

(a)

2 mm

(b)

图 4.6 钾矾晶体母液微夹杂物(a)(单个夹杂物不能明辨, 放大 100 倍)和水晶晶体菱面体面的生长锥体(b)中杂质形成的扇状和带状分布

————————

① 此现象的原因是水晶结构的每一个单胞含有三个顶联接的硅氧四面体, 并且它们相对 $r(01\bar{1}1)$ 面有三个不同的取向. 在生长过程中这一个不同取向的四面体以不同的概率发生 Si^{4+} 被 $Al^{3+} + Na^+$ 替代的事件(替代会引起色心), 并且"记住"了生长方向. 实验发现: 具有异向的多向色性的反向生长的不同四面体的布居密度确实不同(根据电子自旋共振数据), 而正常水晶晶体中则相同.

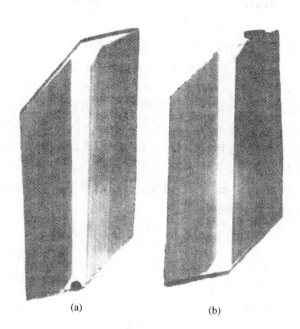

图 4.7 合成水晶晶体的小菱面体的生长扇区的异常多向色性
照片上的**暗区**是小菱面体面的生长扇区,**亮区**是晶种.(a)和(b)中**左**、**右**扇区的
不同的黑度来源于样品绕 r 面法线的倾转的不同[4.26].

4. 带状不均匀性

不仅不同晶面对杂质的俘获不同,同一面上不同时刻俘获的杂质也不相同,这里的主要原因是生长速度的不恒定.因此每一锥体内杂质按平行于面的层,即一般情形下的生长前沿有不同的分布.这就是所谓的带状或条状不均匀性(图 4.6).

5. 结构不均匀性

这是孪晶和晶粒边界上、位错附近和其他晶体缺陷处杂质的富集或贫化.杂质沿所谓的笔状或系属结构的边界分布(见 5.2 节).

扇状和带状结构产生的原因在 4.3 节中讨论.

4.2.2 热力学

下面我们将较深入地讨论均匀杂质俘获的热力学.均匀俘获的基础是杂质粒子(原子、分子或离子)能够进入晶体点阵.这种进入的决定性晶体化学参量是粒子的尺寸、价和杂质粒子与点阵间的成键类型.由此形成的固溶体类型已在文献[1.2a]和本书第 2 卷的 5.6 节中讨论.

晶体和介质中杂质分布的热力学平衡由晶体(S)和介质(M)中杂质的化学势相等决定.晶体和液、气介质中溶质杂质的化学势可写成

$$\mu_{is} = \mu_{is}^0 + kT\ln\gamma_{is}X_{is}, \tag{4.6}$$

$$\mu_{iM} = \mu_{iM}^0 + kT\ln\gamma_{is}X_{iM}. \tag{4.7}$$

这里的 X_{is} 和 X_{iM} 是固相和液(气)相中杂质的摩尔分数,μ_{is} 和 μ_{iM} 是杂质在标准状态下的化学势.我们在下面(4.2.3 小节)将看到,这里的标准状态是指主要组元结晶在温度 T 和压力 P 下的液相或气相的状态.μ_{is}^0 和 μ_{iM}^0 的值依赖于 P 和 T,而与 X_{is} 和 X_{iM} 无关.通常的活度系数 γ_{is} 和 γ_{iM} 和浓度有关,它们由以式(4.6)和式(4.7)的形式表示的实际溶液的化学势确定.由杂质的平衡条件即 $\mu_{is} = \mu_{iM}$ 得到相间杂质的平衡分布系数:

$$K_0 = \frac{X_{is}}{X_{iM}} = \frac{\gamma_{is}}{\gamma_{iM}}\exp\frac{\mu_{iM}^0 - \mu_{is}^0}{kT}. \tag{4.8}$$

实际上常用的分布系数还有以质量分数、单位体积中的质量等为单位的晶体和介质中杂质的比值.在溶液生长中溶剂不进入晶体时,以结晶材料为基准来决定分布系数是方便的,即

$$\mathscr{D} = \frac{X_{is}}{\tilde{X}_{iM}}.$$

这里 $\tilde{X}_{iM}$ 是溶液中杂质分子数和溶入的总分子数的比值,即杂质和主结晶材料宏观成分的比值.以后 K 和 $\mathscr{D}$ 分别表示由热力学和动力学因素引起的非平衡分布系数,K_0 和 $\mathscr{D}_0$ 表示其平衡值.由于杂质浓度低,$\tilde{X}_{iM} = X_{iM}/X_M$,这里 X_M 是溶液中主要成分的摩尔分数.因此

$$\mathscr{D} = KX_M. \tag{4.9}$$

在低杂质浓度下 $X_{is}/\tilde{X}_{iM}$ 等于以质量分数表示的浓度比.最高质量单晶通常在低过饱和度(只有几个百分点)下形成.因此 X_{iM} 和 $\tilde{X}_{iM}$ 近于对应的饱和溶液的浓度,特别地有 $X_{iM} \simeq X_{iM}^0$.

如果 X_{is}、$X_{iM} \ll 1$,溶液是规则溶液,活度系数 γ_{is} 和 γ_{iM} 与杂质浓度无关,和分布系数的情形一样.按照图 1.2,这相当于在主组元的熔点附近把液相线和固相线近似取为直线.K_0 和 $\mathscr{D}_0$ 恒定的范围随系统而异,杂质浓度处于 $10^{-3}\%$—10%(原子数分数)之间.杂质粒子在母相介质中和晶体中的相互作用导致偏离 K 为常数的规律.

不同浓度下平衡分布系数的确定意味着系统的热力学相图的确定.在许多文献中从实验上和理论上研究了相图(特别是金属合金的相图),但迄今仍没有适用于不同类型系统的完整而简单的理论.所以我们只能对这一问题的主要处理方法作基础的描述,这将有助于理解此现象的基础并且作出定性的估计.

4.2.3 晶体-熔体系的平衡杂质分布

首先考虑有杂质熔体中的生长(二元系),并且假设杂质在晶体和熔体中以替代方式存在.利用式(1.1)那样形式的晶体和介质中杂质的化学势,那里的 ε_j、s_j 和 Ω_j 分别是晶体和介质中杂质粒子的能量、熵和比容.在固溶体和液相溶液中,一个杂质原子的能量由它的内能 $\varepsilon_{S,L}^{int}$、与近邻成键的组态能 $\varepsilon_{S,L}^{conf}$ 和弹性能 ε^{el} 组成;后者是晶体中杂质粒子和主体粒子尺寸不同引起的.熵也可以分为内熵 $s_{S,L}^{int}$ 和组态熵 $s_{S,L}^{conf}$,前者与杂质原子的电子态和振动有关,后者依赖于全部杂质原子在点阵中可能的位置数目.下面计算 ε_S^{conf}、ε^{el} 和 s_S^{conf}.设每一主体原子或杂质原子有 Z_1 个最近邻.晶体主成分原子(S)间、杂质原子(i)间、两种原子间一个键的能量分别用 ε_{ss}、ε_{ii} 和 ε_{si} 表示.再设杂质原子随机占据点阵位置.这样发现一个杂质原子(i)的概率等于 $N_{is}/(N_S + N_{is})$,这里 N_S 和 N_{is} 分别是晶体中主体原子总数和杂质原子总数.很容易计算出晶体中所有键的总势能为

$$E_S^{conf} ① = \frac{Z_1}{2}\left(2\varepsilon_{Si}\frac{N_S N_{is}}{N_S+N_{is}} + \varepsilon_{ss}\frac{N_S^2}{N_S+N_{is}} + \varepsilon_{ii}\frac{N_{is}^2}{N_S+N_{is}}\right).$$

系统在增加一个杂质原子后势能的改变为

$$\varepsilon_{is}^{conf} = \left(\frac{\partial E_S^{conf}}{\partial N_{is}}\right)_{N_S=常数} = \frac{Z_1\varepsilon_{ii}}{2} + (1-X_{is})^2 Z_1\Delta\varepsilon_S. \tag{4.10}$$

这里 $X_{is} = N_{is}/(N_S + N_{is})$,$\Delta\varepsilon_S$ 是每一键的所谓晶体混合能:

$$\Delta\varepsilon_S = \varepsilon_{Si} - \frac{\varepsilon_{ss}+\varepsilon_{ii}}{2}. \tag{4.11}$$

它是用一个键 ε_{Si} 代替两个键 $\varepsilon_{ss}+\varepsilon_{ii}$ 的一半所需的势能变化.相应地,设主材料晶体和杂质晶体的最近邻数相同,$Z_1\Delta\varepsilon_S$ 是主晶体的一个原子 S 和杂质晶体的一个原子 i 互换(同时替代)所需的能量.

计算混合能 $\Delta\varepsilon_S$ 所需的 ε_{Si} 可以很粗糙地以两个纯组元的实验值的一定关系,如 Allen 的经验式[4.28]

$$\frac{1}{\varepsilon_{Si}} = \frac{1}{2}\left(\frac{1}{\varepsilon_{ss}} + \frac{1}{\varepsilon_{ii}}\right) \tag{4.12}$$

表示.

上式中的 ε_{ss} 可以根据式(1.22)表示为主组分的升华热 ΔH.杂质的 ε_{ii} 应该表示为杂质晶体经多形性转变为和主组分同样结构后的升华热 ΔH_i.多形性转变热一般不超过升华热的百分之几,而不同的材料(即使具有相同类型的键)

① 英文版误为 E_{rs}^{conf}.——译者注

的升华热常相差百分之几十.在这种场合下 ε_{ii} 也可用式(1.22)估计,这时 ΔH 也就是 ΔH_i.将结合能表示为升华热并考虑到互相吸引的原子的结合能为负后,将式(4.12)代入式(4.11)得到

$$Z_1 \Delta \varepsilon_S = \frac{(\Delta H - \Delta H_i)^2}{\Delta H + \Delta H_i}. \tag{4.13}$$

晶体锗在熔点的蒸发热为 90.2 kcal/mol,而铅的相应值为 46.3 kcal/mol.对此系统,按式(4.13),$Z_1 \Delta \varepsilon_S = 14$ kcal/mol.这个值对于锗和更类似的材料如锡($\Delta H_i = 72$ kcal/mol)要低得多,它们的 $Z_1 \Delta \varepsilon_S$ 为 2.1 kcal/mol.应该指出,当 ΔH 和 ΔH_i 相近时,式(4.13)的估计可靠性急剧下降,此时只能得出 $Z_1 \Delta \varepsilon_S < \Delta H_s$、$\Delta H_i$.此外,近似式(4.12)每次导致正的 $Z_1 \Delta \varepsilon_S$ 值,无疑对亲合材料(如能形成化合物)这是正确的.

下面讨论基体的弹性形变能 ε^{el}(由杂质原子引入晶体引起).最简单(但最不准确)的估计方法是利用各向同性弹性理论.设杂质原子(离子)是半径为 r_i 的球,它替代了半径为 r_s 的基体原子球,在杂质浓度低,它们的弹性场相互作用弱时

$$\varepsilon^{el} = 8\pi G r_s (r_i - r_s)^2, \tag{4.14}$$

这里 G 是切变模量.

弹性能的一个更准确的估计是:对进入点阵的杂质粒子引起的最近邻的键的形变作间断的处理,而对晶体其他部分的形变则在弹性理论框架内作连续处理[4.29].在间断处理和连续处理的键之间的能量分配由总弹性能极小决定.由此得到的 ε^{el} 比式(4.14)的值低.例如,由式(4.14),把铅原子($r_i = 1.268$ nm)引入锗点阵($r_s = 0.244$ nm,$G = 6.7 \times 10^{11}$ erg/cm³)需要对弹性力做的功是 $41 \times 10^4 (r_i - r_s)^2$ erg/原子 $= 2.36 \times 10^{-12}$ erg/原子 $\simeq 34$ kcal/mol.把铅原子引入硅($r_s = 0.335$ nm,$G = 8.0 \times 10^{11}$ erg/cm³)需做功 5.1×10^{-12} erg/原子 $= 73$ kcal/mol.对最近邻键进行处理的公式给出的值分别是 10 kcal/mol 和 24 kcal/mol,即约三分之一.

离子晶体俘获杂质的弹性能可以用类似的方法处理[4.30].

如果 r_i 比 r_s 小得多,杂质原子可以在每一个场合只和最近邻中的几个成键,此时表达式(4.10)、(4.14)不再适用.

在 $N_s + N_{is}$ 个点阵位上放置 N_s 个 S 原子和 N_{is} 个 i 原子的方式数等于 $(N_s + N_{is})! / (N_s! \, N_{is}!)$.因此和 S、i 原子的不同分布方式有关的系统组态熵等于

$$S^{conf} = -kN_s \ln \frac{N_s}{N_s + N_{is}} - kN_{is} \ln \frac{N_{is}}{N_s + N_{is}}.$$

上式成立的条件自然是不同原子的位置间不相干,即它们在点阵位上的分布是绝对随机的.在此近似下,增加一个杂质原子使熵改变

$$S_{is}^{conf} = \left(\frac{\partial S^{conf}}{\partial N_{is}}\right)_{N_S = 常数} = -k\ln X_{is}. \qquad (4.15)$$

将式(4.10)、(4.15)代入式(1.1),用于晶体中杂质原子,得到

$$\mu_{is} = \mu_{is}^0 + kT\ln X_{is} + (1 - X_{is})^2 Z_1 \Delta\varepsilon_S + \varepsilon^{el}, \qquad (4.16)$$

这里的

$$\mu_{is}^0 = \varepsilon_{is}^{int} + \frac{Z_1\varepsilon_{ii}}{2} - T s_{is}^{int} \qquad (4.16a)$$

是温度为 T 时标准状态下一个杂质原子的化学势.设有关固溶体中杂质原子的自由度的能量状态和杂质材料纯晶体中的能量状态没有显著的差别,就可得出结论:μ_{is}^0 接近同样条件下杂质晶体的化学势,即 $\mu_{is}^0 \approx \mu_i$.当然杂质材料晶体中的价电子密度分布实际上不同于固溶体中杂质的价电子分布,但 i-i 键在两种场合都是饱和的.此外,主成分的晶体和杂质的晶体的最近邻数也不同.但多形性转变热如上所述并不大,在粗略估计中可适当地把 $Z_1\varepsilon_{ii}$ 等同于杂质的晶体的结合能.

形式上,杂质的标准状态和它的晶体状态的等同对应于式(4.16)中 $X_{is}=1$、$\Delta\varepsilon_S = \varepsilon_{SS}/2$ 和 $\varepsilon^{el}=0$,即均匀晶体中的情形.

和 $\varepsilon^{el} = 0$ 的式(4.16)类似的式子也适用于熔体中杂质的化学势.将式(4.16)和它的介质(熔体)的类似式与式(4.6)、式(4.7)相比,可得到在上述模型下活度系数 γ 的具体形式:

$$kT\ln\gamma_{is} = (1 - X_{is})^2 Z_1 \Delta\varepsilon_S + \varepsilon^{el}, \qquad (4.17a)$$

$$kT\ln\gamma_{iM} = (1 - X_{iM})^2 Z_{1M} \Delta\varepsilon_M. \qquad (4.17b)$$

这里 Z_{1M} 是介质中杂质原子的最近邻数,$\Delta\varepsilon_M$ 是介质中一个键的混合能.

式(4.8)中的差是

$$\mu_{iM}^0 - \mu_{is}^0 = \Delta H_i - T\Delta S_i, \qquad (4.18)$$

这里 ΔH_i 和 ΔS_i 可以设为(适当考虑 μ_i^0 近似等于 μ_i)在主成分结晶温度 T_0 下杂质晶体的熔化热和熵.例如铅的熔化热和熵分别是 1.22 kcal/mol 和 2.03 kcal/(mol·K)($T_0 = 600$ K).因此锗俘获铅时($T_0 = 1210$ K),$\mu_{iM} - \mu_{is} \simeq$ 1.2 kcal/mol.

在低杂质浓度下,从式(4.8)得到下述分布系数的表达式:

$$K_0 = \exp\left(-\frac{Z_1\Delta\varepsilon_S + \varepsilon^{el} - (\Delta H_i - T\Delta S_i) - Z_{1M}\Delta\varepsilon_M}{kT}\right). \qquad (4.19)$$

有些材料液态溶液由实验测定的总混合热 $Z_{1M}\Delta\varepsilon_M$($Z_{1M}$ 是介质中最近邻原子数)通常是几 kcal/mol,可正可负.对 Sn、Pb、Sb、Bi 和 In 在 Ge 中的溶液,混合

热分别是 0. 72 kcal/mol、4. 0 kcal/mol、0. 87 kcal/mol、3. 6 kcal/mol 和 9.7 kcal/mol；对 As、Al 和 Ga 在 Ge 中的溶液，混合热分别是 −1.5 kcal/mol、−2.5 kcal/mol 和 −0.56 kcal/mol；对 As 和 Al 在 Si 中的溶液，它们分别是 −3.5 kcal/mol 和 −2.3 kcal/mol[4.29].

将上述所有锗中铅的估计值综合起来看，得出固溶体中形成热的最主要贡献是结合能(式(4.13))和弹性能，它们分别是 14 kcal/mol 和 10 kcal/mol. 铅从熔体到锗晶体的转变总热量等于 $(14 + 10 + 1. 2 − 4)$ kcal/mol = 21.2 kcal/mol，它决定分布系数式(4.19)中的指数，并得到 $K_0 \simeq 1.5 \times 10^{-4}$. Pb 在 Ge 中的分布系数的实验值为 $K_{exp} = 4 \times 10^{-4}$. 对 Sn 在 Ge 中，类似的计算给出 $K_0 = 2 \times 10^{-2}$，而实验值为 $K_{exp} = 2 \times 10^{-2}$；对 Sn 在 Si 中，$K_0 = 0.8 \times 10^{-2}$，$K_{exp} = 2 \times 10^{-2}$；对 Ga 在 Ge 中，$K_0 = 2 \times 10^{-2}$，$K_{exp} = 10^{-1}$；对 Ga 在 Si 中，$K_0 = 10^{-2}$，$K_{exp} = 10^{-2}$[4.29]. 这就是说，计算值和实验值的差别不大于一个数量级. 对杂质在碱卤化物中的 K_0 的计算得到同样的结果[4.30]，因此这种处理方法可用来初步估计平衡分布系数[4.29−4.34]，在下面将看到，计算值和实验值的差别不仅来自理论的近似性，而且在许多场合下来自显著的非平衡俘获.

众所周知，杂质降低和升高主成分的熔点. 熔点的 ΔT_0 改变和晶体、熔体中杂质浓度的关系由主成分的化学势相等公式给出. 在低浓度下它的表达式是

$$\mu_S + kT\ln(1 − X_{is}) = \mu_M + kT\ln(1 − X_{iM}). \tag{4.20}$$

因此，考虑到定义式(4.8)、无杂质晶体和熔体间化学势的差别表达式，即当温度为 $T_0 − \Delta T_0$ 时，$\mu_M − \mu_S \simeq \Delta H \Delta T_0 / (kT_0^2)$，得到

$$K_0 = 1 − \frac{\Delta H_S \Delta T_0}{kT_0^2 X_{iM}}. \tag{4.21}$$

低 X_{iM} 下熔体的改变和杂质浓度成正比，因此，比值 $\Delta T_0 / X_{iM}$ 和浓度无关. 如果比值已知，即可从上式得出平衡分布系数.

4.2.4 晶体-溶液系的平衡杂质分布

这一系统中通常用系数 $\mathcal{D}_0$ 描述，它和 K_0 的关系是 $\mathcal{D}_0 = K_0 X_M$，见式(4.9). 标准状态下溶液中的杂质的化学势 μ_{iM}^0 出现在 K_0 和 $\mathcal{D}_0$ 中，它可以由无主成分的杂质晶体及其在同样溶剂中的饱和溶液的平衡条件得出[4.35]：

$$\mu_i = \mu_{iM}^0 + kT\ln\gamma_{iM}^0 X_{iM}^0, \tag{4.22}$$

这里 μ_i 是杂质晶体的化学势，X_{iM}^0 和 γ_{iM}^0 分别是饱和杂质溶液的浓度和活度系数. 借助上述等式将 μ_{iM} 用 μ_{iM}^0 表示出来，并且利用杂质在晶体中的活度(式(4.17a))，由式(4.9)、式(4.8)在 $X_{is} < 1$ 时得到

$$\mathscr{D}_0 = \left(\frac{\gamma_{iM} X_M}{\gamma_{iM}^0 X_{iM}^0} \right) \exp\left(\frac{\mu_i - \mu_{iS}^0 - Z_1 \Delta \varepsilon_S - \varepsilon^{el}}{kT} \right). \tag{4.23}$$

式(4.23)中的摩尔分数 X_M 和 X_{iM}^0 可以容易地用每升溶液中的以 mol 或 g 表示的浓度、质量分数等表示出来,而对电解质溶液则通过同样溶剂(如水)中主成分(主要结晶材料)或杂质的活度或溶解产物表示出来.

前面已指出,杂质晶体的化学势和固溶体中标准状态下杂质的化学势没有显著的差别.对同形杂质来说尤其如此. Ratner 和 Makarov 在确定溶液 KCl - PbCl$_2$ - H$_2$O 上水蒸气的 μ_{iS}^0 时发现:对 25 ℃下的 PaCl$_2$,$\exp[(\mu_i - \mu_{iS}^0)/(kT)] = 2.3$,即 $\mu_i - \mu_{iS}^0 = 490$ kcal/mol. 另一方面,结合能的改变 $Z_1 \Delta \varepsilon_S$ 和基体形变能 ε^{el} 如上所述也可以相当大,从而更显著地影响分布系数.

溶剂对杂质分布的作用反映在式(4.23)中指数前的因子中的比值 X_M / X_{iM}^0 上.在通常的低过饱和度下,主成分浓度 X_M 接近于溶解度 X_M^0.因此,根据式(4.23),在给定液态溶剂中杂质相对主成分的溶解度愈低,它愈容易进入晶体.这个规则——Ruff 规则——可以表述得更准确:如果在给定液态溶剂中结晶材料的溶解度低于杂质的溶解度,即当 $X_M^0 / X_{iM}^0 < 1$ 时,则 $\mathscr{D}_0$ 也小于 1;反过来,如溶剂"不优待"杂质,则杂质趋向于大量进入晶体.杂质愈是同形,$Z_1 \Delta \varepsilon_S$ 和 ε^{el} 愈小,则 Ruff 规则和实验符合得愈好.特别是在真正同形的杂质和主成分形成连续固溶体时 $Z_1 \Delta \varepsilon_S$ 和 ε^{el} 必须很小.杂质溶解度(C_{i0})和主成分溶解度(C_0)之比与实验得出的分布系数 $\mathscr{D}_{exp}$ 的关系见表 4.2(表中饱和溶液的浓度以 g/L 表示,即 C_0/C_{i0} 和 X_M/X_{iS}^0 略有差别).

表4.2　同形盐间阳离子的分布系数[4.36a]

主成分	杂质	$T/℃$	C_0/C_{i0}	$\mathscr{D}_{exp}$
Ni(NH$_4$)$_2$(SO$_4$)$_2$ · 6H$_2$O	Fe(NH$_4$)$_2$(SO$_4$)$_2$ · 6H$_2$O	20	0.3	0.13
Cu(NH$_4$)$_2$(SO$_4$)$_2$ · 6H$_2$O	Zn(NH$_4$)$_2$(SO$_4$)$_2$ · 6H$_2$O	20	1.5	2.4
MgSO$_4$ · 7H$_2$O	NiSO$_4$ · 7H$_2$O	20	0.9	0.65
Pb(NO$_3$)$_2$	Ba(NO$_3$)$_2$	25	4.0	2.47
PbSO$_4$	BaSO$_4$	25	16.6	11.1
PbSO$_4$	SrSO$_4$	25	0.4	0.17
RbCl	KCl	20	1.9	3.2
RbCl	CsCl	25	0.7	0.05
NaCl	AgCl	20	1.7×10^4	19.1

上述低杂质浓度下的考虑还可以加以推广.先讨论晶体 AB 和三元溶液

ABC(C 是溶剂)间的平衡[4.35,4.36b,c]. 平衡时 A 和 B 的化学势在晶体和溶液中必须相等：

$$\mu_{AL}^0 + kT\ln a_{AL} = \mu_{AS}^0 + kT\ln a_{AS},$$
$$\mu_{BL}^0 + kT\ln a_{BL} = \mu_{BS}^0 + kT\ln a_{BS}. \tag{4.24}$$

这里 a 代表活度，下标 A、B 表示溶液(L)和晶体(S)中的材料，上标 0 表示标准状态下的化学势. 未知的标准 μ_{AL}^0、μ_{BL}^0 可以用纯晶体 A、B 和同样溶剂中饱和的 A 二元溶液、B 二元溶液间的平衡条件

$$\mu_{AL0} = \mu_{AL}^0 + kT\ln a_{AL0} = \mu_{AS0},$$
$$\mu_{BL0} = \mu_{BL}^0 + kT\ln a_{BL0} = \mu_{BS0} \tag{4.25}$$

得到，这里的下标 0 代表上述平衡时的量值. 消去 μ_{AL}^0 和 μ_{BL}^0 后得到下列活度间的 Ratner 关系式：

$$\frac{a_{BS}/a_{AS}}{a_{BL}/a_{AL}} = \frac{a_{AL0}}{a_{BL0}}\exp\left[\frac{(\mu_{BS0} - \mu_{BS}^0) - (\mu_{AS0} - \mu_{AS}^0)}{kT}\right]. \tag{4.26}$$

下面把 B 在 A 中的分布系数 $D_{B/A}$ 以固体中的摩尔分数 X_A 和 X_B 与溶液中的摩尔度 m_A 和 m_B(100 g 溶剂中溶质的物质的量)等文献上常用于溶液生长的单位表示出来：

$$D_{B/A} = \frac{X_B m_A}{X_A m_B}. \tag{4.27}$$

将式(4.26)中的活度表示为 $a_{\alpha S} = \gamma_{\alpha S} X_\alpha$、$a_{\alpha L} = \gamma_{\alpha L} m_\alpha (\alpha = A, B)$ 并利用式(4.27)，得到

$$D_{B/A} = \frac{\gamma_{AS}\gamma_{BL}\gamma_{AL0}}{\gamma_{BS}\gamma_{AL}\gamma_{BL0}} \cdot \frac{m_{A0}}{m_{B0}}\exp\left[\frac{(\mu_{BS0} - \mu_{BS}^0) - (\mu_{AS0} - \mu_{AS}^0)}{kT}\right]. \tag{4.28}$$

对理想的溶液、固溶体，所有的 $\gamma = 1$. 对非理想的情形，指数前的 γ 也可能互相抵消并给出同样的结果. 在理想情形中，指数函数本身也等于 1，即回到 Ruff 规则：

$$D_{B/A} = \frac{m_{A0}}{m_{B0}}. \tag{4.29}$$

非理想情形的指数和活度系数可以由实验或经验关系得出. Urusov 在文献[4.36b]中讨论了其中的一些关系，他利用它们计算了许多混合碱卤化物晶体的分布系数(NaCl 中的 K^+ 或 Br^-；KCl 中的 Na^+、Rb^+、Cs^+、Br^-、I^-；KBr 中的 Rb^+、Cl^-、I^-；KI 中的 Na^+、Rb^+、Cs^+、Br^-、Cl^-；RbCl 中的 K^+；RbI 中的 K^+)、二价杂质阳离子(Sr^{2+}、Pb^{2+}、Ba^{2+}、Zn^{2+}、Ca^{2+}、Cd^{2+})和阴离子(CrO_4^{2-}、Br^-)在若干二价硫酸盐中的分布系数以及某些难溶于碱卤化物的杂质(如 Tl、Pb 在 NaCl 中，Pb 在 $BaCl_2$、LiCl、NaBr 中)的分布系数. 这些计算已

被应用于水溶液中的结晶,溶液愈接近理想溶液,理论和实验符合得愈好.文献[4.36b]综述了非金属固体中同形混合的理论.

以 Ratner 关系为基础的普遍分析适用于具有共同阳离子或阴离子的解离的离子化合物.如化合物 A 解离为 ν_+ 个阳离子 A^+ 和 ν_- 个阴离子 A^-,即 $A = A_{\nu_+}^+ + A_{\nu_-}^-$(类似地 $B = B_{\nu_+}^+ + B_{\nu_-}^-$),此时

$$a_{AL} = \gamma_{A^+L}^{\nu_+} m_{A^+}^{\nu_+} \gamma_{A^-L}^{\nu_-} m_{A^-}^{\nu_-} = \gamma_{AL}^{\nu} m_{A^+}^{\nu_+} m_{A^-}^{\nu_-} = \nu_+^{\nu_+} \nu_-^{\nu_-} \gamma_{AL}^{\nu} m_A^{\nu}. \quad (4.30)$$

这里 $\nu = \nu_+ + \nu_-$,$m_{A^+} = \nu_+ m_A$,$m_{A^-} = \nu_- m_A$,而 $\gamma_{AL} = (\gamma_{A^+L}^{\nu_+} \gamma_{A^-L}^{\nu_-})^{1/\nu}$ 是平均活度系数.对 B 化合物也可写出同样的关系.设 A 和 B 中的阴离子相同,即 $A^- \equiv B^-$(共同的阴离子),则在混合的三元溶液 ABC 中,$m_{A^-} = m_{B^-}$,$\gamma_{A^-L} = \gamma_{B^-L}$,因为化学势 μ_{AL} 和 μ_{BL}(即将 A 或 B 分子混入溶液所需的功)、从而 a_{AL} 和 a_{BL} 依赖于溶液中 A^- 的总浓度.类似的关系适用于 AB 晶体中的活度.对于饱和二元溶液有

$$a_{AL0} = \nu_+^{\nu_+} \nu_-^{\nu_-} \gamma_{AL0}^{\nu} m_{A0}^{\nu}, \quad a_{BL0} = \nu_+^{\nu_+} \nu_-^{\nu_-} \gamma_{BL0}^{\nu} m_{B0}^{\nu}. \quad (4.31)$$

对于固体和液体,将式(4.30)的两个等式代入式(4.26),并且由 $D_{B/A} = X_{B^+} m_{A^+} / X_{A^+} m_{B^+}$,得到

$$D_{B/A}^{\nu} = \left(\frac{\gamma_{BL} \gamma_{AL0}}{\gamma_{AL} \gamma_{BL0}} \right)^{\nu} \left(\frac{\gamma_{A^+S}}{\gamma_{B^+S}} \right)^{\nu} \left(\frac{m_{A0}}{m_{B0}} \right)^{\nu} \exp\left[\frac{(\mu_{BS0} - \mu_{BS}^0) - (\mu_{AS0} - \mu_{AS}^0)}{kT} \right].$$

$$\quad (4.32)$$

对于同形离子可以期望既在液体又在固体中出现活度系数的相互抵偿.对于水合物,当阳离子被水分子围绕形成“缓冲”的“屏蔽”层,从而拉平同形离子的差别时,固体中的抵偿最完全.“缓冲”和“屏蔽”曾被用来解释 Gorshtein 的实验[4.36a],这些实验得出:对所有水溶液的 m_A/m_B 值,不同水合盐中的分布系数 $D_{B/A}$ 保持不变(表 4.2).由于非共同的和共同的离子均有很强的水合性,“电解液可以有条件地被认为是一个二元系,即 $\nu = 2$”这一论据[4.36c]使上面的 $D_{B/A}$ 表达式简化为

$$D_{B/A} = \left(\frac{m_{A0}}{m_{B0}} \right)^2. \quad (4.33)$$

根据上式计算得到的 $D_{B/A}$ 值在表 4.3(Balarev[4.36c] 从许多文献汇集而成)中和实验值作了比较.除了少数例外,两者符合得相当好.进一步的分析指出:如果附加离子半径大于(小于)主体离子的半径,$D_{B/A}$ 的实验值一般高于(低于)计算值.

表 4.3　同形水合盐在 25 ℃ 的分布系数[4.36c]

杂质/主体	m_{A0}/m_{B0}	$D_{B/A}=(m_{A0}/m_{B0})^2$	$D_{B/Aexp}$
	$MeSO_4 \cdot 7H_2O$		
Ni/Zn	3.590/2.660	1.82	1.87
Zn/Ni	2.660/3.590	0.55	0.53
Ni/Mg	3.100/2.660	1.36	1.42
Mg/Ni	2.660/3.100	0.74	0.70
Mg/Zn	3.590/3.100	1.34	1.37
Zn/Mg	3.100/3.590	0.75	0.74
Co/Fe	1.964/2.425	0.66	0.68
	$NH_4Me(SO_4)_2 \cdot 12H_2O$		
Cr/Al	0.278/0.604	0.21	0.25
Al/Cr	0.604/0.278	4.72	4.17
Fe/Al	0.278/1.705	0.026	0.021
Al/Fe	1.705/0.278	37.6	66.14
Cr/Fe	1.705/0.604	7.97	6.67
Fe/Cr	0.604/1.705	0.13	0.15
	$MeAl(SO_4)_2 \cdot 12H_2O$		
NH_4/K	0.273/0.278	0.96	0.93
K/NH_4	0.278/0.273	1.04	1.08
Tl/K	0.273/0.177	2.38	2.40
K/Tl	0.177/0.273	0.42	0.42
Tl/NH_4	0.278/0.177	2.47	2.63
NH_4/Tl	0.177/0.278	0.40	0.38
	$MeCr(SO_4)_2 \cdot 12H_2O$		
K/NH_4	0.604/0.817	0.55	0.63
	$(NH_4)_2Me(SO_4)_2 \cdot 6H_2O$		
Ni/Mg	0.595/0.226	6.93	7.7
Mg/Ni	0.226/0.595	0.14	0.13

（续表）

杂质/主体	m_{A0}/m_{B0}	$D_{B/A} = (m_{A0}/m_{B0})^2$	$D_{B/Aexp}$
Ni/Cu	0.663/0.226	8.65	4.65
Cu/Ni	0.226/0.663	0.12	0.21
Ni/Co	0.539/0.226	5.95	3.5
Co/Ni	0.226/0.539	0.17	0.29
Zn/Fe	0.930/0.425	4.73	4.17
Fe/Zn	0.425/0.930	0.21	0.24
Ni/Zn	0.425/0.226	3.56	3.50
Zn/Ni	0.226/0.425	0.28	0.29
Co/Fe	0.930/0.539	2.97	3.00
Fe/Co	0.539/0.930	0.34	0.33
Zn/Cu	0.663/0.425	2.44	2.50
Cu/Zn	0.425/0.663	0.41	0.40
Mg/Fe	0.930/0.595	2.44	1.62
Fe/Mg	0.595/0.930	0.41	0.62
Cu/Fe	0.930/0.663	1.98	1.56
Fe/Cu	0.663/0.930	0.50	0.64
Zn/Co	0.539/0.425	1.60	1.29
Co/Zn	0.425/0.539	0.62	0.75
Co/Cu	0.663/0.539	1.52	1.53
Cu/Co	0.539/0.663	0.66	0.65
$Me(HCOO)_2 \cdot 4H_2O$			
Mg/Ni	0.146/1.188	0.02	0.04
Mg/Co	0.168/1.188	0.02	0.02
Mg/Zn	0.366/1.188	0.09	0.08
Mn/Ni	0.146/0.462	0.10	0.27
Mn/Co	0.168/0.462	0.13	0.25
Mg/Mn	0.462/1.188	0.15	0.12

（续表）

杂质/主体	m_{A0}/m_{B0}	$D_{B/A} = (m_{A0}/m_{B0})^2$	$D_{B/Aexp}$
Cd/Mn	0.462/0.687	0.45	0.86
Mn/Zn	0.366/0.462	0.62	0.67
Zn/Mn	0.462/0.366	1.60	1.50
Mn/Cd	0.687/0.462	2.21	1.19
Mn/Mg	1.188/0.462	6.60	8.33
Co/Mn	0.162/0.168	7.57	4.00
Ni/Mn	0.462/0.146	10.0	3.70
Zn/Mg	1.188/0.366	10.5	12.5
Co/Mg	1.188/0.168	50	50
Ni/Mg	1.188/0.146	66	25
$Me(CH_3COO)_2 \cdot 4H_2O$			
Mg/Co	1.424/4.609	0.09	0.05
Co/Mg	4.609/1.424	10.5	20
Mg/Ni	0.747/4.609	0.026	0.02
Ni/Mg	4.609/0.747	38.1	50
$Me(NO_3)_2 \cdot 6H_2O$			
Zn/Mn	7.393/6.204	1.42	1.41
Mn/Zn	6.204/7.393	0.70	0.71

上述为获得最后的 $D_{B/A}$ 的简单表达式所作的所有假设需要进一步研讨. 最可疑的假设看来是令 $\nu = 2$,因为如表 4.3 所示对许多盐来说离子的实际数目更大. 更好的式子应该是

$$D_{B/A} = \left(\frac{m_{A0}}{m_{B0}}\right)^{\frac{\nu}{\nu_+}}. \tag{4.34}$$

表 4.3 中除了最后的硫酸盐,$\nu_+ = 2$,$\nu_- = 2$,$\nu = 4$,于是 $\nu/\nu_+ = 2$,表中的 $D_{B/A}$ 计算值不变. 对其他盐应当用 m_{A0}/m_{B0} 的另外的幂,这样将降低计算值和实验值之间的符合程度. 在这些场合,需要分析盐的离解程度以及 $D_{B/A}$ 表达式中真正的活度值和指数函数.

还需要强调:$D_{B/A}$ 的实验值通常是在生长中的晶体中测得的,它不是平衡

值.因此杂质的分布必然受生长动力学的影响.这种影响的最突出的表现是不同晶面有不同的分布系数(见 4.3 节).

表 4.3 的实验数据清楚显示出由 $D_{B/A}$ 一般表达式得出的同形盐的普遍规则

$$D_{B/A} = D_{A/B}^{-1}, \quad D_{B/A} = D_{B/E} \cdot D_{E/A} \tag{4.35}$$

是正确的[4.36a],这里 E 代表和 A、B 同形的第三个化合物.

4.2.5 表面层中的平衡

我们已经讨论了母相介质和大块晶体间的分布系数,这里的晶体是三维的固溶体.但是,即使在热力学平衡时,晶体-介质界面上不同原子位置的杂质浓度也不相同.在表面层、台阶和扭折(图 1.7 中的位置 5、4 和 3)处的杂质原子(分子或离子)浓度各不相同;在这些地方分别形成二维、一维和零维的固溶体.首先,它们的形成热不同,因为最近的"晶态"的邻居数 Z_1 不同.其次,使杂质粒子加入表面层或台阶所需的点阵形变功比杂质粒子加入大块晶体时小.即使在表面层或台阶上的杂质粒子和大块晶体内的杂质粒子引起的点阵形变相同,但按晶体体积积分得到的弹性能分别是 $\simeq 7\pi Gr_s (r_s - r_f)^2$ 和 $\simeq 5\pi Gr_s (r_s - r_f)^2$ 而非 $8\pi Gr_s (r_s - r_f)^2$(三维固溶体),见式(4.14).这种差别的一个例子是锗中的铋杂质,按照 4.2.3 小节的理论估计,三维固溶体的形成热是 25 kcal/mol,而二维和一维固溶体的值分别是 23 kcal/mol 和 19 kcal/mol.因此二维和一维固溶体的浓度分别比三维固溶体的浓度大 2 倍和 10 倍($T \simeq 1200$ K 时)[1.18].

4.2.6 杂质粒子的相互作用

如果系统中的杂质浓度足够高,杂质粒子将相互作用,使分布系数和浓度有关.不存在关联时晶体和液体中的杂质粒子会随机形成双体、三体等.这种统计的相互作用反映在化学势表达式中的 $(1 - X_{is})^2 Z_1 \Delta\varepsilon_s$ 项和 $(1 - X_{iM})^2 Z_{1M} \Delta\varepsilon_M$ 项中.当 $X_{is,iM} \gtrsim 0.1$ 时,这种相互作用已经比较显著,并且显然依赖于混合能.如果杂质原子(离子、分子)由孤立的溶解状态转化为集团在能量上有利,则成团的概率将显著增大.其次要在已被杂质变形的点阵中加入另一同样杂质粒子需做的功将超过加入未形变点阵中做的功.这种弹性排斥作用降低了晶体中的溶解度并从某一浓度开始降低分布系数.

在半导体中,杂质粒子会电离并通过大量的本征或杂质电子和空穴发生相互作用,使高杂质浓度下分布系数随浓度下降[4.37].让我们较详细地考虑这一效应.令母相介质中的杂质原子为 I_M,晶体中的杂质原子为 I_s,晶体中的负离

子为 I_S^- ,电子为 e^- ,空穴为 e^+ .粒子的浓度按常规用方括号表示为 $[e^+]$, $[e^-]$ 和 $[I_S^-]$.因此一个杂质原子电离成离子 I_S^- 和空穴 e^+ ,相间杂质交换可写成一个反应链 $I_M \leftrightarrows I_S \leftrightarrows I_S^- + e^+$.应用于此反应链两端状态的质量作用规律是

$$\frac{X_{is}[e^+]}{X_{iM}} = \mathscr{K}_0. \tag{4.36}$$

这里的 $\mathscr{K}_0$ 是反应的平衡常数.这一等式假设晶体中的杂质原子完全电离,因此 $X_{is} = [I_S^-]$.如果晶体除了电离的杂质原子外没有其他电荷来源,电离现象对分布系数的影响只能通过式(4.19)中的相互作用能 ε_i 、弹性能 ε^{el} 和出现在式 (4.19)中的其他参量来体现.实际上,半导体中包含材料主体原子电离形成的电子和空穴,并且表现出本征的电导率.这样晶体宏观体积各部分的电中性不仅由杂质的(外来的)空穴和离子而且由本征空穴和电子保持.因此,电中性条件是 $[e^+] = [e^-] + [I_S^-]$,即在杂质完全电离的条件下 $[e^-] = [e^+] - X_{is}$[①].

根据半导体主体原子电离后的质量作用律,含杂质的半导体的电子和空穴浓度的乘积与同一温度下纯的本征半导体的相同.令 $[e^+]_{in} = [e^-]_{in}$ 表示本征半导体的载流子浓度,则含杂质的晶体中应有

$$[e^-][e^+] = ([e^+] - X_{is})[e^+] = [e^+]_{in}^2. \tag{4.37}$$

如果介质中的杂质浓度 X_{iM} 已知,则由式(4.36)和式(4.37)可确定含杂质的半导体中的空穴浓度 $[e^+]$ 和杂质原子的浓度 X_{is} .解方程式后得到

$$X_{is} = \frac{\mathscr{K}_0 X_{iM}}{\sqrt{[e^+]_{in}^2 + \mathscr{K}_0 X_{iM}}}.$$

如果晶体中的杂质浓度小于本征载流子浓度,即 $\mathscr{K}_0 X_{iM} \ll [e^+]_{in}^2$[②],后者对杂质俘获没有影响,因此按式(4.36)分布系数 $K = X_{is}/X_{iM} = \mathscr{K}_0/[e^+]_{in}^2 = K_0$ (平衡系数),不需要考虑晶体的电子-空穴亚系统的作用.在一般情形下有

$$K = \frac{K_0}{\sqrt{1 + K_0 X_{iM}/[e^+]_{in}}}. \tag{4.38}$$

当晶体中完全电离的杂质浓度($\sim K_0 X_{iM}$)和结晶温度下本征载流子的浓度 $[e^+]$ 可比时,杂质的进一步引入将遇到显著的阻碍,因为这将使电离的主体原子数明显地下降.结果晶体的电子-空穴亚系统阻止杂质浓度的进一步增大,分布系数减小[4.38].

式(4.38)型的表达式正确地描述了例如 GaAs 气相生长晶体的 Zn 俘获系

---

① 英文版误为 $[X_{is}]$.——译者注

② 英文版误为 $\mathscr{K}_0 X_{iM} < [e^+]_{in}$.——译者注

数随浓度的关系.但是,$[e^+]_{in}$的值应等于 $4\times10^{18}/cm^3$ 才和实验相符,这显著超过霍尔系数给出的载流子密度($7\times10^{17}/cm^3$).不符合的原因可能是俘获过程的非平衡性、晶体结构的缺陷、非化学比或者是霍尔系数测得的载流子浓度赶不上决定俘获过程的值.

上述物理图像的正确性还被两种不同杂质互相影响(当它们在晶体中的体浓度 $C_{is}\gtrsim10^{17}$—$10^{18}/cm^3$ 时)的实验事实所肯定.同时向晶体引入两种施主或受主杂质会使二者的分布系数都减小,符合上面讲过的道理和式(4.38)型的比值.同时引入一种施主和另一种受主杂质则反过来增加二者的分布系数.

还有理由相信在缺陷晶体中杂质通过电子亚系统的相互作用依赖于带电缺陷的浓度而不是如理想晶体那样依赖于本征载流子的浓度 $[e^+]_{in}$[4.39].

晶体同时俘获几种杂质并且它们的复合体的固溶热低于各个杂质固溶热之和时,也观察到互相的影响.它最明显地表现在电介质晶体同时俘获两个(价数之和等于替代离子价的)离子时,如复合体 $Fe^{3+}+H^+$、$Fe^{2+}+2H^+$、$Al^{3+}+H^+$、$Al^{3+}+Li^+$ 等替代石英中 Si^{4+} 离子时.换句话说,母液中存在晶体能俘获的三价或二价阳离子会增加氢或锂进入晶体的量.可以和对应的化学反应的平衡的常数一样得到成对替换的平衡系数,如

$$(M^{2+})_M + 2(H^+)_M \leftrightarrows (M^{2+}2H^+)_S, \tag{4.39}$$

这里的下标 M、S 和前面一样表示离子分别属于介质和晶体[4.40].

4.3 杂质的俘获:动力学

4.3.1 表面过程

在这一节中我们将讨论层状生长晶体表面俘获杂质的机制、动力学以及随后的弛豫过程.如果生长速度足够高,晶体俘获杂质的量不同于平衡时的量,并且来不及发生随后的弛豫.于是形成非平衡俘获并出现亚稳结构.

1. 统计的选择性

表面固溶体的存在必然影响层状生长时俘获的杂质量.由台阶引导的新层会埋葬表面层的杂质原子,使它们从"表面上的"位置转化为"体内的"位置(图

1.7).但是,表面上和体内的平衡浓度是不同的(见 4.2.5 小节),因此一般来说晶体刚"埋葬"杂质的区域的浓度没有达到平衡.台阶上可以发生类似的情况:扭折运动建立新原子链并"埋葬"台阶升高处的杂质原子时也导致表面层上非平衡的杂质浓度.最后,扭折运动形成的台阶上的杂质浓度也可以是非平衡的.图 4.8 是一个最简单孤立扭折俘获杂质的过程.扭折沿台阶的运动由个别粒子的黏附和脱离事件组成.设这些事件是随机的,并且杂质浓度不高.粒子到达扭折和脱离它的频率依赖于介质的状态和杂质的浓度.由于粒子黏附和脱离相继发生,扭折沿台阶混乱行走(扩散).在生长过程中,系统的前进运动叠加在这一扩散之上,而在溶解(蒸发、熔化)中叠加的是反向的运动.设某一时刻一个杂质已在扭折处就位(图 4.8 中带阴影的方块).下一步只有两个合理的步骤:杂质离开扭折,使扭折退回一步,或者再加上一个新粒子(图 4.8(b)).由于介质中主体原子比杂质原子多得多,这个新粒子几乎肯定是主体原子.下一步仍有两个可能:新粒子离开,使扭折回到图 4.8(a)的组态,或者再次加上一个主要结晶材料的原子,如此等等.在整个过程中杂质粒子都可能离开晶体,但最容易的时间是杂质粒子处于"开放"的阶段(图 4.8(a)).平衡时杂质粒子在所有后续事件中保持在扭折处的概率为零,随着偏离平衡的程度增大这一概率将增大①.扭折处杂质的吸附能愈高,它被留住的概率愈接近于 1.所以在以固定频率添加强吸附杂质到扭折时,杂质在扭折引导的原子链上的浓度随过饱和度增大而减小,因为过饱和度愈大,在添加杂质粒子的两次事件之间沉积的主体原子数愈多.对于弱吸附粒子,最重要的正是留住的概率,于是分布系数随过饱和度而增大[4.41].粗糙表面上的统计选择和相应的相图已在文献[4.42b,c]中主要用数值方法进行了分析.

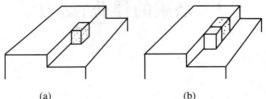

(a)   (b)

图 4.8 杂质粒子(带阴影的方块)和主体粒子(方块)在建立原子链时被俘获的过程

————————————

① 当然这并不意味着平衡时分布系数等于零.分布系数是进入并保持在晶体内的杂质粒子数和主体材料粒子数之比.在平衡时,两类粒子保持在晶体中的概率都等于零,也就是说两种粒子流向晶体的时间平均值都等于零.粒子流之比从而具有不定的形式,对它的运算可给出平衡的分布系数.

一个台阶扫过前一台阶形成的表面层时也发生类似的晶体组分的统计的"自然选择".加入表面层的杂质原子对所考虑的台阶是障碍.于是,台阶在这种障碍前被阻滞并在此涨落,不断地开启或封闭此障碍,使杂质有较多机会离开晶体[4.42a].这里也由涨落的统计动力学决定在上述情形中晶体的第二个表面层俘获杂质的浓度.如果生长得特别慢,每一点阵位的填充需经大量的试探,则晶体中杂质浓度将达到平衡值.但当试探次数不够多时,分布系数将偏离平衡值,并且依赖于系统的过饱和度或过冷度.对台阶上扭折的统计选择进行的专门理论分析得出[4.41]

$$K_{st} = \frac{K_{st0}}{1 + \Delta\mu/\Delta\mu^*}, \tag{4.40}$$

这里 K_{st0} 是和表面层平衡浓度对应的台阶的平衡分布系数,$\Delta\mu$ 是偏离平衡的程度,$\Delta\mu^*$ 是依赖于主体粒子和杂质粒子黏附和脱附初基频率的常数.当杂质在扭折处的吸附比主结晶成分粒子更强时,$\Delta\mu^*$ 为正,反之则为负.相应地,前一场合下分布系数随过饱和度增大而减小,后一场合则相反.表面层上台阶对杂质的选择有本质上类似的关系.

最后,考虑台阶上选择的动力学时要记住,杂质粒子不仅直接从溶液主体向台阶就位,它们还可以从表面上的吸附杂质层前去就位.当表面上杂质粒子的寿命足够长①时(和 h/R 比,R 是面的垂直生长速度,h 是台阶高度),正是这个吸附层成为进行选择的母相介质.在平衡俘获时此层的存在是不重要的,因为晶体的浓度依赖于杂质的化学势,而化学势对系统的所有状态都是一样的.

这样,统计选择导致的结果可归纳如下:每当偏离平衡颇小时,台阶处的统计选择保证每一新表面层的平衡表面浓度.每一后继层的沉积进行得如此之慢,使前面的表面层转化为体内层时层内杂质的量改变为大块晶体和介质间的平衡值.分布系数将最终等于块体的热力学平衡值(见 4.2 节).这种情况只有在熔体生长时才明显地可以实现.

在较高过冷或过饱和度下,台阶处的统计选择可以保证每一新表面层中杂质的平衡浓度,但表面层被后来扫过的台阶埋葬得如此之快,使晶体边界的几乎所有杂质原子被保留下来并且成为大块晶体的组分.这时给定晶面的分布系数是此晶面的原子网和熔体(溶液)间的平衡分布系数 K_{st0}.这个值相当于二维表面固溶体的浓度,根据 4.2.5 小节它可以和三维固溶体平衡浓度差几倍.不

---

① 英文版误为寿命足够短.——译者注

同晶体学取向面的 K_{st0} 值不同,因此这些面俘获的杂质量也不同,从而引起所谓的晶体的扇状结构.

离平衡更远时每一新淀积层可以在更低的统计选择层次上俘获杂质,其浓度对应于台阶上升处一维固溶体的平衡浓度(见 4.2.5 小节),甚至对应于单纯由动力学现象决定的某一非平衡浓度.结果给定晶面的分布系数不仅依赖于面指数,而且依赖于面上台阶的晶体学取向.由于一个面总会有不同取向的台阶(例如沿邻晶生长丘),即使是一个面上的生长锥在杂质浓度上也将是空间上非均匀的.在溶液生长中可能出现这种情况.最近我们在 ADP 的原位 X 射线貌相和平行于双锥面的切片中观察到了这一效应.

最后,在极大生长速度下晶体的组分和母相介质的相同(见 4.3.1 小节第 4 部分).

上述特征情形中的每一个均有自己的生长速度范围.在两个相邻范围的中间分布系数由一个特征值过渡到另一个特征值.Melikhov[4.43,4.44]彻底地研究了溶液生长中的这一过渡.

2. 扩散弛豫

前面已指出,杂质粒子进入表面层甚至更深的层并不一定意味着它将留在晶体内.考虑台阶扫过后刚形成的一个晶体层,此表面层中的杂质浓度一般和这种层的平衡浓度不同.进一步,新淀积层"埋葬"了前一台阶形成的层,使后者进入晶体主体.两种情形下对平衡的偏离将引起晶体中杂质的扩散流,并且以某一特征速率 D_{is}/h 流过边界,D_{is} 是晶体内或越过相界(即从晶体表面层到母相介质)的杂质扩散率,依赖于所考虑的过程,即 h 的值.表面层中每一杂质原子在下一台阶到达前,即在 $\lambda/v = h/R$ 的时间内(h 是层厚或台阶高度,v 和 R 分别是面的切向和垂直生长速率,λ 是台阶间距)是"开放"的.在下一台阶到达前被俘获的杂质离开表面层中的概率是 $\exp[-h/(R\tau_i)]$,这里 $\tau_i \simeq h^2/D_{is}$ 是杂质粒子在表面层的寿命[1].因此

$$K = K_0 + (K_{st} - K_0)\exp\left(-\frac{D_{is}}{Rh}\right), \tag{4.41}$$

即在低生长速度下,当

$$R < \frac{D_{is}}{h} \tag{4.42}$$

时,体分布系数将达到热力学平衡值.在相反条件下任何被俘获到台阶上的粒子将留在晶体内.其次,因下一台阶扫过而被埋葬在表面层中的杂质仍有不大

---

① 这里忽略了在被埋葬杂质处台阶涨落的选择作用(见 4.3.1 节第 1 部分).

的机会通过淀积层和介质进行扩散交换.这种弛豫过程由式(4.41)型的表达式表示,但 h 和 D_{is} 的值不同.

垂直生长中的统计选择和扩散弛豫还没有被研究过,但不等式(4.42)也可以用来进行估计.

从式(4.41)得出,在晶体内留存的杂质量依赖于台阶的高度,也就是说在相同生长速度 R 下运动缓慢的高台阶和运动迅速的低台阶不是没有区别的.在物理上,这与特征扩散速率 D_{is}/h 和台阶高度 h 的依赖关系有关.

在高温熔体生长中,固体中的扩散相当快,在实验室使用的生长速度下不等式(4.42)成立.例如在近熔点下杂质在晶体锗中扩散的 $D_{is} \simeq 10^{-9}$—10^{-12} cm²/s,在 $h \simeq 10^{-7}$ cm 时,得到 $R \ll 10^{-5}$—10^{-2} cm/s. 室温和中温($\leqslant 500$ ℃,水热合成)下的溶液生长的情况相反,扩散系数要小得多.在这样的条件下碱卤化物晶体的 $D_{is} \simeq 10^{-15}$—10^{-17} cm²/s. 即只有在 $R \ll 10^{-8}$—10^{-10} cm/s($\ll 10^{-2}$—10^{-4} mm/d)时俘获才是平衡的.这样低的速度只有在很低过饱和度的特殊条件下才能实现,例如在细晶体粉的再结晶("熟化")实验中,由于不同尺寸小晶体溶解度的差别引起的过饱和度很低(10^{-5}—10^{-4})(见 1.4 节),晶体周期地生长和溶解时的过饱和度也很低.

3. 扇状结构

如上所述,不同面俘获的杂质浓度,即不同生长锥的浓度对应于这些面表面层的平衡浓度(熔体生长时这是最可能的情况)或相应的台阶升高处的平衡浓度;在最大的生长速度下则决定于扭折的统计选择.生长条件愈能有效地保证不等式(4.42)的成立,晶体相对均匀俘获杂质发生的扇状结构愈不明显.

厚度为一个点阵常数的晶体表面层很少像简单立方点阵的晶体那样仅由一个单平面网格组成.即使是金刚石结构,厚度为一个晶面间距离的(111)层也是由两个平面网格组成的.这种层的外网格中的每一个原子有三个晶体近邻和一个液体近邻(设熔体的短程序列和晶体相同),而这种层的第二个内网格中的每个原子由四个"晶态"键连接.这种非等同性的结果是:(1)这个层作为一个整体而不是分开的两个网向前传播,上网格具有比下网格更快的切向速率并能紧抓住它.(2)相邻网格可以有杂质浓度上的差别.在 4.2.1 小节开始讨论过的石英的小菱形面表面层结构的位置的非等同性更为明显(图 4.7).在表面层内原子位置的非等同性引起:(1)表面层淀积的初基选择过程中俘获杂质的概率不同;(2)随后和介质进行扩散交换的概率不同.因此大块晶体可以"记住"的不仅是形成晶体的面的类型,而且还有这个面的生长方向,甚至面上台阶运动的方向.

杂质分布的扇状结构明显地表现在熔化熵约 2—4 eu 的熔体生长晶体的拱形生长前沿的一些面上(所谓的"小面化效应",见 5.2 节).在稳态生长条件下这种面的速度等于拱状前沿的速度.因此面上相对稀少的台阶以巨大的速率运动,达到几十 cm/s(见 3.1 节、5.2 节),这样杂质的"选择"机会受到很大的限制.与此同时,在生长面的粗糙区域,点阵位置最后被填充之前试探的次数可 $\geqslant 10^6$(单位时间内到达晶体表面的粒子数与生长过程中永远加入表面的粒子数之比).这里的选择保证杂质浓度接近大块晶体的平衡值.即使是晶面上表面层的平衡杂质浓度($K<1$)超过体平衡浓度,晶面俘获的杂质量也大于拱形生长前沿俘获的杂质量(图 4.9(a)).相应的分布系数之比为:Si 中的 In 和 Sb 分别为 1.3 和 1.4;Ge 中的 P 和 As 分别为 2.5 和 1.8;InSb 中的 Sn 和 Te 分别为 3.7 和 8[4.46].所有这些例子都属于熔体生长.此外,在中温溶液生长晶体中实际上不能避免杂质分布的扇状结构,在实验研究分布系数时必须考虑到.因此仔细的研究工作者只对个别的生长锥进行分析,或在可能的条件下创造条件使晶体在同一指数的面上生长.虽然后者是方便的(实际上在定量分析小晶体中的杂质时是唯一的方法),但不总是可能的,并且与改变晶体惯态的生长条件变化不一致.

4. 邻晶扇状结构

形成邻晶面的一系列台阶对杂质的俘获量一般依赖于方位角取向、台阶的速率和密度.不同取向的台阶具有不同的原子结构,从而应该有不同的非平衡分布系数.显然分布系数和台阶速率有关.而留给杂质吸附和扩散(来往于台阶间奇异台面上的表面层)的时间与台阶密度和台阶速率成反比.

生长奇异面上的邻晶面最经常地表现为绕位错的生长丘的斜坡.具有三角形截面的每一锥体丘的单晶实体由三个扇区组成,各区的材料在三个不同的邻晶坡上淀积(图 4.9(b)).因此三个扇区的点阵常数和其他性质应有所不同(图 4.9(c)).这种被称为邻晶扇性的现象已经被水溶液生长 ADP 晶体的原位 X 射线貌相所证实.不同点阵常数的扇区的匹配导致沿生长丘相邻邻晶面交界线的衬度.图 4.9(d)中用箭头标记的交界线之一 E_1 终止于点 O,在此处丘形成位错穿过 ADP 晶体的双锥面,在它的上面丘得以发展.图 4.9(c)中另一个边 E_2 的衬度很差.在生长初期这两个边产生沿 E_1' 和 E_2' 线的衬度.平行于双锥面 F 的线 F' 是早期的 F 面不生长时面的痕迹.此面在相对过饱和度 $\sigma = 0.006$ 时固定不动.当过饱和度增大到 $\sigma = 0.072$ 时,F 面开始再次生长并留下痕迹 F'.过饱和度的这一增大在绕位错 D 的邻晶丘的所有邻晶面上长出新的宏观层.这些新层的点阵常数和下面扇区的点阵常数(在 $\sigma = 0.006$ 生长)不同.形成的夹

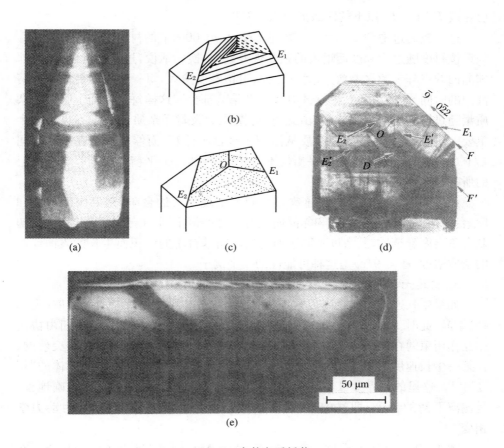

图 4.9　扇状杂质俘获

(a) 提拉法生长的 InSb 晶体薄片的放射自显影,杂质为放射性 Te,照片从顶到底沿八
面体面的法线方向[4.45]. Te 的有效分布系数:生长前沿的拱形部分为 0.6—0.7;八面
体面部分约为 4. 由生长界面小面部分形成的晶体中心部分含有更多的杂质,显得比拱
形界面形成的晶体外缘部分更亮.(b)—(e) 邻晶扇状结构:(b) ADP 晶体双锥面上的邻
晶丘的示意图,其中的平行线表示邻晶形成台阶.相应的杂质含量的差别和点阵间距离
的差别在(c)中用点表示.(d) 水溶液生长 ADP 晶体的 X 射线貌相. E_1、E_1' 和 E_2' 是绕位
错 D 的相邻邻晶扇区的匹配面引起的衬度.线 F' 平行于双锥面 F 并且显示生长早期双
锥面位置的痕迹.由于邻晶丘的夹层结构(见正文),在 E_1'、E_2' 和 F' 下面的黑区内出现平
行于 E_1'、E_2' 的干涉轮廓.(e) 液相外延掺杂 Zn−O 的 GaP 层截面的光致荧光像.上面
的亮区是生长面的轮廓. Zn−O 杂质产生光致荧光:暗线和表面上的宏观生长台阶有
关,此处贫 Zn−O(T. Tanbo,K. Pak,T. Nishinaga).

层在线 F'、E_1'、E_2' 以下的区域形成干涉衬度.

这一较高过饱和度($\sigma = 0.072$ 而不是 $\sigma = 0.006$)下的衬度继续了沿 E_1、E_2 类型棱衬度随过饱和度而增大的独立观察趋向. 换句话说,过饱和度愈大,相邻邻晶面的点阵参数之差愈大. 另一方面,过饱和度愈大,每一台阶间台面露在溶液中的时间 $\lambda/v = h/R$ 愈短(4.3.1 小节第 2 部分). 这样每一台面上吸附的杂质量随过饱和度增大而减小. 由此可见,杂质的吸附在杂质俘获中不再是一个重要的阶段. 我们可以预期杂质从溶液中被台阶俘获,而俘获的量在暴露时间 λ/v 中向着奇异面表面层的平衡值不断变化. 显然这个平衡值对同一奇异面上的所有邻晶面是相等的.

如果邻晶面的不稳定性导致邻晶面上出现成束的台阶,则束内的过饱和度、台阶速率和暴露时间都和邻晶面光滑部分的值不同. 由于这些原因,一束初基台阶会席卷杂质,其浓度不同于通过稀疏初基台阶的淀积而生长的表面俘获的杂质浓度. 图 4.9(e)是这种可能性的一个例子.

5. 快速无扩散结晶

如果生长速度如此之高以致统计选择不充分,则出现所谓的无扩散(无选择)结晶,此时 $K = 1$,并且形成亚稳的均匀固溶体[4.47,4.41]. 由于粒子们由协同相互作用束缚在表面上,从范畴 $K > 1$ 或 $K < 1$ 向 $K = 1$ 状态的过渡是突然的;在某一生长速度下好像发生了由形成 $K \gtrless 1$ 的变体向形成 $K = 1$ 的变体的"相变"[4.41]. 这里的临界变量不是温度(通常的相变)而是生长速度(更准确地说,是偏离平衡的程度,即过饱和度或过冷度). 因此上述转变被命名为动力学相变[4.48].

图 4.10 显示分布系数的突然改变. Al－Mg、Cu－Zn 和 Cu－Sb 合金在 10—10^7 K/s 的冷却速度下(包括了急冷)结晶成固溶体枝晶结构. 枝晶芯部的 Mg、Sn[①]、Sb 的浓度(不是固体的平均浓度!)根据德拜衍射图样测得的点阵常数决定. 在所有场合下,浓度在高于 10^6 K/s 的冷却速度时发生突然的变化,分布系数从 $K \simeq 0.5$(Al－Mg)、$K \simeq 0.3$(Cu－Sn)和 $K \simeq 0.15$(Cu－Sb)改变为 $K = 1$.

动力学相变不仅必然导致异常富杂质的晶体的形成,而且导致完全能结晶的材料转化为新的多形性变体甚至非晶态[4.49—4.52],它们在生长的温度和压力下是亚稳的. 不仅如此,它们必定导致在组分和结构上与稳定态不同的变体的出现. 这种场合下非选择性不仅牵涉到组分,还使母相中原子复合体的结构重

---

① 英文版误为 Mn.——译者注

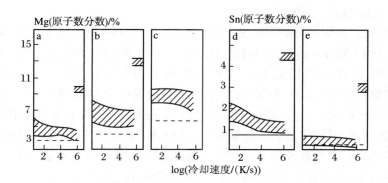

图 4.10　枝晶芯部组分(纵坐标)和冷却速度(横坐标)的关系

(a) Al+9.6%(原子数分数)Mg;(b) Al+13.0%(原子数分数)Mg;(c) Al+16.4%(原子数分数)Mg;(d) Cu+4.5%(原子数分数)Sn;(e) Cu+2.9%(原子数分数)Sb.冷却速度约 10^6 K/s 出现一溶体浓度的突然增大[4.47].注意在很大速度下分布系数 $K=1$.

新排列.这些复合体愈大,它们的运动性愈低,并且愈容易被冻结住形成非晶态.这就是为什么非晶态合金通常具有相当复杂的组分并且包含 B、P 等高价元素的原因.

对于简单材料(例如金属)的无扩散熔体生长,生长速度需要 $\gtrsim 10$ m/s.在此速度下,每一个原子、分子或复合体在第一次尝试时就被冻结成固体,也就是说不存在统计选择性.这种速度在量级上等于 $a/\tau_0 \simeq 10^4$ cm/s,因为点阵间距离 a 约为 0.3 nm,热振动周期 τ_0 约为 3×10^{-12} s.在复杂的含大的、呆滞的长寿命复合体的溶液中,或(和)表面生长过程的激活能大,从而越过相界的转变频率低时,上述冷却速度可相应地小得多.

4.3.2　脉冲退火

脉冲退火是 1974 年在喀山(Kazan)和新西伯利亚发明的(见文献[4.53—4.56]及所引的文献).开始时使用的是激光脉冲.以后,激光和电子束退火引起许多科学家的关注[4.57—4.59].这种兴趣是由脉冲退火的许多独特性质引起的.如创纪录的固化速度(高达数米每秒)和杂质的分布系数(可达平衡值的 500 倍)、半导体表面上退火层的高度结构完整性、退火金属表面的良好机械性能[4.60]和抗腐蚀性.

在脉冲激光退火中,直径约 10^{-4}—1 cm 的样品表面受照射的时间 $\tau \simeq 10^{-7}$—10^{-11} s 或更长些.典型的能量密度是几 J/cm^2.在电子束退火中使用的参数类似,退火时样品必须在真空中,但好处是可以操纵电子束(扫描).强的非相干光源也可以用于退火.

辐射被样品的表面层吸收,提供所需的热量.用这种方法,表面层可以加热到远比金属和半导体的熔点高的温度.在脉冲的末尾,热的或熔化的表层开始冷却,热流向着样品块体(热扩散冷却)和外面的介质(辐射冷却,是次要的).如表层已熔化,冷却阶段后会结晶.如果材料的未熔化部分保持为单晶,则发生外延生长.

半导体脉冲激光退火的电子机制是设想受照射的材料中出现很浓的电子-空穴等离子体.其结果是点阵的键变弱,出现强的填隙原子的扩散,从而改善原先的缺陷结构[4.61].通过界面上熔点和结晶势垒的降低,点阵也可以软化.然而,迄今为止,还未见这种电子机制的可靠证据的报道[4.62,4.63].

脉冲激光可以在激光透明层覆盖下的金属和合金层中产生压力高达 10 GPa 的应力波.这种压力波可能是使靶材性能改变的一个重要因素[4.64].

下面简略讨论脉冲退火的主要的热机制[4.65].吸收激光辐射的层的深度是 $1/\alpha_\lambda$ 量级(α_λ 是吸收系数).金属的 $\alpha_\lambda \simeq 10^6/\text{cm}$,半导体的 $\alpha_\lambda \sim 10^4$—$10^5/\text{cm}$(和波长 λ、材料的电导率,也即材料类型、掺杂水平、温度有关).$1/\alpha_\lambda$ 也可以决定温度显著升高的表面层的厚度.然而特征吸收长度 $1/\alpha_\lambda$ 常小于深度 $2\sqrt{a_s\tau}$,后者是热扩散后热量穿越的距离,这里 a_s 是样品的热扩散率,τ 是脉冲辐射的时间.$\tau \simeq 10^{-9}$ s,$a_s \simeq 0.7$ cm^2/s 时,$2\sqrt{a_s\tau} \simeq 5 \times 10^{-5}$ cm.熔化层可以比它薄或厚,依赖于受热表面达到的最高温度.对熔化层厚度和液态寿命的数值计算[4.66]得出 Si 的值分别是 300 nm 和 100 ns(红宝石激光脉冲、20 ns、能量 2 J/cm^2).熔化层寿命随激光脉冲的时间和能量增大而增大.可以用简单的热传导模型粗略估计典型的冷却速度[4.65].厚度 $2\sqrt{a_s\tau}$ 的加热层的冷却时间的量级应为 $(2\sqrt{a_s\tau})^2/(4a_s) = \tau$,即等于脉冲时间.因此,当加热层温度达到 $T_{max} \simeq 2 \times 10^3$ K,脉冲时间 $\tau \simeq 10^{-8}$ s 时,预期的冷却速度 $T_{max}/\tau \simeq 2 \times 10^{11}$ K/s.对 $\tau \simeq 2 \times 10^{-11}$ s,则为 $\simeq 10^{14}$ K/s.这一速度远大于常规急冷技术达到的最大速度(10^9 K/s),如将液滴摔在冷底板上("急冷").

根据另一个弱激光束从退火表面的反射可以从实验上测定 Si 熔化层的寿命和再生长的速度[4.68,4.69].方法之一的基础是固态和液态表面反射率的差别[4.68].一旦主要的加热束到达 Si 表面,反射率从它的固态值急剧上升到典型的液态值.随后的 τ_L 时间内反射率保持其液态值不变,并且在此阶段的末端 τ_f 时间内跌落下来.反射光束的强度在图 4.12 的插入图中表示出来.图 4.11 是不同脉冲能量密度、材料和波长下的液相寿命.起始的激光脉冲时间是 $\tau = 30$ ns($\lambda = 530$ nm)和 $\tau = 40$ ns($\lambda = 1060$ nm,Nd 玻璃调 Q 激光).图 4.11 中的点是实验数据,曲线是由液体反射率值 0.57 和 0.72 计算得到的液膜寿命.图

4.11 的插图放大了原点附近的结果并显示出存在熔化的能量阈值,它处于 0.1—0.3 J/cm² 之间,随材料和波长而异.时间 τ_f 中反射率回复到固态表面的典型值,在此时期运动的固-液界面扫过了整个熔化层(从最深处$\sim 1/\alpha_\lambda$ 到自由样品表面).因此测定 τ_f 后可以估计生长速度.

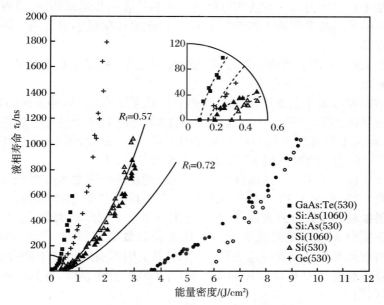

图 4.11　不同材料表面液膜的寿命
脉冲激光的波长(nm)在右下角的括号内表示,横轴是脉冲能量密度[4.68].

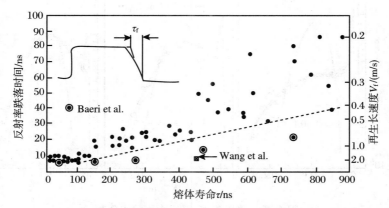

图 4.12　反射率跌落时间 τ_f 和再生长速度 V_f 与熔体寿命的关系
•是实验值,◉是计算值[4.66].虚线是最大生长速度[4.68].

反射率跌落时间 τ_f 和最后 17 nm 液 Si 层的生长速度见图 4.12[4.68]. 由图可见, $V_f \simeq 2$ m/s 并且在 $\tau \lesssim 100$ ns 时不依赖于液体寿命 τ. 在较长寿命下($\tau \simeq$ 900 ns), 生长速度降至 0.2—0.4 m/s. 在这些实验中使用脉冲时间为 30 ns 的调 Q 钕玻璃激光器的二次谐波($\lambda = 530$ nm).

测量生长速度的另一方法的原理是从样品外表面和运动的固-液界面二者反射出来的另一激光束的干涉[4.69]. 结晶时熔化膜厚度减小引起的干涉使反射光强度振荡.

根据文献[4.70], 当样品温度从 300 K 降至 77 K 时生长速度从 1.5 m/s 增大至 6 m/s.

杂质以能量为几十至几百 keV 的离子的形式注入准备脉冲退火的表面层. 注入引起基体无序, 产生一个非晶层. 随后的激光退火可产生完整的晶态甚至无位错、取向上外延于未损伤单晶基底的表层. 另一方面, 单晶 Si 在很短($\tau \simeq 3 \times 10^{-11}$ s)的激光脉冲作用下形成非晶态 Si 层[4.67].

注入表层的杂质符合高斯分布(以离表面的距离为参数), 并且在层中达到最大浓度, 它们在图 4.13 中以点划线表示. 退火后峰变宽, 甚至成为一个平台. 生长前沿推动杂质到自由表面, 使表面处出现另一个浓度极大值(图 4.13). 退火后的杂质分布可以相当准确地由扩散方程的数值解得到(图 4.13 中的虚线), 此时设运动相界前有一液态层, 并在相界上引入有效的非平衡分布系数. 不同的基底温度(650 K、300 K 和 100 K)有不同的分布系数, 并且有不同的再生长速度(图 4.13).

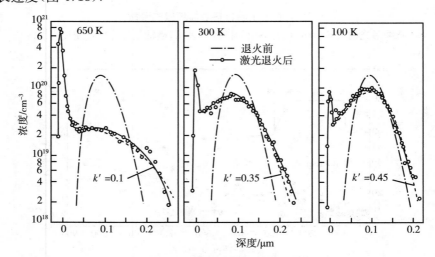

图 4.13 ^{209}Bi 在 Si(100)表面层的分布

点划线:刚注入样品, 离子能量 250 keV, 剂量 1.1×10^{15}/cm³; 圆圈:实验数据; 实线:由扩散方程计算得到. 样品温度不同时有效分布系数不同.

分布系数 K 的值显著超过平衡系数 K_0. 例如,Si 以 $\simeq 4.5$ m/s 速度固化时可完全俘获 As,即 $K=1$,而 $K_0=0.3$. 类似的实验给出 Bi、Ga、In 的 K 分别为 0.4、0.2、0.15,而 K_0 分别是 7×10^{-4}、8×10^{-3}、4×10^{-4}. 对 Sb,生长速度 $V=2.7$ m/s 时 $K=0.7$,而 $K_0=0.023$. 因此 K/K_0 分别是 3.3(As)、25(Ga)、30(Sb)、375(In)、571(Bi)[4.70]. 离子(2.5 MeV H^+)沟道技术显示出在 $\langle110\rangle$ 和 $\langle111\rangle$ 方向上出现锐极小,从而得出 89%—99% 的上述杂质原子被俘获在替代位置上[4.71].

Si 中上述所有杂质的溶解度都是逆向的,其固体中的绝对浓度在激光退火后都超过了平衡的溶解度极限. 高 K/K_0 值不能用低温区固相线和液相线的连续性来解释[4.72,4.73]. 这些高 K/K_0 值可以解释为表面、台阶、扭折上杂质原子的非平衡埋葬的结果(见前一节). 这种机制和表面层上杂质的富集有关,并且可以在即使 $K_0<1$ 时也会导致 $K<1$.

在上述实验条件下,K 值仍不超过 1,对此可以简单地解释为杂质原子没有时间逃离生长前沿并且和表面层的富集无关地被埋葬[4.74].

对一个给定的具有逆向溶解度的系统在最大生长速度下所能俘获的最大杂质浓度所作的估计的基础是溶液和固溶体的吉布斯自由能相等时的杂质浓度和温度的关系曲线[4.73]. 在相图上这条曲线从纯基体的熔点开始并在固相线和液相线之间下降. 它和横坐标轴($T=0$)的交点给出我们要的绝对溶解度极限. 计算得出:Si 中 As、Ga、In、Bi 的溶解极限分别为 $(5、6、2、1)\times10^{21}/\text{cm}^3$. 实验中达到的最大浓度[4.70]相近,它们是 $(6、0.88、0.28、1.1)\times10^{21}/\text{cm}^3$.

4.3.3 母相介质的扩散

实验上研究杂质俘获时,实际上测得的是有效分布系数 K_{eff}. 它的定义是晶体中杂质浓度和大块搅拌母相介质平均杂质浓度(而不是生长前沿紧邻液层的浓度)之比. 后者和平均浓度不同,因为界面对母相可以是杂质的源($K<1$)或沉($K>1$). 这个源的强度等于 $C_i(0)(1-K)V$,这里 $C_i(0)$ 是生长界面的杂质浓度. 生长表面上杂质平衡的条件是

$$D_{iM}\frac{\partial C_i}{\partial z}=-C_i(0)(1-K)V \quad (z=0), \tag{4.43}$$

这里 D_{iM} 是介质中杂质的扩散率,z 从生长前沿算起,沿前沿的法线并指向母相介质.

杂质从生长前沿离开($K<1$)或反方向的输运($K>1$)受扩散的影响. 如果母相介质(液、气)由有力的搅拌或自然对流而不断混合(见 5.1 节),则利用最简单的输运现象的模型,可以认为只有在厚为 δ 的边界层内纯扩散输运才是主

要的,而在整个其余的体积中平均杂质浓度 $C_{i\infty}$ 是常数:[①]

$$C_i \mid_{z \gtrless \delta} = C_{i\infty}. \tag{4.44}$$

在停滞介质中未受介质运动而复杂化的扩散在大块介质中进行 $(\delta \to \infty)$.晶体在固相中生长时发生同样的扩散,例如过饱和固溶体的分解.

在边界层内杂质浓度满足扩散方程.在参照系跟着平生长界面一起以恒定速度 V 运动时,这个方程可以写成[见5.1.2小节式(5.9)]

$$D_{iM} \frac{\partial^2 C_i}{\partial z^2} + V \frac{\partial C_i}{\partial z} = 0. \tag{4.45}$$

此稳态方程在边界条件式(4.43)、(4.44)下的解是

$$C_i(z) = C_{i\infty} \frac{K + (1 - K)\exp\left(-\dfrac{Vz}{D_{iM}}\right)}{K + (1 - K)\exp\left(-\dfrac{V\delta}{D_{iM}}\right)}. \tag{4.46}$$

晶体俘获杂质的量等于 $KC_i(0)$.所以有效分布系数是

$$K_{eff} = \frac{KC_i(0)}{K_{i\infty}} = \frac{K}{K + (1 - K)\exp\left(-\dfrac{V\delta}{D_{iM}}\right)}. \tag{4.47}$$

如果母相介质(熔体、溶液或气体)是停滞的,则 $\delta \gg D_{iM}/V$,此时根据式(4.46),母相在生长界面上的浓度 $C_i(0) = C_{i\infty}/K$,即 $K<1$ 时生长界面上杂质浓度超过初始值.当 $K \ll 1$ 时生长前沿上的杂质浓度的增加可以大到引起主成分晶体界面上的杂质本身、某种杂质的化合物或共晶体的结晶.

在停滞介质 $(\delta \to \infty)$ 中的有效分布系数在上述一维问题中等于1.剧烈地搅动母相介质则减小边界层的厚度,当 $\delta \ll D_{iM}/V$[②] 时,$C_i(0) = C_\infty$,因此有效分布系数 $K_{eff} = K$,即杂质俘获效率只由表面生长过程决定.在 δ 任意的一般情形下,实际观察到的分布系数对生长速度(过饱和度或过冷度)的依赖关系既按式(4.47)和输运过程有关,又按式(4.40)、(4.41)和杂质进入点阵的过程有关.因此生长速度随时间的变化引起晶体中杂质含量的变化,即晶体的带结构或条纹[4.75—4.77].晶体中杂质增大(或减小)的带描绘出晶体生长速度增大或减小的各个时刻,从而提供生长过程的重要信息.杂质分布的带状不均匀性引起位错、内应力和其他晶体缺陷,它同时使折射率不均匀,从而使例如半导体和电光晶体的工作性能恶化.要减弱条纹,必须抑制生长速度的涨落.引起这种涨落的最主要和最常见的原因是自然的或强加的对流,和(或)晶体在通常略有不对称性的炉温场中的转动.涨落的幅度可以超过平均生长速度,因为生长阶段可

---

① 文献[3.12]给出无停滞层 δ 时吸附平界面附近层流中的溶质分布.

② 英文版误为 $\delta \gg D_{iM}/V$.——译者注

以和熔化阶段交替[4.81—4.83].加磁场"冻结"金属中的对流[4.78]急剧地减弱条纹.在空间微重力下消除或很大程度上减弱对流强度使天空实验室空间站中生长的锗的条纹幅度减小为几分之一[4.79].

4.3.4 实验分布系数

从前面的介绍可知:实际观察到的杂质分布系数是(即使在均匀俘获时)一系列过程的结果.因此,为了控制俘获,人们必须确定极端的情形,并且首先区分块体输运和表面过程对分布系数的影响.其次,需要明确俘获是否具有平衡的性质,此时扇状结构不存在或表现得很弱.显著的条纹对应于 K_{eff} 的值随时间的涨落达几倍.文献[4.78]证实生长速度的涨落使 K_{eff} 的平均值接近 1(设 $K \neq 1$).

扇状和带状不均匀性有时对应于 K_{eff} 改变了 10 倍或更多.然而 K_{eff} 是和热力学平衡值 K_0 相关的.不仅如此,表面层和台阶的分布系数的平衡值以及主体粒子和杂质粒子黏附和脱离的基频均依赖于决定 K_0 的那些因素,如结合能、点阵形变能等.因此实验上观察到的均匀分布系数在平衡和非平衡条件下都本质上依赖于上述热力学参量.图 4.14 表示 Ca^{2+} 的离子半径 r_s 和杂质阳离子半径 r_i 之差对 $CaMoO_4$ 中杂质分布系数的影响.从图中可以明确看到在 $r_s = r_i$ 处为极大值的抛物线关系,和式(4.14)相符.然而当半径差大时,观察到 $\log K$ 和 r_i^3 的线性关系(图 4.15).初看起来这是奇怪的.因为根据式(4.19),块体、表面层、台阶等的平衡分布系数不仅依赖于离子的尺寸,还依赖于结合能.然而.结合能本身也和离子半径相关.晶体中杂质的弹性能和结合能的作用显示在同一晶体、同一杂质在溶液生长和熔体生长两种条件下分布系数的关联上(表 4.4).表 4.5 给出不同系统中实验分布系数的汇编.

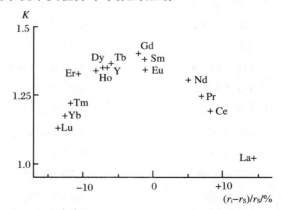

图 4.14 杂质($CaMoO_4$ 晶体中替代 Ca^{2+} 的稀土元素离子)分布系数 K 与 Ca^{2+} 和稀土离子半径差的关系[4.80]

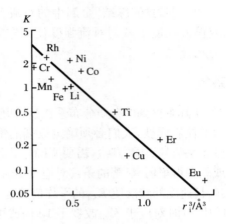

图 4.15 $ZnWO_4$ 晶体中杂质分布系数 K 和杂质离子半径立方的关系[4.46]

表 4.4 溶液生长和熔体生长中有效分布系数 k 的比较[4.46]

基体	杂质	k(水溶液生长)	k(熔体生长)
NaCl	Li	0.007 ± 0.004	$0.21; 0.20 \pm 0.05; 0.19$
	K	0.005 ± 0.001	$0.20; 0.008 \pm 0.003$
	Br	0.047 ± 0.005	0.6
	I	4×10^{-4}	0.06
KCl	Na	6×10^{-4}	$0.03; 0.11 \pm 0.02; 0.31$
	Rb	0.113 ± 0.005	$0.68; 0.6 \pm 0.1; 0.70$
	Cs	0.0040 ± 0.0006	$0.16; 0.21$
	Br	0.189 ± 0.003	$0.75; 0.71$
	In	0.001	0.14
KBr	Rb	0.334 ± 0.004	$0.78; 0.4 \pm 0.1; 0.75$
	Cl	0.453 ± 0.005	$0.86; 0.85$
	I	0.039 ± 0.004	$0.5; 0.52$
KI	Rb	0.82 ± 0.03	0.76 ± 0.02
	Cs	0.03 ± 0.01	0.31 ± 0.01
	Cl	0.015 ± 0.02	0.39 ± 0.02
	Br	0.42 ± 0.02	0.79 ± 0.02
	NO_3	0.071 ± 0.04	0.43 ± 0.01

表 4.5 熔体生长系统的有效分布系数 k[4.46]

基体	分 布 系 数			
AgBr	Cd 20	Cu 0.7	K 0.04	Na 0.01
AgCl	Br 0.8	Ca 2.3	Cd 2.7	Cu$^+$ 0.2
	Ni 1.4	Pb 0.4	Rb 0.01	S 0.04
Al	Ag 0.64	Be 0.1	Co 0.14	Cr 0.8
	Ge 0.1	La<0.1	Mg>0.5	Mn~1
	Sm 0.67	Ti 1.4	V 3.7	W 0.32
Al$_2$O$_3$	Ag,Cr,Cu,Mg,Si,$k\sim1$;		B,Ga,In,Mn,Na,Pb,$k\ll1$	
AlSb	Ag 0.1	B 0.01	Co 0.003	Cu 5×10^{-4}
	Ni 0.01	Se 0.3	Si 0.04	Sn 1
As	Sb 0.8	Se 0.55		
Bi	Ag 0.2	Cd 0.5	Cu 0.6	Pb 0.4
	Zn 0.5			
CaF$_2$	Ce 0.88	Co 0.56	Eu 0.81	Gd 1.07
CaWO$_4$	Dy 0.44	Ho 0.3	Nd 0.24	Pr 0.36
CdTe	Ag 2×10^{-6}	Al 8×10^{-4}	As 1×10^{-3}	Au 7×10^{-5}
	Fe 5×10^{-3}	Ge 6×10^{-4}	Hg 0.05	In 6×10^{-3}
	Sb 3×10^{-3}	Se 2×10^{-1}	Sn 1×10^{-3}	TeI 2×10^{-3}
Fe	Al 0.92	B 0.14	C 0.16	Co 0.9
	O 0.022	P 0.17	S 0.04	Ta 0.43
GaAs			Al 3	C 0.8
			Ge 0.01	Mg 0.1
			Se 0.1	Si 0.1
GaCl$_3$	Fe 0.14	Mn 0.02	Na 0.1	Zn<0.01
GaP	Zn 10			
GaSb	Cd 0.02	Ge 0.2	Se 0.4	Sn 0.03
Ge	Al 0.07	As 0.02	B 17	Bi 4.5×10^{-4}
	Se 1×10^{-6}	Si 5.5	Te 1×10^{-6}	Zn 4.10^{-4}
GeI$_4$	Fe 0.14	Mn 0.02	Na 0.1	Zn<0.06
H$_2$O	D$_2$O 1.021	HF 10^{-4}	NH$_3$ 0.17	MH$_4$F 0.02
InAs	Ag 4.7×10^{-5}	Cd 0.26	Cu<0.05	Fe 0.5
	Sn 0.06	Te 0.44	ZnO 0.77	

（续表）

基体	分 布 系 数			
InP	Ge 2.4×10^{-2}	Si 7.5×10^{-4}	Sn 2.2×10^{-2}	
InSb	Ag 4.9×10^{-5}	As 5.4	Cd 0.26	Cu 6.6×10^{-4}
	S 0.1	Se 0.35	Sn 0.06	Te 0.5
KBr	见表 4.4	Ca 0.35	Cs 0.23	Mn 0.01
KCl	见表 4.4	Ca 0.1	Cu 0.44	Cr 0.18
KI	见表 4.4	Ba 0.3	Ca 0.38	K 0.39
KNO$_3$	Ca 0.04	PO$_4$ 0.03	SO$_4$ 0.1	Na 0.28
LiI	B 0.63	Ca 0.78	Cu 0.77	Fe 0.56
Mg	Al 0.33	Cu 0.05	Fe 0.17	Mn 6.1
	Zn 0.26			
NaCl	见表 4.4		Ba 0.03	Ca$\sim$0.7
NaNO$_2$	Al 0.56	Ca 0.6	Cu 0.6	Fe$\sim$1
NaNO$_3$	Cu 0.02	Sr 0.05		
Nb	Ta 1.4			
NH$_4$NO$_3$	Ag 0.3	Ba 0.54	Ca$<$1	Cs 0.56
	Sr 0.34			
Pb	Ag 0.04	Au 0.015	Sn 0.05	
Sb	Al$<$1	Ag$<$1	As 0.32	Bi 0.5
	S$<$1			
Sn	Ag 0.03	Bi 0.5	Cu$<$1	Fe$<$1
Si	Al 2×10^{-3}	As 0.3	B 0.8	Bi 7×10^{-4}
	P 0.35	Sb 0.023	Te 4×10^{-6}	Zn 1×10^{-5}
SiCl$_4$	Al 0.07	B 0.16	Cu 0.64	Fe 0.15
Y$_3$Ga$_5$O$_{12}$	Ag,Al,Mg,Sn,$k\sim$0.1			
U	Al$\sim$1	Co 0.1	Cr 0.2	Fe 0.1
	Pd 0.2	Ru$\sim$1		
ZnS	Ag 2.0×10^{-2}	Cu 7.5×10^{-2}	K 0.4	
ZnWO$_4$	见图 4.11			
AgBr	Rb 0.1	S 0.24	Zn 0.15	
AgCl	Cu^{2+} 0.4	Fe$\sim$0.7	K 0.04	Na 1.5
	Zn 0.14			

(续表)

基体	分 布 系 数			
Al	Cu 0.06	Dy 0.02	Fe 0.21	Ga<0.1
	Mo 2.3	Nb 1.6	Sc 0.17	Si 0.14
	Zn 0.4	Zr 2.5		
Al_2O_3	Fe, $k \sim 0.1$		Ni, W, $k > 1$	
AlSb	Fe 0.02	Ge 1.2	Mg 0.1	Mn 0.01
	Ta 8×10^{-6}	Ti 0.01	V 0.01	
Bi	Sb 1.45	Sn 0.13	Te 0.31	Tl 0.7
CaF_2	Nd 1.06	Sm 0.98	Tb 1.1	Yb 0.88
$CaWO_4$	Tm 0.32			
CdTe	Bi 9×10^{-5}	Ca 8×10^{-4}	Cr 0.2	Cu 8×10^{-7}
	Mg 2×10^{-4}	Mn 0.7	Ni 9×10^{-4}	Pb 1×10^{-3}
	Tl 2×10^{-4}			
Fe	Cr 0.95	Cu 0.56	Mn 0.84	Ni 0.8
GaAs	Ca 2×10^{-3}	Co<2×10^{-2}	Cu<2×10^{-3}	Fe 3×10^{-3}
	Mn<4×10^{-5}	Ni<2×10^{-2}	P 2	
	Sn 3×10^{-3}	Te 0.05	Zn 1.9	
GaSb	Te 0.4	Zn 0.3		
Ge	Cd 1×10^{-3}	Ga 0.09	P 0.08	S 1×10^{-5}
InAs	Mg 0.7	Mn 0.05	S~1	Si 0.4
InSb	Fe 0.04	Ga 2.4	Ni 6×10^{-5}	P 0.16
	Zn 2.3			
KBr	Na 0.35			
KCl	Na 0.32	PO_4 0.43	SO_4 0.34	Sr 0.36
KI	Li 0.03	Sr 0.5		
KNO_3	Sr 0.2	Y 0.3		
LiI	Mg 0.23	Na~1	Si 0.48	
Mg	Ni 0.015	Pb 0.35	Si 0.04	Sn 0.32
NaCl	Cd 0.16	Rb 0.04	Sr 0.2	
$NaNO_3$	Mg 0.28	Pb<0.7	Si 0.06	Ti<0.7
NH_4NO_3	Cu 1	K 0.45	La 0.12	Rb 0.64

（续表）

基体	分　布　系　数			
Sb	Ca<1	Cu 0.06	Fe 0.2	Pb 0.09
Sn	In 0.5	Pb<1	Sb 1.5	Zn 0.05
Si	Cd 1×10^{-4}	Cu 4×10^{-4}	Ga 8×10^{-3}	Ge 0.33
$SiCl_4$	Mg 0.16	Mn 0.09	Ti 0.91	
$Y_3Ga_5O_{12}$	Cu,Er,Si,Yb,$k\sim1$;		Fe,Mn,Ni,Pb,$k<1$	
U	Mn 0.25	Mo 1.7	Nb 0.6	Ni 0.15

第 5 章

质量和热输运　生长外形及其稳定性

在大块生长相和母相中,不可避免地同时发生质量和热量的输运过程(见 5.1 节).这些过程常常对生长动力学起着重要作用,并且影响晶体形成时产生的缺陷的数量和性质、杂质的分布和相组分.

相互关联的表面生长过程、生长晶体周围的温度和(或)浓度分布决定晶体的外形,以及在一定扰动下这些外形的稳定性.5.2 节讨论决定晶体生长外形的动力学和晶体学原理.5.3 节讨论晶体生长外形的稳定性.

5.1　结晶中质量和热量的传递

晶体生长不仅包含表面过程,它还有以下必经的阶段:结晶组分向相边界的输运和结晶热量的散开.在真空中,分子束影响着这个输运过程.从凝聚相——溶液和熔体——和足够稠密的气相中生长晶体时,搅动或自然对流影响着这个输运过程.然而,在紧贴每个固体表面的边界层内的液体和致密气体相对来说是停滞不动的.可以假定处在该边界层内的输运是通常的扩散或热传导过程.纯粹扩散式的输运过程在大块母相介质中发生,典型的例子是在过饱和固溶体中、凝胶中在零重力下或在人工设计的条件下进行的晶体生长(例如把母相溶液和生长晶体密封在两个间距足够短的平行玻璃板之间以使液体内不发生对流).文献[1.2a,5.1,5.2]讨论了结晶中的扩散输运理论.

在 20 世纪 70 年代,人们对与液相对流有关的输运和生长现象一直很感兴趣,这可以从第五和第六届晶体生长国际会议论文集中的液体动力学和微重力等部分与其他最近发表的著作[1.2a,5.2,5.5—5.7]中看到.本节只能十分简略地涉及这些问题(见 4.3.3、5.1.2、10.2.5 等小节).

5.1.1　停滞溶液　动力学范畴和扩散范畴

纯粹扩散式的热量和质量输运过程只有在上述特殊条件下才会发生.然而,对这种输运的分析可阐明输运过程在结晶中的作用.因此我们在下面先讨论这些内容.

可以用同样的热量和质量的扩散方程描述停滞介质中的热量和质量的输运过程.这样,在一种情况下所得的结果常可推广到另一种情况.其主要差别是:结晶的扩散问题一般只限于考虑相介质,而热的问题则需同时考虑介质和晶体.

为了说明输运过程对溶液(中)晶体生长的影响的基本方面,我们研究最简单的情况:各向同性近似下晶体四周的准稳态扩散(图5.1).假定晶体是半径为 R 的球,球面的生长由各向同性的动力学系数 β 决定.在 t 时刻离晶体中心 r 处的溶液浓度为 $C(r,t)$,它满足扩散方程

$$\frac{\partial C}{\partial t} = D\Delta C. \tag{5.1}$$

我们考虑非搅动的溶液,设远离晶体的浓度为 C_∞,则有

$$C(r,t) = C_\infty \quad (r \to \infty), \tag{5.2}$$

C_∞ 值可大于或小于饱和溶液的平衡值 C_0.

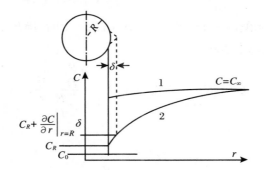

图5.1 围绕球形生长晶体四周母相溶液的浓度分布

当 $\beta R/D$[①] $\ll 1$ 时,属于动力学范畴(1);当 $\beta R/D \gg 1$ 时,属于扩散范畴(2).

由运动中生长前沿处结晶物质的守恒定律可定出相边界条件:

$$D\frac{\partial C}{\partial n} = (\rho_S - C)V(\boldsymbol{n}, \Delta\mu) \quad (r = R). \tag{5.3}$$

式中 ρ_S 是晶体密度,其单位与 C 一样.一定面积的表面线生长速度 V(单位:cm/s)依赖于该面的结晶学取向 $\boldsymbol{n}$ 和该面上偏离平衡态的程度 $\Delta\mu$,$\partial/\partial n$ 是生长前沿法线方向的导数.在各向同性近似下 $\partial/\partial n = \partial/\partial r$.对于扩散问题的完全解,我们还需有 $t=0$ 时的初始条件.

让我们在准稳态近似下分析上述问题解的定性特点.定义一个围绕晶体四周浓度发生变化的特征时间,它等于 R/V,这样公式(5.1)的左边近似等于 $V(C_{sur} - C_\infty)/R$,而式(5.1)的右边在一个数量级内等于 $D(C_{sur} - C_\infty)/R^2$. $C_{sur} = C(R) \equiv C_R$ 是晶体表面上的浓度.若生长速度 V 满足

_____

① 英文版误为 $\beta l/D$.——译者注

$$V \ll \frac{D}{R},\tag{5.4}$$

则式(5.1)的左边值远小于右边值,这样式(5.1)就变为拉普拉斯方程

$$\Delta C = 0.\tag{5.5}$$

条件(5.4)的物理意义是:扩散场的"调整"随着晶体大小的变化而变化. 晶体愈小,需要调整的区域($\simeq R$)愈小,调整愈快,对生长速度的限制愈小. 在 $R \simeq 1$ cm, $D \simeq 10^{-5}$ cm^2/s 时,条件(5.4)要求 $V \leqslant 10^{-5}$ cm/s.

下面研究在稳态近似(5.5)下晶体大小随时间的变化. 按照式(5.3)、(3.5),在生长前沿处应该有

$$D \frac{\partial C}{\partial n} = \beta(1 - \Omega C_{sur})(C_{sur} - C_0).\tag{5.6}$$

浓度 C 和密度 ρ 的单位是粒子数/cm^3,在 $\Omega C_{sur} \ll 1$ 时,满足式(5.5)、(6.2)的围绕晶体的浓度有以下形式:

$$C = C_\infty - (C_\infty - C_0) \frac{\beta \dfrac{R}{D}}{1 + \beta \dfrac{R}{D}} \frac{R}{r},\tag{5.7}$$

同时生长速度

$$V = \frac{\Omega \beta(C_\infty - C_0)}{1 + \beta \dfrac{R}{D}},\tag{5.8}$$

在条件 $\Omega(C_{sur} - C_0) \ll 1$ 下,考虑式(5.6)中的因子 $1 - \Omega C_{sur}$,并且用 β 代替 $\beta(1 - \Omega C_0)$ 后,可导出相同的方程(5.7)、式(5.8).

由上述方程可知:存在两种由不同生长规律表征的晶体尺寸范围. 当 $\beta R/D \ll 1$ 时,我们有 $C_{sur} \simeq C_\infty$,此时生长速度几乎完全由表面动力学过程决定,而与晶体尺寸(其值随时间线性地增大,$R \simeq \beta \Omega(C_\infty - C_0)\Omega t$)无关,这就是所谓的生长动力学范畴. 当 $\beta R/D \gg 1$ 时,$C \simeq C_\infty - (C_\infty - C_0)R/r$,生长速度 V 随时间减小,$V \simeq D\Omega(C_\infty - C_0)/R$,而晶体尺寸 R 按 $R \simeq \sqrt{2\Omega(C_\infty - C_0)t}$ 生长,即生长完全被体扩散制约,而与表面的动力学过程无关. 这就是扩散生长范畴. 图 5.1 是围绕生长球形晶体(分别在动力学范畴和扩散范畴内)浓度分布的示意图.

对于各种复杂形状,特别是小面化晶体的生长前沿,利用参量 $\beta R/D$ 区分动力学范畴和扩散范畴仍然定性有效. 在金属上形成氧化膜时,或一般讲,对任何反应的扩散过程,也能区分出生长的动力学范畴和扩散范畴. 氧化过程发生在金属-氧化物或氧化物-气体的界面上. 在上述任一场合下,反应物(氧气或金

属)之一依靠物质的扩散穿过已形成的膜而输运到生长前沿上.正是这个输运决定扩散范畴内膜的生长速度.

对于圆柱对称的扩散场,区分动力学范畴和扩散范畴的无量纲参数是 $(\beta R/D)\ln(L/R)$,其中 L 是容器的特征尺寸或扩散范围,因为上述参数与 R 的对数关系比线性关系弱,在圆柱对称时参数与 $R(t)$ 的关系实际上跟球对称时一样.

5.1.2 搅动溶液　阻抗总和

若母相溶液受到搅动,在它体积内的平均浓度实际上是常数.然而,在贴近生长晶体表面的液体薄边界层内则不然.在该层内的质量输运过程是纯扩散式的.

下面我们考虑生长晶体表面(其尺寸远大于边界层厚度 δ)四周的浓度场.此时溶液浓度只与垂直于生长面的坐标 z 有关.假定面生长速度 V 是常数,在扩散层内已建立了稳态的浓度分布,即离生长前沿距离为 z 处的浓度 C 与时间无关(换句话说,参照系是固定在前沿上的运动坐标系).这样,实验室坐标系 z' 中的浓度可写成 $C(z', t) = C(z' - Vt) = C(z)$,而 $z = z' - Vt$,故扩散方程 (5.1)简化为

$$D \frac{\partial^2 C}{\partial z^2} + V \frac{\mathrm{d}C}{\mathrm{d}z} = 0. \tag{5.9}$$

假定 $\Omega(C_{sur} - C_0) \ll 1$,并用 $z = 0$ 的边界条件(5.6)和 $z = \delta$ 时 $C = C_\infty$,在低过饱和度下,$(C_\infty - C_0)/(\rho_s - C_0) \ll 1$,式(5.9)的解为

$$C = C_\infty - (C_\infty - C_0) \frac{\exp\left(-\dfrac{Vz}{D}\right) - \exp\left(-\dfrac{V\delta}{D}\right)}{1 - \exp\left(-\dfrac{V\delta}{D}\right) + \dfrac{V}{\beta}}. \tag{5.10}$$

把式(5.10)代入式(5.6),在低浓度和低溶解度条件下,当 $V\delta/D \ll 1$ 和 $(C_\infty - C_0)/(\rho_s - C_0) \ll 1$[1]时,可求得

$$V = \frac{\beta(C_\infty - C_0)}{\left(1 + \dfrac{\beta\delta}{D}\right)(\rho_s - C_0)}. \tag{5.11}$$

对稀溶液,当 $C_0 \ll \rho_s = \Omega^{-1}$ 时,式(5.11)变为式(5.8).

方程(5.11)可重写成

---

① 英文版误为$(C_\infty - C_0)(\rho_s - C_0) \ll 1$.——译者注

$$(\rho_S - C_0)V = \frac{1}{\dfrac{1}{\beta} + \dfrac{\delta}{D}}(C_\infty - C_0) = \beta_{\text{eff}}(C_\infty - C_0),$$

即"结晶流量"$(\rho_S - C_0)V$ 与"结晶势差"$C_\infty - C_0$ 成正比. 有效动力学系数 β_{eff}（相当于系统的"传导率"）既反映物质输运的扩散式阻抗 δ/D 又反映相边界结晶的阻抗 β^{-1}. 像电工学中一样，总阻抗 β_{eff}^{-1} 等于结晶流的阻抗的总和：

$$\frac{1}{\beta_{\text{eff}}} = \frac{1}{\beta} + \frac{\delta}{D}. \tag{5.12}$$

假如物质穿越厚度近乎为 R 的扩散层，这相应于非搅动溶液，见式(5.8)，结晶的有效阻抗为

$$\frac{1}{\beta_{\text{eff}}} = \frac{1}{\beta} + \frac{R}{D}. \tag{5.12a}$$

按照式(3.17)，边界层厚度 δ 正比于 $1/\sqrt{u}$，δ 随表面附近液体速度 u 的增加而减小. 所以生长速度 V 必须随流速增大而变大，即 $V \propto \sqrt{u}$. 例如硫酸铜 ($CuSO_4 \cdot 5H_2O$) 晶体在水溶液中的生长速度即遵守上述规律，见图 5.2. 在 V 受输运过程限制时，生长速度按抛物线规律随 u 值增加. 对高搅动速度的溶液，当 $\delta \ll D/\beta$ 时，表面动力学过程决定生长速度，此时 V 不再与 u 有关.

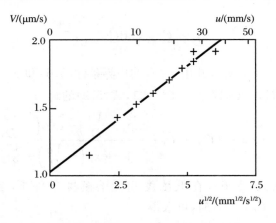

图 5.2 $CuSO_4 \cdot 5H_2O$ 晶体生长速度与溶液相对于晶体流速的关系[4.46]

晶体的完整性通常随生长表面的过饱和度的增加而减弱. 所以由晶体的品质可粗略估量溶液的过饱和度. 以下两个实验就是利用上述关系定性地显示出搅动对生长表面近旁的溶液过饱和度的影响. 第一个实验是 $NaClO_3$ 晶体在盛有非搅动的过饱和溶液（使饱和溶液过冷）的容器底部自由生长. 第二个实验是晶体在一个过饱和溶液剧烈流过晶体的装置中生长. 在第一个实验中，夹杂物

形成和骨架生长在溶液过饱和度约 5 K 时开始出现,而在第二个实验中出现宏观夹杂物的过饱和度低至约 0.3 K.

　　另一个例子是溶液流动性对晶体完整性的影响.当存在对流或搅动时液体不很均匀:在它内部存在浓度和(或)温度有微小差别的区域.在一定时间间隔(正比于区域尺寸的平方除以扩散系数)内,通常的扩散过程会消除上述不均匀性.但在溶液从冷区(饱和区)流到晶体表面所需的时间间隔内,上述不均匀性没有完全消除.因而表面的过饱和度(过冷度)随时间变化.在某些系统,例如在熔体生长的水平舟中(见 10.2 节),当温度梯度足够小时,前沿过冷度的变化具有周期性.上述振荡和涨落的振幅可达一度(图 10.46).生长速度也相应涨落.如除主组分外,溶液含有俘获率和生长速度密切相关的杂质,这些生长速度的涨落会引起带状结构(见 4.2.3 小节).

5.1.3　熔体中的动力学范畴和扩散范畴

　　纯的单组元熔体的生长动力学范畴是指生长速度受限于表面现象的范畴,而其扩散范畴是指生长速度受限于大块接触相的散热(热扩散)过程的范畴.

　　在纯熔体生长中,为了解表面过程和热传递所起的相对作用,需要分析生长前沿处的热平衡条件:

$$\kappa_L \frac{\partial T_L}{\partial n} - \kappa_S \frac{\partial T_S}{\partial n} = \Delta H \rho_S V. \tag{5.13}$$

式中 T_L 和 T_S 分别是液相和固相的温度;κ_L 和 κ_S(单位:cal/(cm·s·K))分别是它们的热导率;ΔH(单位:cal/g)是单位质量的结晶潜热;ρ_S(单位:g/cm³)是晶体密度;生长速度是按联系在晶体上的坐标系计算的.假如我们要计算相对于液体的生长速度,只需把式(5.13)中的 ρ_S 代之以熔体密度 ρ_L.假定熔体和晶体有相同的密度和热容量,条件(5.13)可更简化,在相边界处有

$$a_L \frac{\partial T_L}{\partial n} - a_S \frac{\partial T_S}{\partial n} = T_Q V. \tag{5.14}$$

式中 a_L 和 a_S 分别是液相和固相的热扩散率(单位:cm²/s),$T_Q = \Delta H / \delta$ 是熔化潜热和热容量 δ 之比,T_Q 是任一熔融体积元瞬间绝热结晶后产生的温度增量.典型的 T_Q 值在数十到数百度之间.实际上只有熔体过冷度 $T_0 - T_\infty > T_Q$ 时才会产生 T_Q 温度增量,上式中的 T_∞ 是远离晶体的温度.当上述不等式满足时每一新结晶的体积元的温度可增加到仍低于熔点的 $T_\infty + T_Q$,此时即使热量没有从生长前沿上散开,结晶仍将继续,此时前沿的过冷度是 $T_0 - T_\infty - T_Q$.球状晶体表面的散热会稍微增大上述量的数值,但正如严格数学分析[5.8]所指出

的那样,它仍保持为有限值.相应地,生长速度由这个过冷度和表面过程动力学决定,而且生长速度在生长开始后不久就不再与时间有关.然而在小过冷度$(T_0 - T_\infty < T_Q)$时,生长前沿释放的、不能靠热传导散开的潜热将使前沿的温度超过熔点,而这是与结晶不相容的.所以在 $T_0 - T_\infty < T_Q$ 时,晶体表面的过冷度在生长开始后几乎立即降到接近于零,并且按热传递决定的规律继续按$t^{-1/2}$的关系下降.生长速度也相应地按 $V \propto t^{-1/2}$ 的关系降低.下面我们较详细地研究这个过程.设过冷熔体中有一个特征尺寸为 R 的孤立晶体(例如半径为R 的球状晶体).假定晶体内的温度是常数(热量不能通过晶体散开),并且等于晶体表面温度 T_{sur}.在上述近似下熔体的温度分布问题与已讨论过的扩散问题相似.由于围绕晶体的热场的延伸距离约为 R,边界条件式(5.14)可近似地重写为

$$a_L \frac{\partial T_L}{\partial n} \simeq a_L \frac{T_{sur} - T_\infty}{R} \simeq T_Q \beta^T (T_0 - T_{sur}).$$

由上述方程求出 T_{sur} 后,即可容易地得到生长前沿的过冷度

$$T_0 - T_{sur} \simeq \frac{T_0 - T_\infty}{1 - \dfrac{\beta^T T_Q R}{a_L}} \tag{5.15}$$

和其运动速度

$$V = \beta^T (T_0 - T_{sur}) \simeq \frac{\beta^T (T_0 - T_\infty)}{1 + \dfrac{\beta^T T_Q R}{a_L}}. \tag{5.16}$$

式(5.16)与式(5.8)相似.在式(5.8)中经过以下置换:

$$\Omega(C_\infty - C_0) \to \frac{T_0 - T_\infty}{T_Q},$$
$$\beta \to \beta^T T_Q, \quad D \to a_L, \tag{5.17}$$

即得式(5.16).

　　类似于溶液生长,参量 $\beta^T T_Q R / a_L$ 可定出动力学范畴($\beta^T T_Q R / a_L \ll 1$)和扩散范畴($\beta^T T_Q R / a_L \gg 1$).对于钾的小晶体,$\beta^T \simeq 40\ \mathrm{cm/(s \cdot K)}$,$T_Q = 75\ \mathrm{K}$,$a_L \simeq 1/4\ \mathrm{cm^2/s}$,故在 $R \gtrsim 10^{-3}\ \mathrm{cm}$ 时热量传递已决定生长速度,只有在晶体尺寸约为微米或更小些时表面过程才起重要作用.

　　当结晶热通过晶体散开时,用同样的方法可容易地估计出生长速度和温度分布,例如在冷衬底上平层的凝固,上述模型可描述衬底上的外延薄膜的生长和模具壁上金属多晶层(当层厚小于模具尺寸时)的生长.此时层厚相当于晶体的尺寸 R,无量纲参数 $\beta^T T_Q R / a$ 中的 a 必须用晶体热扩散率 a_S 或 a_S 和 a_L

的组合量代替. 然而 a_L 和 a_S 有相同数量级, 它们的差别对定性估量是无关紧要的.

由式(5.8)、(5.16)可知, 生长速度随晶体尺寸增加而降低. 对相边界的运动方程 $dR/dt = V$ 求积分后可明显看出: 当 R 小时, 即在动力学范畴内, $R \simeq \beta^T(T_0 - T_\infty)t$; 而在扩散范畴内, $R \simeq \sqrt{2(T_0 - T_\infty)a_L t / T_Q}$. 在前一情况下晶体大小随时间线性增加, 而且由表面过程决定; 而在后一情况下 $R \propto \sqrt{t}$, R 只依赖于扩散系数和温度热导率.

溶液生长释放的潜热也增加表面温度, 从而降低生长速度. 然而质量扩散率通常比热扩散率小三个数量级, 只有在晶态和液态中两组元都具有相似成分的系统中, 上述效应才是重要的. 这些系统包括合金. 类似的情况是含 10%(质量分数)水和 90%(质量分数)盐的混合液中生长罗谢耳盐. 因为热量从罗谢耳盐晶体顶点散开比从面上散开更容易, 沿晶体表面产生的与生长速度有关的温差约 3—5 K[5.9].

5.1.4 多面体的扩散场

设具有多面体外形的晶体能在保持相似外形的情况下从停滞溶液中生长. 这种生长只在晶面上每一点的结晶物质的扩散流密度不变时才有可能. 换言之, 沿第 i 个面有

$$\frac{\partial C}{\partial n} = q_i = 常量.$$

涌向不同面的流量即 q_i 值一般来讲是不同的. 用这个边界条件我们可求解扩散方程并得到围绕多面体的浓度分布[5.10]. 我们可以用 q_i 来表达生长面上每一点(包括该面上的产生层的点)的过饱和度[5.11,5.12]. 假如生长速度低到能满足条件(5.4), 就可用拉普拉斯方程代替扩散方程, 问题就大为简化. 下面严格地讨论这种情况. 若已知过饱和度和层发生器的强度, 我们可求得局域的台阶密度和表面斜率 p, 即式(5.6)中的动力学系数 $\beta(p)$. 把式(5.6)左边的 $\partial C/\partial n$ 用 q_i 代替, 把它的右边的过饱和度 $C_{sur} - C_0$ 用 q_i 表示后, 我们即得决定 q_i 的条件, 并且同时求得围绕多面体的浓度场问题的完全解. 在动力学范畴以及不十分显著的扩散范畴内, 浓度场几乎是球对称的. 在二维情况下我们自然得到圆柱对称性. 从图 5.3 可以看到这样的扩散场. 从图中看到密封在平行玻璃板间的水溶液(溶液层厚度约 10^{-2} cm)中生长的 $NaClO_3$ 晶体附近的干涉图样. 晶体大小(边长)是 $2l \simeq 3 \times 10^{-2}$ cm. 每个干涉束的光程正比于折射率, 而折射率又正比于观察中的各点溶液浓度. 所以充满溶液的间隙产生的干涉条纹

是等浓度线.虽然晶体呈正方截面,但从图 5.3 看出等浓度线类似于同心圆.在朝向晶体方向上溶液浓度减小.由干涉条纹与晶体表面的交线可看出生长表面上的浓度不是常数:在晶体各顶点浓度较高,在面心处较低.这一重要情况跟多面体扩散问题的解是一致的.这是位于顶点邻近的层产生器的主要起因之一,并且导致骨架生长的形成(见 5.2 节).

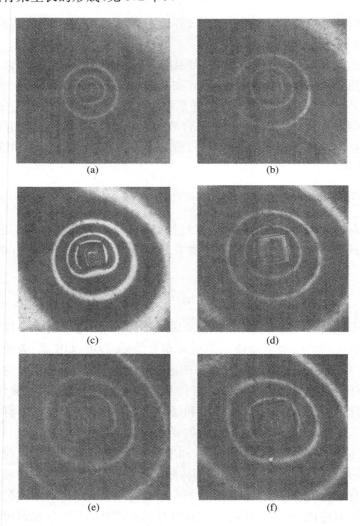

图 5.3　各个生长阶段的 $NaClO_3$ 晶体四周的扩散场[5.13]（放大 40 倍）

由图 5.3 那样类型的实验所得的晶体尺寸随时间增加的结果表达在图 5.4

中,它们证实了上述 $l \propto \sqrt{t}$ 关系. 文献[5.13b]提到了用其他干涉技术测量围绕 ADP 晶体的扩散场.

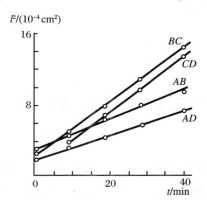

图 5.4 晶体中心到面的距离 l 的平方与时间 t 的函数关系
晶体开始生长的时刻为时间零点. 四条直线相应于四个不同
的晶体面(见图 5.3).[5.13]

当过饱和度增加(见 5.3 节)时,动力学系数 β 陡然变大,由式(5.6)可知表面浓度趋向其平衡值,同时扩散场发生剧变:晶态多面体近旁的等浓度线几乎严格地重复其形状. 远离晶体的浓度分布仍保持球(或圆柱)对称.

邻近晶体顶点、边和面中心的质量和热量输运的不等价(条件)对一切生长多面体是共同的. 在溶液生长中环境向顶点所张的立体角大,所以顶点附近晶体表面的过饱和度比面中心部位高. 类似地熔体生长孤立晶体时,顶点附近的过冷度也高于生长前沿的其他部位.

然而在某些实例中我们看到相反的情况,即顶点附近的过饱和度更低. 在 $H_2O - CO_2 - CaCO_3$ 溶液中生长方解石 $CaCO_3$ 时,由于 CO_2 溶液的增加使方解石的溶解度降低. 方解石晶体生长时二氧化碳从生长前沿上扩散开,导致其顶点附近的 CO_2 浓度最低. 因而方解石在顶点附近的溶解度比面上其他各点高(而过饱和度 $C - C_0$ 低). 这样造成各面的中央部分加速生长而使面外凸. 存在被晶体推开后使晶体溶解度降低的杂质时,也观察到同样的生长图像.

在流动的母相介质中几乎总是存在向生长表面供应的不均匀性或从表面上散热的不均匀性. 因此在流动的过饱和溶液中,晶体"领先"面的过饱和度最大,这些面比"尾随"面生长得快. 只要穿越边界层的扩散决定生长速度(扩散范畴),这个不等价性自然仍是重要的. 在低流速的溶液中,上述供应的不均匀性显得特别突出,例如晶体跟由它自身产生的浓度流(自然对流)接触时,沿表面边界层厚度 δ 的不均匀性也造成沿每个面的过饱和度的不均匀性.这通常也使顶点和边上的过饱和浓度大于面中心部分.

5.2 生 长 外 形

晶体在生长过程中采取的外形——生长外形——对于生长条件是高度灵敏的,它和表面形貌一样是生长机理的反映[5.14a].可以用生长外形来鉴别形成条件,并且调整人工生长晶体的生长参量.

5.2.1 动力学

每个面在生长中保持与它自身平行就可以形成多面体外形,即生长速度只依赖于面取向并且生长速度值在面上各点(平均来讲)相等:$V = V(n)$.文献[5.14b]指出:由采用函数 $V(n)$ 的乌尔夫法则决定的在上述条件下形成的稳态生长外形,跟由比表面能 $\alpha(n)$ 决定的平衡外形是严格相同的.稳态生长外形由下列平面族的包络线的解析方程描述:

$$n \cdot r = V(n)t. \tag{5.18}$$

作以下置换:$\alpha(n) \to V(n)$,$2\Omega/\Delta\mu \to t$,由式(1.41)可导出式(5.18),这里的 t 从晶体成核后开始计算.式(5.18)假定晶体外形在生长过程中总是相似于原先的外形,这样即使生长速度与时间有关,在满足上述条件下外形仍然不变.此时只需把式(5.18)右边改成 $\int V\mathrm{d}t$.类似式(1.40),面族包络方程(5.18)可写成

$$\frac{1}{R_1}\left(V + \frac{\partial^2 V}{\partial \varphi_1^2}\right) + \frac{1}{R_2}\left(V + \frac{\partial^2 V}{\partial \varphi_2^2}\right) = 常量. \tag{5.19}$$

上式右边的常数与坐标无关,但它是时间的任意函数.相应于奇异面的取向的函数 $V(n)$,或 $V(\varphi_1, \varphi_2)$ 有尖锐的极小值,其一阶导数 $\partial V/\partial \varphi_1$ 和 $\partial V/\partial \varphi_2$ 不连续,在式(5.19)中的二阶导数是无穷大.在奇异方位的晶体表面的曲率半径 R_1 和 R_2 也必须是无穷大.这表明奇异面必须是晶体惯态中的宏观平坦面.这些平面上的邻晶小丘相应于在小角 $p < p_0$(图 3.7(a)中的虚线)范围内奇异

极小值的平坦化. 在原子级上光滑的表面变为粗糙的表面意味着 $V(n)$（或 $R(n)$（图 3.7(a)中的短线））尖锐极小的圆滑化. 圆滑化了的 $V(n)$ 极小值表明式(5.19)中的二阶导数是有限值, 因此曲率半径也是有限的. 稳态生长外形的圆滑部分代表原子级粗糙垂直生长的表面. 因此可以从晶体宏观外形来鉴定生长的原子机制.

按照类似式(5.18)的居里-乌尔夫法则可求出在生长形状上已知取向的已知面的大小或其圆拱截面的长度. 由乌尔夫包络(图 1.11)的几何作法可得出, 面(或圆拱状面积)的生长速度愈大, 则在凸起的稳态生长外形上该面的尺寸一定愈小. 的确, 我们考虑同一晶带的三个邻近面, 其中外侧的两个面在中间面的后面(即在晶体外)相交. 现在设想只有中间面的生长速度增加, 譬如由于它附近的过饱和度增加、有选择作用的杂质的添加或在该面上出现缺陷活性大的层发生器. 这个加速(生长)面的尺寸显然会减小而最终消失(即所谓楔出 wedging out). 类似地, 具有极大生长速度的各面将形成凹的生长外形(即形成尺寸逐渐减小的空腔).

5.2.2 周期键链(PBC)法决定晶体惯态

如 1.3 节所述, 在气相和溶液中生长的大多数晶体具有原子级光滑表面, 因而呈小面化生长外形. 为了描述这些外形, 首先必须确定面的结晶学指数和它们的相对大小, 即晶体惯态. 根据近代概念可以定性且足够准确地给出在气相中生长最可能面的大小的次序, 而对溶液和熔体生长给出的结果精确度要差一些.

按照居里-乌尔夫法则(式(5.18)), 最低生长速度的面是在晶体表面上伸展得最大的面. 最低生长速度的面应该平行于最强键链数最多的面, 即原子级光滑的 F 面(见 1.2.2 小节). 的确, 这些面的生长或要求克服二维成核必需的势垒, 或要求出现形成台阶所需的位错和其他缺陷. 台阶的比线能愈大, 上述两种过程发生得愈慢. 这个能量愈大, 则和面平行并和各种取向的台阶交叉的周期键链(PBC)愈强. 其次, 由吸附层移动台阶的粒子引起生长时, 吸附层密度愈大, 生长速率愈大. 吸附层密度随吸收粒子(结构单元)和表面间的结合能的增加而指数地增大[1]. 这就是说, 和最强的 PBC 交叉得最少的面上吸附密度最小.

上述思路定性地论证了 Hartman 和 Perdok(见 1.2 节)提出的 PBC 理论的主要设想, 该理论指出和某面交叉的强键链数愈少, 该面的生长速度愈低. 对

---

① 英文版误为减小. ——译者注

于表面能而言,上述关系根源于能量本身的定义,而对生长速度来说,上述关系只是近似成立.具体来说,各种面的生长速度依赖于过冷度和在一定过冷度下的温度,而这些不能纳入 PBC 理论的框架内.然而在许多情况下 PBC 理论仍能较好地描述晶体惯态的最一般特性.

表面能和生长速度间的上述相关性起因于晶体结构,由后者可以决定前二者在任意取向上的值.面生长速度与角度的关系上出现极小值的取向和表面能与角度关系上呈现极小值的取向一致.$V(\boldsymbol{n})$ 的最深的极小值对应于 $\alpha(\boldsymbol{n})$ 的最深的极小值.这样在一定条件下生长外形上诸面的相对尺寸必须相似于平衡外形.但这决不表示由 Gibbs – Thompson – Herring 关系(式(1.40))表达的表面能可以直接决定生长外形.只有由表面能引起的驱动力 $\Delta\mu = \Omega(\alpha + \partial^2\alpha/\partial\varphi_1^2)/R_1 + \Omega(\alpha + \partial^2\alpha/\partial\varphi_2^2)/R_2$ 与决定生长速度的生长驱动力可相比时上述情况才可能发生.在实际能达到的过饱和度或过冷度下只有小于 1 μm 大小的晶体才会发生上述情况(1.4.4 小节).然而,由于平衡外形和生长外形间的相似性,人们可用求平衡外形的方法,特别是在 1.4.3 小节讨论过的平均剥离功法来求出生长外形中各主要的面.

按照 PBC 理论的假设,在惯态中面的"比重"按 F、S、K(平滑的、有台阶的、有扭折的)次序降低.例如纤维硅酸盐由原子链组成,链内的键远远强于链间的键,它的生长外形呈细纤维状,即有针状惯态(侧面远大于端面).只沿 c 轴有最强键的 SbSI 晶体在气相生长和熔体生长中外形呈针状.这些晶体的针状惯态与晶须外形是无关的[①].

类似地,具有明显的、确定的层状结构的晶体——石墨、云母及一些有机物晶体——在层内至少有两个 PBC 系统,晶体生长外形呈小片状.

最后,至少有三个不共面 PBC 系统的晶体通常是等轴的.下面作为例子,我们只考虑最邻近相互作用并且用 PBC 法找出非极性键面心立方晶体的惯态.在上述近似下密堆积面心立方点阵沿所有〈110〉方向只有一种 PBC.容易看出只存在两类和两(或更多)个不同的〈110〉PBC 系统平行的面,它们是包括三个 PBC 系统的{111}面和包括两个 PBC 系统的{100}面.这些面都会出现在生长晶体的惯态中,但是{111}面优先出现.

考虑次近邻相互作用(〈100〉链)时就出现新的 PBC,它们一般不平行于上

---

① 典型的晶须径向尺寸为 1—10 μm,单轴晶体的直径还要大 10 到 100 倍.许多晶体从结构上预测应具有等轴外形,即沿晶体学各主轴的尺寸相近;但在特定的过饱和度、温度、母相介质的成分和存在杂质的条件下,许多晶体会形成针状.许多金属、卤化碱金属和其他盐类、氧化物和其他物质可形成晶须.第 8 章讨论晶须的 VLS 生长.

述 PBC 系统. 由于出现至少包含最近邻和次近邻 PBC 系统的面, 晶体外形变复杂了. 在这里它们是{110}面. 新面是否在平衡形状中出现以及面的大小依赖于不同级别的 PBC 能量之比. 表 5.1 按其重要性列出各晶面的次序, 表由 Stransky 和 Kaishev 的平均剥离法(见 1.4.3 小节)给出.

表 5.1　平衡外形和生长外形的面指数[1.9]

点阵类型	含下列近邻的面		
	最近邻	次近邻	第三近邻
简单立方	100	110,111	211
体心立方	110	100	211,111
面心立方	111,100	110	311,210,531
金刚石	111	100	110,311
六角密堆积	0001,101$\bar{1}$,10$\bar{1}$0	11$\bar{2}$0,10$\bar{1}$2	

注: 表中第一列面指数只考虑最近邻, 包含最近邻和次近邻的面指数分别列在第一列和第二列中, 等等.

在决定离子晶体 F 面的指数时, 需要用到面生长速度正比于晶体增加一个新的平面原子网所需能量(即生长速度正比于表面能)的初始假设. 应用求所有库仑键总和的马德隆方法可计算出离子晶体的上述能量. 更严格的计算要考虑邻近离子间的玻恩排斥项. 用来进行比较的各面上不该有垂直于面的电偶极矩, 否则面将有更大的静电能. 含有相同符号离子的 NaCl(111)面就是一例, 该面被(100)面的微区分割成微观上粗糙的面. 在与电解溶液形成的边界上这些带电的面可以吸收杂质离子, 或溶剂极性分子, 因此它们可能是稳定的, 并且也可能在生长外形上出现.

不同的面吸收不同的杂质, 杂质改变面生长速度, 因而也有不同的晶体惯态(见 4.1 节).

在相邻 F 面取向之间的面是 S 面和 K 面; S 面(像 F 面那样)一般属于同一晶带, 而 K 面在立体投影图上占一般位置. S 面由台阶组成, 而 K 面由扭折组成(见 1.2 节). 必须注意 S 面的台阶结构(例如简单立方点阵的 110 面)在最近邻近似下起因于晶体结构而不是起因于成核或位错. 这对充满扭折、结构粗糙的 K 面也成立. 起因于结构的粗糙性甚至 $T=0$ 时仍存在. 在最近邻近似下不存在 S 面和 K 面上台阶和扭折的形成问题. 然而实际上 S 面和 K 面能靠和它们平行的面上的淀积层生长, 但相应台阶的线能 α_l 唯一地来源于高级的 PBC, 因而小于 F 面上的台阶能量. 这并不表示在实际条件下 α_l 小到可以忽略: 例如在最近邻近似下金刚石结构的立方面(100)是 K 面,但人造金刚石因层状生长可以有完好的(100)面;还观察到了螺旋层(图 3.5(a)).

5.2.3 Bravais－Donnay－Harker 法则

PBC 方法实际上是决定晶体惯态的较早和较简单的 Bravais 和 Donnay－Harker 经验法则的推广.按照 Bravais 法,具有最大面间距 d_{hkl} 的 $\{hkl\}$ 面的特点是具有最小的生长速度.(即这些面之间的键强度最弱,和 Hartman 假设定性地符合.)由于 $d_{hkl} \propto (h^2 + k^2 + l^2)^{-1/2}$,故最简单指数的面间距 d_{hkl} 最大,实际上这些面常构成晶体惯态.但最简单指数的面通常由最密排原子网格组成,即为网密度最大的面.的确,(hkl) 网格的密度等于 S_{hkl}^{-2},而 S_{hkl} 是该网格单位的面积:

$$S_{hkl}^2 = h^2 S_{100} + k^2 S_{010} + l^2 S_{001} + 2(hk S_{100} S_{010} \cos\lambda + hl S_{010} S_{001} \cos\mu + lh S_{001} S_{100} \cos\nu),$$

这里 S_{100},S_{010} 和 S_{001} 是相应下标的网格单位的面积;λ,μ,ν 分别是(100)和(010),(010)和(001),(001)和(100)间的夹角.较大 h、k、l 值网格的原子密度较小.d_{hkl} 极大值原理等价于网格密度极大,这表明晶体外形由密排面构成.

在结晶学上等价的 (hkl) 平面的间距由 d_{hkl} 方程决定.然而当晶体存在垂直于某面的 n 次螺旋对称轴时,相邻面间的距离(不再等价,而是彼此相对旋转 $2\pi/n$)是 d_{hkl}/n.相应地,具有这样取向面的面积在晶体外形中就较小.对于滑移-反射面也可以得出相似的结论.晶胞中有对称中心时某些面的间距也减小一半.

一般来讲,为了确定晶体外形应该用最邻近的原子面的间距而不用 d_{hkl}.必须考虑晶体结构内在的空间对称性(如上述那样)才能求得这些面的间距.这就是 Donnay 和 Harker 修正 Bravais 法则的主要点,他们解决了 Bravais 法则和某些晶体在实际上具有的晶体惯态之间的矛盾.例如石英(0001)基面按 Bravais 法应该是最密排的,因而该面生长最慢,从而在惯态上是尺寸最大的面.按照尺寸逐渐减小的次序,上面依次为 $(10\bar{1}0)$,$(10\bar{1}1)$,$(11\bar{2}0)$,$(10\bar{1}2)$ 和 $(11\bar{2}1)$.然而实际上基面生长迅速并被楔形吃掉,在最终外形中不再存在.当我们想到与(0001)面垂直的 c 轴是三次螺旋轴,d_{0001} 应该除以 3,上述矛盾就迎刃而解.依照 Donnay 和 Harker 法则,我们在允许的对称操作下按尺寸减小次序得出:$(10\bar{1}0)$,$(10\bar{1}1)$,$(11\bar{2}0)$,$(10\bar{1}2)$,$(11\bar{2}1)$,$(20\bar{2}1)$ 和 $(11\bar{2}2)$.这一序列除 $(11\bar{2}0)$ 外,和观察到的惯态相符.

与 PBC 方法相比,Bravais 和 Donnay－Harker 法只涉及几何参量,只要已知空间群就能对晶体外形给出确定的结论.但由于忽略了键能,所得结论不总是准确的.

5.2.4 生长条件的影响

表面结构和生长机理主要依赖于过饱和度、温度和环境成分(见1.3、3.1、3.2节),晶体惯态不仅与结构,而且也与上述因素有关.例如在过饱和度$\lesssim 1\%$时明矾晶体中只有八面体的面,而当过饱和度$\gtrsim 1\%$时,它呈现八面体、立方体和菱形十二面体的面.NaCl晶体在低过饱和度时惯态为立方体,在高过饱和度下则为八面体.在过饱和度增加时,CsCl晶体除(110)面外还出现(100)面.一般来说按奇异面生长的晶体惯态随过饱和度或过冷度降低而简单化.其原因是奇异面的生长速度与过饱和度、各种动力学系数(甚至在$V(\sigma)$的线性范围内,见3.3节)间有明显的非线性关系.由均匀和非均匀的二维成核以及因位错而形成的层生长速度依赖于台阶的线能量和面上缺陷谱;它们在不同的面上显著不同.所以在稍微偏离平衡态和相应地在低生长速度下,在$V(\sigma)$的非线性范围内面生长速度的变化很大.与平衡偏离大时,随着扭折和台阶上粒子合并行为以及沿表面和体内的输运过程(即这些过程比层源更为各向同性)不断地变为过程的限制阶段,生长速度的差别甚至消失了.镓晶体(100)和(111)面的速度比(图3.21)就是一个例子.

即使对各向异性明显的(如云母)晶体,母相介质对晶体惯态也有影响.图5.5(a)是熔融云母中生长的晶体,图5.5(b)是从熔剂生长的云母晶体.熔体比熔剂稠密得多,在熔体中自然对流受阻,熔体生长晶体的散热情况也比溶液的坏,因此生长前沿的过饱和度也更小.相应地熔体生长晶体的外形更显著地呈小片状.

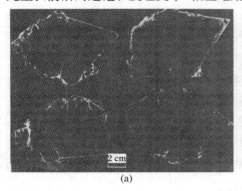 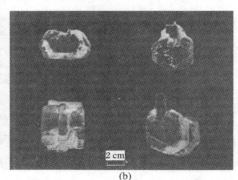

(a)　　　　　　　　　　　　　　　(b)

图5.5　云母晶体(氟金云母)

(a)熔体生长;(b)高温溶液生长.(I. N. Anikin)

　　增加饱和溶液浓度和按液相线提高温度,可使溶液生长向熔体生长转化,此时在相同输运条件下,明显地存在着长成更为等轴的外形的趋势.图 5.6 是改变 Al-Sn 系统溶液成分和结晶温度,使生长机制和 Al 晶体惯态发生变化的示意图.当 Sn 中 Al 浓度低(3%Al)时,Al 晶体长成层状,浓度为 20%Al 时,Al 晶体呈正常外形.在前一情况下,微晶外形主要由立方面构成;在后一情况下,Al 的惯态由所有的面构成并且呈圆拱状;在中间情况下 Al 晶体有相当复杂的惯态.在极限情况下所有表面都是原子级粗糙面,生长外形显著地依赖于热量的散开或扩散.母相溶液中质量扩散和热量扩散是各向同性的,并且大多数晶体的热导率的各向异性很小(立方晶系的晶体差别为零).所以由点状籽晶长出的且有原子级粗糙面的晶体的稳定生长外形近乎球形.

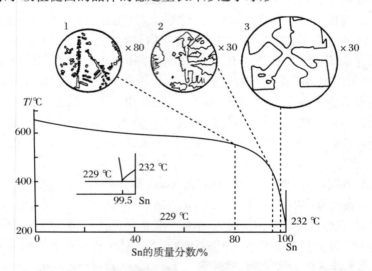

图 5.6　Al-Sn 溶液浓度和结晶温度改变时 Al 晶体惯态的变化[5.15]
(1) Sn + 20%(质量分数)Al, (2) Sn + 5%(质量分数)Al, (3) Sn + 3%(质量分数)Al.

　　生长晶体在其四周建立起一定的温度分布,它又回过来决定生长前沿上每一点的过冷度和热流量,从而决定生长速度和晶体外形.只有在平面、椭球面、抛物面的生长前沿下才可能保持稳定的、不随时间变化的晶体生长外形.这一未在这里证明的理论结果[5.16b]对于无限迅速的表面动力学也是正确的,它忽略了生长前沿曲率引起的平衡温度漂移(见 1.4 节).Ternkin[5.17]对熔体中抛物面状晶体生长的研究确认了上述诸因素的效应.

　　这个理论给出沿抛物面轴的生长速度与抛物面顶点处曲率乘积的一个关系式.选用上述两量间的第二个关系式作为最大生长速度的未加证明的条件.最近

Langer 和 Müllen-Krumbhar[5.18]指出,从相对于枝晶形成而言的抛物面稳定性条件(见 5.3 节)可得出所需的第二方程.理论在定性上与实验符合[5.19].

5.2.5 小面化效应

在同一个晶体上除了纯小面化的外形和圆拱外形外还可采取两种外形的混合型.这种情况的例子是:从熔化熵 $\Delta H/(kT) \simeq 2\text{—}4$ 的熔体中提拉的晶体中只有密排面仍保持为原子级光滑面.硅是一个典型例子.在提拉法实验中(图 5.7),热流由熔体直接经过晶体散入支架,同时也通过晶体侧面散入周围环境(气体).晶体的等温线可以是凹的或凸的,这与轴向的和径向的热流量之比有关.按照式(5.15),在原子级粗糙表面上 $\beta^T T_Q \delta/a_{s,L} \gg 1$,此时 $T_{sur} = T_0$,这表明生长前沿与 $T = T_0$ 的等温线即结晶等温线重合(上式中的 δ 是熔体的边界层厚度).图 5.7(a)和图 5.7(b)显示了凸的和凹的等温线,凹的和凸的生长界面.削去圆滑的凸生长前沿顶部后形成的直径为 d 的圆状平面和晶体内的 $T < T_0$ 等温线相交.这样,在圆中心的过冷度大约是 $h \partial T_s/\partial n$ [5.11],这里 $\partial T_s/\partial n$ 是生长前沿的温度梯度,h 是球状生长前沿与削割平面间的高度.考虑晶态和液态中同时有热量传递的更严格的理论给出

$$\Delta T_{\max} = \mathscr{G} h = \frac{\mathscr{G} d^2}{8R}, \tag{5.20}$$

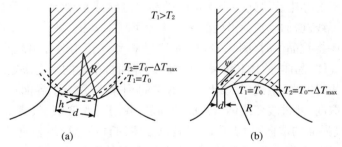

图 5.7 圆拱状生长前沿上奇异平面的形成
(a) 凸前沿;(b) 凹前沿.

而

$$\mathscr{G} = \frac{\kappa_S \left(\dfrac{\partial T_S}{\partial n}\right) + \kappa_L \left(\dfrac{\partial T_L}{\partial n}\right)}{\kappa_S + \kappa_L} \tag{5.20a}$$

是生长界面处的广义(权重)温度梯度,R 是圆拱状生长界面的曲率半径.由式(5.20)可得出面的尺寸是

$$d = 2\sqrt{\frac{2R\Delta T_{\max}}{\mathscr{G}}}, \tag{5.21}$$

即 $d\propto\mathscr{G}^{-1/2}$，$d$ 值随生长前沿处的温度梯度 $\mathscr{G}$ 的增大而变小，同时也随圆拱形前沿的曲率半径 R 的增大而变大.由沿晶轴方向的面的速度和圆拱状前沿的速度(即拉晶速度)相等可定出过冷度 $\Delta T_{\max}$.已知 $V(\Delta T)$ 关系就可通过式(5.21)由给定的拉晶速度 V 求出 $\Delta T_{\max}$，进而求出不同生长机制的 $d(V)$ 值:在同一速度下无位错的晶体的面比包含位错台阶源的面需要更大的过冷度，所以无位错晶体的小平面有较大的直径，这点与式(5.12)相符.上述效应在硅、镓和石榴石的实验中已观察到(图 10.49)，而且利用它们可求出 Si 台阶的比线能和台阶动力学系数分别为 $\alpha_l = 2\times 10^{-6}$ erg/cm，$\beta^T = 50$ cm/(s·K).根据同样的理由很容易求得在凹生长前沿周界上(由 Voronkov[5.16c] 提出的)带状平面的宽度(图 5.7(b))为

$$d = \frac{\Delta T_{\max}}{\mathscr{G}\cos\psi} = \frac{\Delta T_{\max}}{\mathscr{G}_r}, \tag{5.21a}$$

上式 ψ 角是等温线 $T = T_0$ 与圆柱体边的夹角(图 5.7(b))，$\mathscr{G}_r$ 是广义径向温度梯度 $\mathscr{G}\cos\psi$.

圆拱状生长界面俘获杂质的浓度不同于界面圆拱部分(见 4.3 节):生长晶体因为含有富杂质芯部而变得不均匀(发生所谓小面化效应，见图 4.9).消除小面化效应的最根本的办法是得到一个平坦的结晶等温线或是得到一个晶体外缘可忽略的凹的等温线.增加生长前沿处的温度梯度可减小 d 值(见 10.3.2 小节).

从熔体中提拉晶体时(图 5.7)，在固相、液相和气相相遇处出现周界线，即三相线.晶体-气体、晶体-液体和液体-气体间的界面自由能的平衡决定三相线上三个界面间的相对取向.上述(与线上温度有关的)平衡导致三个界面在三相线上有确定的相互取向.通过改变液体弯月面的高度，我们可改变液-气界面的取向，进而改变固-气界面的取向.后者可改变提拉晶体的直径.这样，侧向固-气界面的形状随着晶体学取向位置和晶体-熔体生长界面的温度而改变.特别是这些变化可以来源于晶体-熔体界面上小面的出现或消失以及在这些小面上位错露头的出现或完全消失.在文献[5.16d—f]和有关外形生长的文献[5.16g—i]中详细地讨论了这些现象.

5.3 生长外形的稳定性

上述凸圆拱形或小面形晶体只有在一定条件下才能在生长过程中保持相似的外形.只要晶体尺寸和偏离平衡的程度不超过某确定值[5.11,5.20],上述生长就可在非搅动的母相介质中发生.不然的话晶体将呈现为所谓骨架的或树枝状的外形.图1.14(a)的照片显示了前一种情况,图5.8的照片给出了后一种情况(二者均为氯化铵晶体).从每一个骨架上出现第二、第三分支等,从而发展成为枝晶.

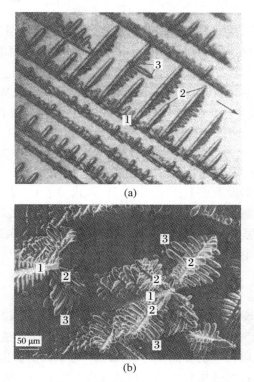

(a)

(b)

图 5.8 枝晶

(a) 水溶液中的 NH_4Cl. 光学显微镜像(放大200倍)(M. O. Kliya). (b) Co-Tr-Cu 合金中的 Co 晶体. 先抛光后腐蚀掉基体的样品. 扫描电子显微像[5.21]. 数字1—3表示出现分支的次序. 图(b)中第一支干顶端在抛光时被磨掉;图(a)中箭头表示生长方向.

5.3.1 球体

在偶然扰动下,晶体原先的凸形状的不稳定性导致骨架和树枝状外形.下面我们考虑溶液中生长球形晶体的稳定性.图 5.1 是球形晶体四周溶液的浓度分布示意图.假如在晶体表面上偶然隆起一个高度 $\delta \ll R$ 的隆块(图 5.1),这样隆块顶部表面的曲率增加到 $\sim M\delta/R^2$,M 值愈大隆块形状愈尖锐.隆块顶部处在浓度为 $C_{sur} + (\partial C/\partial r)\delta$ 的更加过饱和的溶液中,此处 $C_{sur} = C_R$,由式(5.7)可求出 $r = R$ 的 $\partial C/\partial r$.隆块顶端浓度的增加促使它进而生长到宏观尺寸大小,这样球状晶体就转变为枝晶,即发生了不稳定性.

另一方面,有较大曲率的隆块顶端的平衡浓度 C_0 大于晶体表面的其余部分,按拉普拉斯方程(1.34)有

$$C_0 \simeq \bar{C}_0 \left(1 + \frac{2\Omega\alpha}{kTR} + \frac{2\Omega\alpha}{kTR^2} M\delta \right),$$

其中 $\bar{C}_0$ 是无限平的表面上溶液的平衡浓度.表面能通过增大 C_0 的值降低了隆块顶端的过饱和度,从而妨碍它进一步伸长.这表明表面能有助于保持表面外形.

稳定性的判据必须反映下述条件:使隆块伸长的"动力学力"小于反向的热力学拉普拉斯力.换言之,相对于不受扰动的前沿来说隆块顶部的速度 ΔV 必须是负值:

$$\Delta V = \beta\Omega \left(\frac{\partial C}{\partial r}\delta - \bar{C}_0 \frac{2\Omega\alpha}{kTR^2} M\delta \right) < 0. \tag{5.22}$$

在推导式(5.22)时我们利用了式(3.5),该式中的 C_0 表示在弯曲表面上的平衡浓度,该浓度通过拉普拉斯方程跟这个表面的曲率有关.式(5.6)、(5.7)中的 C_0 也是这个意思.将由式(5.7)得到的 $\partial C/\partial r$ 代入式(5.22)并求解 R 的方程,得到稳定性的判据为

$$R < R_{cr} \simeq \frac{1}{2} M R_r \left(1 + \sqrt{1 + \frac{4D}{M\beta R_c}} \right). \tag{5.23}$$

上式中 R_c 是临界核的半径(见 2.1 节式(2.2)).Müllins 和 Sekerka[5.20,5.22,5.23] 完成了严格的解析工作,他们把球函数的不同谐波叠加看成初始球形的微扰.这项工作是针对无限迅速的界面动力学($D/(\beta R) \ll 1$)而做出的.解析得出的结论是:临界半径(超过其值生长的结晶球就变得不稳定)R_c 为[5.22]

$$R_{cr} = R_c \left[1 + \frac{1}{2}(m+1)(m+2) \right]. \tag{5.23a}$$

上式中 m 是微扰谐波的个数,若取 $2M = 2 + (m+1)(m+2)$,则式(5.23)在数

量级上正确地反映了主要的关系. $m=2$ 对应于球体变为椭球; $m=3$ 对应于变成四面体对称性; $m=4$ 对应于变成立方体; 等等. 微扰的对称性愈高, 即 m 愈大, 相对于这样的微扰, 球愈稳定. 晶体生长动力学的各向异性是有特定对称性的微扰出现和发展的物理原因: 即使对于粗糙表面, 动力学系数与角度的关系的对称性和球的情况也明显地有所差异.

对过冷熔体中生长的晶体也能容易地提出相似的理由. 经过式(5.17)那些置换, 由式(5.23)可以导出相应的判据.

按照式(5.23), 在高速率表面过程中 $\beta R_{cr}/D \gg 1$ 或 $\beta^T T_Q R_{cr}/a_L \gg 1$, 只有半径不超过 MR_c 的球是稳定的, 在 $m=2$ 时, 其值为 $7R_c$. 熔体在小的过冷度下(不存在自发成核)仍能确保可观的生长速度, 此时 R_c 的数量级为 10^{-6}—10^{-4} cm, 即 $R_{cr} \simeq 10^{-5}$—10^{-3} cm. 例如对铁而言($\Omega = 1.2 \times 10^{-23}$ cm^3, $\alpha = 204$ erg/cm^2, $\Delta s/k = 1.97$), 在过冷度 $\Delta T = 10$ K 时, 球晶体只有在尺寸小于约 2.5×10^{-5} cm 时才是稳定的. 临界稳定半径随过冷度增大按 $1/\Delta T$ 关系减小.

表面过程速率愈低, 临界稳定半径愈大, 当 $\beta R_c/D \ll 1$ 和 $\beta^T T_Q R_c/a_L \ll 1$ 时临界尺寸随过饱和度按 $1/\sqrt{\Delta T}$ 关系变小, 因为 $R_{cr} \simeq 0.5\sqrt{MDR_c/\beta}$, 或 $R_{cr} \simeq 0.5\sqrt{Ma_L R_c/(\beta^T T_Q)}$. 对于 $\alpha \simeq 50$ erg/cm^2, $\Omega \simeq 3 \times 10^{-2}$ cm^3, $D \simeq 10^{-5}$ cm^2/s 和 $\beta \simeq 10^{-4}$ cm/s 的溶液中的生长, 在 $\Delta C/C \simeq 10^{-2}$ 时, $R_c = 7 \times 10^{-6}$ cm 和 $R_{cr} = 1.6 \times 10^{-3}$ cm. 而当 $\beta R_c/D \gg 1$ 时, 临界尺寸 $7R_c \simeq 4 \times 10^{-5}$ cm.

图 5.9 显示环己醇晶体丧失稳定性的初始阶段和转变为枝晶的过程.

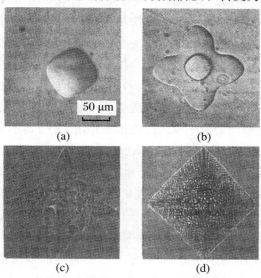

(a)   (b)

(c)   (d)

图 5.9　环己醇晶体丧失稳定性和发展成枝晶的各个阶段[5.24]

枝晶干支彼此独立地生长,干支有近乎抛物面的外形;抛物面顶端的曲率决定生长速率.在离顶端一定距离处,抛物面的曲率半径超过 R_c,这些表面丧失稳定性,出现树枝的旁枝(图 5.8,图 5.9).文献[5.18,3.33b]给出了详细分析.

5.3.2 多面体

实验指出,当生长前沿的过饱和度或过冷度较低时能形成 5.2 节所讨论的完全小面化的外形.晶体随着偏离平衡程度的增加改变自己的惯态,变成骨架式或树枝状.

在转变起始阶段保持多面体形的晶体开始捕捉母相介质中宏观夹杂物而变得污浊.在面的中央部分下面开始出现夹杂物,过饱和度愈大,含有夹杂物的面积的横向尺寸也愈大.夹杂物形成后会出现肉眼看得见的高约 10^{-4}—10^{-2} cm的宏观台阶.再增加过饱和度将引起骨架状结晶.最终在更大过饱和度下出现枝晶.

下面讨论小面化生长外形演变的可能原因[5.11,5.12].决定不同外形的最重要的外因是生长表面的绝对过饱和度和它的非均匀性.在保持面上各点质量流或热量流恒定的边界条件下求解扩散或热传导方程即可求得面上的过饱和度分布.为确定起见下面我们考虑溶液生长.最简单的(对小动力学系数也是很好的)近似是多面体四周的扩散场近乎球对称.密封在两平板玻璃间的溶液中的生长晶体四周的浓度场实际上近乎圆柱对称(图 5.3).在这样的扩散场中若干等浓度线(或熔体生长的等温线)与每一个面相交,而对应于较大过饱和度或过冷度的线在顶点附近经过.按照式(5.7)在晶体面上有 $\partial C/\partial r \propto \beta/D$,因此面心处和顶点处的过饱和度之差正比于 $\beta l/D$.当晶体尺寸 l 小到满足 $\beta l/D \ll 1$(纯动力学范畴)时,表面过饱和度实际上是常数,并且等于母相溶液的值.任何尺寸的晶体在理想的搅动溶液中也该发生上述情况.此时乌尔夫法则(式(5.18))的动力学类似决定生长外形(图 5.10(a)).

面中心部分的过饱和度随晶体尺寸增加而变得低于顶点和边上的值(图 5.10(d)).然而实验显示表面保持宏观的平坦.因而必定有某种补偿这种过饱和不一致的机制.例如延迟-生长的杂质的不均匀分布并且在面中心为极小就可作为这种补偿.假如晶体在生长过程中不停获面上的杂质并且杂质不离开表面,就可造成上述类型的杂质分布.有利补偿的另一因素是在中心附近出现极小的温度的面分布.当晶体带有一个"冷却器"时就能产生上述分布.生长晶体能保持其多面体外形的最一般的和最可能的因素是 $V(\boldsymbol{n})$ 的各向异性.

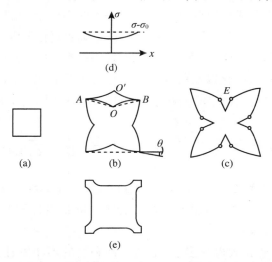

图 5.10　面上过饱和度不相等性(图(d))引起的多面体晶体发展成
　　　　骨架晶体的各阶段(图(a)—(c))

(d)中的 σ_0[①]是面上二维成核的临界过饱和度;(e)为多面体顶点和边
附近形成台阶密度动力学波时的剖面.(c)中的 E 代表由左上方顶点
发出的台阶冲击波的边.

与 5.3.1 小节相比,这里忽略了表面能效应,当稳定多面体有较大尺寸
($\gtrsim 10^{-2}$ cm)时,这样的忽略是可以的.参量 $\Theta = \partial \ln b / \partial p$ 是生长速度各向异性
的变量,参见式(3.21).此时如图 5.10(b)所示面的稍微弯曲可抵消过饱和度的
不相等性.实际上,如面的轮廓呈 $AO'B$ 或 AOB 型(图 5.10(b)),则面中央最弯
曲部分的台阶密度和动力学系数比周界上的大(见图 3.7(a)).在 $V(\boldsymbol{n})$ 与面取
向有密切关系,即 $\Theta \gg 1$ 时,与奇异面取向只需差一度就足够保证弯曲面上任一
点的生长速度 R 是常数(式(3.6)、(3.19)、(3.32)).此时有

$$R(p, C - C_0) = b(p(x))[C(x) - C_0] = 常量. \qquad (5.24)$$

式中动力学系数 $b(p) = \beta(p)\sqrt{1 + p^2}$.上述动力学系数 $b(p(x))$ 的不相等性
是局域取向(台阶密度 $\propto p(x)$)的不相等性引起的,它抵消了面上过饱和度
$C(x) - C_0$ 的不相等性(图 5.10(d)).从物理上看,面上产生生长层的中心的活
度决定常数 $b(p_1)(C_1 - C_0)$.

---

① 英文版误为 σ_c.——译者注

当过饱和度超过顶点附近的临界值时,顶点将是生长台阶的源头.从顶点延伸开的层将把面分成以顶点为中心的若干大的邻晶丘.此时 p_1 是顶点附近面的局域斜率($p_1 = \tan\theta_1$,见图 5.10(b)).在近临界过饱和度下,领头的层源亦可以是在生长过程中产生的、在顶点附近过饱和度最大的表面露头的位错.如面上过饱和度的相对变化以及局域斜率的变化都很小,把式(5.24)相对这些变化作展开后就容易得出面中心处斜率 p_2 和顶点附近斜率 p_1 的差值为

$$p_2\text{①} - p_1 = \frac{\dfrac{\partial R}{\partial r}(C_1 - C_0)}{\dfrac{\partial R}{\partial p}} = \frac{C_1 - C_2}{(C_1 - C_0)\Theta}. \tag{5.25}$$

过饱和度的相对变化 $(C_1 - C_2)/(C_1 - C_0) = (\sigma_1 - \sigma_2)/\sigma_1 = 0.2$ 和 $\Theta \simeq 10$ 时,$p_2 - p_1 \simeq 2\times10^{-2}$,此时局域斜率约有 1° 的改变就足以补偿上述过饱和度的不相等性.

晶体尺寸比 D/β 大得愈多,为抵消过饱和度的不相等性的面的曲率变化愈大.

由高过饱和度引起的面中央部分的畸变导致这块面积上供养不足,从而降低了面中心的生长速度,使其落后于顶点的生长.更重要的事实是:弯曲导致这块表面上出现相当大的动力学系数值、充分大的参量 $\beta l/D$ 和过饱和度的不均匀性以及动力学系数 $\Theta = (1/b)(\partial b/\partial p)$ 的各向异性的突然降低.Goldztaub 等[5.25]用实验证实骨架生长开始时动力学系数突然增加.由图 3.7(a)确实看到:偏离奇异面取向而接近 $b(p)$ 极大值($\partial b/\partial p = 0$)时,导数 $\partial b/\partial p$ 急速下降.这些变化的结果使相对奇异面的偏离进一步增加;而这又转而导致 $\partial b/\partial p$ 进一步下降,如此等等.局域斜率的某些临界值的到达导致稳定性的雪崩式丧失,或更精确地说,在生长过程中的多面体不可能保持类似自身的外形.根据 $b(p)$ 各向异性的类型,面中心部分坑的变深可以是面的光滑变形,也可以是形成以 E(见图 5.10(c))为边的新面.

相应上述模型(图 5.10(b)(c))的 NaCl 和 $Pb_3NiNb_2O_9$ 小面化晶体的骨架生长外形见图 5.11 和图 5.12.

动力学系数随着表面局域斜率的增加而突然增加,即随着台阶密度(在低密度的范围内,见 3.3 节)的增加而增加,也即随着生长速度与过饱和度间的非线性关系而增加,斜率较大时各台阶扩散场的重叠相当严重,此时面的动力学

---

① 英文版误为 p_0.——译者注

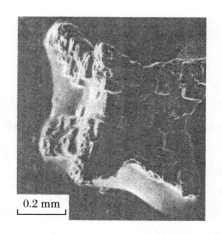

图 5.11　含钾氰亚铁酸盐的水溶液中生长的 NaCl 骨架晶体
扫描电子显微像[5.26].

图 5.12　在偏振光下 $Pb_3NiNb_2O_9$ 的骨架晶体
放大 70 倍.(M. O. Kliya)

系数实际上不依赖于它的取向.这个范围相应于 $V(\sigma)$ 的线性关系.按照形态学和动力学的数据[5.25,5.27],$\beta(p)$ 变化显著的范围扩展到局域斜率 p 为 10^{-2}—10^{-1}.所以上述值可以取为开始骨架生长时表面中心最大斜率的临界值 p_{cr}.

文献[5.11,5.12]的计算指出面中心的斜率达到 p_{cr} 时晶体尺寸达到

$$l_{cr} = \frac{N(\Theta)(p_{cr}-p_1)D}{b(p_1)}, \quad \Theta = \frac{1}{b}\frac{\partial b}{\partial p}\bigg|_{p=p_1}. \tag{5.26}$$

这是晶体尺寸的极大值,超过它时晶体就开始骨架生长.对于熔体生长,有如下

的类似判据:

$$l_{cr} = \frac{N(\Theta)(p_{cr} - p_1)a_L}{b^T(p_1)T_Q}, \tag{5.27}$$

上式中的 $N(\Theta)$ 在 $\Theta \gg 1$ 时约为 2.5,在 $\Theta \lesssim 1$ 时约为 1.

气相生长锌[5.28]和冰[5.29]晶体的实验明显地表明:体扩散在骨架外形的形成中有决定性作用.在真空中生长的大大小小的晶体仍保持多面体外形,但是在充有惰性气体(锌用氩气,冰用空气)的器皿内生长的晶体呈骨架形.还有人指出,出现骨架外形的临界尺寸反比于惰性气体的压力,即正比于晶化物质的扩散率,与式(5.26)相符.

下面更仔细地讨论临界尺寸与偏离平衡的程度 $\Delta\mu$(即过饱和度或过冷度)的关系.如整个界面的过饱和度或过冷度小于成核生长面所需的临界值,即 $\Delta\mu < \Delta\mu_c$,则如上所述位错肯定是台阶源.晶体内的位错常常起源于籽晶表面,并且出现在面的中央部分.所以人们应该看到,在 $\Delta\mu < \Delta\mu_c$ 范围内有类似图5.10(b)所画出的 $AO'B$ 那样的面的轮廓.晶体在扩散场中生长尺寸变大时,表面过饱和度的绝对值减小,从而减小位错上形成的台阶速率以及生长速度.如果面中央的缺陷(图 5.10(b)中的 O' 点)仍然是面生长过程中层的唯一起源,生长速度逐渐变慢的面就保持宏观的平坦.换言之,即使在扩散范畴内生长的晶体仍始终保持类似自身的外形.反过来,当过饱和度足以形成二维核,或领先的层的根源是晶体顶点附近的缺陷时,晶体只能在尺寸小于临界尺寸 l_{cr}(由式(5.26)或式(5.27)决定)时保持宏观上平坦的面.

式(5.26)、(5.27)已通过各向异性参量 $\Theta = \Theta(p_1)$ 表达了 l_{cr} 与偏离平衡的 $\Delta\mu$ 的关系.依照图 3.7(a),随着面与最近奇异取向($p = 0$)偏离 p 的增加,Θ 减小.在这种情况下,与 $\Delta\mu$ 有关的台阶发生强度决定 $b(p)$ 上的"工作点" $p = p_1$,进而决定 $\Theta(p_1)$.就位错源而言,在 $\Delta\mu$ 和 p_1 小时,我们有 $p_1 \propto \Delta\mu$,即 $\Theta(p_1) \propto p_1^{-1} \propto \Delta\mu^{-1}$;相应有 $l_{cr} \propto \Delta\mu^{-1}$.当层源的成核机制起动时,剧烈的成核在 $\Delta\mu \gtrsim \Delta\mu_c$ 时开始.成核概率在 $\Delta\mu \ll \Delta\mu_c$ 时实际上为零,随后在 $\Delta\mu \simeq \Delta\mu_c$ 范围内随 $\Delta\mu$ 增加而迅速增加.当 $\Delta\mu$ 大到使表面变得在动力学上是粗糙时,Θ 变小,临界尺寸不再由表面动力学各向异性而由表面能决定(见 5.3.1 小节).

由各顶点传开的台阶可相互合并而形成更高的、有时是宏观的台阶,它们俘获母相介质形成宏观夹杂物(见 6.1.2 小节和图 6.2—6.4).显然由于这个理由,在面中央部位下面夹杂物的形成(如上所述)常领先骨架形状的出现.

生长晶体顶点和边的紧邻处有时发生宏观台阶和冲击波,随后出现如图

5.10(e)所示的轮廓.在氩气氛下从锌蒸气生长晶体中可观察到这种台阶密度的动力学(冲击)波[5.28].

Papapetrou[5.30]曾看到 KCl 晶体顶点紧邻处形成的宏观台阶.它开始很快地从立方体顶点长出取向沿立方体对角线的针状结晶分支.等到长成十分之几微米长度时针状结晶停止生长,并开始变厚,在面上产生宏观的台阶或小立方晶体.在晶体长到某个临界尺寸后,过程重新开始,导致如图 5.11 所示的由大台阶组成的骨架.针的长度和随后的台阶高度随过饱和度的减小而降低.

存在二价离子(Pb、Cd、Zn 等)杂质时(见 4.1 节)看不到(至少在光学显微镜下)宏观针尖的"射出",晶体采取类似图 5.12 所示的光滑外形.

生长形状改变的上述机制也可推广到搅拌溶液中的生长:各顶点和各边附近的扩散层是最薄的,在这些地方有最大的过饱和度并成为层源的产生地.但是搅动溶液中面的不同部位上的过饱和度的不均匀性远比纯扩散模式小.在强烈的搅拌下,实际上即使是大晶体也长不成骨架状,过程进行到形成邻晶面和宏观台阶组成的污浊的多面体晶体时就终止了.

5.3.3 平面

下面考虑平的生长前沿的稳定性问题.当在生长过程中总会产生不规则凹凸(图 5.13(b))时,无限大平的生长前沿就变得不稳定.这种已形成的凹凸包络线前沿就总体讲仍是平坦的.平的生长前沿是无穷大半径球的表面.所以按照式(5.23),在过冷熔体或过饱和溶液中在各向同性表面动力学情况下,平的前沿通常是不稳定的,它将变为平行抛物面体或枝晶的集体.下面比较详细地考虑不稳定性的形成条件.

 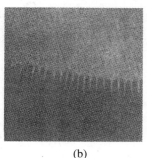

(a)　　　　　　　　　　　　(b)

图 5.13　封在两个平行玻璃板之间的薄锡层凝固前沿的形貌
偏振光(放大 100 倍).(a) 平的凝固前沿.接近平衡条件;熔体(照片的上部)是过热的.(b) 胞状前沿.$\Delta T < 0.03\ ℃$.熔体(照片的上部)是过冷的[5.31].

在某个偶发的隆块顶部供应不断地增加（或对熔体讲从顶点不停地散热）造成不稳定性，即母相过饱和度或过冷度随离主要生长前沿（如图5.1所示）的距离而增加会造成不稳定性.如果结晶热通过晶体散开，这个分布将会逆转回来.图5.14(a)表示晶体中（T_S）和熔体中（$T_L^{(1)}$ 或 $T_L^{(2)}$）典型的温度分布.提拉法的生长过程以及使装晶体和熔体的器具（水平或垂直地）通过温度梯度区都可以做到这点.如果温度分布使广义温度梯度（式(5.20)）是正的（$\mathscr{G}>0$），那么可以看出：在偶发隆块顶端的过冷度低于未受扰动的前沿时，隆块就会消失，即平

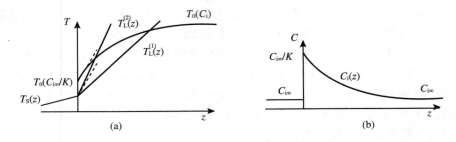

图5.14　温度分布(a)和生长前沿前的杂质浓度(b)

$T_L^{(1)}(z)$ 和 $T_L^{(2)}(z)$ 是熔体中梯度不同的实际温度分布；$T_0(C_i)$ 是相应于杂质分布(b)的平衡温度.短线表示在生长界面（$z=0$）处液体平衡温度 $T_0(C_i)$ 的梯度.

的生长前沿将是稳定的.虽然 $\mathscr{G}>0$ 通常与 $\partial T_L/\partial z<0$ 条件是不矛盾的，但条件 $\mathscr{G}>0$ 一般表示熔体是过热的(图5.14).

当生长平面不稳定时，它会分裂成许多胞并且呈卵石路外形.下面估计胞的尺寸，并用基本理论论证稳定条件.设平界面的法向生长速度是 $V=\beta^T(\overline{T}_0-\overline{T})$，其中 $\overline{T}_0$ 和 $\overline{T}$ 是平界面的熔点和实际温度，β^T 是动力学系数.如果 $z=0$ 处的最初平界面遭受 $\delta z=z_0\sin(2\pi x/\lambda)$ 的扰动，这里 z_0 是小振幅，λ 是表面波纹的波长，x 轴在最初的平面内.按照拉普拉斯方程，波纹状界面的熔点为

$$T_0 = \overline{T}_0 + \delta\overline{T}_0 = \overline{T}_0 + \frac{\left(\dfrac{\Omega\alpha}{\Delta s}\right)\partial^2\delta z}{\partial x^2}, \tag{5.28}$$

而

$$\frac{\partial^2\delta z}{\partial x^2} = -z_0\left(\frac{2\pi}{\lambda}\right)^2\sin\left(\frac{2\pi x}{\lambda}\right)$$

是界面曲率.若 $\delta z(x)$ 是凸的，它的熔点低于 $\overline{T}_0$.扰动界面实际温度是 $\overline{T}+\delta T=\overline{T}+\mathscr{G}\delta z$.

由于受到扰动，生长速度的改变 $\delta V=\beta^T(\delta\overline{T}_0-\delta\overline{T})=\beta^T[-(\Omega\alpha/\Delta s)(2\pi/\lambda)^2-\mathscr{G}]\delta z$.当 $\delta V/\delta z<0$，生长界面是稳定的.当

$$\lambda < \lambda_{cr} = 2\pi \sqrt{\frac{\Omega \alpha}{(-\mathcal{G})\Delta s}} \qquad (5.29)$$

时上述条件成立. 临界波长 λ_{cr} 给出不稳定界面分裂而成的胞的特征尺寸. 铁的 $\Omega = 1.2 \times 10^{-23}$ cm^3, $\alpha = 204$ erg/cm^2, $\Delta s = 1.97$ K, 若 $\mathcal{G} = 50$ K/cm, 则得 $\lambda_{cr} = 2.6 \times 10^{-3}$ cm.

类似的处理也适用于各向同性表面动力学的溶液生长[5.32]. 用上法得出的水热法生长的楔状石英面上"波纹"结构的典型平均尺寸与实验值一致[5.33].

改变熔点的杂质对稳定性有相当的影响. 在前沿前的杂质浓度分布函数是图 5.14(b) 中的 $C_i(z)$, 即式(4.46), 所以平衡温度(液相线温度)分布是图 5.14(a) 中的 $T_0(C_i)$. 晶体表面附近熔体实际温度变化若是直线 $T_L^{(2)}$, 则随着离开前沿的距离增加过冷度减小. 反之若生长界面处附近的熔体温度梯度较小(直线 $T_L^{(1)}$ 代表熔体温度), 过冷度随着离开前沿的距离增加而增加. 在后一情况下生长前沿是不稳定的. 由于生长前沿前的杂质所引起的平衡温度变化而导致的过冷度被称为组分过冷度. 如果表面过程速率无限大($T_{sur} = T_0$), 存在组分过冷度时粗略地讲在生长前沿($z = 0$)处有

$$\frac{\partial T_L}{\partial z} < \frac{\partial T_0}{\partial C_i} \frac{\partial C_i}{\partial z} = -\frac{\partial T_0}{\partial C_i} \frac{C_i(1-K)V}{D}, \qquad (5.30)$$

这里用贴近表面的溶液浓度沿相图液相线求出 $\partial T_0 / \partial C_i$, K 是杂质分布系数(一般讲它是非平衡的). 对热场的详细分析(不仅在液相中, 在固相中也是)导致式(5.30)中的 $\partial T_L / \partial z$ 用 $\mathcal{G}$ 代替并且得到含杂质熔体中平界面生长的稳定性判据为

$$\frac{\mathcal{G}}{V} > -\frac{mC_{i\infty}(1-K)}{DK}, \qquad (5.31)$$

上式中 $m = \partial T_0 / \partial C_i$, 而 $C_{i\infty}$ 是液相块体内的杂质浓度. 判据(5.31)忽略了表面能所起的稳定化效应. 按照式(5.31), 当生长前沿的温度梯度和杂质浓度一定时, 生长速度不应该超过某确定值. 反过来说, 只有当前沿的温度梯度足够高时, 在一定生长速度下才可能有稳定的生长前沿. 杂质浓度愈大, 则温度梯度必须更大以及生长速度必须更小(图 5.15 中的短线). 如果考虑到隆块顶部表面能的稳定化效应[5.34], 那么稳定范围略有扩展(图 5.15 中的实线).

值得指出: 在丘克拉斯基-凯罗泡洛斯、斯托克巴杰-布里奇曼和斯捷潘诺夫的生长技术和区域熔化等实验中(见 10.2 节), 人们设计炉膛加热器和提拉晶体的速度(丘克拉斯基-凯罗泡洛斯、斯捷潘诺夫)或安瓿的运动速度(斯托克巴杰-布里奇曼, 区域熔化), 使得生长前沿的温度梯度和生长速度彼此独立. 在这些情况下生长前沿在加热炉热场中自动找到相应于设定生长速度的位置. 在

简单地把晶体浸在熔体中让它生长或一般来讲靠晶体生长自身建立热场的系统中，情况正相反，此时 $\mathscr{G}$ 和 V ——对应.

当生长条件趋近图 5.15 中的稳定区与非稳定区分界线时，表面将发生如图 5.16 和图 5.17 表示的显著变化. 开始时在充分大的温度梯度下，除了图 5.17(a) 相片中可看到的三个晶界外，初始的生长前沿是光滑的，但有个别的凹坑(痘凹)向晶体内延伸成带有缺陷结构的细丝(图 5.16(a) 和图 5.17(b)). 接着温度梯度下降或生长速度增加，在"痘凹"间出现新的凹槽(交联)，它向体内延伸成有瑕疵的"薄带"(见图 5.16(a) 和图 5.17(c)). 接着形成一系列平行的长槽(线结构)(图 5.16(b) 和图 5.17(d)). 关于它的宽度 λ_{cr} 我们已在前面介绍过. 不稳定性的下一阶段出现凹槽的交联(图 5.17(e))，最后在表面上形成凹槽的六角网络(所谓胞结构)以及整体中的"铅笔结构"(图 5.16(c) 和图 5.17(f)).

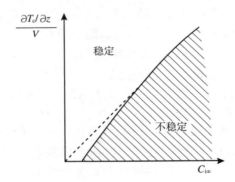

图 5.15 稳定/不稳定前沿附近熔体温度梯度 $\partial T_M/\partial z$、
生长速度 V 和杂质浓度 $C_{i\infty}$ 的变化范围
按照不同稳定性判据画出虚线和实线；前者忽略表面能，后者考虑表面能.

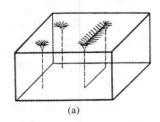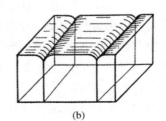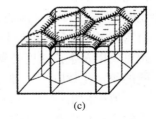

图 5.16 平生长前沿不断丧失稳定性后的结构
(a) 表面上个别凹坑和凹槽以及体内的细丝和带；(b) 线(和板)结构；(c) 胞(和"铅笔")结构.

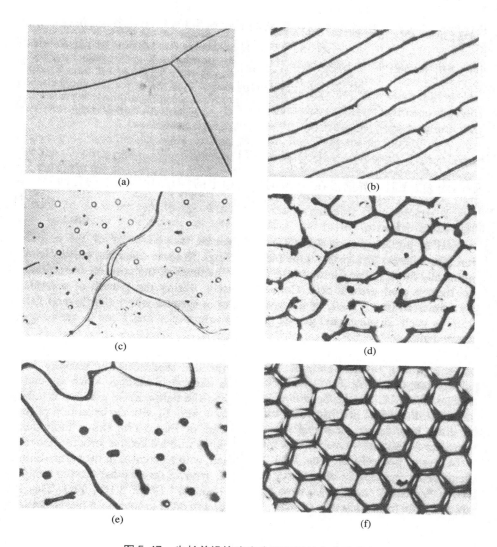

图 5.17　生长前沿接连丧失稳定性的各个阶段

快速移去(倒出)熔体后的铝晶体(99.997%纯度).熔体温度梯度和生长速度分别为:
(a) 33.5 K/cm,1.7×10^{-3} cm/s;(b) 34.6 K/cm,6.2×10^{-3} cm/s;(c) 31.2 K/cm,6.1
$\times 10^{-3}$ cm/s;(d) 10.0 K/cm,5.0×10^{-3} cm/s;(e) 30.0 K/cm,15.5×10^{-3} cm/s;
(f) 19.5 K/cm,23.7×10^{-3} cm/s[5.35].

　　下面考虑各向异性对稳定性的影响.如果平的生长前沿是一个奇异面,或
严格些讲它的平均取向对应于一个奇异面,那么前沿的稳定性就大为增加.生

长速度的各向异性使受扰动的小丘斜坡更快地生长,使小丘各处(包括产生生长层的点)的温度上升.温度的上升反过来减小台阶源的强度,使偶发尖锐化的小丘变得平坦.增加动力学系数的效应自然会叠加在本节开始讲的以及在各向同性动力学下决定平坦前沿稳定与否的因素之上.动力学系数的各向异性能对平的生长前沿和多面体产生稳定化的效应.考虑各向异性效应后平坦前沿的稳定性判据和式(5.3)类似:

$$\frac{\mathscr{G}}{V} > \frac{(1-K)mC_{i\infty}}{DK}(1-\Theta) - \frac{T_Q\Theta}{a_L + a_S}. \tag{5.32}$$

因此,当 $\Theta > 1$ 时奇异前沿在 $\mathscr{G} < 0$ 时仍是稳定的.邻晶丘斜坡上的各向异性参量按照前沿处的过冷度确定.过冷度愈大,Θ 愈小,同时式(5.32)也愈接近各向同性的式(5.31).

第 6 章

缺陷的产生

　　晶体的不完整性影响着它的许多性质,因此它们被称为结构灵敏性质.例如,低温下金属电阻依赖于晶体中的晶粒、位错、杂质的量,它可以有几个数量级的改变.杂质常决定半导体的电学性质.位错、空位、杂质原子、相聚集(沉淀)和晶体实际结构的其他因素决定与范性和强度有关的所有现象.在正常的实际条件下,这些缺陷决定磁化曲线和再极化曲线的形状.杂质通常是观察到的光吸收的根源.石英点阵中的缺陷(位错、OH^- 离子杂质等)成倍地改变射频稳定元件的 Q 因子,并且减小红外区的光透射率.最后,内部有许多宏观的(10^{-4} cm 或更大些)或/甚至胶体(10^{-6}—10^{-5} cm)夹杂物的晶体变得毫无实际价值.

　　晶体不完整结构的不重复性和结构灵敏性质随不同样品及同一样品不同范围而异的特征增强了人们对生长晶体中缺陷的兴趣.其次,靠随后的退火或其他处理也决不能消除所有的缺陷.绝大多数晶体的带状和扁状结构就是这些稳定的缺陷的例子.所以高度完整的晶体必须"完整地生长出来".

　　最普通的生长缺陷如下:

　　(1) 异类夹杂物即宏观尺寸的异相夹杂物.其大小从胶粒($\sim 10^{-6}$ cm)大小到几毫米或更大一些.

　　(2) 点缺陷,主要是杂质原子和离子的点缺陷、空位、填隙原子以及这些缺陷($< 10^{-6}$ cm)的聚集.

　　(3) 孪晶、堆垛层错、位错、晶粒间界.

　　(4) 内应力.

　　(5) 上述各种缺陷分布的不均匀性;带状、扁状、"铅笔"结构.

　　4.2 节和 5.3 节已讲过杂质的俘获以及带状、扁形、胞状和其他结构形成的机制.下面简略讲述夹杂物(6.1 节)、位错和内应力(6.2 节)的形成.

6.1　夹　杂　物

6.1.1　母相溶液夹杂物

　　晶体生长形状的稳定性的任何丧失会使母相介质被俘获.在枝晶生长中母相介质处于枝干之间、胞状结构支干之间或线结构的平板之间.这些部分只能经过分枝间的窄(10^{-5}—10^{-1} cm)通道网络与母相介质块体相联.所以当生长前沿出现沟道或裂缝时,材料块体、杂质和溶液中的溶质等几乎立刻停止与夹杂物之间的来往传输.结果是溶液生长中的近平衡溶质浓度和被晶体推斥(K <1)或俘获(K>1)的杂质表面稳态浓度在夹杂物中保留下来.类似地,在熔体生长中,在 K<1 时沟道中的液相物质是富杂质的,在 K>1 时是贫杂质的.沟道中的液体凝固后,形成跟熔体主体成分不同和熔点不同的合金.所以夹杂物中和在枝晶间的熔体常在较低的温度下凝结.反过来加热含有夹杂物的样品时,这些地方比整个晶体熔化得更早.

当生长前沿就整体来讲是稳定的时,夹杂物仍会被俘获.若生长前沿是生长中的层状奇异面,当通过宏观台阶而不是初基台阶淀积生长时就会出现夹杂物.在溶液生长时,在台阶升高处外侧附近的供应好于形成重入角的内侧(图 6.1 (a)).根据5.3节与图5.10有关的相似理由,在高过饱和度下,宏观台阶升高处扩展时不能保持平坦,而是在生长面上出现一悬层(图6.10(b)).这个上悬层产生一个平行于生长面的夹杂物平板.在富杂质的熔体中快速生长时发生类似情况.夹杂物可被母相溶液或与基本晶体不同成分的熔体所充塞,也可包含一些出现在生长前沿上的气泡(见下文).平夹杂物厚度与宏观台阶高度相近,约 10^{-4}—10^{-2} cm 或更大些.当夹杂物是气态的或夹杂物在随后的样品处理过程中被腐蚀掉时,则在以平的夹杂物为界的表面之间出现如图6.2所示的光的干涉图案.

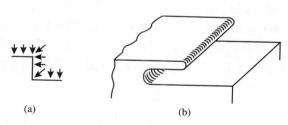

图6.1

(a) 宏观台阶供应的不均匀性;(b) 上悬层和在其下方形成平的夹杂物层.

宏观台阶在它们的扩展面内常呈圆拱的外形.这说明宏观台阶的生长速率相对于以面法线为轴的方位角是各向同性的,同时台阶侧面可看成一个原子级粗糙的、非奇异的界面.反之对于低台阶,它的热场或扩散场类似细丝状.这些细丝的弯曲并不严重地影响朝向它或离开它的质量或热量的流量强度.的确,在台阶凹处供应物(热量散开)的减少被从凸处来的供应物的增加所抵消.当台阶高度 h(图6.3)和参量 D/β(溶液生长)或 $a/(\beta^{\mathrm{T}}T_Q)$(熔体生长)可比时,在这样一个台阶附近的扩散场不再是圆柱对称的而是随台阶高度增加而趋近于

图 6.2 人工合成金刚石八面体面下的平夹杂物

光在夹杂物中的干涉造成亮带. 上视图像, 反射光. 放大 150 倍. (M. O. Kliya)

平的前沿场. 若台阶升高处继续沿法线生长, 它将像任何平的前沿那样丧失稳定性 (图 6.3). Sheftal 在蔗糖晶体上就看到具有上述形貌的夹杂物在宏观台阶后面形成 (图 6.4). 在他的实验中出现宏观台阶, 后面出现终止在晶体裂缝处的夹杂物. 这些持续发生的事件指出宏观台阶预示着生长晶体的急剧变坏.

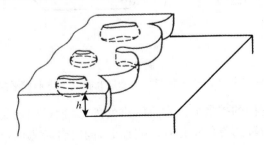

图 6.3 高度为 h 的宏观台阶稳定性的丧失

台阶升高处按垂直机制生长.

在很大的过饱和度 (或过冷度) 下晶体顶点或边会发出台阶 (见 5.3 节). 不同高度的台阶有不同的速度 (见 3.3 节), 它们在向面中心运动的过程中相互赶

图 6.4　溶液生长的蔗糖晶体表面上宏观台阶稳定性的丧失

台阶从左向右运动.在右侧台阶①后面可看到夹杂物的沟道.放大 3 倍.[6.1]

上和合并.所以台阶的平均高度随着离开晶体顶点(边)的距离即随着台阶靠近面中心而增加.当台阶的平均高度达到图 6.1 和图 6.3 所示的台阶丧失稳定性机制所需的高度值时,开始形成大量的夹杂物.在离开顶点和边的某个幅度具体条件决定的临界距离处,台阶达到临界高度.所以随着晶体的增大,夹杂物首先在面中央部位形成.在生长过程中,被它们占有的面积不断扩大,在晶体内部出现充满夹杂物的混浊生长锥体.不同指数的晶面上,宏观台阶形成和丧失稳定性的条件自然是不一样的,同时晶体夹杂物的分布也可形成扇状结构.过饱和度和生长速度的暂时增加导致夹杂物的带状分布.

6.1.2　外来粒子夹杂物

气体可以大量溶入被它围绕的母相溶液中.气体压力愈大,溶解得愈多.另一方面,许多气体不易溶入晶体,所以生长前沿排斥这些气体.在邻近生长界面

———————

① 英文版误为中间台阶.——译者注

的边界层内气泡的形成消除了气体在该层内的过饱和度. 在有利条件下气泡会凝结并浮到液体表面而不影响晶体生长. 但是前沿不经常是清洁的(例如气泡小、生长面朝下或搅动不够剧烈), 此时晶体会俘获气泡. 母溶液中的胶粒和外来固体粒子也会堆积在生长前沿的前面. 例如盛在石墨坩埚内的半导体和金属的熔融体可含有几十到几百微米大小的石墨粒子.

下面考虑外来粒子与熔体中开始成长的生长前沿之间的相互作用[6.2]. 在前沿和粒子间有怎样的力呢? 经常存在的是阿基米德力和毛细作用力①. 然而, 前者不依赖于粒子和界面之间的空隙宽度 h, 后者只有在 $h \lesssim R$ 时与 h 有关. 假如是小粒子(见下文)和 $h \ll R$ 时, 在许多情况下上述两种力比本节后面将讨论的流体动力学的力要弱很多. 所以在这里不考虑阿基米德力和毛细作用力.

只要粒子远离生长界面, 界面与粒子就没有相互作用. 当前沿和粒子的间距减小到约 10^{-7}—10^{-5} cm 时, 它们之间开始出现可观的分子力(见 1.1.3 小节的注). 如果粒子材料能很好地润湿晶体, 粒子和前沿可能相互吸引, 晶体就俘获粒子. 在相反情况下前沿开始排斥粒子, 使粒子在熔体中和前沿一起运动. 当黏滞熔体流经半径为 R、生长速度为 V 的球形粒子时, 流体对粒子施加一个向着平前沿的类似斯托克斯力 $6\pi\eta V R^2/h$, 其中 η 是熔体的黏滞系数, h 是粒子和前沿之间空隙的最小宽度. 粒子和生长界面间的薄膜中的熔体化学势由于分子力(拆散压力)而小于熔体内的化学势. 结果是在粒子下面驱动结晶的力变小. 在粒子下面的前沿出现凹陷, 同时压紧("吸进")力仍在变大. 由拆散力引起的排斥力也增大. 凹陷前沿的外形决定于晶体-熔体界面的表面能 α(对于 $R \lesssim 100\ \mu m$ 的小粒子)或前沿的温度梯度(对于 $R \gtrsim 500\ \mu m$ 的大粒子). 当生长速度增加时压紧力增加得比排斥力更快. 生长速度超过某一临界值 V_{cr}, 前沿会俘获粒子, 而在 $V < V_{cr}$ 时前沿推开粒子, 并且二者一起向前运动[6.5]. 对于与厚度成 Bh^{-3} 关系的受拆开力作用的小粒子, 文献[6.2, 6.4]中的计算给出:

$$V_{cr} = \frac{0.1B}{\eta R}\left(\frac{\alpha}{BR}\right)^{\frac{1}{3}}, \tag{6.1}$$

其中 B 是表征拆散力的常数. 对范德瓦耳斯力 $B \simeq 10^{-14}$ erg. 图 6.5(a)综合了实

---

① 作用在半径为 R 的气态或液态粒子上的有效毛细作用力的数量级是

$-\nabla[4\pi R^2 \alpha^*(T, C)] = -4\pi R^2 \cdot [(\partial\alpha^*/\partial T)\nabla T + (\partial\alpha^*/\partial C)\nabla C]$,

其中∇T 和∇C 分别是温度梯度和浓度梯度. 这样, 粒子将向温度较高和表面活性杂质浓度(C)较大且粒子表面能在该处也较小的区域移动.

验数据和由对拆散压力[6.2]有贡献的各种相互作用求得的理论关系$V_{cr}(R)$[6.2].

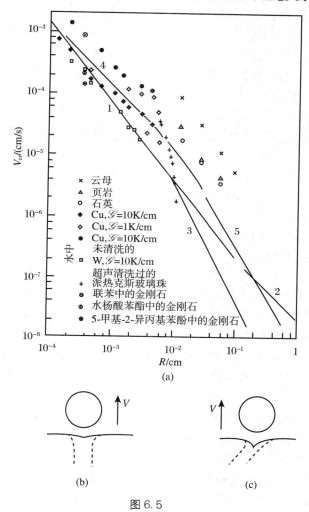

图 6.5

（a）夹杂物的俘获.临界生长速度为 V_{cr},超过此值,半径为 R 的粒子被冰、联苯、水杨酸苯酯和 5－甲基－2－异丙基苯酚晶体俘获,晶体按相应的粒子-熔体实验点生长.曲线 1—5 是按粒子-熔体膜-晶体相互作用的各种模型算得的.曲线 1:按照式(6.1),取 $B_3 = 10^{-14}$ erg,$\alpha = 20$ erg/cm³,$\eta = 2 \times 10^{-2}$ g/(cm·s),$\Delta s = 2.2 \times 10^{-16}$ erg/K,$\Omega = 3 \times 10^{-23}$ cm³;曲线 2:靠温度梯度而不是表面能使粒子下的界面稳定化;曲线 3:考虑了界面和粒子间隙中的杂质和表面能;曲线 4,5:由贴近晶体和粒子的德拜静电层决定的晶体-粒子间的排斥.参阅文献[6.2].(b)(c) 外来球对质量流的屏蔽造成奇异生长前沿(实线)的束缚和母液夹杂物(虚线)的形成.(b) 生长速度和取向(见图 3.7(a))的 $R(p)$ 关系相对于生长界面的法线和图面是对称的;(c) $R(p)$ 是非对称的.

对于大粒子,临界速度与热过程有关,即依赖于生长前沿的温度梯度和粒子-熔体的热导率之比.换言之,当粒子的热导率大于熔体同时熔体是过热的时,在粒子下面前沿处的温度上升,前沿出现凹坑.相反,当粒子的热导率小于熔体时,在粒子下面的前沿出现隆块.在前一种情况中晶体与粒子长在一起,把中间液体层夹在中间.在后一种情况中会使粒子被排斥或是发生隆块穿刺过液层,随后前沿"黏住"并俘获粒子.

在熔体中的杂质会强烈地影响粒子的俘获.其理由是:杂质难以从生长前沿和被排斥粒子之间的狭窄间隙中扩散出去,许多 $K<1$ 的杂质分子积累在该处,其浓度大于自由前沿.反之,当 $K>1$ 时在间隙中只有少量杂质.杂质在上述两种情况下降低了粒子下面的熔点,生长前沿皱得更显著并且把在那里的粒子包裹得更紧,使粒子更易被抓住.结果是含杂质的熔体的生长速度远小于纯熔体.例如当熔体中的杂质浓度 $C_{i\infty}$ 满足 $mC_{i\infty}/K \simeq 10$ K 时,临界生长速度下降一个数量级.液相线的斜率 $m = 3$ K/1%(质量分数)和 $K = 0.2$ 时,浓度 $C_{i\infty} \simeq 0.6\%$(质量分数)已足够满足上式.

在含有外来粒子的溶液中生长时,杂质俘获的一般机制还研究得不充分,但相信它相似于上述熔体的情况[6.6,6.7].当溶液生长时,把外来粒子压向生长前沿的力不仅有流体动力学部分,而且伴随扩散漂移(即扩散流吸进物体)效应.溶液中,特别是电解液中的扩散压力比非极性溶液有更复杂的性质.在溶液中离生长面有一定距离的外来粒子从扩散流中把该生长表面屏蔽了起来.所以粒子(泡)下面的过饱和度小于整个其余表面.因而在粒子(图 6.5(b)(c))下面出现 V 字形的凹坑,凹坑的斜坡比其余面有更大的结晶系数(见 5.3.2 小节).如果粒子与表面间的距离大于或相当于粒子半径,在粒子下面的溶液的贫化不大,此时结晶动力学系数的各向异性可抵消过饱和度的这种微小减少.随着粒子半径的增加和粒子与面间距离的减少,凹坑深度增加,最后当粒子下的面丧失稳定性时,在粒子后面就拖着一个充满母相溶液的沟道(图 6.5(b)(c)).

Kliya 拍摄的一系列如图 6.6 所示的照片,它们显示水溶液生长 KNO₃ 晶体俘获不同直径的石油滴的各个阶段.可以看出:只要油滴触及前沿,沟道就在大油滴下面形成.在图 6.6(a)—(c)的左上角的两颗油滴正相反,它们只能在长时期内被前沿排斥后才被俘获.生长速度偶然增加到上述临界值时油滴可能开始被俘获.当油滴完全转移到沟道中去时,它就消失了并转化为被封闭起来的夹杂物(图 6.6(d)—(f)).

在其他实验中观察到外来粒子(石油或水银滴、石松粉颗粒)只在硼砂($Na_2B_4O_7$)和明矾($KAl(SO_4)_2 \cdot 12H_2O$)晶体中造成母相溶液的沟道,而这些粒子没有被俘获[6.8,6.9].

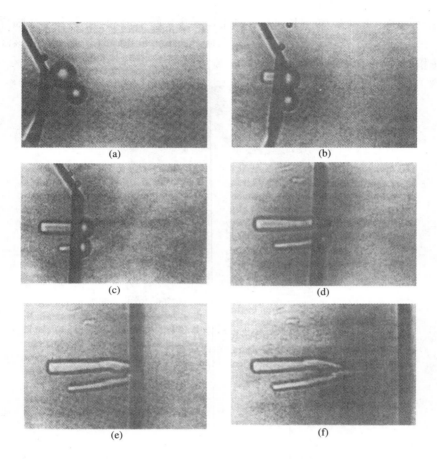

图 6.6 水溶液生长 KNO_3 晶体俘获石油的各个阶段
结晶前沿由左到右[6.8].（放大 430 倍）

晶体从化学成分复杂的溶液中生长时,熔析是可能的.例如在水热系统 $SiO_2 - NaOH - H_2O$ 中发生所谓富钠的"重相"（heavy phase）.液相从溶液整体中析出,作为分离的岛被表面吸附.跟吸附其余溶剂相比较,面可以更牢固地吸附这些成分不同的岛,进而把这些岛俘获进晶体中.以后加热生长晶体时胶体夹杂物在晶体中会造成微裂缝,使样品混浊.胶体夹杂物的受俘获依赖于生长速度和面指数,所以这些夹杂物有扇状和带状分布（图 6.7）.下面估计开始俘获这些夹杂物时晶体的生长速度.设沿生长表面法线方向胶体沉淀相的尺寸是 l,处在吸附态的寿命是 τ_s.那么胶体沉淀被运动速度为 V 的前沿（见 4.3 节）"埋葬"的时间约为 l/V.因此,吞并概率即晶体中胶质粒子的浓度正比于

$\exp[-l/(V\tau_s)] = \exp(-V_{cr}/V)$. 因此如图 6.8 所示,只有速度大于某临界值 ($V_{cr} = l/\tau_s$)时才发生胶质粒子的俘获. 吸附时间 τ_s 和临界速度 V_{cr} 应该随温度按指数函数变化,这符合图 6.9 的实验数据[6.10].

图 6.7 人造石英晶体中富胶体夹杂物的生长带和生长扇
生长后把样品退火以形成围绕夹杂物四周的微裂缝,以使肉眼能看到生长带和生长扇(照片的亮的部分).[6.10](约放大 6 倍)

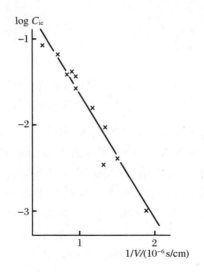

图 6.8 石英中的胶体夹杂物浓度与生长速度的关系
设夹杂物浓度正比于由化学分析给出的晶体中 Na_2O 杂质的平均浓度. 晶体中的夹杂物直径介于 2.0 nm 和 40 nm 之间;夹杂物数密度平均值约 3×10^{-13} cm^{-3}[6.10].

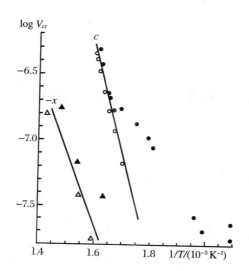

图 6.9　石英晶体俘获(实体符号)和放走(中空符号)
胶体夹杂物时生长速度和温度的关系
中间的值给出 $V_{cr}(\Delta T)$ 关系. 三角形和圆形分别对应于棱柱
面 $(-x)$ 和基面 (c).[6.10]

　　晶体完成生长后在晶体体内也可以形成外来粒子和空洞, 因为杂质原子的
过饱和固溶体要分解, 在生长过程中被晶体俘获的空位也会沉淀. 过饱和度首
先是由于晶体俘获了热力学非平衡的杂质原子和空位, 其次是由于新形成的晶
体层的冷却. 而且, 当熔体在接近或低于共晶温度下结晶时, 第二相不能偏析.
结果是晶体含有过多的、成为第二相主要组分的元素. 只有在高温下, 杂质原子
和空位的迁移率很大时才可能有固溶体的分解和新相的沉淀, 这是熔体中生长
晶体的特征. 在位错、晶粒间界和其他晶体缺陷上优先释放这些新相的粒子, 换
句话说, 它们缀饰这些缺陷. 对晶体表面不均匀性和晶体内部缺陷作缀饰是研
究实际结构的十分普通的办法(图 6.23(b)(c)).
　　例如, 后生长过程造成熔体生长硅中的所谓旋涡缺陷[6.11,6.12](见 6.2.5 小节).

6.2　位错　内应力　晶粒间界

6.2.1　籽晶中的位错

在生长晶体中发生位错的最简单的可能性是籽晶中的位错向与籽晶点阵连续的晶体内延伸. 气相、熔体和溶液生长的晶体与没有任何中间层的表面清洁的籽晶间已观察到位错的继承性.

籽晶常常具有与生长材料稍微不同的杂质成分, 并且显示出内应力. 可见籽晶的点阵参数多少跟新晶体不同. 在新材料和籽晶界面上的位错(错配位错, 见 2.3 节), 可消除这种差异性或所谓的异质性. 某些位错的末端离开界面出现在生长表面上, 贯穿在晶体中. 熔体生长的生长层是范性的, 几乎没有应力, 位错几乎完全消除异质性. 当溶液生长时, 对于非范性晶体, 生长层和籽晶间有应力, 它有时引起裂缝[6.13].

最后, 由于籽晶表面被杂质玷污、籽晶表面的不规则凹凸以及其他表面缺陷的存在, 使生长初始阶段常常不规则. 通常出现众多的夹杂物, 它们将引起位错或堆垛层错. 下一节将讨论这些机制.

6.2.2　表面过程中位错的发生

溶液生长时晶体实际上处在不能范性形变的温度范围内, 位错的出现主要与生长的表面过程的动力学和机制有关. 上述过程也是熔体生长时的一个因素, 但是由于晶体处在高度范性条件下, 它们没有热应力那么重要(见 6.2.4 小节).

3.4.2 小节已讨论过薄板状晶体中螺型位错的形成. 在围绕外来粒子生长的板状晶体中, 位错的形成有相似的机制[3.6.9](图 6.10).

图 6.10—图 6.12 表示由于宏观台阶的不稳定性以及随后形成上悬层和夹杂物等过程产生位错的一些相似机制. 在图 6.10—图 6.12 所示的所有例子中, 只有包裹夹杂物的层弯曲, 以致在它们联接处错合时位错才会发生(柏格斯回路不闭合). 虽然实验证实位错起源于夹杂物, 但尚未研究过这种弯曲的原因. 溶质在夹杂物内壁的结晶使夹杂物内的压力降低, 这样就造成封闭母相溶液的

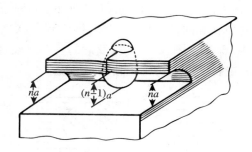

图 6.10 板状晶体或上悬层俘获外来粒子时形成的位错
连续层两部分彼此错开的距离等于晶面间距.

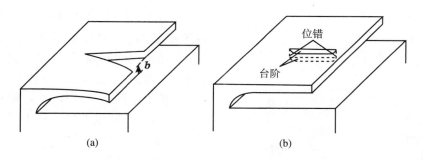

(a)   (b)

图 6.11 薄的上悬层的凹角(图(a))以及按照图 3.25、图 3.26 所示的
机制生长时形成的位错(图(b))
b 是柏格斯矢量.

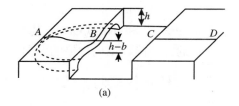
(a)

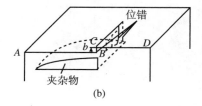
(b)

图 6.12 随母相溶液的俘获而发生的位错

(a) 上悬层的扭曲;(b) 宏观台阶相遇时形成位错,同时包住夹杂物($ABCD$ 截面与图
(a)中相同).h 是台阶高度,b 是柏格斯矢量.

夹杂物的层变形(图 6.12(a)).夹杂物吸进溶液变得更困难,而且这种吸进不能
确保压力会增大到溶液块内的压力值.弯曲的另一可能原因是生长前沿上的温
度变化.

图 6.13 指出外来固态夹杂物甚至黏滞足够大的液态夹杂物俘获时有形成

位错的可能性. 夹杂物表面对生长材料的黏附(或外延)造成原子平面在越过夹杂物联接时变得弯曲和非等同性. 这个机制可推广到层状生长和垂直生长. 不幸的是,没有相应于图 6.10—图 6.13 上俘获后的各个阶段直接的显微镜观察. 上述机制的有效性的主要证据是长成后晶体的形貌.

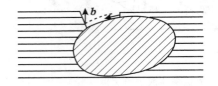

图 6.13　在俘获外来粒子上部形成的位错

图 6.14　溶液生长的 KDP 晶体中一
　　　　个生长带(用箭头表示)上
　　　　从夹杂物发出的位错束
　　　　X 射线貌相图[6.14].(放大 4 倍)

图 6.14 表示 KDP(100)平板晶体的 X 射线貌相照片. 由图可看出呈扇形的位错束的确起源于夹杂物. 夹杂物显著地汇集在生长前沿(在图 6.14 中它们是由左下向右上延伸的线)减缓和加速的平面上. 特别多的位错束开始于籽晶表面. 按照柏格斯矢量守恒定律,束内所有位错的矢量和为零,所以在同一束内位错至少有两个不同的(相反)柏格斯矢量. 实际上可能的矢量数和起源于一个夹杂物的位错数会更多些,这些都依赖于点阵结构. 下面讨论根据 Indenbom[6.15] 和 Klapper 及其合作者[6.16] 的方法确定束内位错的取向.

6.2.3　位错的取向

单位位错长度的自由能 γ_d 是各向异性的. 它依赖于柏格斯矢量 b 和由沿位错的单位矢量 τ 描述的位错取向. 依照著名方程[6.16] 由晶体弹性模量决定这种各向异性的大小和性质. 设已知 b 的位错跟生长前沿相交,该前沿的取向由位错露头处的面法线 n 表示(图 6.15). 下面求出在生长过程中位错伸长引起的能量增量最小值所对应的位

错取向 $\tau = \tau_0$,即求出相对生长前沿最佳的位错取向.设 dh 是前沿的位移,则位错增加能量 $\gamma_d dh / \cos(\boldsymbol{n} \cdot \boldsymbol{\tau})$.因而最佳取向应该是确保函数 $\gamma_d(\boldsymbol{b}, \boldsymbol{\tau}) / \cos(\boldsymbol{n} \cdot \boldsymbol{\tau})$ 极小或倒数 $\cos(\boldsymbol{n} \cdot \boldsymbol{\tau}) / \gamma_d(\boldsymbol{b}, \boldsymbol{\tau})$ 极大.为此在已知 $\boldsymbol{b}$(图 6.16)时我们作一个以取向 $\boldsymbol{\tau}$ 为变量的倒易比线能量 $1 / \gamma_d(\boldsymbol{b}, \boldsymbol{\tau})$ 函数的极图.从图心 O 沿矢量 $\boldsymbol{n}$ 作一条直线.对任意方向 $\boldsymbol{\tau}$,线段 $OK = \cos(\boldsymbol{n} \cdot \boldsymbol{\tau}) / \gamma_d(\boldsymbol{b}, \boldsymbol{\tau})$.这个量在 $\boldsymbol{\tau} = \boldsymbol{\tau}_0$ 处达到极大,即在面向并且垂直于 $\boldsymbol{n}$ 的平面与图 $\gamma_d^{-1}(\boldsymbol{b}, \boldsymbol{\tau})$ 相切的点达到极大.因为 γ_d 依赖于 $\boldsymbol{\tau}$ 和 $\boldsymbol{b}$,对应于不同的 $\boldsymbol{b}$ 有不同的图,因而可得不同的最有利取向 $\boldsymbol{\tau}_0 = \boldsymbol{\tau}_0(\boldsymbol{b})$.一系列 $\boldsymbol{\tau}_0(\boldsymbol{b})$ 实际上决定由夹杂物发出的位错束的组态.各向同性时 $\gamma_d = $ 常量,$\boldsymbol{\tau}_0 \parallel \boldsymbol{n}$,即位错垂直于生长前沿.

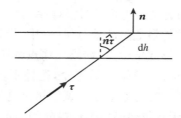

图 6.15 生长面位移 dh,沿 $\boldsymbol{\tau}$ 方向的位错相应地伸长 $dh / \cos(\boldsymbol{n}, \boldsymbol{\tau})$.

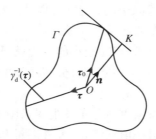

图 6.16 取向 $\boldsymbol{\tau}_0$[①] 在法线 $\boldsymbol{n}$ 的面上露头的位错有最小能量 Γ 是在已知柏格斯矢量下倒易的线位错能量面的轮廓截面.

6.2.4 热应力

熔体生长晶体时,通常不仅温度是变化的,而且温度梯度也不是常数.沿晶体复杂的温度分布导致晶体不同部分热膨胀的不均匀性和它们之间的弹性相互作用,结果是即使外表面是自由的,但晶体内仍出现应力.下面考虑形成热应力和位错的物理实质[6.17—6.19].

———————

① 英文版误为 i_0.——译者注

　　首先讨论刚长成的无位错晶体的这种热应力效应,换言之,主要考虑它的淬火.如沿主滑移面的切应力在任何点都小于位错成核或使很小位错环扩展的临界值 $\hat{\sigma}_{cr}$,则晶体仍保持宏观上无位错.

　　理想晶体的 $\sigma_{cr} \simeq (0.1—0.01)G$,这里 G 是切变弹性模量.熔点下含有微环的半导体的 $\sigma_{cr} \simeq (10^{-5}—10^{-6})G$.随着温度下降,临界应力上升.纯 GaAs 的 $\sigma_{cr} = 1$ g/mm²、12 g/mm²、35 g/mm²、350 g/mm²(对应的 $T = 1238$ ℃、1100 ℃、800 ℃、500 ℃);纯 Ge 的 $\sigma_{cr} = 15$ g/mm² 和 100 g/mm²(对应的 $T = 936$ ℃ 和 620 ℃);Si 在 $T = T_0 = 1415$ ℃ 时,$\sigma_{cr} \simeq 50—100$ g/mm²(数据取自 Milvidsky 和 Osvensky[6.20];也可参阅文献[6.21]).

　　晶体中外来夹杂物附近的应力可超过晶体平均应力达百分之几十,所以这些应力集中区是位错成核的最危险的地点.在硅中(坩埚的)石墨粒子被晶体俘获和(或)杂质的聚集都会形成集中点.如果任何点都达到临界应力,新成核(或原先存在)的位错环就会扩展,位错开始增殖,范性形变开始并传遍晶体.只有那些应力不足以使位错缠结的前沿甚至个别位错推进的地点才保持为无位错;换言之,这是一些应力小于有位错晶体弹性极限的地点.

　　应该提醒的是范性形变不仅和位错的滑移相联系,而且和黏滞流动过程(包括位错攀移、空位或间隙原子的输运)相联系.应力张量对角元的梯度也造成半径与基质原子不同的杂质原子的流动.

　　与低温比较,当温度接近熔点时很小的应力就可产生范性形变和点缺陷扩散.所以位错传播和成核以及点缺陷重新分布区域的大小和形状不仅与热应力有关,而且在不小的程度上也与温度有关.

　　范性形变使晶体中的材料重新分布并削弱松弛引起形变的应力,直到热弹性应力和位错的总能量达最小值而终止.弹性能量和位错能量间的平衡一般标志应力已大部分消除.但是剩余的宏观应力不能大于熔点附近的弹性极限,即它们是很小的.所以今后我们假定它们等于零.

　　假如有热应力的晶体从一开始就会有位错,其成核阶段自然不存在,位错增殖和传播将在像先前那种情况下发生.

　　上述靠物质范性形变而消除热应力的过程是在晶体不均匀的温度场中实现的.当晶体冷却到不发生范性形变的、在晶体内部是均匀的低温,则范性形变开始前受压缩,而后损失部分物质的区域就会在均匀温度建立后扩展,反之亦然.这样,冷却了的晶体将获得所谓剩余应力,它跟造成范性形变的初始热应力大小相近、符号相反.剩余形变,即高温下由形变造成的位错和点缺陷分布是剩余内应力的起因.

　　不管固体(晶体或玻璃)是否从表面生长,对它们的任何不均匀加热都会造成上述的淬火内应力.

　　同样为减小弹性能的需要,在晶体生长面紧邻处可以形成位错,此时物质不是从应力下松弛而是直接在无应力状态下生长.在生长过程中晶体相对加热炉和晶体自身内部的温度场移动着,例如在丘克拉斯基和斯托克巴杰生长过程中.逐渐地,表面层的每一部分变成晶块的一部分,同时通过范性形变消除在晶体深处某个地方早先形成的应力.在经历一个长的过程后,给定部分终止在不可能再有形变足够低温度的区域.因而生长晶体体内的每一部分将具有缺陷结构,这是在生长过程中它偏离范性区域的时间内形成的.当晶体已冷却到某个温度时,这样"冻结"下来的缺陷将形成与它们在生长过程中释放的应力大小相等、方向相反的应力.如果物质只在邻近熔点的狭窄的温度范围内是范性的,则范性边界平行于生长前沿并与后者保持一个短距离.结果是在结晶过程中存于生长前沿的(符号相反的)应力将冻结在晶体中.生长前沿的应力依赖于大块晶体中的温度场.这个晶体场一般很复杂.例如在丘克拉斯基法拉制圆柱形晶体时,晶体内在径向和轴向都有热流.前者跟晶体通过它侧面的冷却有联系而后者和由熔体经过晶体到支架-冷却器的热流有联系.径向热流相当于已形成的圆柱晶体的冷却(淬火),而轴向热流主要跟生长过程本身有关.分析指出轴向和径向梯度产生大小和符号都不同的剩余应力[6.17,6.18].下面结合图6.19和图6.12讨论这些分析的结果.

　　生长晶体中残余应力的确定等价于生长和冷却过程中热弹性应力的确定.

　　内应力和产生内应力的残余形变,即空位、填隙原子、位错、晶粒间界等的分布对晶体性质的变化有影响.在许多场合位错的贡献起决定性作用.因此,在讨论残余应力的本质前,应该了解位错结构和它与宏观形变的关系[6.18].显然宏观形变的源是样品某处切割不同取向面的总柏格斯矢量不等于零的位错分布,其他位错的形变和应力只在位错间距范围内分布,并随位错的消失而消失,然而这种"背景"位错的密度可以相当大,如在退火良好的锗中可达～10^4 cm^{-2}.

　　位错对宏观形变的贡献用位错密度张量 $\hat{\beta}$(见文献[4.27],5.3节)描述.它的分量 β_{ik} 是与垂直于 x_i 轴的单位面积相交的位错总柏格斯矢量的第 k 个分量.这样的 $\hat{\beta}$ 只表征适合于一定宏观形变(宏观应力)的最小位错密度.

　　如果晶体只允许有三个单位柏格斯矢量 $b^{(s)}$($s=1,2,3$),即只有三种 s 形式的单位位错,由已知张量 $\hat{\beta}$ 可求出位错流 $N^{(s)}$.矢量 $N^{(s)}$ 的分量 $N_i^{(s)}$ 等于跟

垂直于 x_i 轴单位面积相交的 s 型单位位错的数目. $\boldsymbol{N}_i^{(s)}$ 的符号依赖于沿位错 $\boldsymbol{\tau}$ 的单位矢量在 x_i 轴上的投影. 把 $\hat{\beta}$ 表示成下列矢量的点积后可方便地求出位错流动:

$$\hat{\beta} = \boldsymbol{N}^{(s)} \cdot \boldsymbol{b}^{(s)}. \tag{6.2}$$

按照构成倒易点阵(见文献[6.22],第 3 章)的法则引入与一组 $\boldsymbol{b}^{(s)}$ 互为倒易的 $\tilde{\boldsymbol{b}}^{(s)}$ ($s = 1, 2, 3$). 用 $\tilde{\boldsymbol{b}}^{(j)}$ 乘式(6.2)右边可得

$$\boldsymbol{N}^{(j)} = \hat{\beta} \cdot \tilde{\boldsymbol{b}}^{(j)}①,$$

即

$$\boldsymbol{N}_i^{(j)} = \beta_{ik} b_k^{(j)}. \tag{6.3}$$

有多个柏格斯矢量 $\left(\text{如在体心立方点阵②中,有四个矢量 } \boldsymbol{b} = \frac{1}{2}\langle 111 \rangle \right)$ 时, 由各组非湮没位错得到一个总密度 $\hat{\beta}$. 在这种情况下按式(6.3)求出的仅仅是最小位错密度的数量级.

用位移矢量 $\boldsymbol{u}$ 表示的总畸变张量 $\hat{u} = \{u_{ik}\}$ (其中 $u_{ik} = \partial u_k / \partial x_i$, u_i 是沿 x_i 轴的分量, $i = 1, 2, 3$)可以描述晶体的每一体积元的完全形变和旋转. 因而总畸变张量按以下形式分为对称的和反对称的部分:

$$u_{ik} = \frac{1}{2}\left(\frac{\partial u_k}{\partial x_i} + \frac{\partial u_i}{\partial x_k}\right) + \frac{1}{2}\left(\frac{\partial u_k}{\partial x_i} - \frac{\partial u_i}{\partial x_k}\right) = \varepsilon_{ik} + \Omega_{ik},$$

其中 ε_{ik} 是对称的总形变张量,Ω_{ik} 是反对称的点阵旋转张量. 众所周知后者等价于点阵旋转矢量:

$$\Omega_{ik} = e_{ikl}\omega_l. \tag{6.4}$$

式中 e_{ikl} 是单位反对称张量. 总形变 $\hat{\varepsilon} = \{\varepsilon_{ik}\}$ 包括弹性的 $\hat{\varepsilon}^{\text{el}}$、剩余(范性)的 $\hat{\varepsilon}^0$ 和热的 $\hat{\alpha}T$ 部分,而 $\hat{\alpha}$ 是热膨胀张量,即

$$\hat{\varepsilon} = \hat{\varepsilon}^{\text{el}} + \hat{\varepsilon}^0 + \hat{\alpha}T. \tag{6.5}$$

如上所述,在高温下范性形变消除了弹性应力,故在范性区域内 $\hat{\varepsilon}^{\text{el}} = 0$, 因此

$$\hat{u} = \hat{\varepsilon}^0 + \hat{\Omega} + \hat{\alpha}T. \tag{6.5a}$$

在冷却到整个晶体长度内温度恒定时,剩余形变 $\hat{\varepsilon}^0$ (和由它们形成的弹性形变)就固定在晶体体内. 在没有外力时点阵旋转减小到热转动,所以在冷晶体中剩

---

① 英文版误为 $\beta \cdot \boldsymbol{b}^{(j)}$. —— 译者注

② 俄文版、英文版均误为面心立方点阵. —— 译者注

余畸变为 $\hat{u}^0 = \hat{\varepsilon}^0$, 即

$$\hat{u} = \hat{u}^0 + \hat{\Omega} + \hat{\alpha}T. \tag{6.6}$$

因为 $u_{ik} = \partial u_k/\partial x_i$, 我们有

$$(\text{rot } \hat{u})_{ij} \equiv (\nabla \times \hat{u})_{ij} \equiv e_{ikl} \, \nabla_k u_{ij} = 0,$$

$$\nabla \equiv \left\{ \frac{\partial}{\partial x_1}, \frac{\partial}{\partial x_2}, \frac{\partial}{\partial x_3} \right\} \equiv \left\{ \frac{\partial}{\partial x}, \frac{\partial}{\partial y}, \frac{\partial}{\partial z} \right\}. \tag{6.7}$$

文献[4.27]中5.5节的方程(5.27)指出,位错密度张量 $\hat{\beta}$ 和由它们形成的剩余畸变 $\hat{u}^0$ 有以下关系式:

$$\hat{\beta} = \text{rot } \hat{u}^0. \tag{6.8}$$

把式(6.6)代入式(6.7)并利用式(6.8),我们得到位错密度 $\hat{\beta}$ 和造成它们的温度场 $T(r)$ 以及在一定形变条件下由这个场诱生的点阵旋转 Ω 之间的关系是

$$\hat{\beta} = - \text{rot } \hat{\alpha}T - \text{rot } \hat{\Omega} = \hat{\alpha} \times \text{grad } T + \hat{\kappa} - \hat{I}\text{tr}\{\hat{\kappa}\}. \tag{6.9}$$

上式中 $\hat{I}$ 是单位张量,$\kappa_{ij} = \partial \omega_i/\partial x_j$ 是表征晶体旋转角 ω_i 随晶体中各点变化的点阵-曲率张量.这个张量的迹,即它的对角线分量之和 $\text{tr}\{\hat{\kappa}\} \equiv \partial \omega_i/\partial x_k$.

下面我们看一些例子.理论上最简单的情况是不存在弹性应力的自由热膨胀,此时有

$$\hat{u}_0 = \hat{\varepsilon}^0 = \hat{\varepsilon}^{\text{el}} = 0. \tag{6.10}$$

按照式(6.8)有 $\hat{\beta} = 0$. 当晶体中各点的温度变化是线性的,即 $\text{grad } T = \{\partial T/\partial x, \partial T/\partial y, \partial T/\partial z\}$ 沿晶体长度是恒值时晶体发生自由膨胀.由总形变 $\hat{\varepsilon}$ 的相容性方程可导出弹性理论中的著名结果:

$$\text{rot}(\text{rot } \hat{\varepsilon})^* = \nabla \times \hat{\varepsilon} \times \nabla = 0. \tag{6.11}$$

没有范性形变时,则

$$\hat{\varepsilon} = \hat{\varepsilon}^{\text{el}} + \hat{\alpha}T = \hat{S}\hat{\sigma} + \hat{\alpha}T. \tag{6.12}$$

式中 $\hat{S}$ 是包含虎克定律(参考文献[6.23]的第2章)中所谓的相容性系数的四级张量.这样应力 $\hat{\sigma}$ 满足方程

$$\nabla \times \hat{S}\hat{\sigma} \times \nabla = - \nabla \times \hat{\alpha}T \times \nabla. \tag{6.13}$$

式(6.13)的右边只含有温度对坐标的二级导数,因而在线性温度场下它等于

零①. 在这种情况下应力 $\hat{\sigma}$ 满足一组齐次方程和边界条件(表面不受外力),因此它等于零. 按此, $\hat{\varepsilon}^{el} = 0$ 和 $\hat{\varepsilon} = \hat{\alpha}T$. 特别在各向同性时, $\alpha_{ik} = \alpha\delta_{ik}$ 和 $\varepsilon_{ik} = 0$(当 $i \neq k$);若 z 轴取在沿温度梯度的方向上,则有 $\varepsilon_{xx} = \varepsilon_{yy} = \varepsilon_{zz} = \alpha(\partial T/\partial z)z$. 用等式 $\varepsilon_{ik} = 0$ 作为 u 的位移分量的微分方程,容易看出在加热下垂直于温度梯度的每一个平面弯成半径为 $1/[\alpha(\partial T/\partial z)]$ 或曲率为 $\alpha(\partial T/\partial z)$ 的球,即发生自由的弯曲(图 6.17). α 的典型值约为 10^{-6}—10^{-5} $\deg^{-1}$,故即使在相当大温度梯度 $\partial T/\partial z \simeq 10^3$ $\deg/cm$ 下,圆柱体基面在轴向温度梯度下点阵的曲率仍约为 10^{-3}—10^{-2} cm^{-1},即远小于用提拉法熔体生长时前沿的曲率.

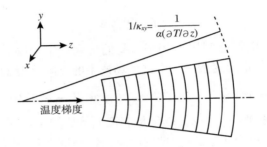

图 6.17　在线性温度场下自由晶体的原子平面
样品上无应力.

对于一般和各向异性情况,由条件 $\mathrm{rot}\,\hat{u} = 0$ 和 $\hat{u} = \hat{\alpha}T + \hat{\Omega}$ 可得点阵曲率. 这样

$$\mathrm{rot}\,\hat{\Omega} \equiv -\hat{\kappa} + \hat{I}\mathrm{tr}\{\kappa\} = -\mathrm{rot}\,\hat{\alpha}T = \hat{\alpha} \times \mathrm{grad}\ T. \qquad (6.13a)$$

把算符 tr(迹)作用在式(6.13a)中有关第二和第四部分的等式两边,同时记住 $\mathrm{tr}\{\hat{I}\} = 3$,我们即得

$$\hat{\kappa} = -\left(\hat{I} - \frac{1}{2}\hat{I}\mathrm{tr}\right)(\hat{\alpha} \times \mathrm{grad}\ T). \qquad (6.14)$$

把式(6.14)代入式(6.9)即得 $\hat{\beta} = 0$,这与在 $\hat{u}^0 = \hat{\varepsilon}^{el} = 0$ 的条件下直接由式(6.8)所得结果是一样的.

实际上用足够细的针状晶体可以最好地体现自由弯曲的条件,此时径向温

———————————

① 例如各向同性热膨胀 $\alpha_{ik} = \alpha\delta_{ik}$,

$$(\nabla \times \hat{\alpha}T \times \nabla)_{ik} = \alpha\left(\frac{\partial^2 T}{\partial x_i \partial x_k} - \delta_{ik}\frac{\partial^2 T}{\partial x_j^2}\right),$$

这里 $\delta_{ik} = 1(i = k)$;$\delta_{ik} = 0(i \neq k)$.

度梯度很小,同时生长尖端的直径如此之小,不可能在 $\partial T/\partial z$ 值恒定时建立温度分布.在这些条件下既不能发生位错也不能增殖.

生长无位错的晶体时可利用薄样品轻易达到无弯曲这一条件.把薄圆柱形籽晶彻底退火以确保位错从它的边上消失,再把柱体弄尖,减小籽晶顶端出现位错的可能性.利用籽晶尖端可能的最小面积开始提拉晶体.在这种方式下生长晶体内含有位错的可能性极小.除此之外,如果热条件跟自由弯曲条件($\partial T/\partial z$ = 常量)差别不大,并且位错也不成核,则晶体一开始就在无位错下生长.这是首次获得无位错硅的方法[6.24a].

当晶体不可能弯曲,也即 $\hat{\kappa} = 0$ 时得到一个十分不同的情况.严格讲在沿着 x 轴和 y 轴的、粘牢在相同材料平整衬底上的无限大薄膜(平面)中才能达到上述情况(图 6.18).这时即使在线性温度分布 $\partial T/\partial z$ = 常量的条件下,薄膜中仍形成弹性应力.假如薄膜从自由表面成长,我们可使 $\partial T/\partial z > 0$,这样可期望在新长成的层内存在压缩应力.然而,其密度由式(6.9)决定的位错会消除以上应力:

$$\hat{\beta} = \hat{\alpha} \times \mathrm{grad}\ T. \qquad (6.15a)$$

其微分形式为

$$\hat{\beta} = \{\beta_{ik}\} = -\{e_{ilm}\ \nabla_l T \alpha_{mk}\} = -\{e_{ism}\alpha_{mk}\}\frac{\partial T}{\partial z}$$

$$= \begin{Bmatrix} \alpha_{yx} & \alpha_{yy} & \alpha_{yz} \\ -\alpha_{xx} & -\alpha_{xy} & -\alpha_{yz} \\ 0 & 0 & 0 \end{Bmatrix} \frac{\partial T}{\partial z}, \qquad (6.15b)$$

即位错如图 6.18(a)所示在 xy 平面内.

立方和四角对称晶体的一个主轴垂直于衬底,$\alpha_{ik} = 0$(当 $i \neq k$ 时),在矩阵(6.15b)中只存在 α_{xx} 和 α_{yy}.按此,与 yz 平面相交的位错的最小总柏格斯矢量是直接沿 y 轴的,其大小为 $\alpha_{yy}(\partial T/\partial z)$;与 xz 平面相交的位错的柏格斯矢量直接沿 x 轴,其大小为 $-\alpha_{xx}(\partial T/\partial z)$.作出位错的柏格斯回路并按右手螺旋方向绕它一圈,容易看出矩阵(6.15b)中各元素的符号对应于从衬底一边插入的附加的半个平面(图 6.18(a)).当薄膜冷却到某一温度时它获得一个在衬底附近为零值且随到衬底距离 z 增加的应力 $\alpha_{ik}(\partial T/\partial z)z(i, k = x, y)$.如果生长晶体层足够厚,生长过程中的温度梯度足够大,则已冷却的晶体自由表面中的应力可能大于极限强度,表面上出现如图 6.18(b)那样的裂缝网络.沿着生长前沿法向的温度梯度造成了上述"梯度"应力.它们跟晶体和衬底不同的热膨胀系数形成的应力毫无关系.后者的起因已很清楚,并且可以远大于薄膜的"梯度"应力.

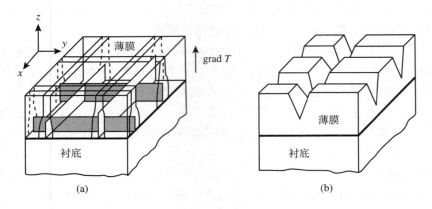

图 6.18　在温度梯度 grad T 下用平整衬底(它是冷的)生长的
薄膜(它是热的)中的位错(图(a))和裂隙(图(b))

图(a)中画出平行于坐标面 xy 和 yz 的附加的原子平面.

上述所得结果也可应用于沿两个相反平面生长的无限大晶体平板.热场的对称性确保点阵具有零曲率.

当球和无限长柱体具有径向对称的温度分布时,点阵曲率也可完全不存在(即 $\kappa=0$).例如把这些物体从表面冷却时就可形成对称温度分布.图 6.19(a)是无限长柱体横截面上的温度分布 $T(r)$ 的示意图.在这样的分布下柱体较热的芯受弹性压缩,因为较冷的周界层限制芯的热膨胀.芯也使周界层向外伸展.与式(6.8)相应的位错系统的形成消除了晶体内的这些弹性应力.在这里的淬火柱体中只有不等于零的径向温度梯度,故所有 $\beta_{zk}=0(k=r,\varphi,z)$.换言之,沿径向的诸位错的总柏格斯矢量为零.图 6.19(c)明白地画出这些位错的分布.当冷却到某一个温度时,这些位错形成对应于芯膨胀和周界层压缩的残留压强 $-\hat{\sigma}$(图 6.19(d)).让我们按通常方式垂直 z 轴切割淬火晶体.伸展着的芯沿 z 轴趋向收缩,压缩着的周界层趋向伸长并且沿径向收缩.于是沿底面周线产生一个把底面"拉"向晶体的力矩(图 6.19(c)),该力矩压缩晶体,使晶体有圆桶状外形.

换言之,在底面中心形成压缩应力 $\sigma_{xx}\simeq\sigma_{yy}<0$.计算和测量指出,一般来讲在底面中心有 $\sigma_{xx}=-k\sigma_{zz}$,这里 σ_{zz} 是切割前柱体的轴向应力,k 是与柱体横截面的形状有关、大小为 0.6—1.4 的系数.在粗略的估算中取 $k\simeq1$.

在这种表面冷却情况下发生的由中心到周界的温度下降所造成的上述诸应力具有淬火性质.中心先冷却引起的柱体或球体的相反温度分布产生相反的应力分布(图 6.19(c)(d)).在球的形成过程中热从中心部分散开(类似凯罗泡

洛斯法)时,生长的冷却晶体周界层在伸长而芯部受压缩.因此裂缝可能由晶体表面传向内部.

下面回过头来讨论柱体内的应力.这次不考虑径向淬火而用丘克拉斯基或维尔纳叶法从底面生长柱体.此时晶体同时有径向和轴向温度梯度.生长前沿的曲率是它们的相对值的度量:对于显著凸和凹的前沿,径向梯度和轴向梯度的符号不同或可以相比(但一般较小);对于平的结晶等温线,在生长前沿(当然假定前沿与等温线一致)上轴向温度梯度是唯一的温度梯度.

晶体底面对热弹性应力的影响沿 z 轴扩展到数量级为晶体直径 d 的范围.此时出现以下两种情形:

第一种情况是范性的温度范围足够宽,且晶体中的轴向温度梯度适中,所以在离底面 $z \gtrsim d$ 的距离内晶体材料是范性的.这是半导体的通常情况.如图 6.19 中已讨论过的那样,热弹性应力和后来的剩余应力显然主要依赖于径向温度梯度.应该注意到,凹生长前沿生长中的圆柱体的周界层的温度比芯部高.如果这样的分布保留到淬火区,则如上所述热弹性和剩余应力的符号将跟图 6.19(a)相反.

第二种情况是生长前沿附近的范性区很窄($z \ll d$).此时按照式(6.9),位错密度和剩余应力依赖于温度梯度和晶体底面的点阵曲率,而不依赖于如淬火情形下的体内值.如果生长前沿曲率不大,则轴向温度分布 $T(z)$ 起决定作用,并且可忽略 $T(r)$ 关系,即可以假定 $T(r)$ 是常量(图 6.20(a)).

在确保离底面为 z 处(数量级为直径大小或更大些)的轴向温度梯度 $\partial T/\partial z$ 是常数条件下,底面区发生的自由热弯曲实际上跟晶体其余部分的温度分布无关.因而只要籽晶无位错和生长晶体在冷却过程中不受大的应力,就能长成无应力和无位错的晶体[6.24a].实际上晶体直径愈小,这些条件就愈容易实现.

如果轴向梯度甚至在离底面 $z < d$ 的距离内也实质上不是常数时,那么在不发生范性时,近前沿区应该出现应力.但是生长层和紧邻它的范性区(的材料)的应力会松弛,因为可以形成相应的位错,它们实际上决定生长中和冷却后晶体中的剩余应力.当温度在底面附近的层(其厚度小于直径 d 但是大于范性区)内突然下降而在 z 大处变化不大时(图 6.20(b)),这些应力的性质在定性上是清楚的.在这类温度分布下又一次遇到不可弯衬底上的生长问题,不过现在是温度稍微变化的晶体区代替了衬底的作用,因而不是径向淬火(图 6.20(c)(d))中的压应力而是张应力($\sigma_{zz} > 0$, $\sigma_{yy} > 0$)作用在生长晶体底面的中心.由图 6.20(c)所示的力矩引起的在底面上的张应力能使晶体沿 z 轴开裂(类似图 6.18(b)所示的薄膜的开裂).用 Verneuil 法生长的刚玉晶体有时就是这样开裂的.附加的加热器能减小 $\partial^2 T/\partial z^2$ 值(而不是有时简单设想的温度梯度 $\partial T/\partial z$),从而增加炉内温度的绝对值,扩展范性区,降低剩余应力,防止开裂.这种炉子不仅用来生长晶体,它还可退火晶体,以消除仍然保留的某些应力.

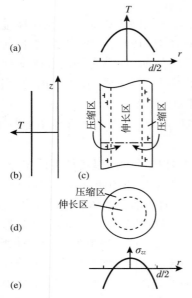 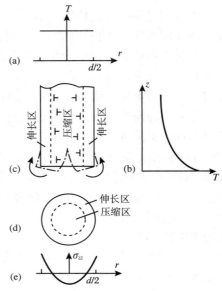

图 6.19 直径为 d 的无限长圆柱体径向冷却后淬火应力的形成

径向(图(a))和轴向(图(b))温度分布以及圆柱体晶体中的剩余应力(图(c)(d)).图(c)(d)中的短线表示中性(零应力)的面.图(c)中画出晶体周界层中位错的分布.箭头表示垂直 z 轴沿点划线切开的恒温冷却晶体中的力矩.图(e)为样品冷却后剩余轴向应力 σ_{zz} 的径向分布.

图 6.20 底面生长圆柱状晶体(直径为 d)的过程中应力的形成

径向(图(a))和轴向(图(b))温度分布,圆柱状晶体中剩余应力的分布(图(c)(d)).图(c)(d)中的短线表示中性面.图(c)中画出了中心部分的位错.箭头表示恒温冷却晶体底面上产生的力矩;点划线表示在上述力矩作用下样品可能有的裂缝.图(e)为样品冷却后剩余轴向应力 σ_{zz} 的径向分布.

　　低温和中温($T \lesssim 500\ ℃$)下,在给定系统的几何条件下,决定晶体中一定温度分布的特征参量是晶体的热导率以及经过晶体和生长室内介质(气体、高温溶液等)的热传递系数,高温($T \gtrsim 1000\ ℃$)下的参量是相应的热辐射值.

　　下面给出圆柱晶体截面的温度和应力分布(图 6.21(a)(b))以结束对热应力和有关位错的讨论.在生长前沿与熔点等温线一致以及热量按基尔霍夫定律通过圆柱体侧面散去(不考虑圆柱体内的热辐射传输)的假定下,可以用数值法求解有关的热传导和热弹性方程.切应力大于临界应力的区域用密集阴影线表示.把这些结论与生长无位错锗和硅的条件相比较得到了满意的结果.

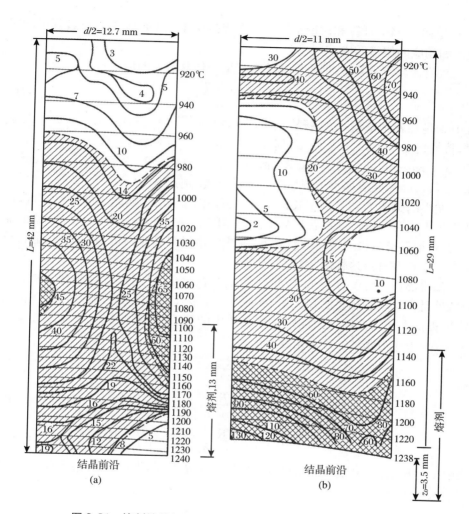

图 6.21 熔剂掩盖(B_2O_3 熔体)提拉法(见 10.2 节)生长 GaAs
晶体的温度和应力分布的计算曲线

晶体柱体直径为 d,长度为 L.这是两个平行于晶体圆柱轴的剖面图.图的左端是晶轴,右端是自由表面.右边的**数字**是**薄**等温面的温度值.**实线**是等切应力 σ_{rz} 线,线旁的数字是以 g/mm^2 为单位的应力值.**阴影部分**表示在相应温度下应力大于形成位错临界值的区域.比较图(a)和图(b)后可看出温度梯度下降时应力和位错密度也下降.(M. G. Mil'vidsky 和 V. B. Osvensky)

文献[6.24b]计算和讨论了熔剂掩盖提拉法生长 GaAs 单晶体过程中的热应力和相应的位错形成.

数值计算十分繁重,但是下述关系有助于估算底面的应力:

$$\sigma \simeq \alpha E L^2 \frac{\partial^2 T}{\partial z^2}, \tag{6.16}$$

式中 α 是热膨胀系数,E 是杨氏模量. Indenbom 等[6.19]估计在 $\partial^2 T / \partial z^2 \simeq$ 常量时,特征长度 $L \simeq 0.2d$—$0.5d$. 对于直径 $d = 5$ cm 的晶体,在 $\alpha \simeq 10^{-6}$ K^{-1},$E = 10^{12}$ dyn/cm^2,$\partial^2 T / \partial z^2 \simeq 10$ K/cm^2 时我们求得 $\sigma \simeq (1$—$2.5) \times 10^7$ dyn/cm$^2 \simeq 10$—25 kp/cm^2. 此值远小于例如硅中形成位错的临界应力.

在小的热应力和大的生长速度下,籽晶中的位错有如此小的滑移速度,以致生长界面可"逃避"冻结在籽晶中的位错网络. 在此情况下可长成无位错的晶体. 在长期保持着接近熔点的温度下,某些位错将向晶体内运动. 在空间生长的锗[6.24c]中曾发现过这样的"逃脱"[6.24d].

如果晶体的温度分布相对方位角是各向同性的,并且随径向坐标 r①是抛物线的且沿圆柱轴满足已知关系 $T = T(z)$,那么就可能解析地估算出在恒速度 V 提拉下无限长各向同性圆柱体晶体中的热应力. 在此情况下在圆柱坐标 (r, φ, z) 中应力张量的各对角线分量为

$$\sigma_{rr} = \frac{\alpha E}{16}(R^2 - r^2)\left[\frac{VR}{(1-\nu)a_s}\frac{\partial T}{\partial z} - \frac{1}{1+\nu}\frac{\partial^2 T}{\partial z^2}\right], \tag{6.17}$$

$$\sigma_{\varphi\varphi} = \frac{\alpha E}{16}(R^2 - 3r^2)\left[\frac{VR}{(1-\nu)a_s}\frac{\partial T}{\partial z} - \frac{1}{1+\nu}\frac{\partial^2 T}{\partial z^2}\right], \tag{6.18}$$

$$\sigma_{zz} = \frac{\alpha E}{8}(R^2 - 2r^2)\left[\frac{VR}{(1-\nu)a_s}\frac{\partial T}{\partial z} + \frac{1}{1+\nu}\frac{\partial^2 T}{\partial z^2}\right], \tag{6.19}$$

式中 ν 是泊松比,a_s 是晶体的热扩散率,$R = d/2$ 是圆柱半径. 最大切应力为 $(\sigma_{zz} - \sigma_{\varphi\varphi})/2$[6.24].

6.2.5 与空位和杂质有关的位错

晶体密度通常比相应熔体的密度大百分之几,所以当晶体生长时它可俘获比熔点下热力学平衡数更多的空位. 把晶体冷却可增加空位固溶体的过饱度,或者按熔点下的平衡数俘获的空位也造成过饱和度. 空位固溶体的分解形成微孔,特别是圆盘形孔. 每一个这样的圆盘的崩塌形成一个柏格斯矢量垂直于盘面的位错环. 熔体生长的硅在冷却后形成过饱和的填隙原子簇团. 它们是尺寸在 $5 \times (10^{-5}$—$10^{-3})$ cm 范围内的、不同形状的环,并且可解释为杂质稳定

---

① 英文版误为 z. ——译者注

的位错环[6.12a]. 某些观察到的环显示出堆垛层错衬度. 较大的环被称为 A 型缺陷, 而较小的称为 B 型缺陷. 宏观上, 这些簇团是在无位错晶体中发现的, 并被称为所谓的旋涡缺陷[6.11,6.12]. 在垂直生长方向切割的晶体表面, 经过浸蚀这些缺陷表现为旋涡状(或同心的)云翳, 它的名称由此而来. 电子显微镜显示, 这种云翳是尺寸 $\lesssim 10^{-5}$—10^{-4} cm 的填隙型或堆垛层错型位错环的聚集体. 宏观上这种缺陷区大体上形成绕生长轴的螺旋面, 并占据晶体的整个中央部分. 沉淀物的这种几何特征对应于生长速度的涨落. 它们包括生长晶体旋转在略为不对称的温度场中的周期性的重熔, 因为生长界面上的温度和组分在涨落. 熔体对流和加热环境的不稳定性也引起涨落[6.25—6.27]. 总之, 涡旋和生长过程密切相关. 生长速度在 ~2—5 mm/min 范围内可观察到涡旋. 超过此上限生长的晶体退火后也出现涡旋. 杂质特别是碳的存在是产生和探测涡旋的重要因素. 总之, 环的产生可看成填隙硅原子[6.12a]和空位在过饱和固溶体中的沉淀过程. 点缺陷的湮没引起各种类型的簇团[6.24f].

晶体受到外加机械应力后, 位错环相对来说容易长成宏观尺度的位错. 这样, 含涡旋的晶体比基本上无位错的晶体可以在低得多的临界应力下发生范性形变, 因为后者要产生位错环后才能范性形变.

非平衡杂质俘获也可以形成位错. 均匀的杂质俘获改变晶体的点阵常数. 这样的"杂质膨胀"(或收缩)可以和热膨胀比拟. 含杂质的晶体的这种宏观应力场可以利用热弹性方程求出. 代替热形变($\hat{\alpha}T$)的是浓度形变 $\hat{\alpha}_c C$, 这里 C 是杂质浓度, 二阶张量 $\hat{\alpha}_c$ 表示点阵的浓度膨胀(或收缩). 相应地, 整个晶体中杂质浓度的线性分布在自由表面条件下将导致自由浓度弯曲, 其曲率可通过替换 $T \to C, \hat{\alpha} \to \hat{\alpha}_c$ 后利用式(6.14)获得. 在点阵不能弯曲的条件下, 和晶体中杂质浓度关联的位错密度是

$$\hat{\beta} = \hat{\alpha}_c \times \mathrm{grad} C. \tag{6.20}$$

在带结构和扇结构(见 4.2 节、4.3 节)中形成位错也是很典型的. 由富杂质区引起的浓度应力可以由带边界和(或)带内的位错网络松弛(图 6.22(a)(b)). 图 6.23 是杂质带上网络的照片. 位错网络是很稳定的组态, 以致没有一段位错

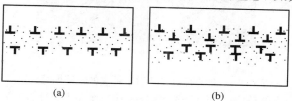

(a)   (b)

图 6.22 围绕带形成的位错

带中有更多原子尺寸比基体原子大的杂质. (a) 在带边界上的位错; (b) 在带边界和带内的位错.

可以离开其他位错独立地运动.这种稳定性由于杂质的存在而得到加强,即杂质为位错网络建立了"势谷".反过来,杂质也不能离开带,否则位错会产生应力,而此应力会把杂质拉回来.结果是生长带常常不可能消除.

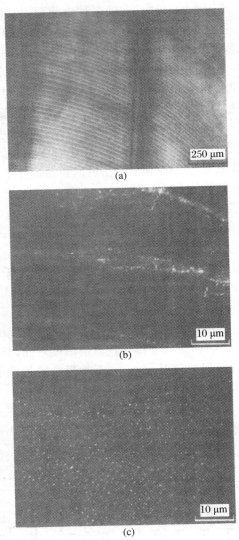

图 6.23　红宝石中和杂质带关联的位错网络[6.28]

(a) 杂质带(亮带)的侧视图,低放大倍数;(b) 三个几乎平行的杂质带,侧视图,被缀饰的位错线是一系列亮点;(c) 在一个带内的位错,俯视图.

在不同生长锥中,杂质原子和其他点缺陷的浓度不同,相应的点阵常数也不同.因此生长锥的接触会在边界上引起内应力和位错.可以在偏光下利用应力引起的双折射对它进行观察.在生长锥(生长扇)边界上的错配位错可以和外延错配位错那样完全躺在边界面上,或离开边界面进入生长面.图 6.24 是离开边界面的位错的示意图.线段 AA' 和类似的线段躺在边界面内,而线段 AB 和 $A'B'$ 已伸展到自由面上的 B 和 B' 处,它们可以在这些点上用例如浸蚀的方法显示出来.图 6.24 上还画出了浸蚀坑.

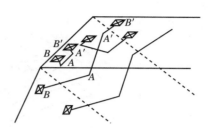

图 6.24 在两个生长锥边界上成核的位错(边界由虚线表示)

一些位错在生长锥边界面 A 和 A' 处离开边界面并且伸展到自由面上(如水平面上).在表面上位错露头处画出了示意浸蚀坑.

6.2.6 晶粒间界

靠弹性场相互作用的吸引而联合在一起的位错组成晶粒间界.当位错间的距离足够小,即位错密度足够大时,这种吸引就会生效.在红宝石中,密度约 10^4 cm^{-2} 的位错就开始联合组成晶粒间界.曾反复注意到晶粒间界始于夹杂物,例如焰熔法生长的晶体俘获未完全融化的投料的宏观粒子($\sim 10^{-4}$—10^{-2} cm).

对红宝石晶体貌相观测表明:晶粒间界的取向接近于基面和菱面体面,但是它们并不严格附在这些平面上,而是有高达 $10°$ 或 $20°$ 的偏离.在这些晶体中,晶粒间界一般与生长前沿相交成直角,对应于凸生长前沿的晶粒间界呈"扇"形.

跟单个位错取向的考虑方法一样,可以决定晶粒间界和生长前沿之间的相互取向.设角 φ 和 θ 决定在晶粒间界相遇的两个点阵的取向差.用 $\boldsymbol{v}$ 表示晶粒间界的法线.φ、θ 和 $\boldsymbol{v}$ 完全确定了晶粒间界的比自由能 γ,即 $\gamma = \gamma(\varphi, \theta, \boldsymbol{v})$.同过去一样,规定与晶粒间界相交的生长前沿用法线 $\boldsymbol{n}$ 表示.故前沿与晶界的夹角(图 6.25)是 $(\boldsymbol{n}\boldsymbol{v})$.用 d$h$ 表示前沿的移动,则边界与前沿交线单位长度的晶粒间界能的增量是 $\gamma \mathrm{d}h/\sin(\boldsymbol{n}\boldsymbol{v})$,见图 6.25.

从各种 $\boldsymbol{v}$ 中找出的最佳晶粒间界取向由下述条件决定:

$$\frac{\sin(\boldsymbol{n}\boldsymbol{v})}{\gamma(\varphi, \theta, \boldsymbol{v})} = \max. \tag{6.21}$$

图 6.26 是 φ 和 θ 为常数时作为 $\boldsymbol{v}$ 的函数的倒易能量 $\gamma^{-1}(\varphi, \theta, \boldsymbol{v}) = \Gamma$ 的示意极图.式(6.21)的左边等于线段 ΓK 的长度.它在 $\boldsymbol{v} = \boldsymbol{v}_0$ 取向达极大值.这个取向对应于 γ^{-1} 图上离 O 点最远的与平行于 $\boldsymbol{n}$ 的平面相切的点(图 6.26).如果 γ

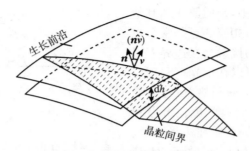

图 6.25 晶粒间界和两个相对移动 $\mathrm{d}h$ 的生长前沿
v 是晶粒间界的法线, n 是前沿的法线.

= 常量, 即 $\gamma(v)$ 是球面, 则 $v \perp n$, 这表示晶粒间界垂直于生长前沿.

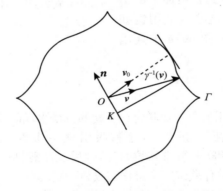

图 6.26 和法线为 n 的生长面相交的晶粒间界有
极小能量的条件是晶粒间界法线为 v_0
轮廓 Γ 是倒易晶粒间界能面 $\gamma^{-1}(v)$ 的截面. 此能量依赖于晶界
两侧点阵间固定的取向错开角度.

　　相邻晶粒间界上点阵的取向差一般不是偶发的, 而是反映晶体整体中点阵系统的转动. 例如用焰熔法生长的红宝石梨晶经常由两个绕梨晶的相反螺旋的"半圆柱"组成.

　　在生长中某些事先指定的生长前沿取向被其他取向取代, 这时也观察到系统的点阵转动. 这种绕平行于生长前沿轴的自发点阵转动的原因可以是弹性模量的各向异性和生长晶体底面上不均匀温度场中热弹性应力的极小化. 晶体点阵的转动即使在生长前沿的晶体学取向保持不变的条件下也可使点阵的对称性和炉内的温度场对应(绕生长前沿法线的点阵转动), 显然这也可以用上述情况加以解释. 晶体对称性和温度场对称性的对应在上述第一个场合下基本上也达到了. 这些现象迄今为止还没有得到足够的研究.

第 7 章

团块结晶学

团块结晶是指大量的、通常是小晶体($\sim 10^{-3}$—10^{-1} cm)在一定空间范围内的成核和成长,例如金属锭和肾结石的形成,水泥的凝固,颗粒肥料、药物、食糖和盐的制备等. 人们几百年来一直在应用和研究它们. 在团块结晶中,通常人们特别关心的是晶粒的纯度、大小和形状,而目的是要获得晶粒结合的最大强度(如水泥和金属)或得到细晶粒的、松散的、非硬块的制品(如食糖、盐和肥料). 和生长单晶相比,一般较少注意各晶粒的精细缺陷. 比较重要的是总产率和其他经济方面的考虑.

文献中常见的术语"工业结晶学"反映了团块结晶学的广泛应用,但这个术语不包括也是以团块结晶学为基础的冶金学. 许多书籍都已讲到团块结晶[7.1—7.5],因此我们只给出这个广阔领域中某些专题的一般概念.

在熔体凝固中,用一定时间内已结晶的物质的百分数描述团块结晶的动力学. 对于溶液结晶,主要的动力学特性是析出晶体的质量,它们相对溶质的百分数,或简单的溶液过饱和度. 特别在生长的后期,析出和生长的晶体通过它们的扩散场、热场和直接的机械碰撞而相互作用. 因此团块结晶动力学的理论描述是十分复杂的,同时实验结果不仅显著地依赖于基本参量(过冷度、物质和溶剂的种类),而且也与技术参量(结晶设备的几何特征和设计、形成过饱和度的方式、搅动类型等)有密切关系.

7.1 凝固动力学和晶粒尺寸

Kolmogorov[7.6a]、Johnson 和 Mehl[7.6b] 在最一般的假设下各自独立地提出了熔体的团块结晶学,Avrami[7.6c] 则从不同的途径进行了处理. Belen'ky[7.7a] 综述了这个问题的现状.

可以把这个过程描述如下:我们有一块充分大的(相对结晶出来的晶粒尺寸而言)、均匀的熔体,在其内部任意点和任意时刻的成核率为 $J(t)$(单位:$cm^{-3} \cdot s^{-1}$). 这些核的法向生长速度为 $V(t)$,其中 t 是时间. 假定所有的晶体是球状的或具有同样的形状并且取向相互平行,再假定晶化体积内各点温度相同,但是温度可按照反映在 $J(t)$ 和 $V(t)$ 中的一定关系随时间变化. 空间各点的温度是常量的要求等价于对空间各点的温度取平均,即忽略围绕各晶粒的细微的温度分布. 我们的目标是求出开始结晶后的时刻 t 晶化的体积百分数 $p(t)$.

在初始阶段晶体并不大, 也没有相互接触, 能够保持相同外形. 所以对球状晶体有

$$p(t) = \frac{4\pi}{3} \int_0^t \left[\int_{t'}^t V(t'') dt'' \right]^3 J(t') dt'. \tag{7.1}$$

上式中 $\frac{4\pi}{3} \left[\int_{t'}^t V(t'') dt'' \right]^3$ 是从时刻 t' 到 t 晶核长大的体积.

一般来讲人们必须考虑晶粒间的接触和接触表面相应的复杂外形, 为此我们引入熔体内任一点在时刻 t 不属于结晶体积的几率 $q(t) = 1 - p(t)$. 这样该点在 τ 和 $\tau + d\tau$ 时间间隔内发生结晶的几率为 $-dq(\tau) = -[q(\tau + d\tau) - q(\tau)]$. 为了能发生这个事件, 必须要在上述 $d\tau$ 时间内使从早先的结晶中心传出的结晶前沿在 t' 和 $t' + dt'$ 之间到达该点. 在时刻 t' 出现的晶体能够在 τ 和 $\tau + d\tau$ 时间内长大到该点的条件是它们离该点的距离为从 $\int_{t'}^\tau V(t'') dt''$ 到 $\int_{t'}^{\tau + d\tau} V(t'') dt''$. 这就是说使该点发生凝固的那些晶核必须处在体积为

$$4\pi \left[\int_{t'}^\tau V(t'') dt'' \right]^2 V(\tau) d\tau$$

的球壳内. 在 t' 和 $t' + dt'$ 间隔内在该壳内成核的概率为

$$4\pi \left[\int_{t'}^\tau V(t'') dt'' \right]^2 V(\tau) J(t') dt' d\tau.$$

因此在 $t' = 0$ 到 $t' = \tau$ 的间隔内, 在使任意选定的点结晶的核出现的概率为

$$4\pi \int_0^\tau \left[\int_{t'}^\tau V(t'') dt'' \right]^2 V(\tau) J(t') dt' d\tau.$$

从这个核出发的前沿在 τ 到 $\tau + d\tau$ 时间内导致选定点结晶的前提是该选定点的液体还没有凝固. 而在 τ 时刻任选点仍是液态的概率是 $q(\tau)$. 所以

$$dq(\tau) = -q(\tau) 4\pi \int_0^\tau \left[\int_{t'}^\tau V(t'') dt'' \right]^2 V(\tau) J(t') dt' d\tau. \tag{7.2}$$

对上式积分并更换积分次序, 我们得出

$$p(t) = 1 - q(t) = 1 - \exp\left\{ -4\pi \int_0^t d\tau \int_0^\tau dt' \left[\int_{t'}^\tau V(t'') dt'' \right]^2 V(\tau) J(t') \right\}$$

$$= 1 - \exp\left\{ -\frac{4\pi}{3} \int_0^t J(t') \left[\int_{t'}^t V(t'') dt'' \right]^3 dt' \right\}. \tag{7.3}$$

如果在结晶过程中温度只有很少的变化, 核的成核率和生长速度与时间无关, 式 (7.3) 成为

$$p(t) = 1 - \exp\left(-\frac{\pi J V^3 t^4}{3}\right).\tag{7.4}$$

根据同样的道理,容易求得表面和直线的生长动力学,换言之求出二维和一维空间的解.对于二维情况,只需把式(7.3)中的 $4\pi\left[\int_{t'}^{\tau} V(t'')\mathrm{d}t''\right]^2$ 代换成 $2\pi\int_{t'}^{\tau} v(t'')\mathrm{d}t''$($v$ 是沿盖满晶体的表面的切向前沿速度);对于一维只需代换成 1.在 J 和 v 为常量时,对二维情况可得

$$p(t) = 1 - \exp\left(-\frac{\pi J v^2 t^3}{3}\right);\tag{7.5}$$

而一维情况时为

$$p(t) = 1 - \exp\left(-\frac{J v t^2}{2}\right).\tag{7.6}$$

衬底生长单晶体的初始阶段[7.7b]可用各种二维模型描述.在某些模型中假定不同外形(圆盘、翻转的杯子、平的外延取向的多边形)的晶粒在长大到相互接触后不出现类液体的聚集,这种情况下用类似式(7.5)的方程(但把其中指数上的 $\pi/3$ 改成一个与晶粒形状有关的、与 $\pi/3$ 差得不多的因子)也可描述其淀积动力学.在另外一些模型中假定形状相同的两颗晶粒接触后合并成一个同样形状的、体积为二者之和的晶粒,在这种情况下仍可用式(7.5)描述 $p(t)$ 曲线的一般特性.然而这个特性由于 $p(t)$ 曲线出现局域的极大和极小值(许多生长晶粒相遇且合并时)而发生起伏.

考虑到在先成核层的表面上再形成第二层核的可能性后,可推广上述相继填满各个平面时的解.在大过饱和度下这一机制导致动力学粗糙表面(见 3.3.1 小节).至今还没有对表面结构的概率特征详细研究过,但显然的是这样的表面的垂直生长速度反比于填满一个原子层所需的平均时间.由式(7.5)可知平均时间约为 $(J v^2)^{-1/3}$,即 $V = h(J v^2)^{1/3}$(加上一个数量级为 1 的因子),这样我们回到了式(3.23).对一维情况由相似考虑我们求出在台阶上升处一维成核引起的初基台阶的速度,或在位错上的双扭折成核引起的位错运动的速度[7.8].可以证明台阶速度 $v = (\mathrm{e}/2)J v_{\text{kink}}$,这里 v_{kink} 是沿台阶的扭折速度,上式中的数字因子不是解析得出的,而是从台阶的多层次模型方程的计算机解求得的.然而,从不严格的试探的解析解给出与计算机结果($\mathrm{e}/2$;其中 $\mathrm{e} = 2.718\cdots$)十分接近的值.

下面仍回过来讨论三维情况下的团块结晶.由式(7.4)可知,凝固动力学曲线 $p(t)$ 呈特征时间正比于 $(J V^3)^{1/4}$ 的 S 形.许多作者的实验数据在对数坐标

$\ln q(t) - t$ 上呈一条直线. 然而直线斜率不总是给出时间的四次幂,而是给出较低的幂(从 2 到 4). 其理由之一是熔体在外来粒子上优先成核. 如果这些粒子是高度活性的,即在 $t = 0$ 时间过冷后立即在它们身上成核,这时就有 $J(t) = n_0\delta(t)$,其中 n_0 是单位熔体体积内结晶中心的个数. 在 $V =$ 常量时由式(7.3)可得

$$p(t) = 1 - \exp\left(-\frac{4\pi n_0 V^3 t^3}{3}\right). \tag{7.7}$$

换句话说,这时候 t 的指数比式(7.4)中的小 1. 更重要的是对过程动力学的效应,这里指的是生长晶体通过它们周围重叠的升温区和杂质浓度富集区($k < 1$ 时)而相互作用. 这就是说,前面计算忽略了小晶粒之间的相互作用.

$q(t)$ 是 t 时刻未晶化的体积百分数,$q(t)J(t)\mathrm{d}t$ 是在 t 到 $t + \mathrm{d}t$ 时间内出现的成核数目. 所以在多晶样品中晶粒总的数密度 n 等于 $\int_0^\infty q(t)J(t)\mathrm{d}t$. 在 J 和 V 为常量时,有

$$n = \frac{1}{4}\Gamma\left(\frac{1}{4}\right)\left(\frac{3}{\pi}\right)^{\frac{1}{4}}\left(\frac{J}{V}\right)^{\frac{3}{4}}. \tag{7.8}$$

式(7.8)中的数字系数值约为 1.3. 这只适于球状晶粒,对其他近乎立方形状的晶体其值近乎 1. 从量纲分析可直接看出 n 和 J、V 的关系对任何晶体都是正确的. 这样样品的平均晶粒度正比于 $(V/J)^{1/4}$. 围绕外来结晶中心长大的晶体的平均晶粒度是 $n_0^{-1/3}$.

当晶体从浓度不太大(与 100% 或熔体相比)的搅动溶液中生长时,这些晶体通常只占溶剂体积的较小百分数,每个晶体的成长在几何上跟其他晶体无关. 但每一晶体生长处的过饱和度与整个晶粒集体(特别是在搅动下)有关. 跟熔体的凝固一样,溶液中淀积出来的晶体总质量随时间的变化曲线是 S 形的. 然而,过程的减慢不是由于晶粒充满空间,而是与过饱和度的消失有关. 曲线的解析公式和其中的参量自然跟熔体的不同.

晶体在非搅动溶液中生长时,当尺寸达到 10—100 μm 时就开始向容器底部下沉,在那里淀积成床,此时它们已紧密地相互接触. 它们的实际生长速度慢得多,并可以形成固态块.

7.2　几何选择和铸锭的形成

　　注入浇模的金属在冷的模壁上开始凝固,出现最初的晶粒.随后由相邻枝晶端部形成的连续前沿向熔体运动,并且前沿上的晶体数目逐渐减少,相应地每个晶体在前沿所占的面积增大.通过对前沿位置的竞争,只有那些最快生长方向和壁或前沿垂直的晶体才能保存下来[7.9].因此,当离开壁的距离显著超过核的平均间距时,铸锭中的所有晶体呈拉长的外形且互相近乎平行,形成所谓的柱状结构.

　　下面进一步考察导致上述晶体选择(所谓的几何选择)的竞争过程.设各种混乱取向的晶体在衬底(模壁)上出现(图 7.1),并且这些晶体呈棱柱形并带有快速生长的锥顶,使得锥的顶点以最快的速度离开结晶中心(成核点),而棱柱面的速度最慢.下面的理由也用来说明柱状晶的生长.如在衬底上 O_1 和 O_2 点同时形成两个相邻的取向任意的晶体(图 7.1).晶体 O_1 沿衬底法线的生长速度分量超过晶体 O_2,所以前者将首先到达离衬底一定的高度.O_2 的顶点在后来的时刻到达和前一晶体相交的高度,在此处 O_2 顶点前的空间已被晶体 O_1 占据,于是晶体 O_2 的最快生长方向被封锁,故晶体 O_2 最终被晶体 O_1 和晶体 O_3 所埋葬(晶体 O_3 的最大生长速度也比 O_2 更接近衬底法线方向).继续生长后晶体 O_1 的生长被晶体 O_3 阻止,因为后者的棱柱轴和法线的夹角更小,如此等等.因此,生长前沿离衬底愈远,组成前沿的晶体数目愈少,它们的最大生长速度的方向和衬底法线愈近.几何选择的确导致柱状结构即铸锭壳的所谓正向性.Lemmlein 用百里酚晶体进行了几何选择的定量实验[7.9].过冷的百里酚熔体放在两块玻璃之间.用一片百里酚沿平的边通过,使熔体中成核.混乱取向的晶体长入熔体层,并且在液层内部不成核.生长结束后,沿与成核边平行、离开它 h 距离的直线数出晶体数.得出的结果是:在平成核条件下留存的晶体数密度 $n(h)$(单位:1/cm)和 $1/h$ 成正比.由 Kolmogorov[7.10]发展的概率理论在二维场合得到同样的结果,在三维场合得到 $n(h)$ 和 $1/\sqrt{h}$ 成正比.在两种场合,比例因子都和晶体外形有关.

　　铸锭壳变厚后,它的热阻增加,铸模中心液态金属的冷却减缓.相应地,生长前沿(这里是多晶体)的速度随时间 t 按 $t^{-1/2}$ 下降(见 5.1 节).

    冶金学家通常需要细晶粒铸锭,为此他们用超声等处理结晶中的熔体,以便在铸锭大块中得到大量的核.强超声辐射产生空穴泡,它们在晶体表面崩塌,把它们折断,从而提供新的结晶中心.剧烈的对流促进熔体的冷却并且增加结晶中心的数目.对流的速度可以达到几十厘米每秒,折断已成核晶体的枝晶分叉并且把这些碎屑(结晶中心)带到整个体积中,使凝固过程加快.加入添加剂也可以增加核的数目.

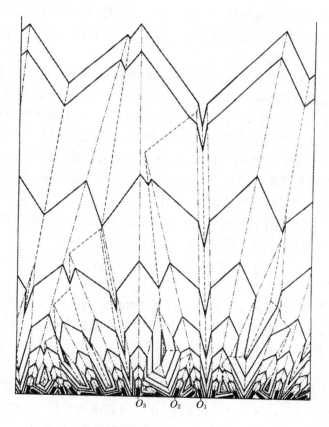

图 7.1　晶体几何选择的各个阶段[7.9]

7.3 热和质量的传递

铸模壁和铸锭壳的热传导影响凝固中锭的热传递,这在上面已讨论过.

在材粒中心部分的液态中有热的对流. 大量的冶金学文献[7.11]阐明了这个问题和与此相关的问题.

下面我们简略讨论在溶液团块结晶过程中质量传递的特点. 这些特点跟悬浮着晶体的溶液的复杂运动有联系. 这种悬浮液中的每一个晶体随着液流呈现出复杂的轨迹. 然而,在液流发生加速或减速的地方,由于晶体同溶液的密度不同而出现由惯性引起的晶体与液流的相对运动. 同理,较重较大的晶体相对于溶液的速度 u 比较轻较小的晶体大些. 液体运动的性质也很重要:湍流尺度愈低,速度 u(有时称为滑动速度)愈大. 已知相对运动速度 u 时,质量输运率依赖于贴近每一晶体边界层的有效厚度 δ. 对于等轴粒子,δ 可由式(3.17)求得,不过该式中的 x 该用晶体特征尺寸 l(对球状晶体用其半径)替换. 引入有效扩散输运系数 $\beta_{tr} = D/\delta$ 后把结果写成下列常用的无量纲方程:

$$\frac{l}{\delta} = \frac{\beta_{tr} l}{D} = 常量 \left(\frac{\nu}{D}\right)^{\frac{1}{3}} \left(\frac{ul}{\nu}\right)^{\frac{1}{2}}. \tag{7.9}$$

$\beta_{tr} l/D$ 是 Sherwood 数(Sh),ν/D 是 Schmidt 数(Sc),而 ul/ν 是雷诺数(Re). 利用这些无量纲关系可把运动溶液中的质量扩散输运的特征速率重写(文献[7.1],204 页)为 Frössling 关系一般式:

$$Sh = 2 + 常量\ Re^{\frac{1}{2}} Sc^{\frac{1}{3}}. \tag{7.10}$$

式中附加的 2 表明在停滞溶液($Re = 0$)中质量输运的可能性,而式中的常量则依赖于运动的特性、粒子的外形和粒子-介质间界面的特征. 把式(3.17)转变为式(7.9)时可得常量~0.2. 流经一个球的解析表达式不同于流过一个平板的表达式,前者有式(7.10)型的式子. 相应地,在球的 Frössling 方程(式(7.10))中的常量为 0.72,这与雷诺数处于 $20 < Re < 200$ 范围内的实验结果一致. Sc 的典型值约为 10^3,对于 $Re \simeq 10^3$ 的强烈搅拌溶液,我们只需要考虑式(7.10)中的第二项,这样就回到式(7.9).

为了把 Frössling 关系式(7.10)用于溶液的无规混合问题,除了式(7.10)

中的常量外我们尚需知道相对速度 u 和混合悬浮物特性间的关系. 文献 [7.12—7.14]谈到这个关系. 基于各向同性湍流理论的一个近似给出了上述关系性质的概念:

$$u = 0.055\left(\frac{1}{\nu}\right)^{\frac{1}{3}}\left(\frac{LP}{M}\right)^{\frac{4}{9}}\left(\frac{\nu_0}{\nu}\right)^{\frac{4}{9}}\left(\frac{\Delta\rho}{\rho_c}\right)^{\frac{2}{3}}. \tag{7.11}$$

上式中滑动速度 u 的单位是 m/s, 晶体尺寸 l 的单位是 m, 黏滞率 ν 及其 25 ℃ 的值 ν_0 的单位是 m^2/s, 搅拌直径 L 的单位是 m, 功率消耗 P 的单位是 W, 在结晶器中的溶液质量 M 的单位是 kg, 溶液密度 ρ_L 以及晶体和溶液的密度差 $\Delta\rho$ 的单位是 kg/m^3. 由 Hughmark[7.12] 和 Nienow 等[7.13]发展的可以检验式 (7.11)类型公式的方法如下: 首先, 用特殊实验测量晶体的生长速度或溶解速度. 晶体固定在运动溶液中的一个夹子上, 或是靠向上运动的母溶液(流体舟结晶器)使晶体处在悬浮态. 在两类实验中都可容易地测得溶液流相对于晶体的速度, 对于同样的溶液流速 u 得到同样的生长速度. 这样同样的晶体在搅拌的悬浮体中进行团块的生长, 并测定它们的生长速度. 用式(7.11)类型的检验公式算出相应的溶液相对于晶体的"滑动"速度. 因而由生长速度的实验值和计算值就可求出生长速度与液流速度间的关系. 式(7.11)与硼酸和水、苯甲酸和水以及锌和稀盐酸等系统的实验结果符合得很好. 但式(7.11)对明矾的生长所给出的结果只在数量级上与实验一致. 以测得的明矾生长速度为纵坐标, 以式 (7.11)算出的滑动速度为横坐标, 得到的各个点高于直接测量液流速度得到的曲线. 生长速度的差别约 1.5—2 倍, 而滑动速度差 3 倍. 文献[7.13]改进了式 (7.11), 使差别分别降至约 30% 和 80%.

在结束本节时, 为确定起见给出明矾滑动速度计算值的数量级. 由式 (7.11)可得: 在 3.2 r/s 的搅拌速度(搅拌器直径为 7 cm, 溶液质量为 2.3 kg)下平均尺寸为 470 μm 的粒子的滑动速度为 3 cm/s; 由 Nienow 及其合作者的修正方程算得的值为 4.7 cm/s. 在 1 kg H_2O 中有水合物晶体的绝对过饱和度为 0.01 kg 时其生长速度是 0.12 $kg/(m^2 \cdot s)$. 在 6.7 r/s 的转速下计算得到的滑动速度分别增为约 8 cm/s 和 7 cm/s, 生长速度为 0.14 $kg/(m^2 \cdot s)$. 直径为 1740 μm 的粒子在 4 r/s 转速下的结果分别是 6.5 cm/s 和 22 cm/s, 而在 6.7 r/s 转速下的相应值分别为 12.7 cm/s 和 28 cm/s. 在相同过饱和度下, 在上述最后两个转速下生长速度均为 0.18 $kg/(m^2 \cdot s)$.

7.4　成熟(聚结)

成熟(或聚结①)是指饱和液体或固溶体中的晶体或与蒸气或熔体处于平衡的晶体的平均尺寸逐渐增大的现象.这是物质由较小晶体转移到较大晶体的重结晶过程.Ostwald 做过水溶液中 HgO 粒子实验,他是探索该现象的最早研究者之一.成熟降低了系统总表面能,这个降低实际上就是过程的热力学驱动力(至少在粒子尺寸≤10^{-2} cm 的系统中是这样的).Ostwald 和 Smolukhovsky 首先提出并由 Todes[7.15] 发展了聚结理论.

Lifshifs 和 Slyozov[7.16] 对这个问题做了最普遍、最扎实的探讨.他们曾对稀固溶体中的聚结求出了严格的解.以下考虑由大小不等的粒子组成的系统(如溶液或蒸气中的小晶体、云中的小水珠、固体中的孔洞等).为确切起见我们假定粒子呈球状,它们之间的空间被固溶体填满,并且粒子间的平衡距离远大于粒子本身的大小.如果粒子是在扩散范畴内进行生长或溶解,按吉布斯-汤姆孙公式,在半径为 R 的粒子周围溶液浓度是

$$C_R = \overline{C}_0 \exp\left(\frac{2\Omega\alpha}{kTR}\right), \quad \text{或} \quad C_R \simeq \overline{C}_0 + \frac{2\Omega \overline{C}_0 \alpha}{kTR}. \tag{7.12}$$

上式中 $\overline{C}_0$ 是平表面的饱和溶液浓度.

每个粒子都在由其他所有粒子形成的、其值与所选粒子坐标有关的浓度场 C 中.然而由于我们已假定粒子的(个)数密度是很小的,可用溶液的浓度平均值 $\langle C \rangle$(为常量)(除到每个晶体的距离 $\simeq R$ 范围内不适用外)来代替 C.$\langle C \rangle$ 与时间有关:$\langle C \rangle = \langle C(t) \rangle$.由式(5.8)并在 $\Omega \overline{C}_0 \ll 1$ 和 $\beta R / D \rightarrow \infty$ 的假设下,我们有

$$\frac{\mathrm{d}R}{\mathrm{d}t} = \frac{D\Omega}{R}\left(\langle C(t) \rangle - \overline{C}_0 - \frac{2\Omega \overline{C}_0 \alpha}{kTR}\right). \tag{7.13}$$

分布函数 $f(R, t)$ 是系统整体的统计特征量,在溶液的单位体积内,在半径 R

---

① "聚结"一词指大晶体靠溶解小晶体而生长引起的晶体的联合.术语"聚结"与"成熟"在这里是等价的.

和 $R+\mathrm{d}R$ 范围内的晶体数目是 $f(R,t)\mathrm{d}R$. 在 t 时刻晶体总数密度是 $\int_0^\infty f(R,$ $t)\mathrm{d}R$. 组成晶体的原子(分子)总数(既在固溶体单位体积中又在小晶体中)是

$$\langle C(t)\rangle + \frac{4\pi}{3\Omega}\int_0^\infty R^3 f(R,t)\mathrm{d}R = \text{常量}, \qquad (7.14)$$

即在成熟过程中总原子数不随时间变化. 在成熟过程中小粒子尺寸变小,大粒子尺寸变大,所以粒子分布函数相对其大小而言随时间而变化,同时沿尺寸坐标轴向右(向大尺寸方向)移动. 这种粒子尺寸的移动可以用粒子数的平衡条件描述:

$$\frac{\partial f}{\partial t} + \frac{\partial}{\partial R}(fv) = 0, \quad v = \frac{\mathrm{d}R}{\mathrm{d}t}. \qquad (7.15)$$

对式(7.13)—(7.15)附上初始条件 $f(R,0) = f_0(R)$ 后我们得到一系列有关 $f(R,t)$ 和 $\langle C(t)\rangle$ 的方程. 晶体平均尺寸用分布函数表示为

$$\langle R(t)\rangle = \frac{\int_0^\infty R f(R,t)\mathrm{d}R}{\int_0^\infty f(R,t)\mathrm{d}R}. \qquad (7.16)$$

我们不列出式(7.13)—(7.15)的比较繁复的解,而将注意力集中于过程机制以及概括地用 Lifshifs 和 Slyozov[7.16] 的方法求出下面将介绍的 $\langle R(t)\rangle$ 关系. 系统在每一瞬间的过饱和度 $\langle C(t)\rangle - \overline{C}_0$ 对应的临界尺寸 $R_c = 2\overline{C}_0\Omega\alpha/(\langle C(t)\rangle - \overline{C}_0)$. 半径小于临界值 $(R<R_c)$ 的粒子将被溶解掉,由式(7.13)可知粒子半径愈小则溶解速率愈大;反过来半径大于 R_c 的粒子长大. 在每一瞬间临界尺寸的粒子的生长速度为零,但临界尺寸本身随时间而增大,因为相应的系统内粒子的平均尺寸增大且过饱和度下降. 以上内容在直观上很清楚,而且的确可以严格证明:当过程进行到分布函数 $f(R,t)$ 不再与初始分布 $f_0(R)$ 有关,即"忘记"后者时,就完全进入由成熟过程本身决定的阶段.

如上所述,这个过程是小粒子不断缩小直至完全消失,同时大粒子向边界为 $R=R_c$ 的大尺寸区域移动,所以稳态分布函数只有通过临界尺寸才和时间发生关系:$f(R,t) = f(R/R_c)$. 因而通过临界尺寸和分布函数的第 k 次的矩 M_k 可把粒子半径的任意 k 次幂的平均值 $\langle R^k\rangle$ 表示为

$$\langle R^k\rangle = R_c^k \frac{\int_0^\infty x^k f(x)\mathrm{d}x}{\int_0^\infty f(x)\mathrm{d}x} = \frac{R_c^k M_k}{M_0}, \qquad (7.17)$$

$$M_k = \int_0^\infty x^k f(x)\mathrm{d}x, \quad x = \frac{R}{R_c}.$$

系统中粒子平均尺寸($k=1$)正比于临界尺寸.因为小粒子迅速被溶解而从系统中消失,而在有限时间内不可能出现无限大的粒子,故分布函数在 $R=0$ 和 $R \to \infty$ 时为零.利用式(7.15)我们由式(7.16)导出

$$\frac{\mathrm{d}\langle R \rangle}{\mathrm{d}t} = \frac{\mathrm{d}}{\mathrm{d}t}\frac{\int_0^\infty R f(R,t)\mathrm{d}R}{\int_0^\infty f(R,t)\mathrm{d}R} = \left\langle \frac{\mathrm{d}R}{\mathrm{d}t} \right\rangle. \tag{7.18}$$

用临界核半径 R_c 表达式(7.13)中的过饱和度 $\langle C \rangle - \overline{C}_0$,我们求得

$$\frac{\mathrm{d}R}{\mathrm{d}t} = \frac{2D\Omega^2 \overline{C}_0 \alpha}{kTR}\left(\frac{1}{R_c} - \frac{1}{R}\right). \tag{7.19}$$

把上式两边乘以 $f(R/R_c)/\int_0^\infty f(R/R_c)\mathrm{d}R$ 并对 R 从 0 积分到 ∞,对该式取平均,考虑到式(7.18)、式(7.19),我们得到

$$\frac{\mathrm{d}R}{\mathrm{d}t} = \frac{2D\Omega^2 \overline{C}_0 \alpha}{kTR_c^2}\frac{M_{-1}-M_{-2}}{M_1}. \tag{7.20}$$

由式(7.20)可看出,假如 M_{-1} 小于 M_{-2},则临界尺寸(进而平均尺寸)将随时间连续变小,即所有粒子随时间而消失.这说明溶液将由过饱和状态($R_c > 0$)变为"欠饱和"状态,这与物质守恒定律式(7.14)矛盾.是不可能的.因此 $M_{-1} \geqslant M_{-2}$.只有所有粒子都是一样大小($R=R_c$,即 $f(x)=\delta(x-1)$)的、严格的单一弥散系统才有 $M_{-1}=M_{-2}$.但是任何实际的系统不可能有上述的单一弥散性,因而 $M_{-1} > M_{-2}$.

式(7.20)积分后得到

$$R_c^3 = \frac{6(M_{-1}-M_{-2})}{M_1} \cdot \frac{D\Omega^2 \overline{C}_0 \alpha t}{kT}. \tag{7.21}$$

从聚结开始经过一段充分长的时间后,如先前所述,粒子尺寸分布函数 $f(R/R_c)$ 不再与初始分布有关.严格的分析指出渐近函数相应于临界半径等于平均半径($R_c = \langle R \rangle$),式(7.21)中的数字因子等于 8/9.因此,式(7.21)为

$$\langle R \rangle^3 = \frac{8D\Omega^2 \overline{C}_0 \alpha t}{9kT}. \tag{7.22}$$

上述理论正确地描述了 NaCl 晶体中细孔的聚结.图 7.2 表示在 500 ℃下 $\langle R \rangle^3$ 与时间 t 的关系.线性关系对应于式(7.22),图 7.2 的直线斜率是系数 $8D\Omega^2 \overline{C}_0 \alpha/(9kT) \simeq 7 \times 10^{-17}$ cm^3/s.取 $\alpha \simeq 500$ erg/cm^2,$\Omega = 1.15 \times 10^{-23}$ cm^3(NaCl 中的空位体积),$kT = 10^{-13}$ erg,我们求得简约扩散系数 $D\Omega^2 \overline{C}_0 \simeq 10^{-9}$ cm^2/s,其数量级对应于沿晶粒间界的扩散.上述实验表明聚结后的细孔沿晶界分布.

上述理由只适用于粒子间距很大的系统.如果粒子间距与粒子大小相当,

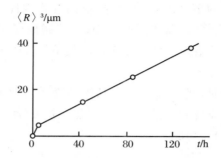

图 7.2 500 ℃(退火温度)下 NaCl 晶体中细孔
的平均尺寸(立方)与时间的关系[7.17]

或粒子相互接触,则引入溶液的平均浓度 $\langle C \rangle$ 就没有那么多道理了. 然而利用
式(7.22)可粗略地估计其数量级. 粒子成熟到平均尺寸 $\langle R \rangle$ 所需时间为式
(7.22)的倒数,即

$$t = \frac{9kT\langle R \rangle^3}{8D\Omega^2 \overline{C_0}\alpha}. \tag{7.23}$$

实际成熟时间较短,反映围绕粒子的扩散场范围的特征距离的、式(7.19)右边
的 $1/R$ 因子必定依赖于粒子尺寸的分布情况、粒子间的堆积程度以及隔开接触
晶体的液体薄膜的厚度等. 这个因子实际上有更大些的值,从而增加粒子之间
的扩散流并且使成熟比式(7.22)所给出的值进行得更快些. 至今还没有对上述
因子作过有效的解析研究,但是可以相信稠密粒子系统的成熟化时间正如粒子
平均间距小于 $\langle R \rangle$ 那样,为式(7.23)的值的几分之一. 的确,在这种情况下,不
是粒子尺寸 R 而是粒子间的间隙宽度 Δ 决定粒子间的扩散流. 因此必须把式
(7.19)右边的第一个因子中的 R 代换为 Δ. 这样由式(7.19)导出式(7.23)的理
由可以再次应用. 假定数字因子像式(7.23)那样取为 1,我们只要把式(7.23)中
的 $\langle R \rangle^3$ 代换为 $\langle R \rangle^2\Delta$ 就可得到另一公式. 换句话说,稠密系统的成熟时间减
为稀疏系统的 Δ/R 倍.

　　引用下列数据估算液态溶液的成熟时间:$D \simeq 10^{-5}$ cm²/s,$\Omega = 3 \times 10^{-23}$ cm³,
$\Omega \overline{C_0} = 2 \times 10^{-1}$,$\alpha \simeq 50$ erg/cm²,$kT \simeq 4 \times 10^{-14}$ erg($T \simeq 300$ K),由式(7.23)算
得 $t \simeq 1.5 \times 10^{13}\langle R \rangle^3$ s,其中 $\langle R \rangle$ 取 cm 作单位. 对于液体中弥散的稀疏粒子而
言,粒子成熟为约 10^{-2} cm 尺寸所需的时间是六个月. 粒子间距 $\sim 10^{-3}$ cm 的系
统的成熟时间要小一个数量级,即约 20 天. 成熟时间随所要求的最后尺寸的减
小而迅速减小. 在稀疏粒子系统中约需 4 小时就可成熟到 $\langle R \rangle = 10^{-3}$ cm.

以下考虑受搅动的溶液的成熟问题. 我们忽略因搅动而造成的小晶体之间, 小晶体和搅动螺旋桨、容器壁间的碰撞(这些碰撞使粒子变圆, 特别由于应变硬化缺陷部分被剥蚀下来[7.17b]). 如果晶体很小并且所占体积比溶剂小得多, 碰撞显然可以忽略.

在估计转变时间时, 我们假定供应晶体的物质需要通过由式(3.17)或式(7.9)、(7.10)定义的厚度为 δ 的边界层. 对于在扩散(而不是动力学)范畴内的生长或溶解, 式(7.19)需写成

$$\frac{\mathrm{d}R}{\mathrm{d}t} = \frac{2D\Omega^2\,\overline{C}_0\,\alpha}{kT\delta}\left(\frac{1}{R_c} - \frac{1}{R}\right). \tag{7.24}$$

重复从式(7.19)导出式(7.21)的理由, 利用式(3.17)和 $x = 2R$, 我们求出

$$R_c^{5/2} = \frac{5}{4.5\sqrt{2M_1}}(M_{-1/2} - M_{-3/2})\frac{D\Omega^2\,\overline{C}_0\,\alpha t}{kT\left(\dfrac{D}{\nu}\right)^{\frac{1}{3}}\left(\dfrac{\nu}{\mu}\right)^{\frac{1}{2}}}. \tag{7.25}$$

因为式(7.24)与式(7.19)不同, 搅动溶液时粒子尺寸分布函数的极限渐近函数必须与纯扩散式传递的函数形式不同. $R_c = \langle R\rangle$ 可能不成立, 但是由式(7.17)可得 $R_c^{5/2} = M_0\langle R^{5/2}\rangle/M_{5/2}$ 以及从式(7.25)找出 $\langle R^{5/2}\rangle$ 与时间的关系. 下面我们仍近似假定 $R_c = \langle R\rangle$, 并且跟先前一样取数字系数近乎为 1. 用下列公式在数量级上可估计长成平均尺寸 $\langle R\rangle$(它远大于初始尺寸)所需的成熟时间:

$$t \simeq \frac{kT\nu^{\frac{1}{6}}\langle R\rangle^{\frac{5}{2}}}{D^{\frac{2}{3}}\Omega^2\,\overline{C}_0\,\alpha u^{\frac{1}{2}}}.$$

取 $\nu = 10^{-2}$ cm^2/s, $u = 10$ cm/s(剧烈搅动), 其他参量与过去的一样, 可求得 $t \simeq 4.2\times10^{10}\langle R\rangle^{5/2}$ s(R 取 cm 为单位). 成熟到 $\langle R\rangle \simeq 10^{-2}$ cm 约需 5 天, 此值远小于停滞不动的溶液中的值.

等温成熟到毫米量级的尺寸需很长时间. 在搅拌溶液中需 230 年才形成 $\langle R\rangle \simeq 0.5$ cm 的晶体! 的确, 在含有 10^{-2} cm 大小粒子的悬浮体中实际上不会发生等温成熟.

在具有偶发的或人工的温度振荡(平均温度恒定)的系统中人们观察到完全不同的景象. 例如约需 10 小时就能在沸腾的饱和溶液中获得成熟为约 1 cm 大小的铵矾晶体. 的确, 这些实验的测量结果指出, 在加热器附近对流溶液的温度跟自由表面附近的温度差别约 10 K, 它肯定会引起温度的振荡.

图 7.3 是缓慢搅动时溶液中罗谢耳盐小晶体的平均质量随时间的增加曲线, 人工控制温度振荡的振幅是 0.6—0.7 K, 周期约 3 h. 在 Gordeyera 和 Shubnikov[7.18] 的实验中, 结晶容器密包住溶液, 因此溶剂无法蒸发. 重结晶后

晶体总质量保持不变也证明没有发生蒸发.最初的材料是在研钵中研磨碎的细晶体粉末.晶体的平均尺寸在 6 天后长到约 1 mm,50 天后约 3 mm,晶体的数目相应地变少.在实验开始后的第 55 天(图 7.3 中的 B 点),把新的一部分细粉末悬浮物加进结晶容器中去.结果是已有的晶体靠消耗新加入的细粉末(使它消失而)长大.

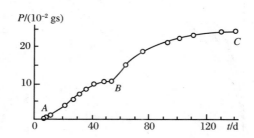

图 7.3 周期变化的温度下罗谢耳盐小晶体的平均
质量 P 随时间 t 增加
B 时刻加入了一部分新的小晶体.

在 Bazhal[7.19,7.20] 进行的实验中先把有机玻璃圆盘穿出一些小孔,再把几百个大小为 0.2—2 mm 的铵矾小晶体组成的晶体插入各小孔中.孔的两边绷上对溶液高度可透性的锦纶筛.圆盘放在饱和的搅动溶液中.配以能线性升温或降温的恒温器以造成溶液处在欠饱和/或过饱和状态.在溶解(或生长)实验前后分别测量每一晶体的质量.晶体的有效半径 R(按与实际晶体等质量的球状晶体的半径算)由上述实验结果求出.图 7.4 是生长或溶解后的半径 R 与初始半径 R_0 的关系.坐标直角的平分线相应于没有生长或溶解,即 $R = R_0$.图7.4(a)和图 7.4(b)分别画出不同初始尺寸、不同生长和溶解时间的曲线.如果生长和溶解速度均与尺寸无关,我们应该得到平行于坐标直角平分线的直线,在平分线之上是生长,在平分线之下是溶解.而图 7.4 画出的是一些曲线.这些曲线对直线的偏离说明愈是小的晶粒,其溶解愈快,但生长愈慢.在剧烈搅拌下,即属于生长或溶解的动力学范畴时,上述效应消失.至今没有建立起成熟随温度变化的理论.实验还指出成熟速率(晶体平均尺寸的增加率)与温度变化的频率成正比,且随其振幅而增加.

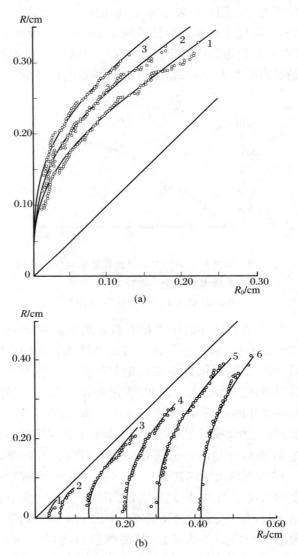

图 7.4　铵矾小晶体的有效半径 R 和初始尺寸 R_0 的关系

（a）生长时间为 26 h、34.5 h 和 43.4 h（分别对应曲线 1、2 和 3）；（b）溶解时间为 1.2 min、1 min、5 min、10 min、18 min 和 30 min（分别对应于曲线 1—6）[7.20].

7.5 非金属工业结晶学原理

　　非金属(盐类、氧化物或有机物质)工业结晶的主要目的是获得由有一定纯度、特定尺寸和外形的颗粒组成的粉末状晶体产品.颗粒可以是单晶体(食盐、食糖)或多晶体(硝酸铵肥料).为此目的,在晶体生长中经常使用同类原材料配以各种溶剂.用化学反应得到新产品是生长晶体的又一目标.

　　团块结晶学的其他一般应用是物质的提纯,也即各组分的分离.消除杂质的最简单的系统如下:在溶液和晶体间的杂质分布系数小于1($D<1$)时把原料溶解在溶剂中.可按照 Ruff 法则选择溶剂.从配好的溶剂中生长出的晶体的杂质含量小于开始用的试剂.经过第一次提纯的产物再溶入纯溶剂,随后再一次结晶等.在给定 D 值下提纯效率愈接近理论上的最大可能值,最终产品中的夹杂物和聚集物的数目也愈少.提纯效率随过饱和度的减小和搅拌的强化而增加.得到的粉末通常是漂洗过的.

　　因为在这个方法中不同阶段所消耗的母溶液不能再生,故其产量不高.用后一阶段用过的溶液作为前一阶段的溶剂去溶解含较多杂质的需纯化的物质,可以提高效率.

　　各种过饱和方法是提纯产品和从同成分初始试剂获得一定弥散度的粉末的结晶设备的基础.蒸发和冷却是设计相应的结晶器的最广泛使用的方法.使用所谓的真空结晶装置可在最短时间内获得高过饱和度用以生产细颗粒(~0.1 mm).把一部分溶剂绝热蒸发到真空(25—40 Torr)中去可获得过饱和度.整个溶液发生沸腾(在上述压力下水的沸点是 24—34 ℃),这样不仅在表面而且在整个溶液体内发生溶剂的宏观的损失和冷却.

　　添加能降低所含化合物溶解度的物质也可使溶液过饱和,这就是所谓的"盐析".图 7.5 说明增加甲醇含量可使某些盐类在水溶液中的溶解度下降.在水溶液中加入乙醇可沉淀出不含铁的明矾产物.相反地在有机溶剂的溶液中加水可盐析出许多有机物的结晶物质.

　　获得的小晶体的尺寸主要依赖于成核率和生长速度的比值.在工业设备中,结晶自发地发生或在专门引入极细的籽晶上发生.例如在颗粒食糖的制备中,在

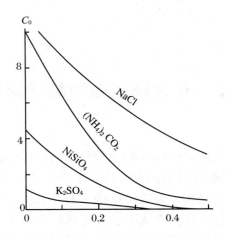

图 7.5　各种盐的溶解度和溶液中甲醇含量的关系

x 轴表示在甲醇-水溶质中所含甲醇的摩尔分数，y 轴表示 100 g 水中脱水盐的物质的量[7.1].

过饱和溶液中投入 500 g 约 5 μm 大小的晶体粉末可获得 50 m^3 的结晶产物.

减小晶体平均尺寸的实践[7.2]指出，自发结晶的有效成核率随搅拌强度的增大而增大. 例如搅拌器转速由 0.06 r/s 增为 18.9 r/s 时 $NaNO_3$ 晶体的平均尺寸由 10^{-1} mm 减为 2.5×10^{-2} mm.

在有搅拌的团块结晶中特别重要的是所谓的二次成核，它也可以增加有效成核率. 二次成核时，在有小晶体的溶液中比没有这些小晶体的亚稳溶液出现新核的概率要大些. 这归因于晶粒间相互摩擦引起的机械分解，但至今还不清楚这是否是唯一的原因[7.21—7.23].

在结晶塔中使用颇为不同的方法以获得具有一定颗粒尺寸分布的产物. 在塔的顶部喷射初始（一般是高浓度的）溶液或熔体. 淀积的微滴冷下来并且通过蒸发使溶液中的溶剂丢失. 这样就得到单晶或多晶的颗粒. 它们的结构和尺寸影响着产品的未来质量，特别是结块的趋势，后者使肥料等的使用十分麻烦.

不是靠试剂来重结晶而是靠另一过程来获得具有新成分的晶体的例子有 $(NH_4)_2SO_4$（硫酸铵）的制备. 把炼焦炉中产生的氨气直接通入盛有硫酸的饱和器皿中，在由化学反应造成的剧烈搅拌条件下长成晶体.

第 8 章

气 相 生 长

对有关晶体生长的文献的统计说明:此领域内相当一部分论文(~25%—30%)涉及气相晶体和薄膜生长.和熔体结晶、溶液结晶一样,气相结晶是晶体生长(特别是在半导体电子学领域内)最常用的方法之一.本章将对常用气相生长晶体方法的基础进行系统的叙述,包括物理气相淀积(分子束法、阴极溅射、封闭系统中的气相结晶、流气结晶),化学气相淀积(化学输运、气相分解、气相合成)和经过液相区的气相结晶,对每一种技术都将介绍生长机制以及生长过程、生长晶体的典型参数.

8.1 概 述

近年来,在现代技术特别是电子学需要的推动下,许多气相结晶方法获得了迅速的发展.这些方法的普遍特征是要从局域的源获取("输运")材料,其后果是介质中的结晶材料的浓度低.起始材料的位置通常被称为源区,而材料淀积的地方被称为结晶区.

气相结晶被广泛用来生长大块(通常是等轴的)晶体、外延膜、薄(多晶的或非晶的)涂层以及丝状和片状晶体.具体生长方法的选择依赖于使用的材料.有些方法是专门的,只适于生长特殊种类的晶体.阴极溅射、分子束真空淀积、空间狭窄的准封闭法(或夹心法)被来制备薄膜,而密封器皿内结晶更适于生长大块晶体.还有一些其他方法可供选择.广泛使用的化学气相淀积法不仅可用来生长薄膜,还可用于生长大块或丝状(晶须)晶体,不过最主要的目的还是生长薄膜和晶须.

气相生长大块晶体是有吸引力的,因为这个方法具有普遍性,实际上它可用于任何材料的制备,至少这一过程(有时加上若干其他过程)可用来保证一个单晶体的生长(比较一下,熔体生长法就远不能用于所有材料的结晶,因为有些材料会升华,而另一些材料在远低于熔点时分解).从经济效益看,介质中材料浓度低造成的低生长速度当然是一种缺点,但是这种方法的普遍性以及常常能获得的高纯度、组分均匀性和生长晶体结构的完整性使它在科学和技术上得到广泛的应用.不仅如此,气相法的低生长速度已被证明在生长外延膜,特别是多层结构时具有优越性.为了获得这些结构(不同组分的极薄膜的厚度为 10—1000 nm),各个层必须分别生长,这只能用很低的生长速度来保证.结果甚至在结晶阶段就能产生几乎能用的器件.这些优点推动了 20 世纪 60 年代发生的半导体技术的革命.

对大块晶体和薄膜的生长速度的不同要求主要影响装置的设计.原则上,生长不同外形晶体的过程有许多是共同的.事实上,薄膜的所谓自外延(或同质外延)生长和晶种上通常的大块晶体的生长本质上没有区别,而薄膜的异质外延生长和自生长、普通生长只在起始阶段才在某些方面有差别(见 8.2.4 小节).同样,在各种气相生长不同外形的晶体的技术中也有许多共同的东西.在研究外延生长、特别是自外延生长的原子过程中,已获得了最全面和可靠的信息,这些信息有助于建立结晶机制和提出控制过程的方法.这种生长通常在一定取向的单晶衬底上进行,生长表面的微观形貌是原子过程的灵敏度很高的指示器.因此,在本章中有关气相生长晶体的基本概念主要以外延膜生长为例加以说明.

由于气相结晶方法如此繁多,因此重要的一点是寻找一种分类的方法.我们把它们区分为两大类.其一完全建立在纯物理凝结的基础之上,另一类产生结晶材料时牵涉到化学反应.这种分类只在一级近似下才是正确的,它并不排斥综合的方法.例如,分子束方法(原则上是"物理"法)就有不同的变种,包括生长晶体的气体蚀刻(见 8.3.1 小节)或晶体表面上由源发射的分子的分解[8.1].在两大类方法中还可根据往生长表面供应材料的不同对方法进行更细的分类(见 8.3 节和 8.4 节).

8.2 气相结晶的物理化学基础

气相生长的一个特征是晶体表面上有一吸附层(见 1.3 节),层的组分、性质和晶体、环境都不相同.相应地,可以区分出表面过程的两个阶段:材料从气相转移到吸附层和材料最终参加到点阵中去.

在吸附层中发生的过程迄今还没有完全弄清楚.通常假设原子和分子在那里迁移和碰撞,它们可形成联合体("络合物"或"团簇")、二维核(厚度为一个点阵间距)和较厚的三维核.

表面过程的性质依赖于吸附层的性质并且最终依赖于它的组分和密度.对上述两大类方法来说表面层组分显然不同:在理想纯介质中的物理凝结使吸附层的组分和结晶材料相同,而在化学过程中吸附层含有其他组分.层的密度或单位面积上材料的量依赖于表面活性和入射流的密度(即介质中材料的浓度).

8.2.1 表面活性以及衬底和晶种的制备

在同类或异类材料晶体表面气相生长晶体时,即使在偏离平衡不大的条件下,在某些面上也有许多新的晶体成核,并且形成的晶体相当完整.但是在另一些面上,生长只能在高过饱和度下进行,并且形成的晶体不完整.在前一场合下表面是活性的,后一场合的表面则是钝化的.显然,表面活性由自由的化学键密度决定.活性依赖于晶面的结构(平衡的或非平衡的)以及形成液相或吸附层的各种杂质的作用.此外,它还依赖于晶体表面下的层中的点缺陷浓度.

晶体表面的结构由活性单元(台阶和扭折)的密度决定.在理想晶体中,晶面平衡结构与它的取向和温度有关.和自己的气相接触的表面上,平滑表面的台阶密度直至熔点都没有显著的变化(即粗糙度没有显著变化),见 1.3 节.在实际晶体中,由于缺陷(位错、孪晶等)的露头,活性会增大.高过饱和度将引起动力学粗糙(见 3.3.3 小节),使表面活性增大.

杂质可以显著改变(减小或增大)活性.例如,在简单材料(半导体和金属)晶体中,在氧化杂质(主要使台阶和扭折中毒)的作用下表面活性急剧下降(见 4.1 节).另一方面,在实践中利用在结晶介质中引入异类材料或在生长表面涂上这类材料,使衬底或晶种表面活化.例如普通薄膜淀积温度(∼1000 ℃)下氧化物(Al_2O_3、MgO 等)的表面是相当钝化的,在它们的表面上覆盖一薄层金属可以使活性提高.因此,我们可以通过掩膜在蓝宝石表面上蒸发约 5 nm 厚的不连续钽膜,在随后蒸硅时就可以控制入射流密度,使结晶只发生在原先淀积有金属的部位上,这就是说,我们可以在衬底上产生一定的"图案".另一种表面活化方法是淀积液态金属微滴(≤50 nm).通常被选用的金属不会显著影响生长晶体的电物理性质,例如对 Ge 选 Sn,对 GaAs 选 Ga 等.活化机制看来可归结为液相的理想粗糙表面上有大量的自由化学键,因此会强烈地吸附结晶材料.其次,很可能激活剂的原子级颗粒"散布"在液滴附近的晶体表面上,起着催化的作用.

增加衬底中点缺陷的浓度也可以增加衬底的活性,例如用 X 射线照射或用高速离子轰击(近来在微电子技术中得到应用的离子注入过程自然可以产生许多点缺陷).

应该指出,这些活化钝性表面的方法对化学气相淀积比物理气相淀积具有更重要的意义(见 8.4 节).因为对分解的化合物的吸附比对结晶材料蒸气的吸附要弱得多.

表面活性和温度的关系密切.温度下降时,在表面上结晶的材料和输送的材料之比(凝结系数)增大,原因是表面上增原子的寿命 τ_s 增大.寿命和温度具有如下的指数关系:

$$\tau_s = \tau_0 \exp\left(\frac{\varepsilon_s}{kT}\right). \tag{8.1}$$

这里 τ_0 是某一常量, ε_s 是脱附热, k 和 T 具有通常的意义. 寿命随温度的升高而下降可用来解释 Khariton 和 Shal'nikov 的实验[8.2], 他们只能在足够低的衬底温度下使分子束凝结.

活性, 特别是凝结系数的温度依赖关系经常与生长表面上杂质的量和状态随温度的变化联系起来. 杂质效应可能是下列实验观察到的现象的原因: 在金属表面凝结原子时, 随着温度的升高, 凝结系数先减小后增大. 可以认为, 在金属表面有一层起钝化作用的氧化膜, 在足够高的温度下它会消失, 这就是说, 表面变得"新鲜"并有更大的活性.

衬底的制备对获得完整的气相生长晶体有决定性作用. 表面在衬底制备中通常被活化, 这些面本来是有活性的, 但杂质使它中毒.

一个典型的活化技术是高温退火. 气氛愈纯, 退火的效率愈高. 退火通常在高真空(最好是在超高真空(约 10^{-10}—10^{-8} Torr))、纯化的(特别是无氧的)惰性气体或者还原介质(如氢)中进行. 退火温度常常高于结晶温度.

两个更有效并且广泛采用的表面活化方法是气体(通常利用 HCl 和 H_2 的混合物)浸蚀和离子剥蚀. 通常有约 1 μm 厚的表层从衬底上移去, 使衬底变得"新鲜". 剥蚀常常在原位进行, 即直接在淀积前在结晶室中进行.

8.2.2 分子束粒子流密度 介质中材料的浓度

气相生长时, 通常是组成吸附层的原子或分子组成晶体, 因此生长和这一层的过饱和度有关. 这里的过饱和度和紧靠在生长表面上的结晶介质的过饱和度不同, 也和大块介质的平均过饱和度不同, 所以生长条件的选择经常要靠经验. 在这种情形下决定吸附层中材料浓度的控制参量是入射到表面的分子束粒子流密度, 或介质中结晶材料的浓度. 得到的晶体和薄膜的特性被用来作为选择结晶过程参量的判据. 晶体的结构完整性是最瞩目的、最广泛使用的判据. 这适应了实际应用的需要. 通常我们需要表面光滑的完整单晶薄膜, 虽然有时候也需要细晶粒的致密层. 结晶参量可以通过评估某些物理性质, 进而评估薄膜的质量来选定, 例如半导体的载流子的迁移率和浓度, 通常需要有高迁移率和低载流子浓度. 在某些场合, 决定性的判据是高淀积速度, 即使牺牲晶体的质量也在所不惜.

8.2.3 晶体结构的完整性 最小、最大和最佳过饱和度 外延温度

固体的结构状态分为三类: 单晶、多晶和非晶态. 它们由三种类型的电子衍

射图样表征:菊池线或对称衍射斑、混乱衍射斑组成的环和漫散的环.

晶体形成的条件显著地影响生长层的完整性.设在理想的完整衬度(单晶)上淀积薄膜.在最佳结晶条件下,可以期望复制衬底的完整性.在不恰当的条件下出现位错、堆垛层错、微孪晶和其他结构缺陷,但生长层仍保持为单晶层,此时在电子衍射图样上仍有菊池线(只有在高密度微孪晶下可以出现附加的衍射斑).

这种生长层的完整性由位错密度表征.它们被分为无位错晶体、低位错密度($\sim 10^2$—$10^3/cm^2$)晶体和高位错密度($\sim 10^6/cm^2$)晶体.在最后一种情况中由光学显微镜观察的位错蚀坑通常互相重叠.

当结晶条件恶化时,高密度位错可转化为嵌镶结构,此时菊池线在电子衍射图样中消失,并且出现对称的衍射斑.织构多晶(晶粒有择优取向)可以作为一种中间状态,相应地在电子衍射图样中组成环的衍射斑聚集成弧.

伴随着位错密度的增大或与之无关,堆垛层错和微孪晶的密度也可以增大.在高对称(如立方结构中)和相对较高的结晶温度下(晶体中可以出现塑性形变)微孪晶出现得特别多.随着结晶条件的恶化,堆垛层错和微孪晶密度增大,并且形成多晶体.

在结构完整性判据的基础上,我们将指明具有一定结构特征的晶体能生长的过饱和度和温度的范围.

首先考虑最小过饱和度.这里需要区别两种情形:(a) 在新鲜表面上生长,(b) 在中毒表面上生长.

在前一情形中,最小过饱和度由成核决定,并且依赖于面结构(光滑还是粗糙)、缺陷的存在(螺位错或孪晶界的露头)和点缺陷的浓度.对不同的材料、介质和温度,这些最小过饱和度在相对较小的范围内变动,从几分之一到几个百分点.

在后一情形中,由于需要抑制使晶体生长中毒的杂质效应,最小过饱和度可以高得多.例如,在真空中锗从分子束结晶时,残余气体特别是其中的活性组元(如氧)具有很大的危害.为了使残余气体不阻碍有序的(有取向的)生长,它们在吸附层中的密度必须比结晶材料至少小一个数量级.如果假设氧和锗在锗上的凝结系数接近于 1,则在约 10^{-5} Torr 的真空中锗原子流必须等价于蒸气压 $\gtrsim 10^{-4}$ Torr.如果衬底加热到接近熔点的温度,锗的平衡蒸气压只有约 10^{-7} Torr.按照定义这里的过饱和度等于入射流 I_{inc} 和蒸发流 I_{ev} 之比,即两者的压力之比,因此过饱和度是 $\sim 10^{-4}/10^{-7} = 10^3$,这是一个相当大的值.

增原子的迁移愈容易、表面活性愈大,则仍能有取向地生长单晶的最大过饱和度愈大.高表面活性保证大量的增原子参加晶体,高迁移使未能准确参加晶体的原子迅速移向准确的位置.原子的迁移和表面活性位置的产生都是激活过程,因此它们强烈地依赖于温度.当温度上升时,最大可允许的过饱和度将急剧增大.最大可允许的生长速度也增大到同样的程度,因为在高过饱和度下它和过饱和度成正比.

可允许过饱和度的温度范围显著地扩大的结论已被实验证实,但是物理方法和化学方法的过饱和度在数值上有显著差别.

下面先讨论以物理凝结为基础的方法.

设凝结系数为1,并且定义过饱和度为 I_{inc}/I_{ev},在足够高的温度下许多材料的可允许过饱和度可以达到很大的值.再以锗为例,在～800 ℃时单晶层在真空中可以以大约 1 μm/min 的速度生长(这还远不是极限),相当于过饱和度约为 10^6.在类似条件下锗单晶层的生长速度可以达到约 1 μm/s,比上述值几乎大两个数量级(但在这种流密度下不能保证生长机制本身不变,因为在表面上可以形成准液体层).

可以允许的最大过饱和度范围和介质、衬底的纯度密切有关.与此有关联的是存在**外延温度**,它是给定纯度下可以取向生长的最低温度(见2.3节).例如,硅在约 10^{-5} Torr 的真空下蒸发后结晶时的外延温度约为 1000 ℃,在 10^{-7} Torr 的真空下这个温度约为 600 ℃.在约 10^{-10} Torr 的超高真空中,在(111)面上 400 ℃下即可得到硅的外延膜,而在(100)面上甚至 350 ℃下即可得到[8.3].

图 8.1 是一组分子束晶体生长的实验数据.图中的曲线分别对应系统中不同的纯度,虚线表示最小过饱和度,实线表示最大过饱和度,二者的交点对应于外延温度.

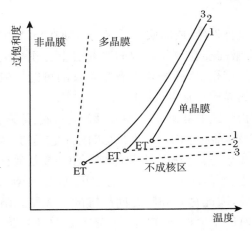

图 8.1　不同结构生长层对应的过饱和度和温度范围

ET 是外延温度.**实线** 1—3 是多晶和单晶生长区的界线;**虚线** 1—3 是单晶生长区和不成核区的界线.它们分别对应结晶介质和(或)衬底的不同纯度,从 1 到 3 纯度愈来愈高.

图中还指出:超出了外延生长的最大过饱和度,形成的膜将是多晶(高温下)或非晶态(温度较低时).温度升高时,非晶态膜不稳定并转化为晶态.转变温度随杂质、过饱和度和淀积方法(分子束、阴极溅射等)而异.极据不同作者的结果,此温度对硅为约 350 ℃,对锗为 200—350 ℃,对 GaAs 为 220—400 ℃,等等[8.3].

化学气相淀积的情况有所不同.这里,过饱和度通过反应平衡常数而定,但在给定过饱和度下生长速度还依赖于反应物的绝对浓度.因此,即使过饱和度不太高,吸附层的密度可能还是太高,以致多晶而不是单晶开始生长.当吸附层除了结晶材料外还有其他组元时更是如此.

化学方法的另一特点是:温度升高时原来动力学上迟缓的化学反应可能加速得如此之快,使得生长表面来不及消耗掉全部材料,从而形成多晶.

由此可见,化学方法不像物理方法,其极端过饱和度和温度的关系不那么简单.尽管如此,两大类方法的主要趋势是一样的:

(1) 随着温度的升高,取向生长的可允许过饱和度范围急剧扩展;

(2) 存在一个外延温度,生长条件愈纯,这一温度愈低;

(3) 杂质(特别是氧化物杂质)有重要影响,它能使表面的活性位置中毒.

为完整生长选择最佳结晶条件时,发现过饱和度判据含糊不清,人们建议进一步采用典型的生长速度,它随材料的改变较小,但显著地依赖于生长温度和使用的结晶方法(8.3 节—8.5 节).

8.2.4 异质外延生长

前面讲的主要是自外延(或同质外延)生长,即在与结晶材料同样的衬底上生长.实际上人们常常需要在单晶("取向")衬底上淀积异类材料.暂不讨论在非晶或多晶衬底上的淀积,这种场合下有序生长的可能性较小.下面简要介绍在异质单晶衬底上的异质外延生长或取向生长[8.4].

和自外延生长相比,这里至少有三个新的因素:衬底、薄膜点阵参数、化学键类型和热膨胀系数的差别,前两个因素在生长初期显示它们的影响,阻碍第一层上的成核;第三个因素在冷却阶段起作用,引起各种缺陷(主要是微孪晶和堆垛层错).

异质外延的典型例子是蓝宝石上硅的淀积.硅是典型的共价晶体,而蓝宝石是典型的离子晶体,因此衬底和膜之间的键的形成受到阻碍.人们认为衬底表面的铝被硅替代有助于生长.已知有三种适当的异质外延关系可以保证单晶生长,它们是 $Si(111) // Al_2O_3(0001)$、$Si(100) // Al_2O_3(10\bar{1}0)$ 和 $Si(110) // Al_2O_3(11\bar{2}0)$.异质外延硅膜总是含有大量的不完整性(主要是微孪晶),它们在原则上不能完全消除,但可以把它们降低到一定的水平.

　　许多研究(包括电子显微镜研究)已经证实,在异类外延的初始阶段出现的是岛状膜,显然属于三维成核阶段.衬底表面不够清洁时的自外延生长也发生类似的情形.在后面的阶段岛合并成连续的膜,再往后的结晶过程本质上和自外延过程没有区别.

8.2.5　非晶衬底上的取向结晶

　　用均匀和异类外延方法已成功地制备了许多材料的薄膜.然而还有许多问题没有解决.首先,并不是每一种材料都有单晶衬底用于外延生长.其次,一般来说,单晶衬底很贵.第三,在不少应用(如三维集成电路、光电子学、集成光学等)中需要多层结构(或者至少希望有多层结构),而且由非晶层和单晶层交替组成.

　　已经作出许多努力并且发展了许多方法去解决这些问题,其成功的程度各不相同.在这方面可以看到重要的因素是了解晶体成核长大中的基本现象和改进结晶过程的技术[8.5a].

　　1. 人为的外延或图案外延

　　这一方法利用微米或亚微米的表面图案在非晶衬底上使固态膜取向相同[8.5b].最有效的图案是对称性和结晶材料密堆积面的对称性一致的图案.用这种方法在氢-四氯化物过程中通过气-液-固机制在熔石英上生长出单晶硅膜.用不同的方法在一系列衬底上淀积成其他一些材料的取向膜[8.5c].在另一种方案中,通过两个阶段在熔石英和氧化的硅衬底上制成了单晶硅膜:首先在衬底的图案上淀积非晶或多晶硅膜,随后用激光再结晶法或条状加热器再结晶法使之转变为单晶膜[8.5d,e].在熔石英上制备硅的图案外延膜的方法还有离子束淀积,既可一步直接制成也可通过束退火后制成[8.5f].文献报道了许多金属和合金的图案外延取向淀积薄膜的结果,使用了非晶碳膜,其图案由周期为$0.3~\mu m$的凹凸光栅形成[8.5g],电解淀积锡也取得了成功[8.5h].

　　2. 横向外延

　　这个新方法可以在单晶硅衬底的绝缘层上生长单晶硅膜,也可以在其他单晶衬底上生成相应的单晶膜.先在绝缘层上切开一窄条,使衬底暴露,再在绝缘层上淀积非晶或多晶硅膜.利用两个石墨条加热器(其中之一可以移动)使硅膜熔化后在窄条切口处以硅衬底为晶种开始结晶.形成的单晶区随后成为绝缘层上横向单晶生长的晶种.用这种方法在 SiO_2 绝缘层上生成的连续硅单晶膜可达到几 cm^2[8.5i,j].其他文献中得到了在 GaAs 和 InP 衬底上 SiO_2 层切口处生成的 GaAs 和 InP 单晶薄膜,单晶膜剥离下来后衬底还可再次使用[8.5k,l].

　　在非晶(和任意的)衬底上生长取向结晶膜的方法还有:成形激光束再结

晶、包套膜的微区再结晶、液相外延、薄膜的杂质诱导再结晶以及所谓的打印技术[8.5a].总之,这些方法为材料科学和技术带来了新的前景.

8.3 物理气相淀积

这一类方法的共同特征是:向生长晶体运送的材料是它的蒸气,包括原子、分子及其联合物——二聚物、三聚物和一般的多聚物.

按照向结晶区供应材料的方式又可分出四种主要的物理气相淀积方法.它们是:分子束方法、阴极溅射、在密封系统中气相结晶和惰性气体流中结晶.图 8.2 是这些方法典型装置的示意图.图 8.3 是这些方法及其变种相互间的一般关系.

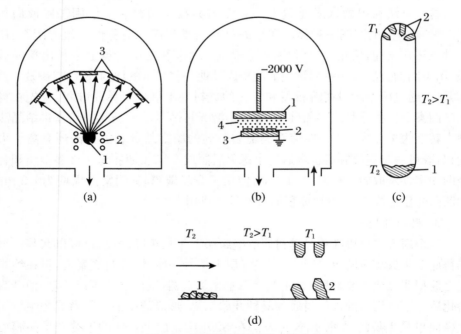

图 8.2 物理气相淀积的主要方法

(a) 分子束方法.1.源;2.加热炉丝;3.衬底.向下的箭头表示抽真空.(b) 阴极溅射.1.阴极;2.衬底;3.阳极;4.Ar 等离子体.箭头表示通入的气体和抽真空.(c) 密封系统中的气相生长.1.源;2.生长的晶体.(d) 气流中结晶.1.源;2.生长的晶体.箭头表示流入的气体.

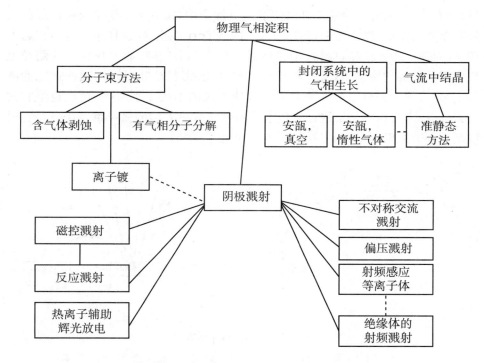

图 8.3 物理气相淀积方法的分类

8.3.1 分子束方法

在分子束方法中,一个密集的源在真空中被加热到高温.源出射原子或分子,它们按照几何光学规律运动并到达衬底,在衬底上它们凝结下来(图 8.2(a)).源的温度根据所需的束密度选定,可以高于或低于材料的熔点.以锗为例,由于它在熔点的平衡蒸气压相对较低(~10^{-7} Torr),加热温度必须远远高于熔点.硅在熔点的蒸气压相当高(~10^{-1} Torr),因此它可以作为一个固体源蒸发(更准确地说是升华).由于源的尺寸小,蒸发粒子在空间的分布在一级近似下相当于一个点源的分布,即束密度与离源的距离 r 遵循~$1/r^2$ 的规律.

被蒸发的材料放在化学上稳定的难熔材料制成的坩埚或舟中,如 W、Mo、Ta 丝绕成的篮子中[8.6].蒸发源可以用电阻丝、感应、辐射或电子束加热.

目前认为电子束加热是最好的方法,因为它提供一个高度集中的热区.不仅如此,此法还可省略肯定会引起污染的坩埚.聚焦电子束在一块相当大的蒸发材料锭上加热一个小范围使它蒸发,有时使这一小区熔化(图 8.4).利用专门设计的磁聚焦或静电聚焦①可以使能量更加集中(图 8.4).蒸发器和衬底放入带有冷壁的室中,真空度保持在 10^{-6}—10^{-5} Torr 或更高.这样平均自由程远大于室的尺寸,因此结晶材料粒子在传播过程中不会碰撞.如果在粒子的路径上放置带孔的屏("掩模"),某些粒子束将被挡住.因此结晶可以局限在选定的部位上进行.这就是分子束方法和所有其他方法的本质差别.这一特点也是它的一大优点,它可以用来解决许多技术问题[8.7].这一方法的另一重要优点是它可以精密调节束密度,从而控制晶体生长的速度.

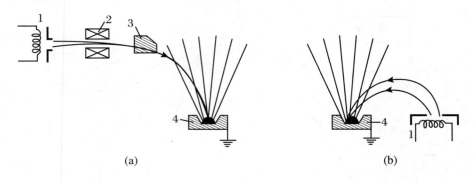

图 8.4 材料的电子束蒸发

(a) 磁偏转;(b) 静电偏转.1. 阴极;2. 磁透镜;3. 磁棱镜;4. 水冷坩埚,其中有材料.箭头表示电子束.

分子束方法也确实存在一些缺点,它们限制了这一技术在外延技术中的应用范围.这些缺点是:

(1) 在生长Ⅲ－Ⅴ族化合物晶体时分子束法变得相当复杂,因为两个组元蒸气压的差别特别大.为克服这一困难,一般采用下列技术中的一种:从不同的源分别蒸发组元;三温蒸发技术并利用所谓的"化学比范围",其中化合物本身在结晶温度下是稳定的,而易挥发的Ⅴ族组元可以重新蒸发[8.3,8.8,8.9];以及"闪蒸"方法,它不断地把送入源区的化合物小颗粒蒸发出去[8.3].

(2) 分子束方法的另一基本缺点和掺杂有关,这是半导体的一个基本问题.掺杂的最简单方式是蒸发掺杂的源.但是某些杂质如 P、As 或 Sb(Si 和 Ge 中的典型施主)在结晶温度下具有特征的高蒸气压和(或)低凝结系数,所以要获得 n 型半导体层相当困难.为解决这个问题,必须把结晶温度降低(此时需要更高的真空度),附加一个杂质源或利用电离的杂质[8.10].

---

① 英文版没有提到静电聚焦.——译者注

(3) 半导体和其他膜对结构和组分敏感,若不采取特别的措施,则由分子束方法得到的膜的电学参数相当差.一个例子是载流子的低迁移率,因为膜中有大量缺陷(主要是点状缺陷),它们来源于晶体生长时的严重非平衡条件,在8.2.3 小节中已经指出这里的过饱和度可以高达 10^3—10^6.虽然在这种膜的电子衍射图样中通常出现菊池线(它可以看成结构高度完整的标志),用光学显微镜对浸蚀样品,用电子显微镜对薄膜样品进行的仔细观察显示出膜中的大量缺陷:点缺陷、线缺陷(位错)和面缺陷(堆垛层错、微孪晶).其原因显然是高过饱和度下晶体的形成过于"匆忙".为提高膜的完整性,可以把分子束法和化学淀积法结合起来.为此将附加的分子(例如碘)束射向生长的表面.碘分子轻微地剥蚀表面,首先作用于不完善的原子位置或杂质聚集物.实际上气体剥蚀剂降低了过饱和度,即离平衡近了一些.另一种分子束和化学法结合的方法是向加热的衬底射入将被分解的化合物(而不是结晶材料本身)流.如在硅结晶中使用单体 SiH_4 分子[8.1],铬结晶时使用 CrI_3[8.11]等.化合物的分解产物显然会在表面停留一段时间,由于化学反应具有可逆的基本属性,这将使吸附层中的实际过饱和度降低,有助于形成更完整的晶体.

由于存在上述缺点,分子束法迄今主要用在实验室内生长锗、硅、Ⅲ-Ⅴ族、Ⅱ-Ⅵ族、Ⅳ-Ⅵ族和其他化合物的外延膜,既可在同一材料衬底上,也可以在异类材料衬底上(如锗在 $GaAs$、CaF_2、$NaCl$ 等上,硅在 Ge、GaP、SiC、Al_2O_3 等上,碲化铅在 BaF_2 等上).在工业上分子束方法通常用来生长精细结构不具有头等重要性的膜,如光学的或导电的涂层和微电子学的无源元件(电阻、电容、连线等).

近年来,在利用此技术生长器件级单晶膜(主要是半导体膜)的需要推动下,分子束法取得了进展[8.12].这一领域中有两项重要的改进.其一是出现了新一代分子束装置,使结晶压力降低到 10^{-10}—10^{-9} Torr.这样通过降低结晶温度克服了一系列缺点.其二是使用了观察晶体表面的原位诊断技术.已经发展了控制部件以便用低能电子衍射(LEED)、反射高能电子衍射(RHEED)、二次离子质谱(SIMS)、俄歇谱和四极质谱等控制生长膜的结构和组分.

这些发展的主要目标是使分子束法生产外延薄膜成为工业技术;"分子束外延"(MBE)已经广泛使用于这一过程.用 MBE 技术已经制备了元素半导体(如硅)[8.13]和化合物半导体(Ⅲ-Ⅴ族[8.14]和Ⅱ-Ⅵ族[8.15])膜.特别重要的是它可以生长超薄的外延层(10—100 nm)和"超晶格"(由厚度为 5—10 nm 的不同材料组成的周期性结构),甚至是交替的原子层组成的结构.目前正在发展连续运转的工业装置,以使用 MBE "在线"生产所有有源和无源的集成电路元件.

下面是一些典型的例子和它们的结晶条件.

例 1 自外延 Ge 膜的结晶. 使用直径 30 cm 水冷玻璃或金属钟罩, 高度为 30—50 cm, 真空度为 10^{-6}—10^{-5} Torr. 源是在 W 丝篮或 W、Ta、石墨或玻璃碳舟中加热到 1500—1800 ℃ 熔化的 Ge 片. 衬底放在 W 或 Ta 丝上, 在丝中通电流以加热衬底. 衬底到源的距离是 5—10 cm (它和源温一起决定入射流密度). 在结晶前用挡板将衬底和源隔开, 把衬底加热到约 850 ℃, 保持 10—20 min, 使表面清洁. 待衬底温度降至 500—800 ℃ 后移开挡板. 在测量衬底温度时要考虑源的辐射和凝结热引起的附加加热. 800 ℃ 时的典型淀积速度是 1 μm/min, 典型的膜厚是 10—50 μm. 膜中的位错密度约为 $10^5/cm^2$; p 型导电, 电阻率约 1 $\Omega \cdot$ cm (超纯源); 载流子迁移率为 1000—1500 $cm^2/(V \cdot s)$. 图 8.5 是一个典型的外延膜的表面[8.16a].

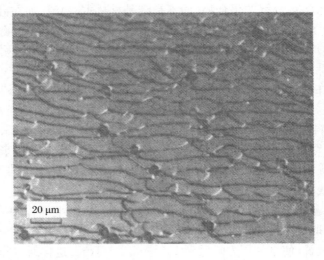

20 μm

图 8.5 分子束法[8.16] 得到的自外延 Ge 膜的光学显微像

例 2 硅的升华结晶. 源是高频电流加热到约 1300 ℃ 的圆柱状锭. 衬底和锭的平端面平行, 相距约 2 mm, 源的辐射使衬底温度升高到约 1000 ℃. 结晶前衬底表面通常在氢气氛中加热进行清洁处理, 随后氢被抽出. 生长速度低 (~4 μm/h), 由固态源的分子流密度决定[8.16b].

例 3 利用超高真空室中的分子束外延制备 GaAs 和 GaAlAs 层[8.12a]. 用原位反射高能电子衍射 (RHEED)、俄歇谱和质谱监测生长层的结构和组分. 结晶前 GaAs(100) 衬底在原位用离子剥蚀做清洁处理. 三个分别含 Ga、Al 和 As 的锅是合成化合物的源. 锅用电炉丝加热, 它们的温度可分别控制, 典型的温度是 980 ℃ (Ga)、1080 ℃ (Al) 和 900 ℃ (As 蒸气由含多晶 GaAs 的锅提供). 温度为 600—750 ℃ 的含 Sn 锅和温度为 420 ℃ 的含 Mg 锅被用来将生长层掺杂为 p 型或 n 型. GaAs 衬底加热到 500—600 ℃. 喷射锅到衬底的距离约 5 cm. Ga 和 Al 分子束可以交替地被挡板挡住,以形成 GaAs 和 AlAs 的周期结构,最后实际上形成具有相当规则结构的特定 GaAlAs 固溶体. 典型的淀积速度是 ～1 单原子层/s, Ga 和 Al 交替的周期也约为 1 s. 形成的 GaAs 和 AlAs 单层数可高达 10^4,使生长层总厚度约为 3 μm. 膜具有单晶结构,包含的缺陷很少[8.12a,b,f].

8.3.2 阴极溅射

这种通用的容易控制的方法广泛用于淀积薄膜,首先是多晶膜(特别是细晶粒膜),最近则用于制备单晶膜[8.17].

这里最常用的方法是利用自持辉光放电的二极阴极溅射.

图 8.6 是这种方法的示意图:在通常是平板状的阴极 1 和接地的阳极 2 之间放电,阳极和衬底 3 与阴极平行. 使用压力为 10^{-3}—10^{-1} Torr 的惰性气体 (Ar、Kr 等)且当阴极、阳极间的距离为 2—4 cm 时,500—5000 V 的电压可触发放电. 由于在阴极上被中和的离子数和辉光放电等离子体区产生的新离子数之间可建立动态平衡,从而使放电达到稳态. 打到阴极的离子通过动量转移将原子击出. 这些原子的绝大部分是电中性的,并且在到达阳极的过程中不和气体分子发生碰撞. 溅射出来的原子的能量通常比分子束法蒸发出来的原子要高得多,因此凝结系数接近于 1. 有时原子甚至进入衬底的表面层,从而使生长膜和衬底有良好的黏附.

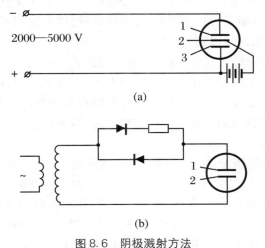

图 8.6 阴极溅射方法

(a) 带偏压的溅射. 1. 阴极;2. 阳极;3. 衬底. (b) 交流溅射. 1. 蒸发靶;2. 衬底.

阴极溅射中的质量输运率(束流密度)有限,这是由气体放电的物理过程决定的.惰性气体压力迅速下降时,放电电流迅速降低,即使增大阴极电压(离子能量),溅射速率仍然降低.当气压增大时,溅射出来的原子由于和气体分子的碰撞回到阴极的机会增大.最佳压力是$(2—7) \times 10^{-2}$ Torr,溅射速率可高达约 100 nm/min.

淀积到活性足够大的单晶衬底(清洁过的加热衬底)上时可以获得外延生长,在 Ge、GaAs 和其他衬底上已用这一方法获得了单晶膜.外延温度可以和热蒸发法相比(甚至更低一些),原因是原子和衬底的碰撞有清洁作用.

确定阴极溅射的过饱和度是困难的.因此作为例子我们给出获得高质量膜的主要溅射参数.在 220 ℃ 的 Ge 上外延生长 Ge 膜的速率小于 1.5 nm/min,使用的放电电流为 2.5 mA/cm^2,电压为 3000 V.在高电流密度(10 mA/cm^2)下用同样的溅射速率,要在 350 ℃ 时才能外延.这是由于要保持同样低的生长速度,外加电压必须降低,而低电压下原子束的清洁作用不那么有效.如果生长速度增大到 4.0 nm/min,衬底温度必须升高到约 450 ℃,等等.

需要指出的是,虽然阴极溅射系统中的气压相当高,但对引入惰性气体前的真空条件的要求甚至高于分子束方法.这是由于惰性气体中杂质的电离部分具有很高的化学活性.

阴极溅射方法的最重要的优点是使用的材料源是不加热的固体,因此它和容器的相互作用可以忽略.这个方法能方便地淀积难熔金属(W、Mo、Ta、V 等),特别重要的是在溅射 Ⅲ-Ⅴ 族、Ⅳ-Ⅳ 族化合物等时,生长晶体的组分和源一致(同时使用一个附加的易挥发组元的源)[8.18].除了上述主要的阴极溅射方法外,还发展了许多变种以改进淀积层的质量、增大淀积速率或扩展溅射材料的范围.下面举出最常遇到的几种:

(1) 热离子辅助辉光放电.为消除阴极溅射的缺点之一——生长膜对放电气体特别是其中的活性杂质的俘获,建议使用尽可能低的气压.这样做以后,放电会耗尽.为维持 $\leqslant 10^{-3}$ Torr 的放电,可利用附加的热阴极和阳极,它在系统中的位置应使热阴极发射的电子穿越放电间隙,以使在它们的路程上电离气体分子.

(2) 射频感应等离子体.可以用电磁场激发低压下的气体放电.如在放电室内有足够高频率的电磁场,就不需要电子.在几 MHz 的频率下,气体中的自由电子在外场作用下每次和气体原子碰撞之前作几次振荡,吸收足够的能量并引起电离.例如在 10^{-3} Torr 的压力下,频率为 1—10 MHz,高频线路中功率输出为 200 W,靶偏压为 500 V,可获得 10.0 nm/min 的淀积速率.

(3) 偏压溅射.如果在衬底上加一个相对阳极为负的小电压,在淀积过程中衬底将连续地受到离子的轰击,保留在膜上可能成为杂质的吸附气体被有效地清洗掉.图 8.6(a)是这种溅射的示意图.典型的偏压是 -200 V.这种方法比经常使用的电极电压反向以便在开始时剥蚀衬底的方法更有效,因为这里在整个薄膜生长过程中始终保持着"组合的剥蚀".

(4) 不对称交流溅射.这种方法基本上和上一种类似.在"阴极"和衬底间加上交流而不是直流电压,使两电极在交替的半周中不断受到离子轰击.电路的设计保证在"阴极"为负的半周中有较大的电流(图 8.6(b)),从而有净的材料流从"阴极"转移到衬底.当衬底①为负时半周内衬底受到轰击,使吸附的气体离去,从而产生更纯的膜.

(5) 反应阴极溅射.上面已指出气体杂质电离后在化学上比中性分子更有活性.可以利用这一现象制备化合物膜,首先是氧化物、氮化物和碳化物膜,即使阴极材料的原子和溅射气体发生反应.这种"反应溅射"的方式可以是先在阴极上反应,再把形成的化合物输送到衬底;也可以使背景气体直接和生长的膜反应(在气相均匀反应的可能性不大时).工作气体是惰性气体和少量活性气体的混合物.例如在含氧的介质中溅射 Si 或 Al,可以获得 SiO_2 和 Al_2O_3,在含氮的介质中溅射 Si 或 Ta 可得到 Si_3N_4 或 TaN,在含 CO 或 CH_4 介质中溅射 Ta 可得到化合物 TaC,等等.

(6) 绝缘体的射频溅射.我们常期望能够直接从绝缘体进行溅射,因为反应溅射过程受相当低的淀积速率的限制.为了中和在绝缘体靶上的正电荷,可使用射频溅射,此时绝缘体交替地受到离子和电子的轰击.频率必须足够高($\gtrsim 10$ MHz),因为外加电压必须在比正离子从离子鞘边飞向绝缘体表面所需时间更短的周期内开关.这里的溅射率相当高,在溅射 SiO_2 时,容易达到约 100 nm/min 的速率.

(7) 磁控溅射.此法可看成是两极法的变种.这里利用了交叉的电场和磁场.在阴极体内放置一永久磁铁,使磁力线从阴极出来并沿溅射表面延伸.由于这样的组态,在等离子体中的电子沿螺旋轨道运动(和磁控管类似),使放电密度相应地增加约两个数量级,这样淀积速率可以高达 1—1.5 μm/min[8.19a].淀积速率的增大不仅提高了方法的生产率,更重要的是,它改善了薄膜的结构性质和电学性质,因为在高淀积速率下,薄膜俘获残余气体的相对量减小了.直流和射频淀积方法都可运用此法[8.19b,c].在射频方法中可以用磁控技术溅射绝缘体[8.19d].磁控溅射附加电子束电离也有用[8.19e].

———————————

① 英文版误为阴极.——译者注

上述阴极溅射的变种在装置的复杂性和解决问题的程度上各有不同.其中的一些,如热离子辅助辉光放电、偏压溅射和不对称交流溅射可用来生长导电类型不同的半导体(包括化合物)的外延膜,其电学性质接近大块晶体.应该指出,阴极溅射在平均生长速度方面一般比分子束方法差(约一个数量级),并且需要更复杂的设备,但它的优点是普适性,特别是它能制备半导体化合物和难熔金属膜.

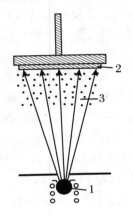

图 8.7 离子镀方法[8.20]
1.源;2.衬底;3.等离子体.

在结束本节前介绍最后一种薄膜淀积方法.这是一种把蒸发(分子束)和阴极溅射结合起来的方法,吸取了两者的优点.它被称为离子镀,并且可以简单地描述为辉光放电中的蒸发[8.20].图 8.7 是这种方法的示意图.源材料 1 可由炉丝或电子束加热蒸发出来.衬底 2 是负电极("阴极")并且位于等离子体区 3 之中.等离子体由直流(二极)放电或射频(无极)放电维持.热蒸发原子或分子通过等离子区并被电离,加速到很高的速度后淀积在阴极衬底上.同时惰性气体的正离子轰击衬底,在生长前和生长中不断清洁衬底.有效生长速度由成膜离子到达率和膜的溅射率之差决定.用炉丝蒸发时速率可高达 300 nm/min,电子束加热时可达 2000 nm/min. 需要指出,在淀积室内维持着显著的压差:源区 $\lesssim 5 \times 10^{-5}$ Torr(对电子束加热来说这是特别重要的,目的是为了避免寄生放电),在衬底附近约 10^{-2} Torr. 这是维持等离子体所必需的.

最后,应当指出:离子束淀积材料在最近显得日益重要.这种方法可以在相当低的温度下制备外延膜[8.20b]并用挥发杂质对膜进行掺杂[8.10].这种方法的一些变种利用反应介质制备了氧化物和其他化合物[8.21].

8.3.3 在密封系统中的气相结晶

在此法中待生长的材料的蒸气充满结晶器,容器的不同部分保持着不同的温度.在此系统中出现整个蒸气和(或)它的组元的过饱和度,后者被称为"分饱和度".

此法可分为两种:(a) 密封安瓿法,(b) 可拆卸容器法.

第一种方法在文献中已有详细的介绍[8.22],并被实验室广泛用于制备晶体.图 8.2(c)显示:在密封或用其他方法关闭的安瓿(通常用石英制成)中包含结晶材料并维持一定的温度梯度.源材料放在安瓿的热端.按照平衡气压的温度关系,在安瓿中出现浓度梯度,在热端浓度较高.在浓度梯度的作用下材料输送到冷端结晶区,此处蒸气过饱和从而凝结下来.

要区分以下两种情形:(1) 在材料装入前安瓿被抽成真空;(2) 除了结晶材料,安瓿中还充有某种"惰性"气体(这里的惰性气体是氢等和材料不作用的气体.氢能消除衬底和生长晶体的氧化物.但有时如 Ⅱ - Ⅵ 族(CdS、ZnS、ZnSe等)化合物结晶时会被部分还原,从而使化合物化学比改变).

在最低的总压力($\lesssim 0.1$ Torr)下粒子的平均自由程大于或等于一般安瓿的尺寸.各粒子沿安瓿的输运率很高,但此时安瓿中材料的浓度很低,因此总的晶体生长速度也低,此时生长速度和气压成正比.实际上晶体从分子束中生长.

在较高压力下的输运机制和速率不同,并且和安瓿中是否充有惰性气体有关.

无惰性气体时,在气压从约 0.1 Torr(即约 10^{-4} kp/cm²)到约1 kp/cm²(实际的最重要的结晶范围)的范围内,分子的扩散起主要作用,输运率在一级近似下和源区、结晶区间气压差成正比.在此压力范围内生长速度受输送率的限制("扩散限制结晶").在更高压力下,对流(如可能的话)的作用变得显著,此时对流输送率正比于安瓿中的平均压力.在此压力范围内输送率可以如此之高,使生长速度受到表面过程(主要是结晶区表面过程)的限制("动力学结晶").

存在压力 $\gtrsim 0.1$ Torr 的惰性气体时,起主要作用的是结晶材料或它的组元的扩散.扩散系数和总压力成反比,因此在给定浓度梯度下输送率随压力增大而减小.在实用上重要的温度范围为 500—1000 ℃,通常是扩散成为结晶过程的限制阶段.压力 $\gtrsim 1$ kp/cm² 时对流可以起显著的作用,使输送率增加.

除了影响质量输送率,惰性气体还对生长晶体的散热有作用.这种作用表现在晶体外形的变化上,例如气压增高时形成枝晶状和针状晶体.

安瓿法中的过饱和度最直接地由源区和结晶区(假设两个区都处于结晶平衡态)的平衡气压比决定.由于这一简单关系,此法常被用作研究气相生长机制和动力学的模型.

实用中安瓿法通常用于生长大块晶体,因为准备操作(抽真空、装料、密封等)繁多,用此法生长薄膜划不来.在生长大块晶体时,希望在淀积区只有一个晶种.但是技术上要在安瓿中放入一个晶种是相当困难的,因为安瓿是在高温下密封的,此时晶种可能会熔化和蒸发.因此常用的是自发形成的晶种.

无晶种生长大单晶时,需要排除大规模的自发成核.在容器壁上非均匀成核通常起主要作用.为了纯化器壁,先将它加热到远高于结晶温度.杂质原子及其聚集体(加热时它们蒸发,散布到安瓿各处或进入安瓿壁内)或具有畸变结构的区域(通过加热而消除)能起成核中心的作用.随后结晶区温度缓慢下降到比源区低几摄氏度.有时用传热棒接触安瓿一端或用冷气体细流喷向此端的方法进行局部降温.这种局域过饱和度下形成大量核的概率很小,甚至可能得到一个结晶中心.

此法的最常用方案之一是使密封安瓿的一个尖端缓慢通过温度梯度区以保证此尖端首先到达较低的温区(图 8.8).在尖端可能长出一个单晶,如果出现几个晶体,由于几何上的选择,可能只有一个晶体保存下来.需要指出的是这里的几何选择问题(个别晶体的"存活"问题)比熔体结晶更复杂,例如比 Bridgman – Stockbarger 法复杂.在气相结晶中材料在安瓿截面减小处的输送受阻,因此在截面开始减小的地方有更大的成核概率(图 8.9(a)).后来这些核拦截气体中的材料扩散区,使安瓿尖端的过饱和度不够成核.因此圆拱状端部目前用得较多,用在适当部位上的传热棒产生安瓿内部的局域过饱和度的增加(图 8.9(b)).

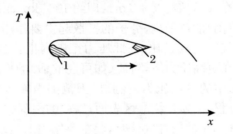

图 8.8　在安瓿中生长晶体
箭头表示安瓿沿横轴进入温度梯度区.1.源;2.生长的晶体.

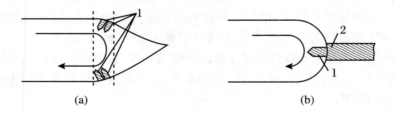

图 8.9　不同形状安瓿内的自发成核
1.生长的晶体;2.传热棒.箭头指示质量的流向.

最近移动加热技术被用来在安瓿中专门生长大块晶体[8.23a–c].在安瓿的最顶端形成一个相当有限的空区,而其他地方都放置源材料.安瓿以预定的速度(一般为 5 mm/d)通过加热区.这样的安排和典型的狭窄空间或"夹层"法相同.类似的方法还被用来生长薄膜.下面介绍一个安瓿法生长晶体的典型例子.

例如[8.22d],直径为 20 mm,高为 80 mm 的垂直石英安瓿被抽成真空,气压约10^{-5} Torr,在上端熔接一散热棒,底部放置近化学比的化合物 PbSe 作为源.安瓿放入有温度梯度的炉内,底部被加热到约 1100 ℃,高于 PbSe 的熔点1080 ℃.上部温度为 1000—1020 ℃,使温差决定的结晶区过饱和度达 80—100 ℃,温度由热电偶测量.生长表面的实际温度显然更高一些,因为受源区辐射和结晶潜热的影响.安瓿以 0.5—1.5 mm/h 的速度拉出炉子,在上部可形成总质量约 30 g 的单晶锭或大晶粒锭(图 8.10).

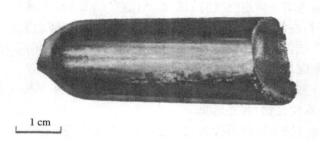

1 cm

图 8.10 安瓿法气相生长的 PbSe 单晶[8.23]

可拆卸室法被广泛用于气相生长单晶和外延膜.它有时被称为"热壁外延"[8.24].和密封安瓿法相比,它提供了控制结晶过程的更大的可能性.另一方面,可拆卸室法和分子束法有许多共同点,差别是前者在离热力学平衡近得多的条件下生长.相应地此法生长的晶体在结构上和纯度上的质量很高.

此法的典型装置是一个垂直的室,下部密封,上部可打开.源材料放在底部,衬底或晶种放在上部的特制样品台上.这样的衬底或晶种台成为关闭管道的盖.生长外延膜时,在源和衬底间常装有挡板.结晶装置通常装有三个分别控制的电阻炉.一个加热室的中间部分,另两个加热源和衬底.整个室放在真空容器中.在此法的一些变种中,衬底或晶种台离管道系统有一定距离.这种室当然不再能看成是封闭的,但是通过适当的设计,一个准直良好的分子束仍能形成.在一些更复杂的装置中有几个不同组元和(或)掺杂剂的源.

可拆卸室法更适于生长 II - VI 族、IV - IV 族(CdS、CdSe、ZnS、ZnSe、PbS、PbSe、PbTe 及其固溶体)化合物的外延膜,也适用于生长低熔点 III - V 族(InSb、GaSb、InAs)的外延膜.有时此法也用于生长这些化合物的大块晶体.

8.3.4 流气结晶

此法和带惰性气体的安瓿法很相似.其主要的三种分类为动态法、准静态法和静态法.

在动态法中结晶材料由管道内的惰性气体从一个区带到另一个区(图 8.2(d)).源在气流路径上的"热"区被蒸发或升华,在下游"冷"区的衬底上或管壁上进行结晶.在化合物(如 ZnS 和 CdSe)结晶时,不用材料本身而常常用易挥发的组元作为源,每一种组元由各自的管道输送,它们在混合区同时合成和结晶.这种场合下源区的温度可以比结晶区低[8.25].

各区的总压力通常只比大气压高几托.压力差决定流速,它必须足够高以保证足够的输送率并防止空气的倒扩散.管直径约 2 cm,气流输送率的典型值约 1 L/min 时,在约 700 ℃ 的热区流速约 15 cm/s.在这样的流速下各区并没有总是达到平衡,这时按各区温差计算得到的过饱和度一般偏高.实践中源区和结晶区的温差应当超过 20—30 ℃ 以保证生长所需的过饱和度.

动态法一般用来生成大块、片状和针状晶体,也用来生长气压足够高的材料(如 Ⅱ－Ⅵ族化合物)的外延膜.

准静态流气法可以在可拆卸装置中进行.首先将装置的主体结晶室抽成真空,对它的部件进行烘烤去气,再通入气体(通常是惰性气体)到预定的压力.用阀门保持适度的气流,结晶就在这种总压力状态下进行.此法的主要优点是:在结晶过程的不同阶段可以停下来,以便于引入杂质,控制输送率(通过改变总气压),调节从成核到生长的阶段等.

静态法在设计上类似于准静态法,原则上它可以归入密封安瓿法(见 8.3.3 小节).静态法可以在高惰性气体压力(通常高达 30—50 kp/cm²)下进行结晶.为了抑制化合物的分解或挥发性组元的蒸发,需要这样的压力.此法已用来生长 SiC 单晶和其他材料[8.26].

例 1 用电阻炉在直径 20 mm 的石英管保持两段近似平的温区,温度分别为 850 ℃ 和 750 ℃.在前面的温区放置含 ZnSe 粉的石英舟,在另一区放置石英片(衬底).纯化的 Ar 以 1 L/min 的流速通过管道.在衬底上一小时内长成尺寸为 5 mm×0.2 mm×15 mm 的片状 ZnSe 晶体.

例 2 CdS 粉源由带孔的板夹住并放置在直径约 30 mm 石英管的中部,石英管长约 70 mm(图 8.11).装有轴向散热棒的石英套筒对称地放在源的两侧,离源的中点约 50 mm,它被用作生长晶体的衬底.套筒的直径与石英管内径间留 0.5—1 mm 空隙.先把系统抽成真空,再充以约 2 kp/cm² 的 Ar 气,随后维持流速约 1 L/min 的适度气流.套筒的表面在开始阶段被钝化,方法是使它们的温度高于源区(图 8.11 中的虚线),随后将温度梯度倒过来(实线).从此刻起晶体开始在衬底中央部位上生长.间隙和梯度的形式防止生长晶体和管壁的接触,因此冷却时由晶体产生的应力被消除或减小,形成很完整的晶体.在数小时内,含有 3—5 个晶块的晶体,有时可以形成一个单晶,其质量可达250 g.这样的晶体中位错密度可低于 $10^3/cm^3$.

例3 围绕有许多层隔热屏的直径为 50 mm、高为 100 mm 的石墨套筒放置在石墨炉的中心.在套筒内壁放上多晶 SiC 颗粒.加热套筒直至约 2500 ℃(消耗功率约 30 kW = 10 V × 3000 A)并产生轴向和径向的温度梯度.加热过程中 SiC 颗粒被烧结,并且在碳化物空洞中由于升华而形成气体.在某些区域蒸气过饱和并自发生长成片状 SiC 晶体.如掌握好成核,则晶体的数目很少,在几小时内可长出面积约 1—5 cm² 、厚 0.1—0.5 mm 的片状六角晶体.

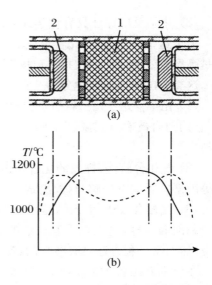

图 8.11 准静态系统升华法(a)和
管内的温度分布(b)

虚线:起始阶段;实线:生长阶段[8.27].1.源;2.生长晶体.

8.4 化学气相淀积(CVD)

这一大类方法的共同特征是过程中有反学反应.这一反应不仅提供了结晶材料,而且对结晶过程有特定的积极影响.

有许多理由说明化学反应的参与是一个很有利的因素:

(1)可以气相结晶的材料范围显著地扩大了,因为物理气相淀积方法对结晶材料有足够高蒸气压的基本要求在这里可以免除.

(2)结晶条件大有改善.由于化学反应固有的可逆性,过程在近平衡下进行,过饱和度低,同时材料的绝对浓度和相应的结晶速率可以相当高.

(3) 化学反应保证具有化学计量比的化合物成为结晶材料.

由于这些特点,包含化学反应的结晶方法在获得完整晶体和膜方面已被证明是高度有效的,并且在"技术市场"上很快获得巩固的立足点.

这类方法可以粗略地分为三种:

(1) 化学输送法. 在源区固态或液态的结晶材料发生作用,转化为气态化合物. 它们随后被输送到温度不同的另一区,并在逆反应中分解、释放出原先的材料[8.28,8.29].

(2) 气相分解法. 挥发的化合物被引入结晶区,在气相还原剂作用和(或)高温等因素的影响下分解,释放出结晶材料.

(3) 气相合成法. 引入结晶区的气相组元互相反应形成化合物结晶材料.

和前面一样,这里也没有截然的分界线. 许多方法可以同等地归入不同的种类. 然而每一种方法具有各自的特征,它们影响结晶过程的全貌.

在分别介绍各种方法前,先扼要归纳出一些普遍的规则,它们能对非均匀化学反应进行表征,并且与结晶过程有直接的关联.

在考察复杂过程时,方便的做法是把它分为几个阶段,再逐个分析它们. 这里最一般的划分包括两个阶段:质量输送(扩散阶段)和生长表面过程(动力学阶段). 输送阶段包括将反应剂带至生长中的晶体和将气相中的反应产物移开. 表面过程包括反应剂的吸附、它们在表面上的化学相互作用和化学反应产物的脱附.

在考虑朝向台阶和扭折的表面迁移(见 3.1 节、4.1 节)后表面过程阶段可进一步分解. 结晶过程也可以进行另外的划分,如把介质大块到表面的质量输送和吸附看作"材料传送"阶段;反应产物的脱附和移向气相看作"反应产物移去"阶段. 材料传送的延误和反应产物移去的延误都能在不同程度上阻碍化学反应本身.

将大块中反应剂的浓度表示为 C,而将它在表面的浓度表示为 C_{sur}. 设由于表面过程耗于结晶的材料流等于 $\beta(C_{sur} - C_0)$,这里 β 是表面上结晶的反应率常数,即给定过程中表面结晶的动力学系数(见 3.1 节),C_0 是平衡浓度. 另一方面,通过扩散、对流或分子流传送到表面的材料量为 $\beta_{tr}(C - C_{sur})$,这里 β_{tr} 是上述这些过程的总速率. 稳态条件下上述两个流相等:

$$\beta(C_{sur} - C_0) = \beta_{tr}(C - C_{sur}), \tag{8.2}$$

因此

$$C_{sur} = \frac{\beta C_0 + \beta_{tr} C}{\beta + \beta_{tr}}. \tag{8.3}$$

朝向结晶相的质量流(和生长速度成正比)是

$$\beta(C_{sur} - C_0) = \frac{\beta\beta_{tr}}{\beta + \beta_{tr}}(C - C_0) = \beta_{eff}(C - C_0),\qquad(8.4)$$

这里

$$\beta_{eff} = \frac{\beta\beta_{tr}}{\beta + \beta_{tr}}\qquad(8.5)$$

是有效结晶动力学系数,它同时考虑了表面反应和大块中的输运.

这一关系还可变得特别简单,即考虑的不是反应率常数和扩散率常数而是它们的倒数:

$$\frac{1}{\beta_{eff}} = \frac{1}{\beta} + \frac{1}{\beta_{tr}}.\qquad(8.6)$$

在这一最简单的形式中反应率倒数和扩散率倒数(即所谓的动力学阻和扩散阻)是相加的.

在两个极端情形下,即 β 和 β_{tr} 之一远远大于另一个,上述方程具有更简单的形式.

$\beta \gg \beta_{tr}$ 时,$\beta_{eff} \simeq \beta_{tr}$,此时 $C_{sur} = (\beta_{tr}/\beta)C \ll C$,总过程速率完全依赖于扩散率.

$\beta \ll \beta_{tr}$ 时,$\beta_{eff} \simeq \beta$,此时 $C_{sur} = C$,总过程速率完全由晶体表面上的化学反应动力学决定,并且和扩散条件无关.

在 β_{eff} 表达式中出现的值和若干参数有关,其中最重要的是温度.反应率常数循守 Arrhenius 规律,和温度有指数函数关系:

$$\beta \sim \exp\left(-\frac{E}{RT}\right),\qquad(8.7)$$

这里 R 是摩尔气体常数.

非均匀反应的激活能 E 相当大,它约为 20 kcal/mol,反应率足够大的温度范围是 500—1000 ℃,这是晶体生长的最重要范围.上式说明温度升高例如 100 ℃,反应率增加 2—3 倍.

另一方面,虽然气相中的扩散系数随温度增加,但这种增加要小得多(和粒子速度成正比,即 $D \sim \sqrt{T}$).

因此在相对较低的温度下,一般过程按动力学模式进行,温度升高后将过渡到扩散模式.

在上述三种方法中,关于动力学和扩散结晶模式关系的结论都有不同的表现.

分析化学输送(通常在密封安瓿中进行)时,人们通常以 Schäfer 提出的概念为基础:在安瓿热区和冷区平衡的建立很快,气体材料通过扩散从一个区移向另一个区(它实际上限制了总结晶速率).换句话说,温度条件、气体动力学和其他实验条件使密封安瓿中通常处于扩散模式.

通常在开放系统中使用的气相分解和气相合成方法提供了大得多的自由度以选择结晶条件,包括温度、气体混合物的浓度(过饱和度)和流速.同时对生长晶体的要求也可提得相当高.晶体通常是半导体外延膜,它不仅在结构方面(最好是无位错,点缺陷浓度尽量小),而且在组分(掺杂到一定程度)和表面态(原子级光滑等)方面都必须特别均匀.实验证实,要满足这些要求,最好在扩散模式中生长晶体,因为此时表面过程的各向异性小,相应的不均匀性也少.应该指出:从动力学模式向扩散模式的转变或相反的转变受到过程的三个主要参数的影响,即温度、浓度和流速都有影响,但温度起决定性作用.温度的作用已在上面讨论过.浓度的过分升高可以使扩散模式移向动力学模式,因为被生长晶体吸附的反应剂可以像杂质那样阻碍台阶的运动.随着流速的增大,停滞气体层("扩散层")变得愈来愈薄,导致动力学模式代替扩散模式.一般情形下这一层足够厚,达到十分之几甚至几 mm.

实践中希望结晶温度尽量低,以便简化装置,阻止杂质在固相中的扩散(这对半导体很重要),结合其他技术措施,等等.但是为了使过程移向扩散模式,这些好处常常只好全都放弃.

Ge 是一个典型例子.在氯化物过程($GeCl_4 + H_2$)中单晶层甚至可以在约 600 ℃下生长,但商品质量级薄膜只在 800—850 ℃生长(Ge 的熔点为 939 ℃).碘化物输送过程看来更有吸引力,因为它甚至在约 300 ℃下就能保证 Ge 单晶的生长.但是这种膜的质量不能令人满意,因此这一方法没有得到实际应用.对大多数材料,只有在 $0.75T_0$—$0.90T_0$(T_0 为熔点)的温度范围内才能从气相获得高质量的外延膜.

8.4.1 化学输送

设想材料 A(固体或液体)在工作温度下的平衡气压很低,但当它和气相组元按某一可逆反应作用后这一材料可以只产生气相产物 C 和 D,即反应

$$\nu_A A_{s,1} + \nu_B B_{gas} \rightleftharpoons \nu_C C_{gas} + \nu_D D_{gas} \tag{8.8}$$

由左向右进行(所有 ν 都是化学比系数).当 C 和 D 输送到温度不同的区时过程可以逆转,起始材料 A 和 B 会重新出现,即 A 被转移并在新的位置上淀积下来.这一过程被称为化学输送[8.28].

材料 B 是输送剂,最常用的是卤素(通常为碘,也可用溴和氯)、卤化氢(通常为 HCl)、ⅥB 族元素(S、Se、Te)、Ⅴ B 族元素(As、P)和各种化合物(H_2O、H_2S、$SiCl_4$、$AlCl_3$ 等).原则上任何元素或化合物都能和一定材料进行可逆反

应、形成挥发产物,用来输送这一材料.

问题是能否根据热力学数据事先选出一输送剂(和相应的反应)以保证最快的晶体生长,同时获得足够高的质量.

考虑反应中热力学势的变化 $\Delta\Phi^0$ 和反应热 ΔH(两者有关,并且和以各气相形成组元的分压表示的平衡常数 $\mathcal{K}$ 有关)后可以得到输送过程的基本信息,使用的方程是

$$\Delta\Phi^0 = \Delta H - T\Delta S, \tag{8.9}$$

$$\Delta\Phi^0 = -RT\ln\mathcal{K}_0, \tag{8.10}$$

$$\frac{\mathrm{d}(\ln\mathcal{K}_0)}{\mathrm{d}T} = \frac{\Delta H}{RT^2}, \tag{8.11}$$

$$\mathcal{K}_0 = \frac{P_C^{\nu_C} P_D^{\nu_D}}{P_B^{\nu_B}}, \tag{8.12}$$

这里 ΔS 是反应中的熵变,P 是气相组元 B、C、D 的分压.

为使晶体生长在可能的最低过饱和度下以可接受的高速度(高反应剂浓度)进行,反应必须足够可逆,相应地 $\mathcal{K}_0 \sim 1, |\Delta\Phi^0/(RT)| \ll 1$.

转变的方向由 ΔH 的符号决定.与通常的升华和蒸发相反,不是所有反应都将材料从"热"区输送到"冷"区.只有在 $\Delta H > 0$ 的吸热反应中材料被输送到冷区,在 $\Delta H < 0$ 时材料的输送方向相反,不过前一种情况更常遇到.

ΔH 的量决定平衡常数 $\mathcal{K}_0$ 的温度关系和不同区之间的温差 ΔT.如果 ΔH 太大,会使引起自发成核的高过饱和度在低 ΔT 下发生,这种场合下温度控制的难度增大.相反,如果 ΔH 太小,使所需的 ΔT 过大,也会造成另外的实验困难.通常热区温度不应超过约 1100 ℃(即石英的软化温度,石英是常用的管道材料),也不希望其他区的温度太低,以免表面过程过慢(特别是在结晶区).

大多数材料的 ΔH 和 ΔS 的值有表可查.因此通过计算 $\Delta\Phi^0$,人们实际上可以找到任何材料的适当输送反应.可见化学输送生长晶体法的适用范围相当宽.

下面是此法的一些典型例子.

(1) 利用非正比的反应输送元素:

$$Ge + GeI_4 \underset{350\ ℃}{\overset{500\ ℃}{\rightleftharpoons}} 2GeI_2,$$

$$2Al + AlCl_3 \underset{650\ ℃}{\overset{1000\ ℃}{\rightleftharpoons}} 3AlCl.$$

(2) 用 HCl 或 H_2 输送氧化物:

$$Fe_2O_3 + 6HCl \underset{800\ ℃}{\overset{1000\ ℃}{\rightleftharpoons}} 2FeCl_3 + 3H_2O,$$

$$Al_2O_3 + 2H_2 \underset{1500\ ℃}{\overset{1800\ ℃}{\rightleftharpoons}} Al_2O + 2H_2O.$$

(3) 用碘输送硫族化合物:

$$CdS + I_2 \underset{400\ ℃}{\overset{1000\ ℃}{\rightleftharpoons}} CdI_2 + \frac{1}{2}S_2,$$

$$ZnIn_2Se_4 + 4I_2 \underset{200\ ℃}{\overset{900\ ℃}{\rightleftharpoons}} ZnI_2 + 2InI_3 + 2Se_2.$$

(4) 在水气中输送:

$$2GaAs + H_2O \underset{750\ ℃}{\overset{850\ ℃}{\rightleftharpoons}} Ga_2O + H_2 + \frac{1}{2}As_4.$$

(5) 碘输送以获得纯金属(Van – Arbel – de Boer 过程):

$$Zr + 2I_2 \underset{1450\ ℃}{\overset{280\ ℃}{\rightleftharpoons}} ZrI_4.$$

除了最后的例子,所有材料都由热区输送到冷区.还有些系统(如 W – Cl – CO)的输送方向可按照温度和压力的不同而逆转.

下面介绍结晶系统的不同方案,包括封闭的、开放的、准封闭(空间狭窄)的系统.

1. 封闭法

最简单的实验装置是一个密封的安瓿.待输送的材料放在一端(源区),在另一端(结晶区)淀积.在安瓿中放入适量的输送剂.安瓿放在温度梯度区中.结晶过程和封闭安瓿法物理气相淀积(见 8.3.3 小节)很相似,显然相同的质量输送机制依赖于安瓿中的总压力,还有相同的晶种和自发成核问题也是如此.根本的差别是:在化学淀积中由于化学反应在气相中产生的输送材料浓度急剧增加,有可能使结晶温度下气压很低的材料结晶.化学安瓿法的一个显著特征是少量输送剂就足以输送实际上数量不限的材料.在结晶区释放的输送剂扩散回源区,重新和材料反应并输送它,不断重复,换句话说,这是一个循环过程.过程中同一输送剂的重复参与保证了生长晶体的纯度.封闭系统的另一优点是适于对结晶机制和动力学进行基础研究.

安瓿可以先抽成真空或填充气体(氩、氢、氦),从而提供某种程度的质量输送控制.通常使用石英玻璃管,这时可以在约 1100 ℃ 以下的温度生长相当纯的完整晶体.在本节末尾的例 1 中将介绍这一过程.

有两个特殊的安瓿装置值得提起:

(1) 为克服大量自发成核(见 8.3.3 小节)的困难,使用了图 8.12 那样的安瓿[8.30].源材料放在围绕中心区的安瓿外缘.由于和传热棒接触,中心区温度较低,在此发生晶体的成核和长大.这种设计不仅保证源区向结晶区均匀地(从四周)提供材料,而且可以割开上部放入一个晶种.此外,振幅为 10—20 ℃、周期为 5—20 min 的温度起伏叠加进系统以控制成核.如果在正的过冷期间形成了大量的核,在短时的反过冷期间大多数核能重新蒸发掉(或溶解掉).这种过程的周期性重复导致只有一个晶体生长,因为核的生长和消失速率依赖于它们的尺寸,根据吉布斯-汤姆孙关系,晶体愈小,蒸气压愈高.不仅如此,只有一个晶体生长后,在反向期间不完整区将优先消失.以此法利用自发成核生长了相当大的 Fe_3O_4 和 HgI_2 单晶[8.30,8.31],并在晶种上首次生成了等轴的 SbSI 单晶(具有丝状结构)[8.32].所有这些材料很难生长成完整的晶体.

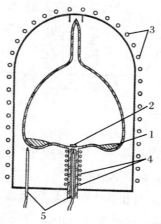

图 8.12 具有径向梯度和周期温度起伏的结晶安瓿[8.30,8.31]
1.源材料;2.晶种;3.主要炉丝;4.辅助炉丝;5.热电偶.

(2) 用于超高温(≳2000 ℃)输送的钼或钨安瓿.由 Kaldis 提出的这一方法的基本思想是:在相当高的温度(如对 Mo,≳1700 ℃)下任何安瓿材料和碘(实际中的万能输送剂)的化合物都不稳定,从而阻止了安瓿材料的输送.用此法已生长出许多稀土硫属化合物、氧化铈和其他高熔点化合物晶体[8.22a].

2. 开放法

这种化学输送技术在设备上和物理气相淀积法很相似(见 8.3.4 小节).根本的差别是这里的高温区不一定要放在气流路径的前端(虽然大多数输送反应必须在较高温度下进行).开放法比封闭法适用面更宽,因为这里的生长条件可以一个阶段、一个阶段地大幅度改变,可以引入杂质等.在生长薄膜时这种普适性特别重要[8.33].

3. 狭窄空间法

又称"夹层"法(Nicoll[8.34]).这种方法吸收了封闭法和开放法结晶的所有主要优点.它的基本装置如下:两块平行放置的板,其间的距离小于板的尺寸,在它们之间维持一定的温差(图 8.13).由于平板间距离小(十分之几 mm),输送率比安瓿中大得多(后者一般长几 cm).这是此法的主要优点之一.其次,由于和环境的交换减少,同一数量的输送剂在输送中循环使用,从而使晶体被杂质玷污的危险减小(这一方面狭窄空间法和封闭法类似).最后,此法最经常地用于一个很小气流的系统中(虽然原则上它也可以在一个密封安瓿中进行),因此它也可以如开放法那样"中断"过程,使此法相当容易控制.

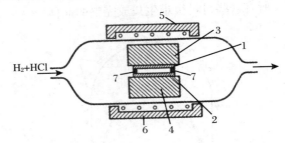

图 8.13　夹层法

1.平板衬底;2.平板源;3,4.石墨块;5,6.红外灯;7.石英垫片.

应该指出,狭窄空间法有两个缺点:

(1) 清洁氧化物衬底表面和其他杂质相当困难.因此得到的膜的完整性比开放法差,后者的衬底可以在结晶前在室中清洁处理.

(2) 生长速度强烈地依赖于平板间距离(特别在距离很小时),即使很小的夹层间的偏差也会引起膜厚的显著差别.

由于这两点,夹层法没能在技术上得到应用,虽然它在生长实验中是常用的.

下面是化学输送法的几个例子.

例1　直径为 18—20 mm、长为 150—200 mm 的石英管经过彻底清洗,两端为半球状并和一棒接触(图 8.9(b)),放入 ZnSe 粉并抽真空至约 10^{-5} Torr.用特殊的支管通入约 5 mg/cm^3 的碘后封闭起来.在反向温差(源区 700 ℃、结晶区 800 ℃)下保持 10 小时.材料被蒸馏到冷端,结晶区任何不希望有的核均被消除.再保持正常的温差:源区 800 ℃、结晶区 780 ℃.在 10 天内在带棒的一端(结晶区)生长出 3—5 块 ZnSe 单晶,尺寸约为 5 mm×3 mm×10 mm.

例2　如图 8.13 所示的单晶片 1(衬底)和 2(源)由 GaAs 制成,二者平行放置,间距为 0.2 mm,中间有石英垫片 7.两平板分别和石墨块 3 和 4 接触,整个装置放入石英室内,并有流速约 2 L/h 的 H$_2$ 通过.红外灯 5 和 6(功率各为约 1 kW)放在石墨块的对面.开始时打开灯 5,加热石墨块 3 和平板 1 到约750 ℃,而平板 2 由热传导达到约 650 ℃.在 H$_2$ 中加约 1% 的 HCl,用 5 min 内在平板

1 上可生长约 $30 \mu m$ 厚的 GaAs 外延膜.

8.4.2 气相分解法

在气相分解法中,包含将被分解化合物的气体混合物流入高温区,在此区中发生反应,释放并淀积(通常在单晶衬底上)出所需的材料,反应产物被气流带走.通常假设反应在衬底上非均匀地进行.然而应当说明两点:第一,在气相中形成中间化合物或基团的反应常常有重要的作用;第二,不能排除在靠近生长表面的气相中释放出材料本身,虽然实验上难以证实这一点[8.35].

气相分解法包括两种主要的方法:化合物的还原和热分解(热解).

典型的还原剂(同时是载气)是氢,有时用 CO 或某些金属(如 Zn)的气体.被还原的化合物通常是氯化物或更一般的卤化物.通常选用在室温下气压足够高的化合物,以免在传送管道中凝结.

一个典型的例子是用氢还原四氯化硅[8.36—8.38]生长硅膜:

$$SiCl_4 + 2H_2 \rightleftharpoons Si + 4HCl. \tag{8.13}$$

其他反应如 $SiHCl_3$ 和 SiH_2Cl_2 的反应也可以用.从 $GeCl_4$ 得到锗的过程是类似的.

图 8.14 是氯化物过程的示意图.从氢气瓶 1 出来的氢经过气体纯化系统 2 以略高于大气压的压强进入包含有流量计 3、阀门 4、盛有液体氯化物的蒸发器

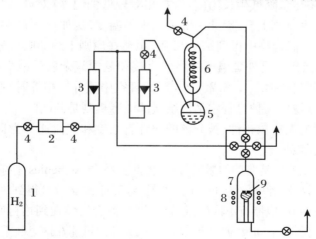

图 8.14 由氯化物生长出膜的结晶装置

1.氢气瓶;2.气体纯化系统;3.流量计;4.阀门;5.蒸发器;6.凝结器;7.反应器;8.感应器;9.衬底.箭头表示气体出口.

5 和凝结器 6 的气体控制系统. 此系统产生约含 1% 气体化合物、流速约 1 L/min 的混合气体流. 混合气体进入反应器后在高温下材料被淀积. 图 8.15 是生产上最常用的一些反应器的示意图, 其中(a)是竖式反应器, (b)是卧式反应器, 用感应电流加热, (c)是带内部电阻加热的"桶"状反应器.

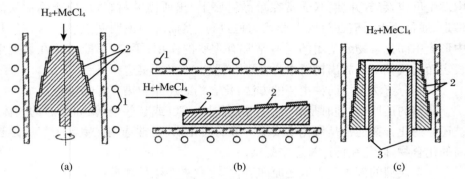

图 8.15 淀积外延 Si 和 Ge 膜的反应器
Me = Si、Ge. 1. 感应器; 2. 衬底; 3. 石墨电阻炉.

如果反应器内有表面足够清洁和完整的衬底, 则可以生长取向的自外延膜和异质外延膜. 在混合气体中加入掺杂元素化合物(如 $AsCl_3$ 或 BBr_3)的气体, 可得到具有不同性质的 p 型或 n 型膜. 为减少掺杂元素在固态中的扩散并简化设备, 通常希望尽量降低生长温度, 但在相对较低的温度(对硅 $\leqslant 1100\ ℃$)下晶体中的缺陷密度急剧上升, 因此一般采用中等温度. 例如通常在 1150—1200 ℃ 下从 $SiCl_4$ - H_2 混合物中得到结晶 Si 膜, 虽然在原则上约 900 ℃ 就可以得到单晶 Si 层. 值得指出的是外延温度的降低直接和氢中氧杂质的减少有关. 当氢中氧分压和物理气相淀积(见 8.2.4 小节)的真空中氧分压相等时, 近似得到相同的外延温度. 这说明两种过程中玷污杂质的中毒机制是共同的.

生长速度的温度依赖性、被分解的化合物浓度和气流速率为理解生长机制提供了重要的信息.

这里的温度关系是典型的激活过程. 把此关系在 Arrhenius 坐标(生长速度的对数和温度倒数, 后者单位为 1/K)上作图, 对反应式(8.13)得到激活能为 10—40 kcal/mol. 不同反应器有不同的激活能, 因为混合气体在到达衬底前被加热的程度不同. 人们假设中间反应(如形成 $SiCl_2$ 的反应)可能在这里起重要作用:

$$SiCl_4 + H_2 \rightleftharpoons SiCl_2 + 2HCl.$$

热力学计算和起始混合物浓度对生长速度影响的实验也说明了这一点[8.38—8.40]. 计算表明, 在实践中重要的温度范围 1000—1300 ℃ 内, 反应式(8.13)中气相的主

要组元有 H_2、$SiCl_2$、HCl、$SiCl_4$、SiH_2Cl_2 和 $SiHCl_3$,同时还有可忽略的 $SiCl$、SiH_3Cl 等[8.41].最近的质谱研究肯定了这个结论[8.42].不仅如此,计算还指出生长速度和 $SiCl_4/H_2$ 的起始摩尔浓度的关系中有极大值,在高浓度下生长速度变为负值,即衬底受到剥蚀.实验肯定了这一点(图 8.16).由此可见,在给定过程中过饱和度可以随浓度增加而降低,此时晶体质量相应地改进,直接的实验已予以证实.

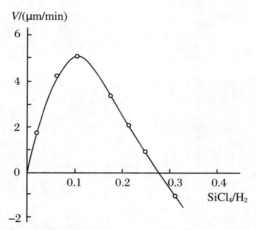

图 8.16 Si 膜生长速度 V 和氯化物过程中 $SiCl_4/H_2$ 起始摩尔浓度的典型关系
淀积温度 1270 ℃,气流速率 1 L/min[8.37].

生长速度和气流速率的关系(生长速度增大到趋于饱和)指出,在衬底上存在一层停滞气体.在卧式反应器(图 8.15(b))中的模型实验证明此层的厚度可以达到几 mm[8.43].

实用中重要的是保证高的产率(一般要得到 40 片直径 76 mm 的硅片)并有足够均匀厚度的生长层(硅片之间的偏差和一个硅片内的偏差不应超过 2%).为做到这一点,衬底硅片和气流成 5°—15°角(图 8.15).典型的气流速率是 5—10 m^3/h,$SiCl_4/H_2$ 浓度约为 2%(摩尔分数).这样的装置使混合气体中材料随气流路径的减少靠远离衬底处流气中的材料来补偿.在四氯化碳过程中硅膜的典型生长速度在 1150—1200 ℃时为 1—2 μm/min.

此法在微电子学的应用中最要紧的是保证外延膜的结构完整.不幸的是,要使外延膜像下面的衬底那样完整甚至更好是相当困难的,因为除了衬底中的缺陷(一般位错会延伸进膜),还有新的(数量上和类型上的)缺陷会从衬底、薄膜界面上产生.外延膜的典型缺陷是位错(包括位错的聚集,见图 8.17(a))、堆垛层错(图 8.17(b))和微孪晶(图 8.17(c)).一般认为它们是由衬底上的杂质

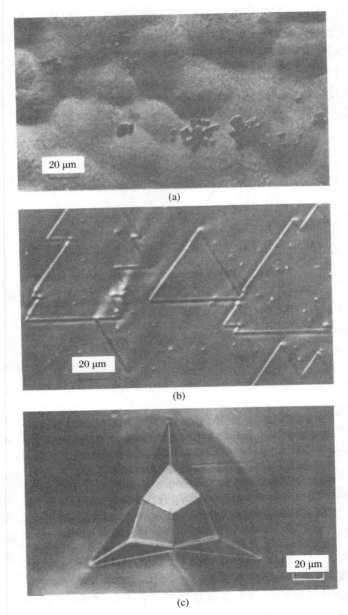

图 8.17　自外延 Ge 膜的典型缺陷

（a）对应于位错束（位错通常在相对低的温度下产生）浸蚀坑的聚集；（b）(111)面的堆垛层错；(c) 由(111)层上的多重孪晶引起的"三角锥"[8.44]．照片用光学显微镜摄得．

(主要是氧化物)引起的,虽然薄膜中缺陷的形成机制还没有完全弄清楚.减少缺陷的唯一途径是彻底清洁衬底.最有效、使用最广泛的清洁方法是气体剥蚀,它移去衬底上约 5 μm 厚的层.典型的气体剥蚀剂是 H$_2$ + HCl 混合物,但 H$_2$ + H$_2$O、H$_2$ + Cl$_2$、H$_2$ + SF$_6$ 和 He + Cl$_2$ 也可以用.它们已用于半导体工业.

下面介绍热分解法(或热解法).典型的例子是生长硅膜的硅烷法[8.45,8.46].单硅烷 SiH$_4$(通常是气体)可在约 700 ℃ 下分解,但实践中在约 1000—1050 ℃下进行.从结晶装置看,这种方法比氯化物法简单(不需要庞大的蒸发器和冷凝器,气流可以自动控制,等等),但这里的膜比较不完整,可能是反应

$$SiH_4 \longrightarrow Si + 2H_2$$

实际上是不可逆的.膜的质量可以通过将 HCl 气体掺入 SiH$_4$ + H$_2$ 混合物得到改进,这样又回到了可逆的氯化物过程.这种结合在一起的方法比单纯的硅烷法在制备硅膜的半导体工艺中得到更广泛的应用.

近几年来低气压下的气相分解法得到发展和广泛的应用.这里有两种不同的情形:

(1) 在单硅烷过程中氢是载气,硅的淀积率受氢在衬底上脱附的限制.因此降低氢压到 10—100 Torr 或用氩替代氢,使淀积率增大和(或)外延层可以在相对低的温度下形成[8.47].对氯化硅-氢过程[8.48]和 GaAs 的氯化物过程[8.49]也可以同样处理.

(2) 在更低压力(<1 Torr)下,质量输运快于表面动力学.在这种条件下可以制备非常完整的均匀外延硅膜和多晶硅膜[8.50].

除了典型的半导体硅和锗,用卤化物或其他挥发化合物氢还原法或热解法可以淀积其他元素(如 Ta、Mo、W 等).特别重要的是金刚石的气相结晶.在约 1 kp/cm^2 或更低的压强和约 1000 ℃ 的温度下(金刚石的热力学亚稳区),用挥发性含碳化合物的热分解法在天然金刚石衬底上生长了自外延金刚石膜[8.52].

用挥发化合物氢还原法和热解法已制备了各种化合物的晶体和膜.用 CH$_3$SiCl$_3$、(CH$_3$)$_2$SiCl$_2$ 和 (CH$_3$)$_3$SiCl 经过分解生长了 SiC 单晶、薄膜和晶须[8.53].

由于有许多优点,如设备相对简单、效率高、结果重复性好和易于转向大规模生产等,在半导体的现代外延技术中化学气相淀积方法已成为成熟的工艺[8.54].

8.4.3 气相合成法

气相合成法可用于获得化合物晶体.两种、三种或更多元素及其化合物的

蒸气在高温区反应,一般这种反应发生在晶体衬底的表面上.如果起始化合物是挥发的,只需要一个单一的高温区,则此法所用设备和上一节中的相似.如果反应剂中的一种不挥发,就要有两个、三个或更多温区的炉子,它们一般用电阻加热.

下面介绍一些最重要化合物的具体结晶方法.

(1) 碳化硅.通常使用的挥发或气态化合物有 $SiCl_4$ 和 CCl_4、$SiCl_4$ 和 CH_4、SiH_4 和 CCl_4、$SiCl_4$ 和 C_3H_8.反应在 1200—1500 ℃ 的氢气流中进行,形成立方变体的 $\beta - SiC$.衬底可以用六角 $\alpha - SiC$ 片、硅、蓝宝石、石墨等.有时硅源是硅的熔体,因为它在 1500 ℃ 下的蒸气压已经够大了.

(2) Ⅲ－Ⅴ族化合物.在淀积Ⅲ－Ⅴ族化合物半导体外延膜中化学气相淀积特别有吸引力,因为在真空热蒸发中遇到化合物分解的困难(见 8.3.1 小节).下面讨论 GaAs 的气相合成法,这是Ⅲ－Ⅴ族化合物的典型代表.已经发展了生长 GaAs 晶体的实验室方法和工业方法,它们也可用来制备其他Ⅲ－Ⅴ族化合物.在 GaAs 气相合成和外延生长的各种方法中,$H_2 + AsCl_3 + Ga$ 系统中的氯化物过程中是最典型的,并且已在实验室和工业上得到广泛的应用.

图 8.18 是氯化物过程的示意图[8.55,8.56].在三温区炉中放入一石英管.H_2 和 $AsCl_3$ 混合物通入管中.在加热到 400—600 ℃ 的第一温区,$AsCl_3$ 按反应

$$2AsCl_3 + 3H_2 \longrightarrow 6HCl + \frac{1}{2}As_4$$

被还原.产生的 As 蒸气先被 Ga 源吸收,Ga 在第二温区(约 800 ℃)的舟中,根据相图此时 As 在 Ga 中的饱和度是 2.25%(原子分数).经过这一阶段,As 蒸气和 GaCl 一起进入第三温区,GaCl 是 HCl 和 Ga 的反应产物.在温度为 750—900 ℃ 的这一区中 GaAs 在单晶 GaAs 衬底表面合成,形成外延膜.整个过程包括分解、输送和合成.类似地可以制备 GaP、InP、InAs 等.近年来很重视四元化合物如 InGaAsP 在 InP 衬底上的合成淀积[8.56].此法的主要优点是主要的源材料(镓、氯化砷和氢)容易纯化,从而保证了高纯度晶体的制备.

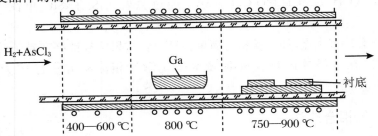

图 8.18 在氯化物系统 $H_2 + AsCl_3 + Ga$ 中生长 GaAs 外延膜的装置图

还有一些其他的合成Ⅲ-Ⅴ族化合物的方法,它们利用不同的输送过程,不同的Ⅲ族、Ⅴ族元素化合物作为源.

在氢化物法中,Ⅴ族元素的源是氢化物,Ⅲ族元素的源是氯化物,后者由金属和氯化氢反应得到.例如 $H_2 + HCl$ 通过 750 ℃ 的 Ga 形成的气体混合物在 850 ℃ 和 $H_2 + AsH_3$ 气体混合物反应.四元化合物也可用氢化物法制备[8.57].

特别值得重视的是由金属有机物源制备Ⅲ-Ⅴ族化合物.此法的突出特点是Ⅲ族元素的源用金属有机化合物(在室温下它们中的许多种是气压足够高的液体),以及只需要一个加热区进行晶体生长.结晶 GaAs 时使用$(CH_3)_3Ga$ 和 $AsH_3 + H_2$ 的混合物,在 650—750 ℃ 下合成 GaAs 并结晶成膜.此法的主要优点是:由于不存在能形成不需要的反应产物的氯化物介质,有利于在蓝宝石、尖晶石等衬底上外延淀积 GaAs 膜.此法已被用来制备实际上所有的Ⅲ-Ⅴ族化合物,包括 GaAsP、GaInAs、InAsSb 等[8.58].

由于光电子学的需要,最近的研究开始转向禁带宽为 2—3 eV 的化合物半导体,如 GaN、AlP、BP、BN 和 AlN 等.许多新方法被用来制备这些化合物的单晶和外延膜.例如,为了生长 GaN 晶体和膜,$NH_3 + H_2$ 混合物和带有 Ga 蒸气的 HCl 气在 1000—1100 ℃ 的高温区发生反应.为了生长 BN 晶体和膜,$BBr_3 + H_2$ 和 $NH_3 + H_2$ 发生反应;为生长 BP,使用 $BBr_3 + PCl_3 + H_2$ 或 $B_2H_6 + PH_3 + H_2$ 等[8.54,8.59].

(3) Ⅱ-Ⅵ族化合物半导体.合成这种化合物的最简单方法是用惰性气体(如 Ar)载送元素的蒸气进行反应,如 Cd 和 S 生成 CdS[8.60].另一种方法使用 Cd 和 H_2S.最近一种方法利用了上述的金属有机化合物过程[8.4].例如,在生长 Zn、Cd 的硫化物、硒化物时,用 H_2S 或 H_2Se 和二乙基锌或二甲基镉.而生长碲化物时,以分解二甲基碲(一种金属有机物)获得第二组元.

在结束本节时应该指出:虽然上面介绍的每一种方法都可以用来生长大块晶体和膜,它们和物理淀积方法一样各有自己的特点.化学输送法不论在封闭系统(安瓿)还是开放系统(气流)中都主要用来生长大块晶体,而狭窄空间("夹层")输送法和化合物分解法被用来获得薄膜.合成法则用来生长大块晶体和薄膜.

8.5 外界辅助的气相生长

过去许多人尝试过利用外界因素如光、电场等促进晶体的生长过程.最近的进展是利用各种离子和(或)等离子体的作用与激光激励.离子束淀积确实有助于外延生长[8.61],而等离子体辅助 CVD 过程可以在比通常温度低 100—300 ℃下进行.光激励改善了 Ⅱ－Ⅵ 族和 Ⅳ－Ⅳ 族化合物外延层的完整性[8.62],而激光照射可以诱导硅的氧化[8.63].

半导体和金属的激光淀积的研究特别重要[8.64],它们已经开辟了微电子学和材料科学的新前景.

8.6 通过液相区的气相结晶

8.6.1 气-液-固(VLS)生长机制的一般介绍

1964 年,Wagner 和 Ellis 发现了一种新生长机制,即"气-液-固机制"(VLS)[8.65,8.66].它的基本过程如下:在单晶 Si(111)衬底上放置一 Au 颗粒,加热后颗粒按照 Au－Si 共晶相图和 Si 衬底合金化,形成 Au－Si 液滴(图 8.19).当混合气体(如 $H_2 + SiCl_4$)进入淀积区后在液滴表面发生还原过程.液滴中 Si 的过饱和度超过生长的临界值后,在固-液界面将多余的 Si 淀积在{111}面上形成小面化界面,使液滴上升到高出原先衬底表面的生长晶体的顶上.在液滴下面 Si 的棱柱不断生长,继续维持衬底的外延关系,柱的直径依赖于液滴的直径.

VLS 机制的物理本质与气-液界面、液-固界面的结构和性质有联系.液体表面可以认为是理想粗糙的,具有高凝结系数,而密堆积晶面(如 Si 晶体(111)面)具有相对较低的凝结系数.凝结系数的绝对值在气相本身结晶和从化合物

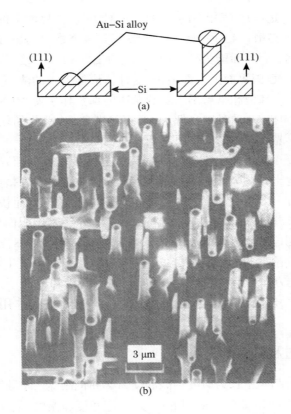

图 8.19 VLS 机制生长晶须的示意图(a)[8.60]和 GaAs(001)衬底
上的 GaAs 晶须的俯视图(b)(扫描电镜中电子束入射
角为零度)

晶须主要沿四个倾斜的⟨111⟩方向生长,只有少数沿法线方向[001]生长.

中结晶可以显著不同,但这里重要的是对 VLS 机制的作用来说液体表面的凝结系数比固体表面要大得多.例如在硅烷和氯化物过程中生长硅晶须时,在典型条件下,来自对应化合物硅原子的变换系数①在液体表面是 $\sim 10^{-3}$,而在晶体表面是 $\sim 10^{-5}$.因此液相上非均匀化学反应的效率是晶态相上的约100 倍[8.67,8.68].

影响 VLS 机制生长速度的另一重要因素是液-固界面上新晶体层的成核.实验证明:正是界面上的这个过程是 VLS 机制四个相继过程中最慢的一

① 变换系数是被纳入晶体表面或液体表面的原子数和入射到表面的被分解的化合物的分子数之比.这个定义和化学反应中凝结系数的定义是类似的.

个[8.68].这些过程是:(1) 气相中的质量输送,(2) 气-液界面上的凝结和化学反应,(3) 液相中的扩散,(4) 原子纳入晶体点阵.这个最后的最慢阶段决定过程的总速率.一般液-固界面能为气-固界面能的 1/5—1/10.结果是液-固界面上的二维成核率比气-固界面上高许多倍.这种情形加上大的液面凝结系数、小液滴中的低扩散阻力和液相抵御不需要的杂质的保护作用使 VLS 机制的生长速度远远大于气-固机制[1].温度愈低,速度的差别愈大,因此晶须的形成温度比气相生长大块单晶和薄膜的典型温度低 100—200 ℃.

下面考虑液-固界面由两个不同面(其中之一是密堆积面)组成的情形.密堆积面的自由能比另一个面低,因此密堆积面上二维成核势垒更高,相应地它的生长速度比另一个面小.因此密堆积面的表面积将增加,而快生长面的面积将减小直到消失.在一系列面形成的生长表面中,除了密堆积面外,所有的面都会消失.由此得出,在金刚石结构(Si、Ge)和闪锌矿结构(GaAs、ZnSe)的非密堆积(110)或(100)衬底上,绝大多数晶须在倾斜的〈111〉方向上生长,有少数生长方向不同于优先方向(对应密堆积面),但其结晶前沿却由几个这样的面组成,形成一个"屋顶".这些实验综合起来说明在 VLS 机制中起作用的是一层一层的结晶.

8.6.2 VLS 过程的生长动力学

VLS 机制的晶须生长为研究结晶的动力学和机制提供了独特的可能性,因为生长表面上的条件(如生长面积的尺寸、过饱和度和温度)实际上长时间保持不变.这方面人们特别感兴趣的是亚微米纤维晶体,这里表面能开始起重要的作用[8.69,8.70].实验得出:晶须生长速度依赖于它们的直径(图 8.20),并且在一定的临界值处减小到零,直径的临界值和过饱和度有关(图 8.21(a)).这个结果和生长速度在所有场合下从直径~1 μm 开始急剧下降的事实说明,上述关系的原因是吉布斯-汤姆孙效应.换句话说,液滴上结晶材料的气压和液滴中它的溶解度随晶须直径的减小而增大,从而使过饱和度减小.根据这个效应,过饱和度可由下式表示:

$$\frac{\Delta\mu}{kT} = \overline{\frac{\Delta\mu}{kT}} - \frac{4\Omega\alpha}{kT}\frac{1}{d}, \tag{8.14}$$

这里 $\Delta\mu$ 是硅气相和晶须中化学势的有效差,$\overline{\Delta\mu}$ 是平界面(直径 $d\to\infty$)时的有

---

① 应当指出,通常溶液生长(即液相外延的特征)的成核势垒和液相的保护作用也是相当低的(9.4 节).但是这种情形中单晶生长速度却小得多,原因是在厚液体层中的扩散阻力大.

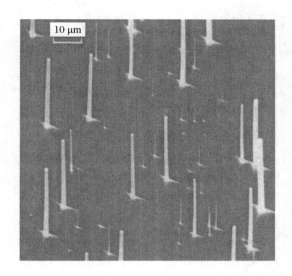

图 8.20　不同直径的晶须

在开始实验后的一段时间内,粗晶体($\simeq 1\ \mu$m)比细晶体($\simeq 0.1\ \mu$m)

伸长得快得多.扫描电子显微像[8.63].

效差,α 是晶须表面的比自由能,Ω 是硅的原子体积,k 和 T 具有通常的意义.

生长速度 V(这里是晶须伸长速度)依赖于过饱和度.这一关系不能事先推出,但它可以由实验数据决定.从奇异面看,这个关系是非线性的,在许多场合它可以表示为幂级数:

$$V \sim \left(\frac{\Delta\mu}{kT}\right)^n. \tag{8.15}$$

如果把上述比例关系写成如下的准确公式:

$$V = \beta_n \left(\frac{\Delta\mu}{kT}\right)^n. \tag{8.16}$$

则比例因子 β_n(即动力学系数)应当和过饱和度无关.利用这一点可以从实验上确定式(8.16)内出现的那些量.将式(8.14)和式(8.16)结合,得到

$$\sqrt[n]{V} = \overline{\frac{\Delta\mu}{kT}}\sqrt[n]{\beta_n} - \frac{4\Omega\alpha}{kT}\sqrt[n]{\beta_n}\frac{1}{d}. \tag{8.17}$$

因此 $\sqrt[n]{V}$ 和 $1/d$ 的关系应该是线性的.如果将图 8.21(a)的实验数据按 $n=1,2,$ $3,\cdots$画在这样的坐标上,得到在 $n=2$ 时它们都落在斜率相同(表示动力学系数和过饱和度无关)的一些直线上(图 8.21(b)).如果 $n \neq 2$,这些线不再平行,$n=1$ 时这些线收敛,$n=3,4,\cdots$时这些线发散.这说明晶须生长遵循的规律为 $V = \beta_2 [\Delta\mu/(kT)]^2$.可以从直线的斜率计算出动力学系数 β_2.从直线和水平轴

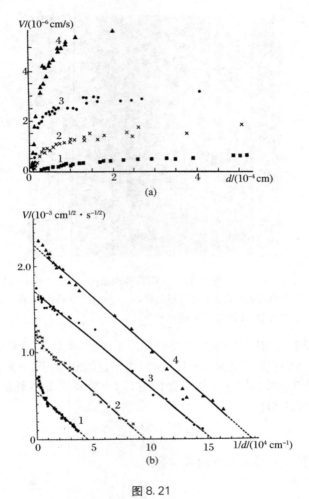

图 8.21

（a）Si 晶须生长速度 V 和直径 d 的关系. 结晶温度为 1000 ℃. 1—4 表示
气相中过饱和度不断增大.（b）与（a）中的数据相同, 但用 $\sqrt{V}$ 和 $1/d$
表示[8.63].

的交点可以确定临界直径 d_{cr}（它也表示临界核的直径）, 而从直线和垂直轴的
交点或者从下式

$$\overline{\frac{\Delta\mu}{kT}} = \frac{4\Omega\alpha}{kT}\frac{1}{d_{cr}} \tag{8.18}$$

可得到不同浓度气体混合物下的气相有效过饱和度. 再利用式（8.14）得到不同
直径晶须生长表面的实际过饱和度.

和图 8.21 对应的氯化物过程中硅晶须生长的一些参数的值见表 8.1. 由表可见,在典型的结晶条件下,这里的过饱和度不大,动力学系数的值为 10^{-4}—10^{-3} cm/s,和浓溶液生长的值类似.

表 8.1　由图 8.21 得出的数据[8.69]

实验编号	SiCl$_4$/H$_2$（%（摩尔分数））	β_2(cm/s)	d_{cr}(cm)	气相有效过饱和度 $\Delta\mu/kT$
1	0.3	4.6×10^{-4}	3.3×10^{-6}	0.20
2	0.75	4.5×10^{-4}	6.9×10^{-6}	0.11
3	1.5	3.8×10^{-4}	11×10^{-6}	0.07
4	3.0	4.2×10^{-4}	14×10^{-6}	0.05

应该把上述关系和数据与晶体生长的一般规律进行比较. 生长速度的平方根和过饱和度的关系不能和位错机制的著名抛物线关系等同起来(见 3.3.2 小节),因为实验证明由 VLS 机制生长的晶须中没有位错. 已经证实这里的 $V\sim(\Delta\mu)^2$ 关系是一个经验关系,是弱指数关系的近似,它对应于势垒低的二维成核的晶体生长[8.68].

8.6.3　VLS 机制和晶须生长的基本规律

Wagner 和 Ellis 提出的 VLS 机制主要是为了解释气相中晶须的一维生长,因为在此之前提出的轴向螺位错作用下晶须生长的 Sears 模型不能说明下列基本规律:(1) 晶须意外的突然停止生长. 这一点很容易用 VLS 机制解释,因为观察到此时由于不稳定性引起液滴消失.(2) 杂质促进晶须生长. 这是由于杂质形成一顶液滴帽——活性生长部位.(3) 分叉、弯曲、生长方向和晶须直径的周期变化. 这也可以用 VLS 机制解释. 分叉来源于液滴的分裂,弯曲和生长方向的周期变化归因于液滴由一个端面攀移向另一个端面,而晶须直径的变化(图 8.22)是晶须顶部液滴接触角的涨落引起的.

现有实验数据说明 VLS 机制是气相晶须生长的主要机制. 对此还需解释一下,只要有液相就能保证单向的晶体生长,而其他因素(如轴向位错,微孪晶,有害杂质,机械应力等)起辅助作用,即它们可以和液相作用相结合,对晶须生长起促进作用.

最近的实验给出了金属晶须生长的 VLS 机制的直接证据,采用的方法是卤化物盐氢还原法,如还原 CuI 生长 Cu 晶须,添加的杂质和盐形成液体[8.71]. 已经证明物理气相淀积中也可通过 VLS 机制生长晶须,例如用 Bi 作为液体形成杂质生长 Cd 晶须[8.72].

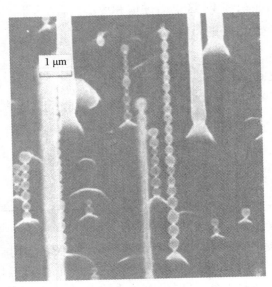

图 8.22 Si 晶须直径的周期不稳定性

扫描电子显微像.[8.62]

8.6.4 受控晶须生长

上面已经指出:由 VLS 机制生长的晶须直径依赖于液滴的直径,因此这一机制可用来控制晶须的生长.在衬底上设置系列的具有所需组分的高温溶液-熔体液滴,可以生长出取向晶须的阵列.图 8.23(a)是衬底上的这种阵列,其中的一部分在结晶前放置了 Si - Au 液滴,其他部分则无这种液滴.图 8.23(b)是规则的晶须阵列,事先通过掩膜淀积了许多孤立的金属杂质斑.

用此法生长了 Ge、GaAs、GaP、SiC、ZnS、B、CdSe 等晶须.从生长任何材料的晶须这点来看此法是普适的.Wagner 和 Ellis[8.73]对 VLS 机制生长晶须所需的液体形成杂质提出了一些条件:

(1) 杂质的分布系数必须远小于 1,否则在生长过程中杂质会耗尽.

(2) 在液体合金上杂质的平衡气压应该很小.

(3) 杂质对化学反应物必须是惰性的.

(4) 在晶须顶端液体合金的接触角必须很大,更准确地说它必须超过 $90°$ 以保证稳定的生长,它的最佳值大约为 $95°$—$120°$.

对任何材料都可能选出满足这些条件的溶剂和在一定温度范围内产生所

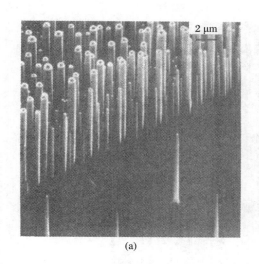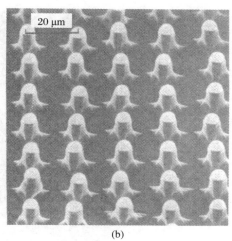

图 8.23 Si(111)衬底上取向的 Si 晶须(a)和规则的 Si 晶须阵列(b)
扫描电子显微像.[8.62]

需材料的化学反应.

应当指出,企图通过大片液相层外延生长薄膜没有取得成功,因为薄液相层是不稳定的,它在表面张力的作用下会分裂成孤立的液滴,而更厚的液层有很大的扩散阻力.

例 化学抛光的(111)硅片上真空蒸发约 50 nm 厚的金膜.硅片放入外延生长室,在氢中加热到约 950 ℃.退火中形成的薄 Au + Si 液膜自发地分裂成 10 nm 至 10 μm 大小的孤立液滴,其密度高达 $10^7/cm^2$.输送进 H_2 + $SiCl_4$ 气体(浓度(摩尔分数)约 2%)后晶须开始生长,每一液滴上长出一根晶须.在 5 min 内长成的硅晶须可高达约 25 μm[8.68].

8.6.5 晶片、外延膜、大块晶体生长中 VLS 机制的作用

实验说明在许多场合下 VLS 机制可以长出晶片(一般在基面显著的六角结构如纤锌矿结构中和有偏离化学比倾向的化合物中).有意义的是晶须和晶片可以隔代相传,即根据结晶条件(温度、过饱和度等)不同它们可以互相转化[8.68].图 8.24 是这种转化的一个例子.最初 CdSe 晶须在较低温度下生长,后来在有利于偏离化学比的较高温度下它转化为晶片.

最近的研究证明在许多场合下液相参与了大块晶体的气相生长.由于杂质无意或有意地引入结晶介质,在生长面的台阶上升处形成液相(按照杂质-晶体的相图).在台阶的若干部分形成光学显微镜不能分辨的液滴.它们成为原子优

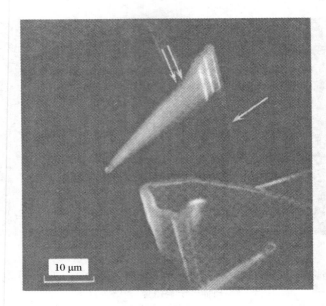

图 8.24　CdSe 晶须(单箭头所示)转化为晶片(双箭头所示)
VLS 机制生长.扫描电子显微像.[8.62]

先淀积的地点,从而形成所谓的"突出部"或尖峰,它们拖住台阶活性较差的部分往前走.这种现象可以称为"二维 VLS 生长"[8.74,8.75].一个例子是有水蒸气时对甲苯胺晶体的生长(见 3.4.1 小节).

　　气相生长晶体表面液相形成的另一个可能原因是偏离化学比.许多材料相图的特点是:当化合物组元之一(如 Pb)过剩时,它会成为化合物(如 PbS、PbSe、PbTe)另一组元的溶剂.在适当的条件下,在晶体表面形成液态合金,生长实际上发生在这种高温溶液中[8.22d,8.24].由类似机制可以形成单晶 SiC 片(从 Si 溶液中)、GdP 晶体(从 Gd 溶液中)等.

　　最后,气-固相变也可以通过液体区按相反的方向进行.已经观察到晶体通过液相蒸发[8.76,8.77].和 VLS 生长机制相似,这里的液体也加速转变(通过降低二维成核势垒).在适当的条件下,固-液-气机制可以在晶体表面形成拉长的蚀坑("负晶须")[8.78].

　　在结束本节时应当指出:通过液相的气相晶体生长是相当复杂的现象[8.79].它反映出 Ostwald 的"台阶规则",即材料中的相变必须通过一系列中间阶段.更多的实验无疑将提供这种机制起作用的新例子.

第 9 章

溶 液 生 长

从溶液中生长的晶体与母液的化学成分差异显著.常用的溶剂有水、多元水溶液或非水溶液和一些化合物的熔体.根据生长温度和溶剂的化学性质,可以把生长区分如下:低温水溶液生长的温度一般不超过 80—90 ℃;高温水溶液生长(水热法)的温度可以达到 800 ℃;盐熔体(熔盐、助熔剂或助熔熔体)生长的温度一般不超过 1200—1300 ℃,但有时达到 1500 ℃.

溶液生长是应用最广泛的晶体生长方法.对于非同成分熔融、低于熔点就发生分解或有几个高温多形性变体的材料,总是使用溶液法生长.不过,对有些没有这些条件限制的材料,溶液法也十分有效.溶液法的设备比较简单,但所得晶体的完整性却很高.利用溶液法生长时,生长温度、媒质成分和杂质类型均有很大的选择余地.更重要的是,溶液法获得的绝大多数晶体是在远低于其熔点的温度下生长的,因此,熔体生长的晶体的许多固有缺陷将不会在溶液生长的晶体中出现.但是,由于溶液生长不是在单组元系统中进行的,其他组元(溶剂)的存在势必严重地影响生长机制和生长动力学.在溶液中,原料向结晶前沿的直接输运受到阻碍,扩散起着关键性的输运作用.另外,生长面上溶剂的吸附、结晶材料粒子同溶剂粒子间的相互作用(水溶液中的水合作用和非水溶液中的溶剂化作用)使固-液界面上的不均匀反应进一步复杂化.

一般来说,从理论上分析上述因素对晶体生长机制、形貌和缺陷的影响十分复杂,预期的过程和数据分析也比材料自身的蒸气或熔体生长的晶体复杂得多,因此我们把重点放在实验结论上.

9.1　溶液生长晶体的物理化学基础

9.1.1　生长方法分类和热力学条件

所有溶液生长晶体的方法都基于溶解度对温度、压强和溶剂浓度等热力学参数的依赖性.大多数情况是利用温度效应.下面我们较详细地讨论上述参数对不同材料在水中溶解度的影响.

大多数化合物可以按照它们在水中的溶解度与温度的关系分为两类[9.1].第一类的溶解度随温度上升而增大,包括许多高溶解度的易熔盐,如硝酸盐、碱金属卤化物(NaF 和 LiF 除外)等,以及大多数碱和酸.第二类化合物的典型代

表有 H_2O、Na_2CO_3、NaF、K_2SO_4、SiO_2 和 $CaMoO_4$[9.1,9.2].

图 9.1 是第一类化合物系统的相图在 P-T、P-C 和 T-C 截面上的投影(C 是溶质浓度)[9.3]. 如图中所示,材料的溶解度(即溶液中的平衡浓度)随温度升高而不断增大,直到该难挥发化合物的熔点 T_0(T-C 投影图上表示饱和溶液成分的 L 线). 增加溶液中难挥发的 NaCl(与水相比),将会提高溶液的临界温度 T_{cr}(纯水的 T_{cr} 为 374 ℃),浓度越大,T_{cr} 也越高. 由此可见,如果难挥发物有足够高的溶解度,那么临界现象将出现在极高的温度,相应的临界曲线与 T-C 投影图的 T 轴的交点也比 T_0 高. 临界温度曲线和三相平衡曲线(固体-饱和溶液-蒸气:NaCl+L+G 曲线)在 P-T 投影图上不互相交叉(图 9.1(b)),因而在饱和溶液中没有临界现象. 这样的系统以连续的三相平衡面和从一个组元(水)的临界 T、P 延伸到另一组元的临界 T、P 的连续临界曲线为标志. 其三相平衡曲线(P-T 投影,见图 9.1(b))存在极大温度 T_{max},T_{max} 与熔点 T_0 的关系由经验公式 $1/T_{max} = 1/T_0 + 0.0021$ 给出,其中温度以 K 为单位.

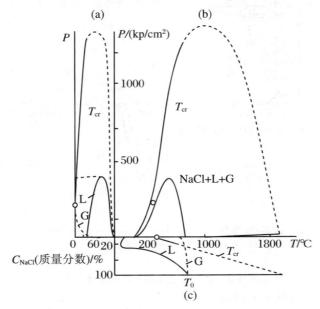

图 9.1　第一类化合物系统的相图[9.3]

NaCl-H_2O 系统三维相图在 P-C(a),P-T(b) 和 T-C(c)坐标面上的投影图. (a) 液(L)-气(G)共存的成分和压力;(b) NaCl+L+G 是饱和溶液的蒸气压曲线;(c) L 是 NaCl 在水中的溶解度随温度的变化曲线. T_{cr} 是临界温度曲线,圆圈是纯水临界温度的投影.

第二类化合物在水中的溶解度随温度升高而下降(图 9.2(c),T - C 投影图),在水的临界温度处最低.这类化合物包括许多常温下易溶于水,但溶解度有负温度系数的物质(如 Na_2CO_3、Na_2SO_4,见后)和常温、高温下均难溶于水的物质(氧化物、难熔金属盐、硫化物、硅酸盐等).由于这些化合物的溶解度较低,溶液的临界温度升高很小,临界现象在饱和溶液中出现.在此类系统的相图上,临界曲线 T_{cr} 交三相(固体-饱和溶液-蒸气)平衡曲线于 p、Q 两点.这时的三相平衡曲线由 Op 和 QB 两段组成(P - T 投影图,见图 9.2(b),其中临界曲线只在上面的三相区中画出).当温度高于下临界点 p 时,出现所谓的滑变区,即双变平衡区,此时超临界流体与固相处于平衡状态;而当温度高于第二临界点 Q 时,系统的行为类似于第一类化合物.

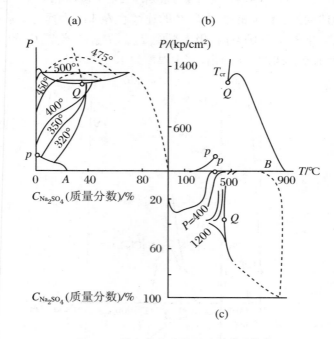

图 9.2　第二类化合物系统的相图[9.2]

Na_2SO_4 - H_2O 系统三维相图在 P - C(a),P - T(b)和 T - C(c)坐标面上的投影图.
(a) Na_2SO_4 溶解度的等温线,其中 450 ℃ 的等温线对应着溶液的分层现象.p、Q 分别是上、下临界点,Ap 是下三相区饱和溶液的蒸气压曲线.(b) Qp、QB 分别是上、下三相区饱和溶液的蒸气压曲线,T_{cr} 则是上三相区的临界温度曲线.(c) pC 是气相存在时的溶解度曲线.虚线是上三相区的边界.

按照上述分类,第一类化合物的单晶可以在低温水溶液中生长;而第二类则采用水热法生长.水热法将在水热溶液生长一节中详细介绍(见8.3节).

现在我们先来看一下水溶液生长单晶的前提条件.

图9.3是最典型相图的 T-C 投影.图中材料的溶解度随温度的升高而增大,溶解度曲线(实线)将相图分成两个主要区域:不饱和溶液(曲线下方)和过饱和溶液(曲线上方),其中,过饱和溶液又分成亚稳区和不稳区.亚稳区的出现从能量上看是形成临界晶核需要能量的结果.不稳区的溶液是不稳定的,溶液中不断的浓度涨落极易形成晶核(见2.1.2小节).亚稳区和不稳区的分界线标志着最大可能的过饱和度,此时,溶液中过量的溶质(与平稳溶解度相比)还不会立即析出.

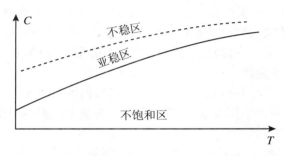

图9.3 溶解度随温度升高而增大的材料的相图

亚稳区的溶液是相对稳定的(见2.1.2小节),这是因为临界晶核的形成需要相当的能量.这个能量势垒无法由浓度的自然涨落所克服.让过饱和溶液开始结晶的最简单方法是引入籽晶(溶质或物理杂质的小晶体),使其成为成核中心.还有一些亚稳溶液在受到某些导致其内部化学反应的因素(光照射、机械搅动、放电等)作用时,也会失去稳定性.正是由于过饱和溶液的稳定性受许多因素影响,所以,准确地给出不稳区和亚稳区的界线一般是不可能的.这条界线不仅取决于溶液的性质和溶液内发生的过程,而且还依赖于原料的纯度.一般过饱和溶液只能维持几度的过冷度,在特别提纯后的溶液中,过冷度可以达到几十度.

晶体的受控生长只能在亚稳溶液中进行.生长的驱动力来自系统对平衡的偏离(见1.1.2小节),习惯上这个驱动力用过饱和度 ΔC 或过冷度 ΔT 表示.这里的"过冷度"指的是生长溶液温度与平衡温度的差值.过冷度 ΔT 与过饱和度 ΔC 用关系 $\Delta C = (\partial C_0/\partial T)\Delta T$ 相联系,其中 $\partial C_0/\partial T$ 是溶解度温度系数,即溶液温度改变 $1\,^{\circ}\mathrm{C}$ 时溶解度的变化值.如果材料的溶解度未知,过冷度 ΔT 常用来估算溶液对平衡的偏离.

溶液生长按照过饱和的获得方式分为以下几类:

(1) 改变溶液温度.这类方法有两种:一种是结晶容器中不同部分的温度不同(温差法);另一种是容器中所有溶液同时加热或同时冷却(降温法).

(2) 改变溶液成分(溶剂蒸发法).

(3) 化学反应.

具体结晶方法的选择主要由材料的溶解度和溶解度温度系数 $\partial C_0/\partial T$ 决定,有关的原则概括如下:

(1) 若溶解度温度系数值较大,可用温差法生长,并可区分为以下几种变体:

① 若溶解度温度系数相对较小(0.01—0.1 g/℃),不管溶解度为多大,均用温差法.这种方法可以保证晶体在结晶容器的一端长时间地连续生长,而在另一端原料不断溶解.降温法在此情况中是不适用的,因为要获得一定量的材料需要改变很大的温度.

② 若溶解度温度系数较大(大于 1 g/℃),但溶解度较小(质量分数小于10%),也用温差法而不用降温法,因为在很大的温度范围内降温也只能获得少量的材料.

③ 若溶解度和溶解度温度系数都较大,用降温法较为有利(若溶解度随温度的升高而下降,则用加热法).这里,溶解度温度系数越大,温差法越不适用,因为剧烈的自发形核过程很难控制.

(2) 若溶解度温度系数很小,可用溶剂蒸发法或化学反应法生长.此时溶解度的绝对值不很重要,但在溶剂蒸发法中不能太小.

(3) 若生长难溶晶体,应考虑化学反应法.

(4) 加料法,即晶体生长时不断向结晶器内供料,以维持生长区的固定温度和固定过饱和度.温差法实际上是加料法的一种.其他的变体还有用各种技术向结晶器中添加过饱和溶液,并在强制对流下结晶.

生长方法的选择还常常受到溶解度和溶解度温度系数之外的因素制约.例如,温差法在黏滞溶液中是不适用的,因为黏滞溶液中溶液的对流受到阻碍.在下文中,温差法很少在熔盐生长中使用.在水热条件下,由于结晶器体积和材料溶解度的限制,全部溶液降温的效果也很有限,常用方法都是利用溶液温差引起对流.而凝胶法只在低温溶液中才有可能实现.

9.1.2 溶液生长的机制

溶液生长总伴随着溶剂与结晶材料的相互作用,这种作用表现为溶液中溶剂分子(或离子)同溶质分子(或离子)复合物的形成和晶面溶剂化(水溶液中为水合作用)①. 考虑晶面溶剂化时, 应当记住溶剂一般是溶液的主要成分. 因此和痕量杂质依赖于浓度不同, 溶剂的影响依赖于吸附热和吸附的选择性. 当吸附能很高时, 晶体表面形成的一薄层化合物就可以使晶体停止生长.

这里, 吸附的选择性是指从溶液中优先吸附那些与晶面上吸附位置的排列具有对应短程序列的结构伴生物. 由于各个晶面具有不同的晶体学结构, 因此其选择吸附的强度也不相同, 所以晶体的生长表现出一定的选择性.

选择吸附影响晶体形态的一个例子是在 1100—1250 ℃下碱金属或碱土金属钨酸盐熔体中刚玉(Al_2O_3)的结晶[9.4]. 刚玉单晶通常具有(0001)面生长完善的扁平状外形, 少数也有菱形的外形. 而在钨酸盐熔体中生长时, 四面体生长面才是稳定的. 这样, 四面体各个$\{22\bar{4}3\}$面的生长最为完善. 在上述生长条件下, 钨酸盐熔体常常发生聚合化, 形成钨-氧离子直链. 刚玉单晶形态的变化就是各晶面对这条负离子链选择吸附的结果. 考虑结晶化学的要求和负离子链在刚玉不同晶面上吸附位置安放时结构的几何相似性, 钨-氧负离子链在$\{22\bar{4}3\}$面上最易吸附, 这样形成一外延的溶剂吸附层覆盖整个$\{22\bar{4}3\}$面并阻止该面的生长. 如果熔体中的钨-氧负离子链受到破坏(例如引入氟离子), 吸附条件就会变化. 分析显示, 孤立的$[WO_4]^{2-}$四面体在$\{0001\}$面上的外延吸附最易发生, 相应地在含氟钨酸盐熔体中生长的刚玉单晶仍具有扁平的外形.

上例中, 溶剂的化学吸附仅限于单个分子层的厚度, 但实际上受晶体表面的作用而有序化的溶液层可以从晶体"衬底"延伸出相当的距离. 在水溶液中, 这一有序液体层可以达到几到几十纳米, 但相应的实验数据还不够充分. 上述钨酸盐熔体中, 部分有序的液体层厚度依赖于晶面的结晶化学结构. 当晶面上吸附位置的排列同溶液中的短程序最接近时, 有序层也最厚. 可以明确地说, 不同的吸附溶液层厚度是水溶液中的晶体形态、晶体对溶液的扇状俘获和许多缺陷的起因.

溶剂的第二个"功能"是改变材料到达生长面的输运方式. 在静止溶液中, 材料的输运由扩散完成, 生长出的晶体含有扩散规程生长的所有缺陷(见 5.1 节). 在纯扩散规程中, 晶面上不同部分的过饱和度是不同的(见 5.1 节). 为了降低晶面上过饱和度的不均匀程度, 向各处供应原料, 必须确保晶体与溶液的相对运动. 这种运动可以通过溶液的自然对流(如由结晶容器中不同部分温差引起的对流)或搅动溶液而实现.

单纯的溶液自然对流虽然可以显著地改善生长晶体的原料供应, 但不够充

————————

① 溶液生长的晶体通常具有低指数的表面.

分,因为在晶体周围溶液中的稳态自然对流可以是不均匀的:它对垂直于溶液流动方向的晶面最为有利,而其他晶面则原料供应不良.进一步讲,此处溶液运动速度的增大只能靠提高晶体生长区与溶液其他部分的温差来实现,但这样做不可避免地改变了过饱和度.因此,这种不易控制的对流搅动只在水热法和熔盐法中使用,因为其他搅动技术在这两种晶体生长方法中运用有一定的困难.在低温水溶液中生长晶体时,通常采用旋转晶体或搅动溶液的方法.搅动可确保溶液相对晶体的运动速度达到 1 到几十 cm/s,这样溶液中的过饱和度就可任意调节.搅动方法将在下节中详细讨论.

9.2 低温水溶液生长

低温水溶液生长在化学试剂、化肥和其他晶态产品的生产中非常流行.产品既可通过自发结晶,也可由引入籽晶(20—100 μm)结晶而取得."溶液生长"这一术语一般强调得到大块单晶这一专门任务,这正是本节要着重讨论的问题.

在开始介绍各种低温水溶液生长方法前,首先介绍低温水溶液中液体搅动的基本方法.

最简单的搅动方法是晶体在支撑架上做单向圆周转动.这种方法不大常用,因为这种方法引起的液体流动会形成对流凹槽,从而触发夹杂物的俘获(图9.4).生长中得到较多原料供应的晶面生长较快,反之原料供应不良的晶面生长缓慢并出现各种缺陷.偏心往复旋转法较为常用(图 9.5(f)).往复旋转的周期可以长达几分钟,而旋转速度则取决于晶体支架的长度和形状、溶液的黏滞性和总量以及晶体的尺寸,从几十到几百转每分不等.

晶体往复运动(图 9.5(h))的搅动作用比单向旋转更为有效.如果晶体固定在一个大圆盘的宽边上,这条宽边可像活塞一样有效地搅动溶液.

若要生长规则外形的晶体,晶体应做螺线运动.螺线运动可以保证各个晶面得到均匀的原料供应(图 9.6).

在结晶器中引进搅动器或旋转晶体支架使结晶器的设计稍稍复杂了一些,因为在旋转支架或搅动器的插入处必须使用特殊的密封垫.文献[9.5]中介绍了一些不同的密封方法.磁搅动(图 9.5(j)(k))没有这样的缺点,因而在低温水溶液生长中获得了广泛应用.

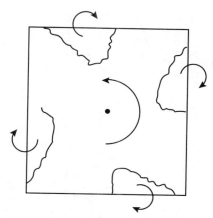

图 9.4 单向旋转生长晶体时晶体表面的对流凹槽[9.5]
箭头是晶体的旋转方向和凹槽溶液的稳定涡流方向.

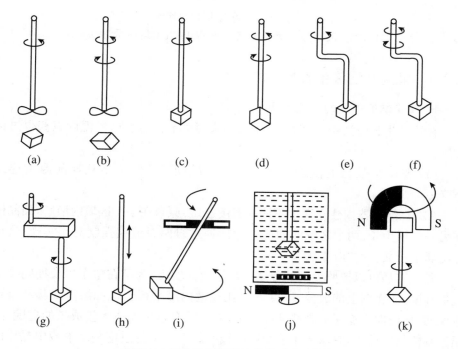

图 9.5 晶体生长时溶液的搅动方法[9.5]

(a) 溶液单向搅动;(b) 溶液往复中心搅动;(c) 晶体单向对称旋转;(d) 晶体往复对称旋转;(e) 晶体单向偏心旋转;(f) 晶体往复偏心旋转;(g) 晶体行星旋转;(h) 晶体往复运动;(i) 晶体圆周运动;(j) 磁性搅动器搅动;(k) 磁铁协助的晶体支架旋转.

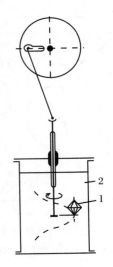

图9.6　晶体的螺线运动(虚线所示)[9.6]

1.晶体;2.溶液.箭头表示的旋转运动周期是往复运动周期的一半.

9.2.1　低温水溶液生长晶体的方法

1. 改变溶液温度的结晶方法

在这种生长方法中,有两种技术被用来降低晶体生长区的温度以获得过饱和度:

(1) **整个**结晶器的温度逐渐下降.一般情况下,整个生长期间温度连续下降;

(2) 在结晶器内建立**两个不同的温度区域**:原料在一个区域内溶解,而晶体在另一区域生长.两个区域间的质量输运通过自然对流或强制对流实现.这种方法属于广义上的"温差法".

降温结晶可以按照设定的程序冷却溶液而实现.为了在整个生长期间维持过饱和度,使相图上的成分-温度点在亚稳区内沿平行于饱和溶液线移动是很重要的.任何向不稳区的漂移都应避免,否则就有寄生晶体大量成核的危险.降温速率依情况而异,它取决于溶解度曲线的斜率和给定过饱和度溶液中晶体的生长速率,即依赖于溶液中的质量平衡条件.降温法的优点是可在操作前预计所有进程.利用溶解度数据,人们可以计算出在一定时间内获得一定量物质所需的降温速率,进而确定一定温度规程中单位时间内获得的物质量.

这种方法最简单的例子是封闭容器中的结晶(图9.7).将高于室温的饱和溶

液注入结晶器,接着封闭结晶器.为防止注入时的自发结晶,可先将溶液加热到略高于饱和点的温度,再在溶液中悬放一粒籽晶,然后将结晶器泡入恒温器中,水浴的温度按预定方案下降.这种方法可以制备出足够大的单晶.但是,用这种方法制备的晶体通常具有扩散规程中静止生长晶体的特有缺陷.因此,实际生长大块单晶时常采用结构较为复杂的结晶器.这些结晶器能够保证晶体的旋转或溶液的剧烈搅动.此外,直接加热元件和接触温度计也被引进了结晶器.在另一种变体中,结晶器安置在一个温度控制精度达 ±0.05 ℃的恒温器中(图9.8).

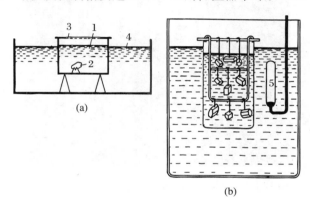

图 9.7

(a) 封闭容器中的晶体生长[9.5];(b) Moore 气热结晶器中饱和溶液缓冷生长的罗谢耳盐[9.7].1.溶液;2.生长晶体;3.玻璃盖;4.恒温液;5.温控.

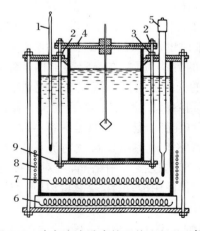

图 9.8 改变溶液温度的晶体生长装置[9.5]

1.温度计;2.固紧盖子的螺丝;3.调节结晶器在恒温器中位置的螺丝;

4.盖子;5.温控;6—8.放置在不同位置的加热器;9.结晶器支架.

　　大量的晶体可用降温法生长,如罗谢耳盐、硫酸三甘肽、硫酸铝等.图 9.9中一块重约 1 kg 的硫酸三甘肽单晶是在 4.5 L 结晶器中从 55 ℃到 20 ℃用溶液冷却法生长的[9.8].结晶器泡在 20 L 的恒温器中.开始结晶前,结晶器和溶液在饱和点以上 5 ℃维持 30—40 min.温度按照晶体每天生长几毫米(沿 c 轴可达 5.6 mm/d)的要求下降,而液体则受到剧烈搅动.

图 9.9　重约 1 kg 的硫酸三甘肽(I. V. Gavrilova)

2. 温差法

　　在温差法中,结晶器内有两个不同温度的区域.多余的固相材料在一个区域内不断溶解,而另一区域内晶体不断生长.这种方法最简单的形式是在一个高器皿的底部存放原料,在顶部悬挂一粒籽晶,并使器皿底部的温度高于顶部.温差引起的溶液对流使原料不断向生长区输运.这种配置在水热法中经常使用,它将在 9.3 节中详细讨论.在低温水溶液中生长晶体时,通常采用的是用管子将两个容器连接起来的方法.原料在高温容器内溶解,晶体在另一容器内生长(图 9.10).两容器间的交换由自然对流或机械搅动来完成.实验开始时,使两容器的温度相同并保持到溶液完全饱和,随后生长容器内的溶液升温几度并引入籽晶,维持该温度一段短时间,然后降温至两容器建立起所需的温度差.

　　在上述装置中,溶解室的液体由于自然对流沿上管流入生长室,再从下管中流回.为防止溶液在狭窄的连接管中结晶,可对连接管作绝热处理或使用外加发热器加热这些管子.若使用搅动器,溶液可以强行从下管中流入生长室,也即形成强制对流模式.

　　许多结晶容器和溶解容器上下放置的装置有所改进.其中之一表示于图 9.11.随着连接在管 5 上的橡皮泡周期性地收缩,在温度 T_1 下饱和溶液从容器 6 经管 7 到达储液槽 2 中的结晶室 3,储液槽的温度为 $T_2(T_2 < T_1)$.耗尽的溶

液流回容器 6.在这一装置中,结晶器 3 中的所有寄生晶体都很容易从容器壁上分离下来并送入容器 9.

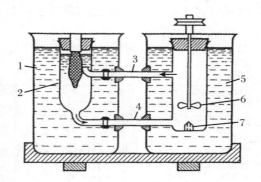

图 9.10 两器皿有温度梯度的溶液生长

1.温度为 T_1 的溶解恒温器;2.原料;3,4.连接管;5.温度为 T_2 的生长恒温器,$T_2 < T_1$;6.翼形搅动器;7.生长晶体.

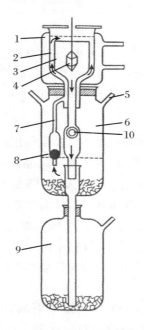

图 9.11 温差法生长晶体的装置[9.9]

1.冷却器;2.包含结晶器的容器;3.结晶室;4.生长晶体;5.连接橡皮泡的叉管;6.溶解器皿;7.连接结晶容器的支管;8.球阀;9.与 6相同的备用容器;10.阀门.箭头是液体流动方向.

Walker 和 Kohman[9.10]设计了一个三级装置(图 9.12).晶体固定在结晶器的旋转支架上,并在容器 I 内生长;原料在容器 II 内溶解;而溶液则在容器 III 内加热至饱和点以上.最后这一步使所有可能出现的小晶核彻底溶解.这个装置已用来生长磷酸二氢铵(ADP)单晶.

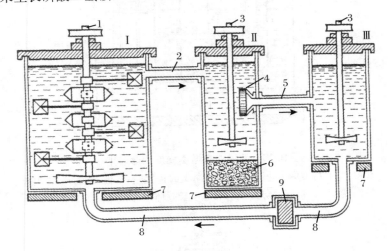

图 9.12　生长晶体的三容器装置[9.10]

I.结晶器;II.饱和器;III.过热器.1.晶体和搅动器的旋转支架;2,5,8.连接管;3.搅动器;4.过滤器;6.原料;7.支架;9.泵.箭头是液体的流动方向.

3. 浓度诱导对流结晶

与上述方法相比,这种方法中溶解区和生长区溶液的交换是由饱和溶液与不饱和溶液间的密度差引起的.原料放置在结晶器的顶部,籽晶悬在底部.顶部的温度高于底部,因而热对流完全不能发生.图 9.13 是一个这样的装置.整个结晶过程在一个直径为 40—50 mm 的玻璃管中进行.玻璃管的底部逐渐收缩,用以防止下落寄生晶体的继续生长.密度较大的饱和溶液从上室降至下室,并在下室中变为过饱和溶液供晶体生长时使用.盛放原料的容器通常是一个玻璃的或塑料的烧杯,而用多孔坩埚盛放原料的效果更好一些.

4. 溶剂蒸发结晶

溶剂的蒸发可以引起过饱和,因为随着溶剂的蒸发,溶质浓度可以上升到平衡值以上.这一过程是在严格的等温条件下完成的.溶剂的优先挥发随溶液与空气的接触而自发进行,蒸发的速率很容易由溶液温度控制.在一定的温度下,为了加快或控制溶剂的蒸发速率,可让一股空气或其他气体从溶液上方流过.

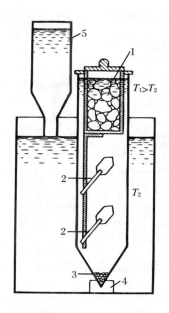

图 9.13 浓度诱导对流生长晶体的装置[9.5]

1.原料溶解室;2.晶体支架;3.寄生晶体;4.橡皮垫;5.恒温水补充容器.

用溶剂蒸发法生长晶体克服了所有温度变化所引起的不利因素.但是,溶剂的蒸发导致了溶液中分布系数小于1的杂质逐渐富集,并使这些杂质在晶体中的浓度也发生相应的变化.溶剂蒸发法的另一个不足之处是生长期间的过饱和度不断改变.这一改变取决于溶剂的蒸发速率,而蒸发速率又依赖于装置的几何形状和溶液的表面积.在不引入籽晶的条件下,过饱和度的变化速率正比于溶液的蒸发面积和体积之比.在一个圆柱形容器中,这个比值反比于液体柱的高度,换句话说,同样体积的溶剂蒸发后,圆柱容器内的溶液越矮,过饱和度越高.

如果引入籽晶,过饱和度的增加受到生长晶体的控制.晶体表面积越大,它从溶液中"拿走"的物质也越多.因此,从稳定溶液过饱和度的观点来看,有大量寄生晶体产生的状态是最好的.

图 9.14 所示是一个用溶剂蒸发法生长晶体的装置[9.11].玻璃结晶器 2 是可拆卸的,其顶部是一个有盖的玻璃圆筒,盖上装有带动搅拌器的电动机.环 3 用以连接结晶器的上、下两个部分,同时为排除上部的冷凝物提供通道.冷凝物经管 8 流入烧杯.蒸发速率由加热器 7 在圆筒上的位置(加热器位置越高,单位时间内蒸发的溶剂越多)和在适当的时间打开、关闭活塞来控制.上述步骤可按事先设计好的程序进行,多余的冷凝物沿结晶器壁流回溶液.在气温为 23 ℃、溶

液温度为 40 ℃时,关闭环形加热器后,这一装置的最大蒸发速率为 100 cm^3/d.
重为 550 g 的钾矾单晶的在这一装置中约需生长 52 d.

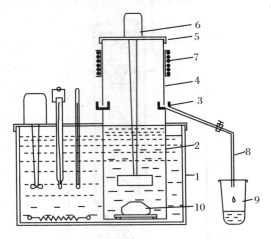

图 9.14 溶剂蒸发法生长晶体的装置[9.11]

1.水浴恒温器;2.可拆卸的玻璃结晶器;3.有机玻璃环形槽;4.玻璃圆筒(结晶器上部);5.有机玻璃盖;6.搅动器电机;7.加热器;8.排水管;9.浇杯;10.生长晶体.

5. 固定温度和固定过饱和度下的水溶液生长

在上述诸方法中,晶体的生长是在不同的温度或者是在不同的过饱和度下进行的,而这两个参数——温度和过饱和度——决定着晶体的生长速率和杂质的俘获.生长速率和杂质分布系数又影响着晶体的纯度和完整性.因此,为了获得高质量的单晶,结晶过程一定要在固定的温度和过饱和度下进行.这一要求可在等温条件下通过调节溶液浓度加以满足.浓度的调节可以通过向结晶器扩散饱和溶液、分批进料或强制循环供料而实现.

图 9.15 就是这样的一个装置,它由结晶容器 1、高温饱和溶液容器 2 和包围两容器的恒温箱组成.在容器 2 内,与生长晶体等重的额外原料被溶解掉,再将溶液加热到饱和温度以上 8—10 ℃,然后按设计好的程序将凡士林油经管 5 注入容器 2,将溶液由管 6 压入结晶室.

图 9.16 是另一种在固定过饱和度下生长晶体的装置.它有一个生长室和一个特殊的进料室,进料室中有多余的结晶原料.每室都有各自的恒温套.结晶时,生长室维持温度 T_2,进料室维持 $T_1(T_2<T_1)$.溶液在进料室内流经原料上方后变为饱和溶液,饱和溶液由离心泵经螺线管泵入生长室.耗尽的溶液经斜道返回饱和室.斜道安置在生长室锥体的底部,以便将饱和室内所有的寄生晶体迅速除去.该装置已用于罗谢耳盐的生长,0.2 mm/h 的生长速率一般需要

0.1 L/min 的泵浦速率才能使进料溶液完全饱和. 这种结晶器常用于在较小空间生长大块单晶.

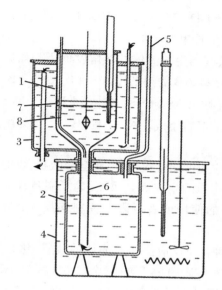

图 9.15 在固定温度和过饱和度下生长晶体的装置

结晶器中的浓度可通过加入过热溶液来调节[9.12]. 1. 结晶器; 2. 盛调节溶液的容器; 3. 恒温套 (箭头是恒温液的流动方向); 4. 超恒温器; 5. 凡士林供油管; 6. 调节溶液输送管; 7. 凡士林油层.

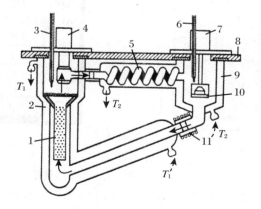

图 9.16 在固定过饱和度下生长晶体的装置[9.13a]

1. 装原料的石英容器; 2. 饱和室; 3, 6. 控温温度计; 4. 泵; 5. 螺线管; 7. 电动机; 8. 支架; 9. 生长室; 10. 晶体支架; 11. 辅助加热器. 实线箭头是溶液流动方向, 虚线箭头是恒温液流动方向.

6. 化学反应结晶

化学反应结晶过程利用两种溶解成分的反应获得固相产物. 例如在反应 $AC_{in} + BD_{in} \longrightarrow AB_{sol} + CD_{in}$ 中, AB_{in} 和 BD_{in} 是初始成分, AB_{sol} 是固相反应产物, 它的生成可以用来生长单晶.

显然, 这种方法只有当生长晶体的溶解度低于初始成分时才有可能进行. 溶液中的过饱和度由材料 AB 的溶解度和产物 $[A^+]^*[B^-]^*$ 的实际浓度之差决定, 其中 AB 的溶解度等价于 $[A^+]^*$ $[B^-]^*$ 的产额(一级近似), $[A^+]^*[B^-]^*$ 由原料的溶解生成, $[A^+]^*$ 和 $[B^-]^*$① 表示溶液中实际的离子浓度(非平衡浓度).

溶液中的化学反应速度通常很快, 这将会导致极大的过饱和度和小晶体的析出. 因此, 控制结晶物质的生成极其重要. 为了制备高质量的单晶材料, 反应速率必须以难溶原料的使用或者以限制原料向反应区的供应速率进行有效控制.

图 9.17(a) 是一种化学反应法生长晶体的装置. 化合物 AC 和 DB 的溶液分别注入结晶器中被半透膜隔开的三个区域, 籽晶 AB 悬挂在中间区域. $[A^+]^*$ 和 $[B^-]^*$ 离子通过半透膜向中间区域扩散, 并使晶体不断生长. 在另一种装置中, AC 和 DB 的溶液也可缓慢注入, 如滴入剧烈搅动的溶液, 溶液中悬有籽晶. 在这种装置中, 化合物的供应速率很易控制.

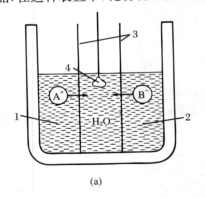
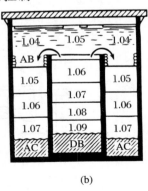

图 9.17　化学反应法生长晶体的装置

(a) 半透膜装置[9.13b]. 1. AC 溶液; 2. DB 溶液; 3. 半透膜; 4. 籽晶. (b) 扩散生长装置[9.5]. 其中, 数字给出的是不同深度处的溶液密度, 箭头是烧杯中物质的扩散方向.

———————

① 英文版误为 $[B^+]^*$. ——译者注.

用扩散使材料进入生长区时,反应速率可通过增加扩散途径或减小结晶器的直径来调节.图 9.17(b)是一种扩散生长晶体的装置.AC 粉末置于结晶器的底部,另一盛有 DB 粉末的小烧杯放在结晶器的中心.将水注入结晶器淹没烧杯.随着 AC 和 DB 的溶解,两个容器中的溶液建立起从底部到顶部沿垂直方向的密度梯度(溶液密度随靠近固体沉积物而增大).在这样的条件下,观察不到密度对流.向上的物质输运只能通过扩散进行.AC 和 DB 的混合使 AB 晶体在烧杯边缘形成.

最有效控制扩散速率的方法是增加介质的黏滞度,这在胶体中很易做到.

7. 胶体介质中的晶体生长

下面的实验是胶体中生长晶体的最简单例子.首先在一个 U 形管内注入黏滞物质,通常为凝胶、琼脂或硅胶(水玻璃).AC 溶液加注于 U 形管一支的凝胶之上,BD 加注于另一支.A^+、C^- 和 B^+、D^- 离子通过胶体介质相向缓慢扩散,并反应生成难溶化合物,如 AD,导致该化合物晶体的生长.用这种方法在胶体介质中生长酒石酸钙的略图在图 9.18 中给出.

有时也使用下面的方法:将含有一种反应物的胶体注入烧瓶,另一反应物加注在胶体上方.后者向胶体内的扩散导致晶体的生长.胶体生长法现已生长出许多不同种类的晶体,包括碳酸盐、钨酸盐、氧化物、硅酸盐等[9.14a—d].胶体法生长的晶体外形规则、无应力并具有高度的光学完整性;其主要缺点是生长速率太低,往往数月只能生长几毫米.

除了上述利用正、负离子相向扩散生长酒石酸钙晶体的方法外,还有利用溶液稀释、复杂化合物的分解等方法在胶体中生长晶体的方法.一些有关的例子在下面给出:

生长金单晶时,浓度为 0.2 n 的 $AuCl_3$ 溶液与 1.04 g/cm³ 的硅酸钠胶体相混合后置于烧杯中,其上加注 0.1—0.2 n 的 $(COOH)_2$ 溶液.$(COOH)_2$ 溶液向胶体中的扩散引起以下反应:$2AuCl_3 + 3(COOH)_2 \Longrightarrow 2Au + 6HCl + 3CO_2$.用这种方法可在三天的时间内长出尺寸为

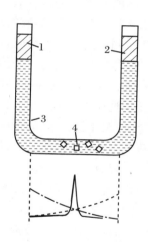

图 9.18　胶体中酒石酸钙的
　　　　　生长[9.14]

1.浓缩 $CaCl_2$ 溶液;2.浓缩酒石酸溶液;3.含酒石酸的胶体介质;4.生长晶体.图的下部是水平管内的浓度分布;点划线是 Ca^{2+} 离子的浓度分布;虚线是 $C_4O_8^{2-}$ 的浓度分布;实线是离子产物 $\mathcal{K}_i = [Ca^{2+}][C_4O_8^{2-}]$ 的浓度分布.

10^{-2} cm 以上的金单晶[9.15].

　　生长纯水中难溶的化合物 HgS、AgI 和 AgBr 时常用矿化水. 在矿化水中, 这些化合物的溶解度显著增大. 如 HgS 溶于 Na_2S 的水溶液, AgI 和 AgBr 分别溶于各自对应钾、钠和钙的卤化物水溶液. 小心地将这些溶液加注在 1.05 g/cm^3 的硅酸钠胶体上. 溶剂向胶体中的扩散改变了溶液的浓度, 使 HgS、AgI 和 AgBr 从溶液中结晶出来. 用这种方法很易得到直径达 3—8 mm 的单晶. 在溶液中生长的同时, 胶体中也有晶体生长(HgS、AgI 和 AgBr 向胶体中的局部扩散所致), 但胶体中的晶体的尺寸要小得多[9.16].

　　将醋酸铅加进硅酸钠与 3 n 的盐酸混合溶液, 然后再在其上小心地加注硫代乙酰胺溶液. 随着溶液的水解, 硫离子不断释放, 并向胶体中扩散. 在胶体中, 硫离子同铅离子发生反应, 生成 PbS 晶体[9.17].

　　胶体生长遇到的一个困难是生长速率随反应物的消耗单调下降. 为了克服这一缺点, 延长稳定生长的时间, 往往使用大体积的初始溶液. 为此目的设计的装置一般有两个用水平管连通的大水箱. 水平管的直径相对很小, 并充满了胶体介质. 大体积的水箱和小体积的反应区(含胶管道)使原料的浓度在较长时间内基本不变. 例如, 生长 CuCl 晶体时, 使用两个 1 L 的容器, 其中之一盛 CuCl 的盐酸溶液, 另一个盛蒸馏水, 连接管中充以硅胶. 在胶体内, CuCl - HCl 溶液被水稀释并引起 CuCl 晶体的生长[9.18].

　　8. 电化学反应结晶

　　电解结晶可以看成涉及电子的化学反应结晶. 典型的例子是电解池内金属的获得. 将两个电极放入溶液, 电流从两电极中通过, 阴极上便有金属沉积. 如:

$$Zn^{2+} + 2e^- \longrightarrow Zn_{sol}.$$

　　如果使用直流电, 一端电极出现金属沉积; 如果用交流电, 两电极均有金属沉积.

　　电解结晶与其他水溶液生长方法相比有许多优点. 首先, 电解过程很容易由电流密度控制; 其次, 材料也很容易由电压的适当选择加以分离; 再次, 长时间的连续生长可以由阳极材料在阴极上的再结晶实现.

　　但是, 要成功地实现电解结晶, 下列要求必须满足:

　　① 结晶物质与溶剂没有强烈的相互作用;

　　② 电解电压有限, 尤其是不能超过水的离解电压(使用水溶液时);

　　③ 溶液、熔体和在电极上沉积的物质有较高的电导.

　　其中第三条不满足时, 电极将迅速钝化, 进而使电解过程迅速衰减.

　　需要强调一下, 溶液中的杂质也能使电极钝化(即电极表面被一层不导电的物质覆盖). 杂质可以是外来物的阴、阳离子, 也可以是溶剂偶极子.

金属能够很好地满足上述要求, 因而电解结晶主要用于金属的生长. 但是, 这种方法也可利用熔体的电解分解来获得许多其他晶体. 例如, MoO_2 晶体可从 670 ℃下钼酸钠的电化学分解中沉积出来; 而尺寸达 3 mm 的 UO_2 单晶则可在还原气氛中, 在氯化铀的氯化钠-氯化钾共熔体溶液(UO_2Cl_2)中的铂阴极上沉积出来[9.19,9.20].

在电解的同时将晶体拉出熔体(电解提拉法)是传统电解结晶法的发展. 在电解提拉法中, 生长晶体成为电极之一, 因而晶体在生长温度下必须具有足够高的电导率. 这一方法的可行性已得到证实. 如立方钠-钨青铜(Na_xWO_3, $0.38<x<0.9$)晶体在含 5%—58%(摩尔分数)WO_3 的 Na_2WO_4 熔体中的生长就是一例[9.21]. 这一反应过程可简单地表示为

$$\frac{1}{2}x Na_2WO_4 + \left(1 + \frac{1}{2}x\right)WO_3 = Na_xWO_3 + \frac{1}{4}xO_2.$$

电解使氧气在阴极释放, Na_xWO_3 在阳极结晶. 若生长温度为 750 ℃, 晶体的提升的旋转速度分别为 3—4 mm/h 和 30 r/min, 则可以获得直径为 2.5 cm、长达 11 cm 的 Na_xWO_3 单晶.

电化学反应生长方法的文献综述请参阅文献[9.8,9.22a—c]. 电解结晶在晶体生长机制的研究中获得了广泛的应用[9.22b]. 正是这种方法首次揭示了 $AgNO_3$ 溶液中无位错银单晶表面上二维核的形成过程, 并使台阶线能的测量成为可能(见 3.3.4 小节).

9.2.2　KDP 和 ADP 晶体的生长

磷酸二氢钾(KH_2PO_4 或 KDP)和磷酸二氢铵($(NH_4)H_2PO_4$ 或 ADP)的结晶是低温水溶液生长的一个典型例子[9.20—9.30].

KDP 和 ADP 在水中的溶解度随温度的升高而增大, 因此常用溶液冷却法(动态法)生长. 降温速率一般为每天百分之几度. 例如, 大块 KDP 单晶生长初期的降温速率为 0.05 ℃/d, 后期为 0.03 ℃/d. 重 400 g 以上的晶体需在 3 L 的结晶器中生长 1.5—2 个月. 晶体的旋转速率为 80—100 r/min, 晶体的生长速率约为 1 mm/d. ADP 晶体的生长条件类似.

生长 KDP 晶体的静态方法也已发展成熟. 在静态法中, 结晶器的上、下两部分存在一定的温度差, 其中, 上部放置供溶解用的晶体(或粉末), 而晶体则在下部生长[9.27]. 结晶器是一个锥底圆柱形容器(图 9.19), 溶解原料置于结晶器

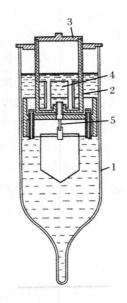

图 9.19　带有静态生长插入件
的结晶器[9.27]

1. 结晶器；2. 原料筒；3. 盖；
4. 罩有 Kapron 织物的宽口；
5. 晶体支架.

顶部的一个特制圆柱插入件中,生长晶体粘在插入件的下方.饱和溶液从插入件中经罩有 Kapron 织物的宽口流入结晶器,并降至结晶器的底部.温差由溶解区内特制的加热元件建立.

几个同样的结晶器同时放入一个恒温器中.恒温器用水平隔板隔为上、下两区,两区间建立起温差:上部为 T_1,下部为 $T_2(T_1 > T_2)$.

这种方法的生长速率稍低于动态方法,但却能在生长区提供固定的生长温度和近似固定的过饱和度,从而降低了晶体中的应力.

ADP 和 KDP 晶体的生长方式和缺陷结构依赖于许多因素,如溶液中杂质的存在、生长速率和籽晶的缺陷结构等.规则取向的 KDP 晶体通常具有近似相等发育的四方棱柱面和双锥体面.在 $\langle 001 \rangle$ 方向的生长速率最大,因而晶体在 c 轴方向拉长.

垂直于 [001] 的晶面在达到一定的(临界)过饱和度后开始生长.这个值对 ADP 和 KDP 分别为每 100 g H_2O 中含 0.5 g ADP 和 0.2 g KDP. (100) 和 (010) 面的临界过饱和度分别为每 100 g

H_2O 含 3 g 和 5 g 的 ADP 和 KDP.在高过饱和度条件下,生长速率正比于过饱和度的平方.更精确的测量显示:ADP 晶体 {101} 面的生长速率对过饱和度 σ 的依赖关系在 $\sigma = 0.03$—0.06 范围内与位错生长机制符合得很好;而当 $\sigma > 0.06$ 时,则由位错生长和二维成核统一模型描述[9.31].实验者常常观察到 KDP 晶体 {101} 面在固定过饱和度下的生长速率逐渐下降.这一事实可在统一模型的框架内找到解释,即归因于引起生长的位错群的活性下降[9.32].

在一定的过饱和度下,各晶面的生长速率通常随温度的升高而增加.但对 KDP 的 {101} 面,观察到了生长速率对温度的振荡依赖关系:在 50—53 ℃ 间有一反常生长峰[9.33].这种依赖关系与 Wojciechowski 和 Karniewicz 观察到的溶液黏滞度在相应温度范围内的变化相吻合[9.34].但是,这一非单调行为的起因还不明确,一些相关的内容在文献[9.35]中讨论.

在杂质的影响下,晶体惯态会发生变化.当 KDP 和 ADP 晶体只有几毫米线度时,晶体的生长几乎完全停止.只有增大过饱和度,生长才能恢复.晶体的继续生长引起晶体的畸变:棱柱体的两个相对面不再平行,一个快生长面突出来(见 5.2.1 小节),整个晶体具有一个长方形刺刀状的外形(即所谓楔状生长).然后晶体的生长越来越慢,最后,生长再次停止.这时,即使大幅度地增加过饱和度,生长也不再重新恢复.

若籽晶片平行于棱柱面,在生长面中心成核的台阶在杂质的影响下逐渐合拢并升高.台阶的两个沿 c 轴方向的切向运动逐渐减慢,结果使生长晶体具有三角房顶的外形.

上述生长方式的变化起因于金属离子的多价性,如溶液中的 Sn^{4+}、Cr^{3+}、Fe^{3+}、Al^{3+} 和 Ti^{4+} 离子.

溶液中即使只含微量的三价金属氯化物,也会引起生长的不稳定.其起因是杂质进入了吸附层.杂质在吸附层的富集和杂质俘获的交替进行使生长速率发生振荡,这是{101}面生长的特征.由于晶体中杂质的不均匀分布,晶体中的应力也有所增加[9.36,9.37].四面体{100}面生长的特征与{101}面相似,但杂质分布图案更明显.{100}面观察不到生长速率的波动,这个差别一般认为是由{101}面和{100}面同杂质作用的机制稍有不同而引起的,作用机制的不同则归于两面的原子结构不同[9.28].

如果溶液彻底清除了杂质,KDP 和 ADP 晶体的畸变(楔状生长)就不明显.例如,用经过 5 次再结晶的 KH_2PO_4 原料制备初始溶液可以显著地降低晶体惯态的畸变,但并不能完全消除这种畸变.如果将生长的初始温度增至 78—83 ℃ 也可以产生有利的结果.另一个限制杂质作用的办法是改变它们在溶液中的存在形式.这点甚至比杂质本身更加重要.上述论断从晶体形状的畸变对溶液 pH 值的依赖关系上可以得到证实.若 pH 值超过 4.5(对 ADP 晶体)或 5.0—5.5(对 KDP 晶体),尽管溶液中仍含有 Fe^{3+} 离子,这些离子也同样进入晶体并引起晶体颜色的改变,但晶体依然保持原有的惯态.若 pH 值增至 5.6—8.6,Fe^{3+} 杂质以磷酸铁或氢氧化铁胶粒的形式沉淀,使 KDP 晶体棱柱体面的生长速率急剧增加和四面体面的生长速率下降.在这样的条件下,很容易获得规则惯态的晶体,但晶体的质量通常较低,并有许多夹杂物、应力和裂缝.

若 pH 值低于 4.5—5.0,ADP 和 KDP 晶体的楔状生长非常明显.由于不能找到足够的杂质胶粒,所以杂质不能认为是楔状生长的起因.晶体的楔状生长主要是由溶液中的复合离子团引起的.例如,当 pH 值低于 5 时,溶液主要包含 $[M(H_2O)_4(OH)_2]^+$ 型三价 M^{3+} 离子和 OH^-、H_2O 的复杂复合物,复合物同生长面的特殊作用产生了上述生长现象[9.38];当 pH 值低于 4.5 时,铁杂质在 ADP 晶体楔状生长中的作用归因于溶液中的 $[FeHPO_4]^+$ 离子团.这些离子团在棱柱面上的优先吸附反映了晶体的表层原子结构是由同号电荷的离子所组成的;溶液 pH 值的继续增加破坏了上述离子团,相应离子团对晶体形貌的影响也随之消失.

　　大块 KDP 和 ADP 晶体也可在籽晶片上生长.这些籽晶片可以有不同的取向,但优先生长的仍然是那些平行于(001)和(011)的平面.对于任一取向的平面都有一特定类型的再生区,也即籽晶的加厚层区域.若籽晶片不是平行于(001)面切割的,那么晶体的生长开始于{101}面的"修复",这一过程结束后,在此平面上出现一层含大量溶液夹杂物、裂缝和其他缺陷的高度不完整的再生区域.该区的出现对生长晶体的完整性是有益的,因为再生区的出现排除了任何经再生区延续籽晶缺陷的可能性.换句话说,生长晶体的完整性不依赖于籽晶片中缺陷的多少.经过再生长后,晶体是在"修复"后的(101)面上生长的,而"修复"后的(101)面是高度完整的.X 射线貌相术的研究显示了籽晶中的位错不延伸进生长晶体,而新的位错只能起始于四面体的顶点、{101}面的交点或{101}面的面心(图 9.20).

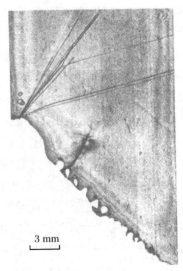

3 mm

图 9.20　KDP 晶体的 X 射线貌相图

晶体是在平行于(001)面的籽晶片上生长的[9.29].图中只显示了生长晶体,
籽晶已在制样时除去.参差不齐的下侧边缘是籽晶和生长晶体的边界.

　　若使用平行于(011)的籽晶片,再生区几乎没有或者很薄.若使用晶体的

{011}自然面,籽晶同生长晶体的界面常常不很明显,界面上只能找到少数小溶液夹杂物.此时生长晶体实际上延续了籽晶的所有缺陷(图9.21).此外,生长晶体与籽晶界面上的小溶液夹杂物还引发了许多新的位错.如果籽晶片在生长前再稍稍溶解一点,籽晶与生长晶体界面上的溶液夹杂物数目还会增加,从而引发更多的位错.因此,使用平行于(011)面抛光或切割的籽晶片是最不利的,这样的籽晶会在籽晶和生长晶体界面上产生许多新的位错.

在使用(011)籽晶时,人为地增加再生区的厚度可以取得满意的效果.为了实现这一点,籽晶片应切成与(011)面成一定的角度.晶体的生长开始于此面的修复,其结果是一楔状再生区的形成.再生区的厚度依赖于籽晶片对(011)面的偏差.再生区形成后的生长类似于(001)的情况:再生区阻止了籽晶缺陷的延续,并且修复后的(011)面上不会出现新的位错(图9.22).用此方法可以在平行于(011)的籽晶片上生长出足够完整的单晶.

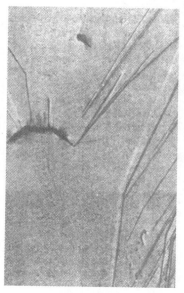

图 9.21 KDP 晶体 X 截面的 X 射线貌相图

晶体是在平行于(011)面的籽晶片上生长的.在籽晶和生长晶体的界面上没有衍射衬度,这说明界面上没有明显的应力存在.界面通过籽晶中的位错在生长晶体中延伸时,通过位错方向的微小改变加以识别[9.29].

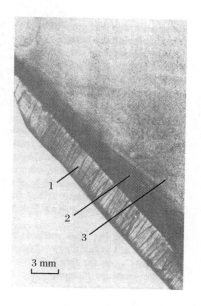

图 9.22 KDP 晶体的 X 射线貌相图

晶体是在平行于(011)的籽晶片上生长的[9.29]. 1.籽晶;2.再生区,再生区阻止了籽晶中的位错向晶体中延伸;3.新生长的无位错晶体.

晶体中的位错既可起始于籽晶的表面,也可起始于生长晶体内的缺陷,即起始于外来夹杂物、溶液夹杂物或机械微粒夹杂物[9.37](图 9.23).而这些缺陷则是在生长温度缓慢波动、高生长速率和溶液循环不充分等造成的过饱和度急剧变化的影响下形成的.例如,当 ADP 晶体沿 c 轴方向的生长速率为0.7 mm/d时,发热元件周期性地开和关造成的 0.03 ℃ 的温度缓慢波动已足以导致夹杂物的形成.因此,改进结晶器控温系统可以降低溶液夹杂物的形成,从而降低晶体中的位错密度.

3 mm

图 9.23 由 X 射线貌相图显示的 ADP 晶体中起始于夹杂物的位错群[9.29]

9.3 水热溶液中的生长和合成

在上一节中,我们讨论了温度远低于 100 ℃ 的水溶液结晶问题.那里溶液的蒸气压远低于大气压.但是,许多材料在此温度范围内的溶解度太低,因此,从这样的水溶液中生长晶体是不实际的.提高溶解度的方法之一是提高溶液的温度.在高蒸气(溶液)压力下的各种高温水溶液生长技术统称为"水热法".这类方法的特征是:以水为介质、100 ℃以上的温度和1 atm以上的压强.

"水热"这一名词起源于地质学.由含水岩浆在高温、高压下生成的矿石被称为水热起源的.最早试图在水热条件下合成人工晶体的也是矿物学家.他们的目的是研究天然矿物的形成条件.他们得到的晶体尺寸一般不超过千分之一到百分之一毫米[9.39].水热法生长单晶的最初进展是由 De Senarmon 和 Spezia[9.40]共同完成的.他们用水热法成功地生长了 α - 石英.

水热法同其他所有溶液生长方法一样,都是利用结晶材料在溶液中的平衡浓度 C_A 对系统热力学参数(压强 P、温度 T 和溶剂浓度 C_B)的依赖关系.水热生长的一个主要特点是矿化剂 B 的使用.矿化剂引入 A - H_2O 系统后可以提高难溶成分 A 的溶解度.矿化剂也常称为溶剂.但严格来说,矿化剂的水溶液 B + H_2O 才是真正的溶剂.生长晶体的系统一般包含至少三个组元,如 A - B - H_2O,其中 A 是结晶材料,B 是高溶解度的矿化剂.

如上所述,水热法的本质是创造条件(通过高温、高压和引入矿化剂)以保证结晶材料进入溶解状态,保证所需的过饱和度和材料的结晶.过饱和度可用改变影响材料溶解度 C_A 的系统参数(温度,压强,矿化剂的类型、浓度和溶解区,生长区之间的温差)来控制.对于一些难熔化合物,水热法能在远低于熔点的温度下生长晶体.水热法还能生长一些其他方法无法生长的晶体,如立方结构的 ZnS(闪锌矿)就是一个生动的例子.

闪锌矿(ZnS)不能用熔体法生长,因为闪锌矿在 1080 ℃时有一多形性相变,转变为六角结构的纤锌矿.但是,在水热条件下,闪锌矿晶体的生长温度(300—500 ℃)远低于上述相变温度,而这一生长温度正是 ZnS 立方结构的稳定区域[9.41,9.42].

水热法无论是在寻找具有特殊物理性质的新材料中还是在复杂多元系统高温高压下的物理化学性质的研究中都被证明是一种很有效的方法.

具体水热生长程序的选择首先取决于哪个参数对结晶材料的溶解度具有决定性的影响.

9.3.1 水热溶液中的晶体生长方法

1. 温差法

温差法在水热合成和水热晶体生长中的应用最广,过饱和度通过降低生长区的温度获得.高压釜中充以一定量的溶剂,结晶原料放置在高压釜的底部.高压釜加热后建立起上、下两个温度区:底部(溶解区)的温度 T_1 超过顶部(生长区)的温度 T_2. 设结晶材料 A 在"热"区的浓度为 C_1,"冷"区的浓度为 C_2. 溶液的密度 ρ 依赖于溶液的温度和浓度,因此 ρ 沿高压釜轴向具有不同的值. 一般情况下,ρ 随浓度 C 的增大而增加,随温度的升高而减小. 若 $\rho(C_1,T_1)<\rho(C_2,T_2)$,则

$$\frac{\partial \rho}{\partial C}(C_1 - C_2) + \frac{\partial \rho}{\partial T}(T_1 - T_2) < 0, \tag{9.1}$$

这使高压釜顶部冷而密的溶液下沉,并与上浮的轻溶液形成对流. 对给定的材料建立起一定的 ΔT 后,溶解区热膨胀使溶液密度减小的程度超过了原料溶解引起的密度增加,结果引起高压釜内溶液的对流. 对流使在温度 T_1 下被成分 A 饱和的水溶液向上输运,并在高压釜顶部降温至 T_2,变为过饱和,结晶也就随之开始. 过饱和度的值 ΔC_A 由生长区和溶解区之间的温差 ΔT 控制.

上述方法可以保证高压釜底部向顶部的质量输运连续不断,直到底部的原料全部溶解. 单位时间内结晶的总质量 $\mathrm{d}m/\mathrm{d}\tau$(其中 m 是生长晶体的质量,τ 是时间)主要依赖于对流速度. 它们间的关系既可以是线性的,也可以是非线性的.

在水热生长中,温差法最为常用,同时也是唯一可行的工业方法. 该方法已用来生长大块的石英(SiO_2)、红宝石(Al_2O_3)、方解石($CaCO_3$)和红锌矿(ZnO)单晶,并已生产出几乎所有类型化合物的单晶(从简单的元素到复杂的硅酸盐)[9.40,9.43—9.48]. 显然,正温差法($T_1>T_2$)适用于那些溶解度具有正温度系数的材料,而当材料的溶解度随温度升高而减小(当 $T_1>T_2$ 时,$C_1<C_2$,$\rho(C_1,T_1)\geqslant\rho(C_2,T_2)$)时,应使用逆温差法. 在逆温差法中,原料应放在冷区. 使用逆温差法时,最好将高压釜平放,这样可以在实验过程中多次对换生长区和溶解区的温度,从而实现原料的多次再结晶. 多次再结晶在纯化初始原料和增大原料颗粒中非常有用①. 而在生长复杂化合物时,用再结晶方法可先合成其中的一些组元,然后再以这些组元为原料生长晶体.

温差法的所有变体都只在材料的溶解度随温度变化显著时才有可能使用. 溶解度温度系数 $\partial C_A/\partial T$ 的绝对值越大,在相同温差下所得到的过饱和度 $\Delta C_A = (\partial C_A/\partial T) \cdot \Delta T$ 也越大. 对任何材料都存在一个过饱和度的下限,这是实用生长速率的要求. 水热条件下典型的相对过饱和度下限值 $\sigma = \Delta C_A/C_A$ 在 0.01—0.1 的范围内.

2. 降温法

用降温法结晶时,不存在生长区和溶解区之间的温差. 通过逐渐降低整个

———————

① 在水热法生长的晶体中,杂质含量通常远少于初始原料,这是因为在水热生长时,原料中的"意外"杂质(非结构性杂质或机械杂质)可被排进溶液.

溶液的温度获得所需的过饱和度. 在降温法中一般不采用强制对流, 质量输运主要靠扩散进行. 随着温度的下降, 在晶体生长的同时, 高压釜内也有大量的自发晶核形成并长大. Rooijmans 成功地用降温法在 NaOH 溶液中生长了氧化铅 (PbO) 晶体[9.49]. 高压釜在 450 ℃ 下保温, 直到溶液完全饱和, 然后以 2 K/h 的速率降温至 250 ℃, 可以获得面积达 50 mm² 的 PbO 单晶片.

降温法的缺点是难以控制生长的进程和难以引进籽晶 (籽晶在溶液完全饱和、温度开始下降前必须与溶液完全隔离). 因此, 降温法在晶体的水热生长中不常使用.

在生长区和溶解区间以固定温差降温的技术被用来生长 Na_2CoGeO_4. 可以利用自发结晶, 也可以引入籽晶. 在前一种情况中, NaOH 溶液在 500 ℃ 左右被锗酸钠钴所饱和, 然后通过在生长区中建立温度梯度形成晶核. 生长区和溶解区同时降温可以在沿 [001] 方向以高达 8 mm/d 的速率生长高质量的晶体.

3. "亚稳相" 法

"亚稳相" 法利用的是生长相溶解度和原料溶解度之间的差值. 原料中应包含实验条件下的热力学不稳定相 (或结晶材料的多形性变体). 如果存在多形性变体, 那么亚稳相的溶解度总是超过稳定相, 而后者随着亚稳相的不断溶解而结晶出来. 这种技术通常应同温差法或降温法联用. 刚玉 $\alpha - Al_2O_3$ 的生长是水热亚稳相法生长的一个例子[9.50]. 原料是水铝矿 ($Al(OH)_3$), 籽晶是 $\alpha - Al_2O_3$ 单晶. 在上述条件下, 亚稳相的溶解度超过了稳定相: 对 $Al(OH)_3$ 来说 Al 已饱和的溶液对 Al_2O_3 来说 Al 是严重过饱和的. 溶液中多余的 Al 提供了刚玉晶体的生长原料.

亚稳相法常常用于生长溶解度极低的难溶化合物晶体.

上述方法的一些变体简单介绍如下:

分离供料法是温差法的变体. 该方法主要用于复杂化合物的结晶, 该复杂化合物至少包含两种以上的组元. 原料的初始组元分置于高压釜内隔开的区域: 底部通常放置易溶易输运的组元, 顶部放置难溶组元. 在溶解过程中, 易溶组元由对流向顶部输运, 并在顶部与难溶组元反应形成结晶材料, 从而导致晶体的生长. 这一方法已用来生长钛酸铝和钇铁石榴石晶体[9.51,9.52].

原料、溶剂分离法基本上是一种新的生长方法[9.53]. 该方法可用来生长 $SbSbO_4$ 化合物晶体. $SbSbO_4$ 中含有两种氧化态 (+3 价和 +5 价) 的锑离子. 在生长中, 两种价态的原料分别放置在一个插入件的两个隔离室中. 不同的溶剂用于不同价态的组元：HF 用于 Sb_2O_3，而 $KHF_2 + H_2O_2$ 用于 Sb_2O_5[①]．这种方法在生长含相同或相似但价态不同的离子化合物晶体时十分有效．

倾斜反应器法广泛用于水热条件下外延薄膜的制备．该方法的主要目的在于缩短籽晶(衬底)与溶液的接触时间(直到获得所需温度)，从而减少衬底的浸蚀．在此方法中，在溶液达到生长温度之前，籽晶必须处在气相中；溶液饱和后，高压釜倾斜，溶液接触籽晶，薄膜开始生长[9.54]．

原则上还可能有其他的水热生长方法．如利用饱和溶液在生长晶体上方的连续流动、利用溶剂的蒸发(在饱和蒸气压和低温下)、利用籽晶支架的强制散热或者利用压力的下降(对那些溶解度随压力变化较大的材料)．但由于这些方法本身的复杂性和低效率，在实际的水热生长中，它们从未使用过．

9.3.2 水热法生长晶体的装置

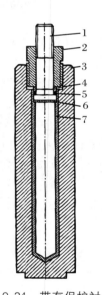

图 9.24 带有保护衬里的
圆柱密封型标准
水热高压釜

1.活塞；2.锁紧螺丝；3.高
压釜体；4.钢圈；5.铜圈；
6.钛垫圈；7.钛衬里．

为不同水热生长方法设计的装置与该方法的具体要求有关．所有水热生长方法使用的结晶容器都是高压釜．高压釜必须能够长时间地承受高温、高压，而且应操作方便、安全、设计简单．另外，高压釜材料对溶剂必须是中性的．

普通高压釜是一个带密封头的厚壁金属圆筒(图 9.24)．高压釜的壁厚可由实验所需的温度、压强、内径和容器长度计算出来．一般研究用高压釜的体积为 20—100 cm^3，工业生长则需要大体积的高压釜，例如工业生长石英晶体的高压釜体积可达几立方米．

图 9.24 中的高压釜的设计工作压强可达 3000 kp/cm^2，温度可达 600 ℃．如果选用特殊型号的钢材制作，温度范围还可稍有增加．对更高的工作温度(>600 ℃)应使用多层型高压釜．

密封头是高压釜的最关键部件．圆柱型是所有密封头中最简单的型式之一．如图 9.24 所示，圆柱型密封头由活塞 1、锁紧螺丝 2、紧固螺丝 3、匹配圈 4 和密封圈 5 组成．在密封高压釜时，螺丝

---

① 英文版误为 Sb_2O_3．——译者注

2 加压于匹配圈 4 上,再由匹配圈传递给密封圈 5.密封圈 5 在压力作用下发生膨胀并压向高压釜壁,这样保证了高压釜内的初级密封性.高压釜受到加热后,内部的压力将活塞向外推.在这一推力的作用下,密封圈进一步膨胀,从而保证了高压釜内的严格密封性.基于上述原则的无支撑密封方法通常称为"自锁密封".

密封圈通常用弹性材料制成,最常用的是退火铜.工作温度低于 300 ℃ 时,可以使用聚四氟乙烯.如果密封头带有冷却系统,也可使用橡胶垫圈.使用橡胶垫圈密封时所需的机械力比用铜垫圈小得多.

还有许多其他的密封方法.其中的一些不使用垫圈,而是将活塞压入高压釜内实现密封(即刃型密封).

一般情况下,水热实验中的溶液对钢都有腐蚀性.为了防止腐蚀产物对结晶材料的污染,要在高压釜的内壁衬上一层特殊的保护衬里.保护衬里的形状应适宜装入高压釜的内腔,进而压贴在高压釜的内壁上(接触型衬里).漂浮型衬里只占据高压釜内的部分空间,高压釜内的其余部分用水填充,填充程度则根据衬里内外的压力平衡确定.漂浮型衬里上常有一段波纹面,使衬里的体积可以稍有改变,以适应可能的压力下降(图 9.25).

衬里常用无碳钢、铜、银(对碱性介质)、钛、铂、各种玻璃、熔融石英(对酸性介质)或聚四氟乙烯(对所有介质,但温度低于 300—350 ℃)制成.衬里材料的选取由工作温度和所用溶液决定.也有无需衬里的情况,如石英或硅酸钠晶体可以直接在钢制高压釜内生长,因为 $NaOH$ 和 Fe 在二氧化硅存在时反应产生一种碱性难溶化合物 $Na_2O \cdot Fe_2O_3 \cdot 4SiO_2$(锥辉石).该难溶化合物可在高压釜内壁上形成一层保护膜.

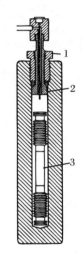

图 9.25 高压釜内的漂浮型衬里[9.55]
衬里的体积是可变的.
1.锁紧螺丝;2.活塞;
3.衬里.

此外还有许多不同类型的专用附件,如研究 PVTC 比例(即压强 P、溶液体积 V、温度 T 和水溶液中矿化剂浓度 C_B 四者间的关系)的附件、溶解度测量附件、生长观察附件和质量输运的定量控制附件.这里,我们只能大致给出最常用附件的工作原理,而不陷于仪器的细节描述①.

高压釜内质量输运的定量控制由一称重附件(图9.26)进行.这一附件的关键部分是一重心安装在垂直轴上的水平高压釜.高压釜可以在炉内自由摆动.垂直轴对垂直线的偏离表明高压釜内的质量从一端输运到了另一端.特制的称重机构使人们可以估计出转移物质的总量,而平衡砝码可以帮助高压釜保持水平.

从熔融石英或蓝宝石制成的窗口中可以对高压釜内的实验进程进行观察(图9.27).

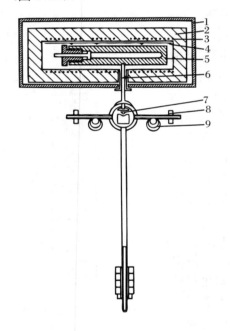

图9.26 平衡附件[9.41]

1.保安套;2.炉子;3.电炉丝;4.热电偶;5.高压釜;6.垂直轴;7.三棱柱;8.平衡砝码;9.支架.

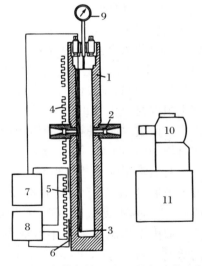

图9.27 水热条件下肉眼观察晶体生长的附件[9.57]

1.高压釜;2.窗口;3.测量热电偶;4.电炉丝;5.釜外热电偶;6.电阻温度计;7.电位差计;8.温控装置;9.压力计;10.摄影机;11.自动换片相机.

———————————

① 在文献[9.47,9.56]中有详细介绍.

图 9.28 所示的附件(外接釜)可以独立于主高压釜改变温度和压力.外接釜由结晶容器 2 和压缩器 1 组成,其间用钢制毛细管 7 连接.密封头由流水冷却,因而可以使用橡胶垫圈.外接釜的设计工作温度和设计工作压强分别可达 700 ℃和 3000 kp/cm².

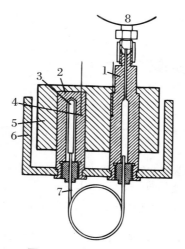

图 9.28 外接釜附件[9.58]

1.压缩器;2.反应器;3.安瓿;4.热电偶;5.隔热器;
6.支架;7.钢制毛细管;8.压力计.

9.3.3 水热溶液 溶剂特性

在水热合成条件下,晶体生长的介质是盐、碱和酸的水溶液,即高温高压下最简单的二元 B-H₂O 系统.这样的系统由易挥发的水(H₂O)和相对难挥发的盐或碱组成.

水热法生长的晶体一般来说属于 9.1.1 小节分类法中的第二类.由于结晶材料的溶解度太低,所以不可能从简单的 A-H₂O 系统中获得足够大的单晶.在水热系统中引入矿化剂可以增加材料的溶解度.一般来说,矿化剂属于第一类化合物.矿化剂的引入不仅增加了结晶材料的溶解度,而且还改变了材料溶解度的温度依赖关系.例如,$CaMoO_4$ 在纯水中的溶解度 C_A 在 100—400 ℃间随温度的升高而减小,但在易溶盐(KCl、$NaCl$)引入后,不仅溶解度增大了一个量级,还使溶解度的温度系数($\partial C_A/\partial T$)变为正值.对于某一矿化剂,随着矿化剂的浓度改变,$\partial C_A/\partial T$ 的符号也可以改变.例如,对 $NaOH$ 溶液中的 Na_2ZnGeO_4,当 $NaOH$ 的浓度低于 20%(质量分数)时,溶解度随温度的升高而减小,但当 NaOH 的浓度大于 20%(质量分数)时,溶解度随温度的升高而增大(图9.29).

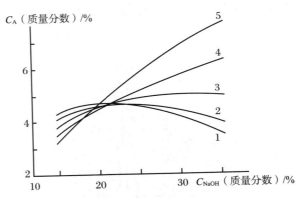

图 9.29 氢氧化钠水溶液中锗酸锌钠的溶解度随
溶剂浓度的变化关系[9.59]

1.200 ℃;2.220 ℃;3.250 ℃;4.300 ℃;5.350 ℃.

第二类化合物(9.1.1 小节)矿化剂的使用只在高压下,矿化剂的溶解度达到一定值后才有效果.在水的下临界温度、压强附近,盐的低溶解度限制了它对化合物的矿化作用.例如,CaWO₄ 在 K₂SO₄ 水溶液(K₂SO₄－H₂O 系统属于第二类化合物系统)中的溶解度在高温低压下较小,因为 K₂SO₄ 在此条件下的溶解度较低.两临界点的水-盐系统在水热生长中的一个应用是从 Na₂CO₃－H₂O 系统中获得 Al₂O₃ 晶体[9.50,9.60].

矿化剂的全部表征不仅包括它在水中的溶解度随温度的变化关系,而且还应包括它在较大温度、压强和浓度范围内同决定水热过程的所有热力学参数间的关系(PVTC 关系).

在一个封闭容器内,温度的改变会引起压强、系统液相和气相体积的改变.随着温度的升高,液相的体积增大,溶液的蒸气压升高.液、气两相在不同温度下的体积比可从高温下水热溶液的密度数据算出.作为例子,这里给出质量分数分别为 20% 和 30% 的 NaOH 水溶液的计算结果(图 9.30).液-气界面消失的温度(均匀化温度)越高,则高压釜的填充因子越低①.到达均匀化温度后,温度

---

① 填充因子由液相体积 V_L、固相体积 V_S 和高压釜的工作体积 V 定义:$F = V_L/(V - V_S)$.填充因子由室温下的参数决定并总是小于 1 的.“填充系数”表达的是同一概念.

的微小增加将会引起压强的突然上升.

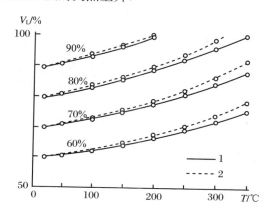

图 9.30　高压釜中 NaOH 水溶液在 25—350 ℃
范围内液相占据的体积 V_L[9.43]

1.质量分数为 30%;2.质量分数为 20%. 曲线上方的数
字是室温下的填充系数.

　　对纯水的 PVT 图(图 9.31)的研究最为深入. 盐(碱或酸)的引入,在不改变
溶液温度的情况下降低了压强(至少几千 kp/cm^2). 因此,纯水的 PVT 图有助
于人们对实验条件下一定填充度的高压釜内最大可能压强作出估计. 酸、碱、碱
金属氯化物和其他许多化合物水溶液的 PVTC 比例已被研究过[9.62—9.64]. 与纯
水在相同温度下的压强相比,上述水溶液的压强下降由图 9.32 中的 PFTC 图
给出,其中 F 是高压釜的填充系数.

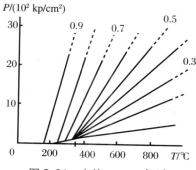

图 9.31　水的 PVT 图[9.61]
曲线上方的数字是室温下高压釜的填充系数.

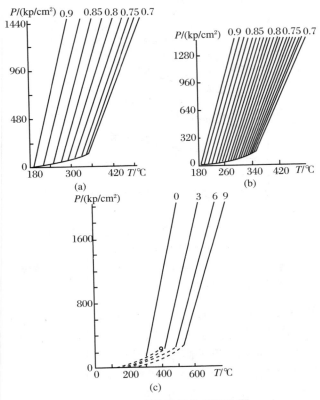

图 9.32 水热溶液的 PFTC 图

(a) 质量分数为 10% 的 NaOH 水溶液[9.63]. (b) 质量分数为 10% 的 K_2CO_3 水溶液[9.63]. 曲线上方的数字是室温下的填充系数. (c) LiCl 水溶液,填充系数为 0.7[9.62]. 曲线上方的数字是溶液的摩尔浓度.

知道 F、实验温度和溶剂浓度后,借助 PFTC 比例,人们可以在没有压强计和其他压强指示器的情况下对高压釜内的压强作出估计.

9.3.4 结晶物同矿化剂的相互作用

如果结晶物 A 与溶剂的相互作用满足下述条件,就有可能控制高温溶液中的晶体生长[9.43]:

(1) 结晶材料同成分溶解;

(2) 结晶材料有足够高的溶解度,这是晶体具有一定生长速率的必要条件;

(3) 温度或压力改变时,结晶材料的溶解度应具有足够明显的改变;

(4) 溶液中形成的游离复合物在温度改变时应易于分解;

(5) 建立必要的还原电势以保证所需价态离子的存在.

用再结晶方法生长单晶时,结晶原料的同成分溶解是生长的必要条件之一.若原料是非同成分的,那么对一种成分来讲已经饱和的溶液对另一种成分可能还是不饱和的.这种现象妨碍了化合物按原始成分的再结晶,造成一种成分从反应区内转移出去.另外,在某些情况下,非同成分溶解还会导致初始化合物中的一部或全部发生分解或其他化合物的形成,结果合成了另外的化合物.

结晶物的**高溶解度**保证了初始溶液中有足够浓度的原料和必要的结晶速率.无机物在水中的溶解度($A-B-H_2O$ 系统)以及溶解度随温度、压强的变化由化合物的性质(化学键的类型)、化合物在溶液中的离解度、溶质和溶剂粒子间作用的能量(这个能量代表了溶液对理想状态的偏离程度)决定.在绝大多数情况下,生长材料的溶解度在 1%—5%(质量分数)之间.石英在 NaOH 水溶液中的溶解度是 2%—4%(质量分数);刚玉在 500 ℃ Na_2CO_3 水溶液中的溶解度是 3.4%(质量分数);氧化锌(ZnO)在 200 ℃ NaOH 水溶液中的溶解度约为 4%(质量分数).只在极少数的生长条件下,结晶材料的浓度会小于 1%(质量分数).例如,钽/铌酸钾($K(Ta,Nb)O_3$)的溶解度是 0.4%(质量分数);正钇铁氧体($YFeO_3$)的溶解度是 0.3%—0.4%(质量分数).这个值非常接近水热条件下材料在籽晶上实际能够结晶的下限.正是这个原因,水热生长中不用纯水作溶剂,因为纯水热生长的大多数化合物即使在高温纯水中的溶解度一般也不超过 0.1%—0.2%(质量分数).

结晶材料溶解度与温度的关系是系统最重要的特性,它决定着生长程序和结晶条件的选取.研究材料溶解度对温度和压强的依赖关系是生长新晶体的前提.

绝大多数水热条件下结晶的化合物和水形成第二类系统(在 9.1.1 小节中已讨论过).这些化合物的溶解度-温度依赖关系 $C_A(T)$ 可以是正向的(溶解度随温度的升高而增大,$\partial C_A/\partial T>0$),也可以是反向的($\partial C_A/\partial T<0$),或者是变号的(在一定的温度范围内,溶解度随温度的升高而减小;而在其他地方,则随温度的升高而增大).

在一定温度和压强下,结晶材料溶解度的具体值一般由实验获得(参阅文献[9.65]).水热条件下测量溶解度的最简单同时也是应用最广泛的方法是失重法.失重法是将一块晶片浸入溶液,随溶液一起在高压釜内加热到所需温度的方法.维持该温度到建立平衡,随后迅速冷却.从晶片的重量损失中确定材料的溶解度.其他测定溶解度的方法还有采样法、放射性同位素法、利用 $P-C$ 和 $T-C$ 曲线法等[9.66,9.67],其中采样法需要特别设计的高压釜.

由化合物溶解度-温度依赖关系的实验数据定量确定晶体的生长条件时，需要利用下述 Arrhenius 型公式：

$$\left(\frac{\partial \ln \mathscr{K}_0}{\partial T}\right)_P = -\frac{\Delta H}{RT^2}. \tag{9.2}$$

其中 $\mathscr{K}_0$ 是反应的平衡常数（这里是化合物的平衡溶解度）；ΔH 是溶解热，它是选择生长热条件的重要参数.

一般来说，用实验测定高温、高压下的平衡溶解度非常吃力，也很花时间. 例如，在 $T = 250\,^\circ\mathrm{C}$ 的溶液中，随浓度的差异，需要 2—7 d 时间才能在无搅动的系统中建立平衡. 因此，许多研究者不断尝试各种方法，以便从系统在标准条件下的热力学性质出发，通过计算得到水热条件下的溶解度数据. 但是，绝大多数计算结果只适用于简单化合物[9.68].

如果在计算的同时考虑溶解过程中的两个平衡过程（固相同溶液中同成分的中性粒子间的平衡和中性粒子同它在溶液中离解成的离子间的平衡），得到的溶解度随温度、压强的变化关系可以更准确一些[9.69]. 化合物的溶解度 C_A 可以分解为被离化物中性粒子的平衡浓度 C_n 和构成被离化物的离子的平衡浓度 C_i 两个部分，即 $C_A = C_n + \sum C_i$. 平衡浓度 C_n 和 C_i 可由溶液的特性表示出来，再由下面一组参量完全确定：溶解度和被离化物离化常数的乘积，以及被离化后离子的活度系数. 而这些参量与温度、压强的关系可从溶液理论中得知，这一关系中也包含着诸如材料离子的质量和电荷、溶液的介电常数和密度、溶解时焓和熵的标准变化等性质.

这样得到的依赖关系 $C_A(P, T)$ 能与实验相吻合，同时可以解释系统为何分为两类（见 9.1.1 小节）、分层现象、第二临界点的出现（图 9.2）和难溶电解质在另一电解质溶液中溶解度温度系数的符号改变. 上述近似有助于利用低温下的溶解度-温度关系确定溶质-水系统的类型.

大多数材料的溶解度对压力的依赖小于对温度的依赖. 一般情况中，溶解度的压力关系可用下述方程表示：

$$\frac{\partial \ln X_\alpha}{\partial P} = \frac{V_{\alpha L} - V_{\alpha S}}{RT} - \frac{\partial \ln \gamma_\alpha}{\partial P}, \tag{9.3}$$

其中 X_α 是系统中 α 成分的摩尔比；$V_{\alpha L}$ 是 α 成分在饱和溶液中的分摩尔体积；$V_{\alpha S}$ 是相同温度、相同压力下 α 成分的固相摩尔体积；γ_α 是 α 成分的活度系数. 压力对溶解度的影响通过差值 $V_{\alpha L} - V_{\alpha S}$ 体现出来. 由于这一差值通常很小，所以溶解度对压力的依赖也很小. 大多数情况下 $V_{\alpha L} < V_{\alpha S}$，因此，随着压力的升高，溶液中盐的分摩尔体积 $V_{\alpha L}$ 增大，同时固体盐的摩尔体积减小. 但是，这种

溶解度的压力依赖关系也是可以反转的. 一般情况下, 如果盐同水粒子的作用能量在低温下较高, 并且盐的溶解度较小, 压力的升高会引起溶解度的增大. 控制晶体生长的重要条件之一是**溶解反应的可逆性**, 也就是说, 物质 A 在溶解时与溶剂形成的液相复合物必须易于分解. 在这一方面, 水热法可以看做一种特殊的化学输运反应, 其最大质量输运的条件是复合物生成反应的平衡常数不能明显偏离 1, 否则, 质量输运将会下降. 下降的原因是材料的溶解度太小, 或者是形成的液相复合物太稳定, 以至于当复合物随溶液从溶解区输运到生长区时, 温度的改变不足以引起复合物的分解[9.70].

9.3.5　晶体的水热生长

在水热条件下, 晶体可由合成法也可由再结晶法生长. 在这两种方法中, 晶体均可由自发结晶、再结晶或籽晶结晶法生长. 合成法一般很少用于生长大块晶体, 特别是生长复杂化合物的单晶. 合成法一般只用于多元系统结晶相图的研究. 这类相图的研究不是为了生长某一成分的大块单晶(合成晶体的尺寸在 10^{-3}—10^{-1} mm 之间), 而是为了确定结晶的区域和稳定结晶的化合物成分. 研究的目的是广泛寻找和制造具有新成分的晶体, 而这些晶体可能具有新的成分或者具有有价值的物理特性. 绘制结晶相图和研究结晶材料的溶解度特性构成了生长大块单晶的前提. 上述工作有助于结晶区域和伴生相成分的确定, 也有助于估计各种参数对结晶过程的影响.

结晶相图在本质上不同于平衡相图. 前者以系统的实际结晶资料为基础, 其实验条件中既可以存在高压釜垂直方向的温度梯度, 也可以存在溶解、生长区之间的固定温差. 结晶相图按不同的坐标绘制: $X - C_B$(其中 X 是原料的成分, C_B 是矿化剂的浓度)、$X - T$ 和 $C_B - T$ 等. 在结晶相图中, 各相之间的关系不常用初始成分三角形表示. 图 9.33(a)是结晶相图的一个例子:原料的初始成分(即氧化物的相对含量)(CdO/GeO_2)按摩尔比绘于纵坐标, 溶剂 NaCl 的浓度绘于横坐标. 图中实线区域是锗酸盐的单相结晶区, 虚线区域是有另一化合物(CdO 或 GeO_2)结晶的区域. 图 9.33(b)将同一个相关系表示在初始成分三角形中. 三角形中的每个点代表了一定温度、一定溶剂浓度、一定初始液-固体积比条件下某一结晶材料的初始氧化物成分.

由于控制程序的复杂性, 自发结晶和合成法一般不用于单晶的生长(自发结晶是指在自发出现的结晶中心上成核和生长).

在再结晶方法中, 晶体的生长是相邻颗粒(晶体)间的溶解和积集作用的结果. 这一过程一般会导致分散的原料颗粒或晶体的长大. 但是, 再结晶法也不用

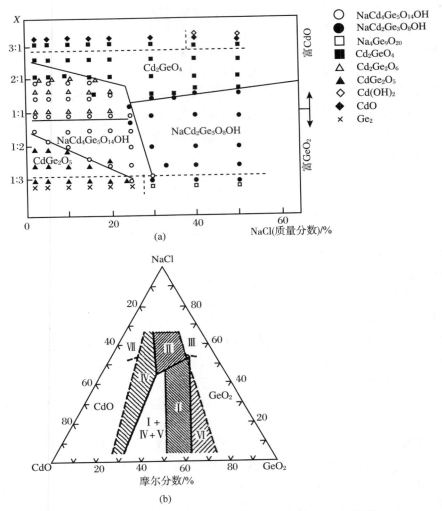

图 9.33 CdO-GeO₂-NaCl-H₂O 系统的结晶相图[9.71]

(a) 在 X(CdO/GeO₂ 的摩尔比)和 C_B(矿化剂 NaCl 的浓度)坐标中;(b) 在初始成分三角形中. Ⅰ. NaCd₄Ge₅O₁₄OH; Ⅱ. NaCd₂Ge₃O₈OH; Ⅲ. Na₄Ge₉O₂₀; Ⅳ. Cd₂GeO₄; Ⅴ. Cd₂Ge₂O₆; Ⅵ. CdGe₂O₅; Ⅶ. Cd(OH)₂. 阴影区是单相结晶的区域.

来生长单晶,因为控制分散晶粒附近的过饱和度实际上是不可能的.

大块单晶一般是在确定的 PVTC 条件下,用与生长晶体相同成分的原料,由直接再结晶法生长的.

为获得所需取向的大块单晶,通常在籽晶上进行定向生长.定向生长时,籽

晶置于高压釜的顶部.顶部用特制的带开口的或带导流管的隔板与"热"区隔
开.隔板的目的是调整溶液的流速和流向,使高压釜内的温度场重新分布,如图
9.34 所示.

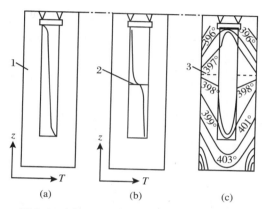

图 9.34　高压釜内自然对流形成的温度分布

　(a) 无隔板;(b) 有隔板;(c) 500 kp/cm² 压强下,自然对流形成的温度场[9.72].
　1.高压釜体;2.隔板;3.水平等温线.

　　如果到达生长区的补给溶液是连续的、均匀的,那么在给定条件下籽晶上
的晶体生长将以一定的速度进行.影响籽晶上晶体生长速度的主要参数有:籽
晶的晶体学取向、过饱和度、温度、压力、矿化剂浓度、溶解度温度系数、溶液的
化学性质、原料面积 S 与籽晶总面积 S_1 的比值以及高压釜内隔板开口的大小
和隔板的位置.

　　最后两个参量决定着到达生长区的原料总量. 比例 S/S_1 的选择取决于生
长速率和溶解速率间的关系. 在相同的条件下,晶体的溶解速率远高于生长速
率,因此原料的溶解对生长速率的影响仅在 S 小于或稍大于 S_1 时才有作用. 现
已证明:对于石英 $S/S_1 \geqslant 5$、对于刚玉(Al_2O_3)$S/S_1 \geqslant 20$ 时,生长速率不再随 S
的增大而增加[9.60,9.73]. 为此, 使用足够大的多孔颗粒原料是有利的. 非晶或松散
原料一般应预先烧结,这样溶液不会从原料中流过,溶解过程只在较小的面积
上进行.

　　隔板的开放面积 f 影响着溶液的对流速度,从而决定了向生长区的质量输
运. 若 f 较小(小于高压釜空腔截面的 1%),溶液的对流运动会在隔板上、下建
立起两个温度区. 隔板限制着两区间的质量交换. 在上述条件下,晶体的生长速
度很低,甚至能看到籽晶的溶解. 随着 f 的增大,向生长区输送的溶化原料随之
增多,生长速率也随之增加. 在绝大多数情况下,f 的值是高压釜内截面面积的

3%—8%,这一值已被证明是很接近最佳值的.

综上所述,在较小的 S/S_1、较低的溶解速率和较低的对流速度条件下,到达生长区的原料不足以满足相应温度和相应温差下最大生长率的需要.不充分的质量交换使生长晶体具有许多因原料供应不足而引起的缺陷.相反的情况是晶体的生长速率不依赖于原料的溶解和原料向生长区的输运(过度质量交换).这种情况对晶体的生长是有利的.

迄今为止,所有水热晶体的晶面生长速率都随过饱和度线性增加:

$$V = \beta \Delta C_A. \tag{9.4}$$

式中的动力学系数 β 已在 3.1.2 小节中讨论过.

在实用中,测量生长速率随生长区和溶化区间温差 ΔT 变化的关系更为常见.由于过饱和度 ΔC_A 一般随 ΔT 线性增大:

$$\Delta C_A \sim \Delta T. \tag{9.5}$$

所以,生长速率与"过冷度" ΔT 间的关系也可表示成直线的形式.

图 9.35 是石英[9.74]和方钠石 $Na_8Al_6Si_6O_{24}(OH)_2 \cdot nH_2O$[9.75]晶体的生长速率与 ΔT 之间的关系.从图中可见,不同晶面的斜率是不同的,即生长速率是各向异性的(见 3.1.3 小节),并且,生长速率的各向异性随过饱和度的增大而略有增加.图 9.35 的另一重要特点是直线 $V(\Delta T)$ 在 ΔT 外推到 0 时不到达原点,而是交 x 轴于一确定值 ΔT.与此过冷度 ΔT 相对应的过饱和度称为临界过饱和度.一般来说,临界过饱和度对不同的晶面是不同的,有时甚至可以有很大的差别.临界过饱和度很大的晶面除非在特殊条件下,一般是不生长的.此外,临界过饱和度随温度的升高而减小,并且强烈地依赖于溶液成分.例如,在碳酸钾、碳酸钠溶液中,刚玉晶体(0001)面的生长速率实际上是零;而在重碳酸盐溶液中,该面的生长速度即使在相当低的 ΔT(如约 10 ℃)下,也达到了相当大的值.

在一定的过饱和度下,各晶面的生长速率随温度的升高而增加,这从式(9.4)中的动力学系数 β_v 的温度特性中可以看出.在许多情况(包括所有的快速生长面)中,这一特性服从下面的 Arrhenius 公式:

$$\frac{\partial \ln \beta}{\partial T} = \frac{E}{RT^2} \tag{9.6}$$

(E 是生长的激活能),因而生长速率的温度关系在 $\ln V - 1/T$ 坐标中是一条直线;而在另一些情况中(通常是慢速生长面),可以观察到该曲线对线性的偏离.直线 $\ln V(1/T)$ 对坐标 $1/T$ 的斜率就是激活能 E 的值.石英、刚玉、方钠石、氧化锆等晶体各晶面激活能的测量值在 10(一般为 15)—40 kcal/mol 之间.已经确证:石英、刚玉的激活能在不同类型的溶液(Na$_2$CO$_3$、K$_2$CO$_3$、NaHCO$_3$)中的变化甚小.较高的晶面生长激活能表明生长过程不是由材料在溶液中的扩散所控制的(扩散的激活能不超过 4—5 kcal/mol),而是由直接发生在生长晶面上的过程所控制的.

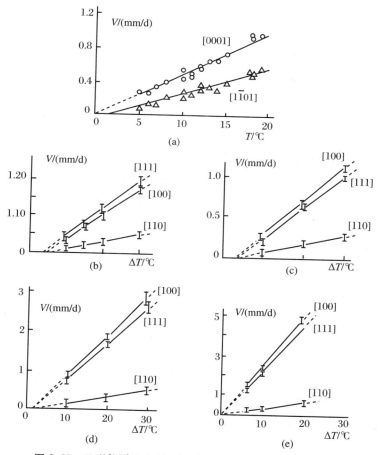

图 9.35　石英[9.74]和方钠石[9.75]晶体各晶面的生长速率 V
与生长区和溶解区之间温差 ΔT 的依赖关系

(a) 石英晶体的底面(圆圈)和小菱面体面(三角)生长;(b)—(e) 方钠石晶体,生长方向已表示在图上,生长温度为:(b) 200 ℃;(c) 250 ℃;(d) 300 ℃;(e) 350 ℃.

水热实验中经常使用的压力显然不直接影响生长速率.但是压力仍可以通过其他参量(如质量交换、溶解度等)发生作用.压力还会影响溶液中复杂复合物的分解,一般是阻止它们的分解.压力的增加引起水特征体积的不均匀改变,从而影响高压釜内的质量交换.作为一级近似,溶液的对流速度可以认为正比于高压釜上、下两区的温度所对应的比容之差.对于固定温差的水(以及低浓度的水溶液)这个差值随温度的升高而减小.所以,温度的升高使对流速度减小,并引起高压釜内温度分布的改变、生长区过饱和度的改变和相应生长速率的减小.

矿化剂通过影响结晶物的溶解度而影响生长速率的作用与压力相似(溶解度显然与矿化剂浓度有关).另外,矿化剂浓度的改变还改变了溶解度的温度系数 $\partial C_A/\partial T$(参阅文献[9.59]).随着固定温差 ΔT 下矿化剂浓度的增大,生长区过饱和度的改变会使晶体的生长速率增大(或减小).刚玉、氧化锆和闪锌矿晶体的结晶经验显示:当矿化剂的浓度可以维持相当高的溶解度 C_A 后(对 ZnS 为 1.5%(质量分数)、Al_2O_3 和 ZnO 为 2.5%(质量分数)),生长速率实际上已不依赖于矿化剂的浓度[9.57,9.40].

矿化剂还能被晶面吸附,阻止其生长.这种情况中的矿化剂必须与普通杂质一样处理.最后,矿化剂还能与晶体表面上吸附的杂质作用,引起生长速率的增加.刚玉和氧化锆晶体在含钾溶液(KOH、K_2CO_3)中的生长速率比在含钠溶液($NaOH$、Na_2CO_3)中的高.这一现象不可能用生长区过饱和度的改变来解释,因为含钾溶液中的过饱和度肯定比含钠溶液中的低,唯一可能的解释是钾同表面上吸附的杂质发生了作用.该杂质被认为是一层化学吸附的水[9.76].

9.3.6 水热晶体的缺陷及消除方法

由于水热结晶在相对较低的温度(远低于熔点)下完成,因此晶体中不存在较强的热应力、弹性形变和许多种类的结构缺陷(分块、波纹等),除非这些缺陷是由籽晶中的缺陷所引起的.在白宝石 Al_2O_3、钇和稀土金属元素的正铁氧体晶体中,晶块间的最大取向差不超过 $3'$.通过自发结晶可以获得低位错密度的金红石(TiO_2)晶体,而用籽晶可以获得面积达 $300~cm^2$ 的无位错石英晶体.另一方面,由其他因素造成的应力上升不可能由范性形变释放,最后当应力超过弹性极限时,晶体破碎.由此可见,裂缝是水热晶体的最常见缺陷.

水热晶体的缺陷既与籽晶的质量也与生长条件有关.许多缺陷(如应力、分块、裂缝)的最主要原因是籽晶中的缺陷.籽晶和生长晶体间结晶化学性质上的失配(晶胞参数的较大差值或化学成分上的差别)也会在生长晶体中造成缺陷.晶胞参数约有 $0.00005~nm$ 的差别就会使石英产生裂缝,而 Al_2O_3 在蓝宝石上生长时该值约为 0.0001 nm,在红宝石上生长时约为 0.00005 nm[9.40,9.77].

　　籽晶的晶胞常数和生长晶体的晶胞常数之间所能允许的最大差值与晶体的类型和籽晶的取向有关.此外,晶体的解理、杂质的存在和杂质的不均匀分布也会助长裂缝的出现.

　　杂质的不均匀分布不仅与生长条件(温度波动造成的材料溶解度变化和溶液主要成分浓度改变)有关,而且与各晶面对杂质的不同吸附能力以及各生长四面体的不同杂质俘获系数有关.不均匀的杂质分布在晶体的带状结构和扇状结构中可以看出(见 4.3 节).带状结构和扇状结构在生长掺杂晶体时特别重要.

　　采用石英中的术语,杂质可以分为结构性的和非结构性的两类.非结构性杂质包括液相夹杂物,如石英中的硅酸钠、硅酸钾胶体分散相夹杂物.非结构性杂质在晶体中不会引起强烈的应力,但也明显地改变了晶体的物理性质,如光学性质.结构性杂质包括晶体基本点阵的替代离子或填隙离子.这些离子可以来自溶剂成分、掺杂物,也可以来自原料、溶剂中的杂质(当初始原料不够纯时).结构性杂质改变了晶胞常数,从而引起应力.例如,在无杂质水热刚玉中,应力不超过 1.4 kp/cm^2,而在含氟杂质的水热刚玉中,应力增加了 5 倍多.

　　水热晶体的典型杂质是 H_2O、H^+ 和 OH^-.这些杂质对晶体的热导率、微硬度、光电性质、发光效率等都有相当大的影响.石英晶体中水离子(或分子)的俘获对 Q 因子不利.此外,水杂质还会影响石英的相变温度、密度.在红宝石中,水杂质影响强度、硬度和内耗.为了获得高质量的晶体,有必要降低晶体中杂质水的含量.常用的方法包括:提纯初始原料、去除其中会引起水俘获系数增大的杂质、选择水俘获系数最小的模式结晶或在特定条件下退火.例如,稀土铁石榴石单晶的铁磁共振线的半高宽与质子 H^+ 的含量有关,当用 D_2O 取代原料中的 H_2O 后,晶体的质量有显著的提高[9.78].生长石英晶体时,降低原料中 Al^{3+}、Fe^{3+}、Fe^{2+} 和 Na^+ 离子的浓度可以降低氢离子的俘获[9.79].降低碱土金属的含量,也可以降低钇铁石榴石和稀土铁氧体晶体中 H^+ 的含量[9.78],从而提高晶体的质量.

　　石英和氧化锆是能由热处理去除水杂质的晶体.石英在氢气氛中退火可以减少晶体中氢氧离子 OH^- 的含量;而氧化锆在锂气氛中退火可以改善锆氧配比、增加晶体的暗电阻率[9.80].

　　高生长速率引起的典型缺陷是液相夹杂物.液相夹杂物也是枝晶状生长的特征.Ikornikova[9.45]证实:$CaCO_3 - NaCl - CO_2 - H_2O$ 系统在高过饱和度下

生长的方解石晶体会随着枝晶的形成出现菱面体的变形. 晶体的非骨架式形貌（对于 $CaCO_3$ 是典型的苜蓿叶状枝晶）是由生长晶体附近的浓度分布造成的. 晶体附近的浓度在晶体表面达到最大, 随着与晶体距离的增大而减小（见 5.3 节）.

在一定的临界值以下, 生长速率的下降可以显著地降低石英对胶体杂质的俘获. 各个晶面都有一个特定的临界俘获速率（见 6.1.2 小节）. 当生长区温度 $T > 400$ ℃时, 生长速率的增加会引起石英中 Al 结构性杂质含量的增加[9.81]; 而当 $T < 400$ ℃时, 这个关系正好相反[9.82].

晶体中缺陷的性质和分布与溶剂的类型有关. 例如, 在 KOH 溶液中生长的 $Y_3Fe_3O_{12}$ 晶体中, H^+ 杂质的含量远小于从 NaOH 溶液中生长的[9.52]. 缺陷和溶剂类型的联系还可从 ZnS 晶体的生长中看出.

水热条件下生长的闪锌矿（ZnS）晶体即使具有很高的整体完整性, 仍有许多点缺陷、堆垛层错和夹杂物[9.83]. 在低 pH 值溶液（矿化剂 H_3PO_4）中获得的晶体只含少量的平面结构缺陷, 基本上不含非结构性夹质物——第二相 ZnO. 但是, 在这样的晶体中, 点缺陷的浓度是很高的. 与之相比, 从碱性介质（KOH）中生长的晶体的本征点缺陷浓度很低, 但堆垛层错的浓度有所增加, 同时晶体含有钾杂质和氧化锌（ZnO）夹杂物. ZnS 中堆垛层错的增加显然是由于晶体中硫的短缺和氧化锌夹杂物的出现所引起的. 而在含 NH_4Cl 的溶液中生长的 ZnS 晶体的结构性缺陷最多. 但是, 这些缺陷可以通过在溶液中引入过量的硫、提高结晶温度或预先对原料进行热处理而得到改善.

如前所述, 籽晶缺陷是水热晶体中缺陷的最主要来源之一. 籽晶的结构缺陷一般都会在生长晶体中延续. 因此, 使用高质量的籽晶是获得完整晶体的重要条件. 通常情况下, 用于水热生长的籽晶最好是在相似条件下用水热法预先生长的晶体.

如果只有低质量的晶体, 可用一个渐进过程获得高质量的晶体. 生长程序是这样的: 每一次生长完成后, 从籽晶上剥离下来的生长层用作下一次生长的籽晶. 为了获得高质量的晶体, 这样的剥离-生长过程常常需要十几次甚至更多. 籽晶剥离法在方钠石（铝硅酸钠）单晶的生长中已经使用, 最初的籽晶是用含大量杂质、微观夹杂物、应力和其他结构缺陷的天然晶体制备的.

籽晶的选择在异质外延生长中特别重要. 为了得到单晶, 一般应使用与生长晶体结构相似但成分不同的晶体作为籽晶（如在同构硅酸盐籽晶上生长锗酸盐, 在钇铝石榴石籽晶上生长铁石榴石）. 因此, 要获得不含籽晶元素（上述情况中的 Si、Y 和 Al)的单晶(籽晶中的元素成为生长晶体中的杂质),往往需要一个足够长的选择过程.

另一个获得高质量晶体的方法是在点状籽晶上生长晶体.点状籽晶通常是水热条件下生长的小晶体.这一方法已在锌锗酸钠(Na_2ZnGeO_4)、钨酸盐($CdWO_4$、Li_2WO_4)和正钇铁氧体($YFeO_3$)等晶体的生长中使用.

9.3.7 一些水热法生长的晶体

许多种类的化合物已在水热条件下合成:从元素、简单氧化物到复杂氧化物、硫化物、钨酸盐、钼酸盐、碳酸盐、硅酸盐和锗酸盐等.

石英的水热结晶已取得了很好的结果.目前,水热法也是生长石英 SiO_2 单晶的唯一有效方法.

无线电工程中的大量应用对石英晶体提出了需求.生长高质量石英晶体的重大进展归功于相对简单的生长系统($SiO_2 - Na_2O - H_2O$ 或 $SiO_2 - Na_2CO_3 - H_2O$)和相当简单的生长过程.石英单晶是在 300 ℃ 左右的温度、700 kp/cm² 的压力下从 NaOH 或 Na_2CO_3 水溶液中结晶得到的.结晶容器的体积约为几立方米,无需特制的衬里.

由光学均匀的石英单晶制成的压电设备已成功地用于各类无线电设备中.水热石英的 Q 因子和频率温度系数都比天然石英好.

氧化锌(ZnO)是半导体材料中的最强压电晶体,这一性质正是生长氧化锌的目的所在.水热法已被证明是生长高质量立方结构氧化锌的最好方法.生长氧化锌的溶剂用 4—15 mol/kg 浓度的 NaOH 或 KOH 水溶液[9.42,9.80],溶解区的温度为 300—450 ℃,生长区的温度为 250—380 ℃,填充系数为 0.7—0.9.如果在溶液中添加矿化剂 LiOH 或 LiF(质量分数为 0.1%—2%)可以极大地提高晶体的质量.上述条件下生长的氧化锌晶体的电阻率较低(10^{-2}—10 Ω·cm),如果再将晶体在 800 ℃ 下的空气或熔融 Li_2CO_3 中退火,可使电阻率增至 10^8—10^{13} Ω·cm.

立方结构闪锌矿 ZnS 晶体在半导体、压电和电光材料中的用途很广.闪锌矿的结构与六方纤锌矿的结构相似(两种结构都是用相同的原子层堆垛起来的).因此,可能出现 ZnS 的多形性调制结构.

由接近相变温度(1020 ℃)的气相或熔体生长的 ZnS 晶体在立方的网格中有六方相的夹层出现.水热条件下的结晶温度远低于上述相变温度,所以有可能获得完整的"纯"立方相 ZnS.在制备 ZnS 立方相单晶时,用碱(KOH)或酸

(H_3PO_4)作溶剂[9.42,9.83]. 在 355—365 ℃ 的温度下,以 $\Delta T \approx 12$ ℃ 可从质量分数为 30%—40% 的 KOH 溶液中获得体积为 1.5 cm^3 的闪锌矿晶体. 上述条件下的生长速率 V 可以高达 0.15 mm/d,但随结晶学晶面的不同而略有不同:

$$V_{(111)} > V_{(110)} > V_{(100)}.$$

在浓 H_3PO_4 溶液中,闪锌矿 ZnS 是在 360—400 ℃ 的温度、1000 kp/cm^2 左右的压强下获得的.

方钠石 $Na_8Al_6Si_6O_{24}(OH)_2 \cdot nH_2O$ 单晶由于其压电性和光色性而受到重视. 方钠石晶体的光色心是由穿过晶体的电磁辐射场或快速核粒子激发的. 激发后的晶体在 530 nm 附近出现一个吸收带. 最有效的激发辐射是具有很高穿透能力的 ^{60}Co γ 射线. 激发的吸收带可用可见光消除,用波长小于 350 nm 的紫外线恢复.

方钠石的成分中含有 OH 根和水,这样的晶体很难用其他方法生长. 几立方厘米大小的方钠石单晶是在温度为 200—450 ℃、压强小于 1000 kp/cm^3 的高浓度 NaOH(质量分数为 30%—50%)溶液中生长的. 生长时的温度为 10—30 ℃[9.75]. 高压釜的衬里是银或聚四氟乙烯,以防高压釜被碱性溶液腐蚀. 测得的方钠石晶体的压电模量是所有已知的 43 类立方压电晶体中的最高者(12.9×10^{-8} cgs). 用方钠石制成的换能器与 γ 切割的石英有相同的剪切参数,但就集中于峰值频率和沿(001)极化时经历纯剪切的程度而言,方钠石比石英更优越[9.84].

为了生长方钠石单晶,发展了一种新的单晶生长方法[9.85]. 首先在单晶籽晶上蒸发一层非晶碳、二氧化硅或者多晶金、银,籽晶预先进行机械抛光和化学抛光或离子轰击. 碳、二氧化硅层厚为 7—10 nm,金、银层厚为 50—500 nm. 带涂层的籽晶置于普通银衬里的高压釜中进行籽晶结晶. 其他生长规程和实验条件与温差法生长方钠石的一致.

人们观察了方钠石单晶在涂层籽晶上的生长情况(图9.36). 能够维持单晶生长,并能生长完整晶体的最佳涂层厚度已经确定. 此涂层的极限厚度为:金 300 nm、银 250 nm. 此外,极限厚度还随结晶学方向的不同而略有不同.

在涂层上生长的方钠石单晶的结构比无涂层籽晶上生长的更为完善,尤其是涂层生长单晶的裂缝含量远少于籽晶. 涂层可以"滤掉"一些结构缺陷. 另外,在涂层上生长的单晶不直接粘连在籽晶上,生长晶体很容易从涂层和籽晶上剥离.

铁石榴石有价值的磁学性质推动了 $A_3B_5O_{12}$ 型化合物(最简单的成分是 $Y_3Fe_5O_{12}$)的生长. 铁石榴石的性质使它在存储器中很有应用.

图 9.36 在涂层籽晶上生长的方钠石单晶(O. K. Melnikov)

铁石榴石可以生长成块状晶体[9.54],但更重要的是它的薄膜[9.86].不同石榴石的生长条件基本类似:温度为 330—530 ℃,$\Delta T = 30$—40 ℃,$F = 0.6$—0.8,溶剂为 10—20 mol/kg 的 KOH、4 mol/kg 的 NaOH.生长大块晶体时,使用相同材料的籽晶,而在制备薄膜时,要在成分不同的非磁性(或磁性)衬底上进行外延生长.薄膜可以用氧化物和氢氧化物合成生长,也可由同成分的原料再结晶得到.所用衬底[9.87a]有 $Gd_3Ga_5O_{12}$、$Gd_3Sc_{5-x}Ga_xO_{12}$ 和 $Nd_xGd_{3-x}Ga_5O_{12}$.此外,水热法还用来制备 $R'_xR''_{3-x}Ga_yFe_{5-y}O_{12}$ 型各种成分的磁性薄膜(其中 R' 和 R'' 是稀土元素).

9.4 高温溶液生长(熔盐生长)

在生长复杂得多的组元单晶时,广泛采用高温溶液生长法(所谓的"熔盐生长").高温溶液生长法利用的是难熔化合物在液态无机盐或液态氧化物中的高溶解度特性.这种方法最重要的优点是能在空气中以远低于结晶材料熔点的温度生长;缺点是系统中出现了能被生长晶体俘获的溶剂.

熔盐生长是最早用来生长工业晶体的方法之一. 19世纪末,用熔盐法得到了刚玉单晶. 现在,熔盐生长已用来生长金刚石、钇铁石榴石、钛酸钡等晶体[9.87b,9.87c].

熔盐法还常常用来寻找新的晶体材料,这是因为熔盐法可以用简单的技术使多元化合物结晶. 利用熔盐生长时应考虑结晶物-溶剂系统相图的细节. 理想情况的系统相图不应包含稳定的化合物或稳定的固溶体相,也就是说应与二元系统的最简单相图相似(图9.37). 相图中的最重要参数是液相线的斜率,结晶过程的温度-时间规程正是由该斜率决定的. 对于相图较复杂的系统,也有从熔盐中生长晶体的可能,例如存在一个稳定相的系统. 与结晶材料同时形成的化合物必然会影响溶液的过饱和度;而当结晶材料与溶剂形成固溶体时,由于溶剂进入了晶体,情况会更为复杂.

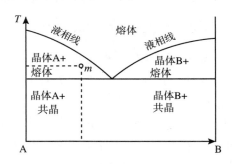

图9.37 二元系统的相图

点 m 表示的是生长温度和初始溶液成分.

综上所述,熔盐生长的成功运用主要取决于溶剂的选择. 溶剂应具备的条件是:

① 充分溶解结晶物(溶解度(质量分数)为10%—50%);

② 结晶物的溶解度温度系数(液相线的斜率)不低于1%(质量分数)/10 ℃;

③ 低蒸气压;

④ 与容器材料和结晶气氛不发生反应.

结晶所需的溶液过饱和度既可由降温也可由溶剂蒸发获得. 两种方法中前者更为普遍,并且是发展中的许多工业晶体(如钇铁石榴石、云母、金刚石)的基本生长方法.

当液相线成分显著偏离结晶物化学成分时,结晶过程也可认为是熔盐法的一种.在这一方法中,过量的组分起到了溶剂的作用.例如,生长立方结构的钛酸钡 $BaO \cdot TiO_2$($BaTiO_3$)单晶时,过量的 TiO_2 被用作溶剂.生长过程在铂坩埚中进行,二氧化钛化学成分的超过量为 5%(图 9.38).图 9.39 是上述结晶器的装置图.生长方法与提拉法(见 10.2.1 小节)相似:晶体从以极低速率降温($\leqslant$0.1 ℃/h)的、高精度保温($\pm$0.1 ℃)的溶液中拉出.运用这一技术,可在直径为 50 mm、高为 60 mm 的铂坩埚中生长出尺寸约为 10 mm × 10 mm × 10 mm的高度完整单晶.在不使溶液成分复杂化的要求下,使用结晶物中某一过量组元作为溶剂是很方便的.但是,使用专门的溶剂可使溶剂成分在很大范围内改变.最为常用的溶剂是 $PbF_2 - PbO - B_2O_3$.生长钛酸钡时,也可使用 KF 溶剂.尽管 KF 与铂容器壁有微弱的相互作用,但 KF 有许多其他优点,例如溶液表面上不存在自发结晶,因为钛酸钡的密度超过了氟化钾;KF 的高水溶性使得从溶液中取出生长晶体的过程非常容易.初始溶液含质量分数为 70%的钛酸

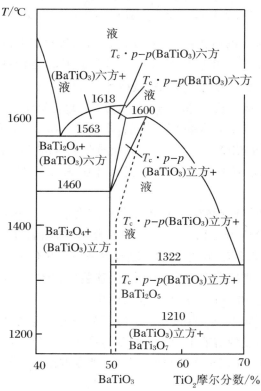

图 9.38 $BaO - TiO_2$ 的相图

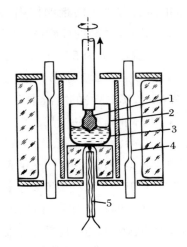

图 9.39 用提拉法从熔盐中生长晶体的装置

1.生长晶体;2.坩埚;3.熔盐;4.加热元件;5.热电偶.

钡和质量分数为 30% 的氟化钾,后续的温度-时间规程如下:坩埚在 8 h 内加热至1500 ℃,然后以 20—50 ℃/h 的速率冷却至 900 ℃.溶液移去后,坩埚中的晶体以 10—50 ℃/h 速率的退火规程缓慢冷却.

另一个用降温法生长单晶的例子是云母($KMg_3(AlSi_3O_{10})F_2$)的合成.溶剂用碱金属氟化物和碱土金属氟化物的混合物:$LiF-MgF_2$、$LiF-BaF_2$ 或 $LiF-CaF_2$.溶液中云母的浓度为 20%—50%(质量分数),溶液温度在 1000 ℃ 附近,容器由铁或铂制成.这种方法可用来生长体积为几立方厘米的小面化云母单晶.

降温法在大块钇铁石榴石单晶的生长中应用很广.图 9.40 是 $Y_3F_5O_{12}$ 的溶解度曲线.溶剂是 $PbO-PbF_2-B_2O_3$ 的混合物.结晶温度在 1300—950 ℃ 之间,冷却速率约为 0.5 ℃/h.生长的关键步骤是在 950 ℃ 时,通过焊接在坩埚底部的一个铂箔开口将坩埚中的溶液倒出.上述装置在图 9.41 中给出,用此装置可以生长体积约为 10 cm³ 的钇铁石榴石单晶.

溶剂蒸发法可以生长一些只在较窄温度范围内稳定的材料的高质量单晶.溶液的非同成分蒸发使溶液中的一个相变为稳定并开始结晶.这种方法已用来生长如 HfO_2、ThO_2、CeO_2 之类的难熔晶体.蒸发温度一般在 1200—1500 ℃ 的范围内.

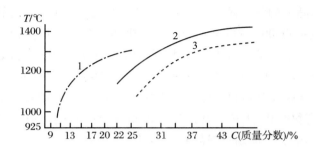

图 9.40 $Y_3Fe_5O_{12}$[①] 在不同成分溶剂中的溶解度曲线[9.88]

1. $0.8PbO - 0.3B_2O_3 - 1PbF_2$；2. $1.3PbO - 0.3B_2O_3 - 1PbF_2$；
3. $1.1PbO - 0.5B_2O_3 - 1PbF_2 - 1.5BaO$(按摩尔比).

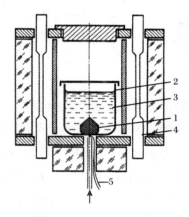

图 9.41 生长钇铁石榴石($Y_3Fe_5O_{12}$)的装置

1.生长晶体；2.坩埚；3.熔盐；4.加热元件；5.热电偶.箭头是冷气(氩)的流动方向.

熔盐生长也可分为两大类：自发结晶和籽晶结晶.

自发结晶主要用于研究工作.自发结晶的技术简单,但得到的晶体尺寸较小,质量较低,这是因为结晶条件很难完全控制.为了减少结晶中心的数目,人们提出了局部过冷法.局部过冷法能够在溶液中形成一个或几个晶核.图 9.41 是局部过冷法的略图：一束冷气流射向坩埚底部中心的一个小区域,籽晶即在此处形成.由于溶液的体积一般很大(约 10—20 L),冷气喷射造成的整个生长期间的过饱和度变化很小,结晶过程是在接近固定的过饱和度下进行的.这种方法已用来生长铁石榴石和正铁氧体单晶.

① 英文版误为 $Y_2Fe_5O_{12}$. ——译者注

金刚石单晶最初是从碳-金属溶液中由自发成核合成的.结晶的温度约为
1500 ℃,压强为 50000—60000 kp/cm². 合成中不同价态的过渡金属,如铬、锰、
钴、镍、钯用作催化剂兼溶剂.结晶原料通常是石墨.原料加热后,如能保证上述
条件,可以形成含金刚石的溶液.图 9.42 是用来生长金刚石的超高压装置图.
一个由石墨和金属混合物制成的小圆柱体受到压缩,然后用直流电直接加热混
合物,并使混合物熔化.上述方法解决了磨料级金刚石的合成.小晶体(不超过
十分之一毫米)的制造周期一般需要一小时.

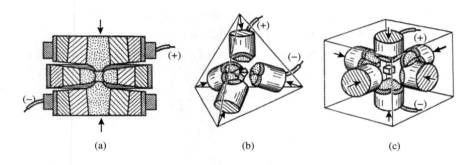

图 9.42　生长金刚石单晶的装置[9.89]

(a) 箍状装置;(b) 四面体装置;(c) 立方装置.箭头为压缩方向,(＋)和(－)为电线.

籽晶结晶法广泛用于大块完整单晶的生长.已经发展了几种籽晶结晶方
法,最简单的是在溶液中放一颗籽晶.籽晶经过最初的溶解后,开始降温生长.
这里的一个重要因素是晶体周围的过饱和度.通过旋转可以获得结晶原料向晶
体的均匀输运.H. J. Scheel 发明的坩埚加速旋转技术(ACRT)能实现溶液的
有效搅动.在 ACRT 技术中,坩埚周期性地改变旋转方向,并且旋转速度也按
预先设计好的方案改变[9.90].

在另一种溶液的籽晶结晶法中,原料在温差的作用下从较饱和的容器底部
向顶部(生长区)输运.这种方法已用于生长铌酸钾、铁酸钾和钇铁石榴石单晶.

随着对从溶液中提拉晶体的反复实践,溶液籽晶提拉法有了长足的进步.
在溶液籽晶提拉法中,籽晶从溶液上方与溶液接触,然后,当籽晶以 0.1—
0.5 mm/h的速率拉出溶液时,晶体就在籽晶上不断生长.这种方法要求准确的
温度控制(1500 ℃时误差 ±0.1 ℃)和准确的提拉速率(±1 μm/s).上述条件已
在钛酸钡、钛酸锶单晶的生长中发展完善.

表 9.1 列出了一些工业单晶的生长条件.

表 9.1 熔盐生长的条件[9.91]

化合物	化学式	溶剂	生 长 条 件
钇铁石榴石	$Y_3Fe_5O_{12}$	PbO	溶液以 1—5 ℃/h 的速率缓慢冷却
钛酸钡	$BaTiO_3$	TiO_2	以 0.1—0.5 ℃/h 的冷却速率从 1200 ℃ 的溶液中拉出
钇铝石榴石	$Y_3Al_5O_{12}$	$PbO-PbF_2$	以 4—5 ℃/h 的速率从 1500 ℃ 缓慢冷却至 750 ℃
绿玉	$BeAl_2Si_6O_{16}$	$Li_2O - MoO_3$、B_2O_3、$PbO-PbF_2$	以 6 ℃/h 的速率从 975 ℃ 缓慢冷却
铁酸镁	$MgFe_2O_4$	PbP_2O_7	以 4.3 ℃/h 的速率从 1310 ℃ 缓慢冷却至 900 ℃
钒酸钇	YVO_4	V_2O_5	以 3 ℃/h 的速率从 1200 ℃ 缓慢冷却至 900 ℃
难熔氧化物	HfO_2、TiO_2、ThO_2、GeO_2、$YCrO_3$、Al_2O_3	PbF_2、$BiF_3 + B_2O_3$	1300 ℃ 下蒸发

温度梯度区熔法(TGZM)与普通的区熔法相似:温度梯度引起一个沿样品运动的狭窄溶液区[9.92].图 9.43 是温度梯度区熔法的示意图,同时给出了材料的相图.一薄层固体 B 用作溶剂.溶剂置于坯料和籽晶之间.当样品在较高的温度梯度场内受热时,温度应维持在结晶物的熔点以下.在上述条件下,发生结晶材料的部分溶解,溶液层的厚度也超过了初始的溶剂层.若 $T_1 < T_2$(见图 9.43),液相层将沿棒上移.在 $T_1—T_2$ 温度区内,较冷液-固界面上的溶解持续到溶剂达到平衡浓度:$C_B = C_1$;而较热液-固界面上的溶解则持续到溶剂达到平衡浓度:$C_B = C_2 < C_1$.溶液内的浓度梯度使结晶材料向冷界面扩散,并在冷界面附近产生过饱和度以使材料 A 结晶.上述溶解-扩散-生长过程在温度梯度的作用下连续进行.

为获得低杂质浓度的晶体,应选用在结晶材料中溶解度较低的溶剂,而用降低温度梯度的办法(降低溶液区的移动速度)也可获得同样的效果.

运用 TGZM 方法,已制备了砷化镓、α 碳化硅(溶剂为铬)、锗(溶剂为铅)和

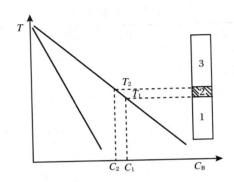

图 9.43　再结晶材料(A)和溶剂(B)系统的部分相图[9.93]

　　右侧是一根正在进行温度梯度区熔的棒材.1.新生长的 A 材料晶体;2.A+B 溶液;3.A 的固相原料.溶剂浓度 C_B 绘于图中的 x 坐标上.

硫化镓(溶剂为砷化镓)单晶.

高温溶液生长薄膜.熔盐生长已成功地用来生长外延薄膜和纤维晶体.这种方法又称为液相外延.液相外延常用来生长Ⅲ－Ⅴ族元素的化合物半导体单晶,也用来生长石榴石和正铁氧体单晶.许多这样的生长方法已经发展成熟.它们主要分成以下三类[9.94,9.95]:第一类方法简单地将薄膜上的溶液倒出;第二类方法将薄膜上的溶液强行移去;而在第三类方法中薄膜上的溶液全部结晶.

　　图 9.44 是一种从膜面上倒出溶液的装置(摆动容器法).衬底和溶液放置在一个由不与溶液发生反应的材料制成的容器内.常用的容器材料有石墨、石英和铂.容器在初始位置时,容器的倾斜使得溶液处于容器的底部,顶部放置的衬底不与溶液接触.容器转动(转动炉子的技术已经成熟)后,衬底被溶液浮起.

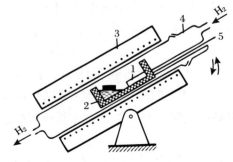

图 9.44　从膜面上倒出溶液的装置

1.衬底;2.容器;3.电阻炉;4.石英安瓿;5.热电偶.

随后温度的下降产生溶液过饱和度并使薄膜生长.生长结束时,将容器转回初始位置.这种方法已用于硫化砷薄膜的制备.除了简单以外,这种方法有许多不足,如浪费溶剂、生长条件不易控制、膜厚难以控制等.这些不足限制了它的应用.

将浸入溶液的衬底快速撤出而实现的液相外延获得了广泛的应用.这个过程在电阻炉中一个盛满饱和溶液的容器内完成.衬底支架以 2—10 r/min 的转速绕轴自转,使每个周期内衬底浸入溶液 1—3 mm.生长开始前,溶液温度先升高 5 ℃以浸蚀衬底,然后降温获得过饱和度和薄膜的生长.生长过程结束后,衬底撤出溶液.在上述薄膜生长进程中,溶液可以分批给料,生长也可以在液封条件下进行.这种方法已用于磷化镓(GaP)薄膜和 GaInP 固溶体的生长.在生长 GaInP 时,溶液中挥发性成分的蒸发明显地被液封所控制.

衬底从溶液中快速撤出的主要不足是效率太低.采用特制的多衬底夹可以显著地增加薄膜的产量,因而广泛用于 GaP、GaAs、GaAlAs 等薄膜的生长.如果需要制备特殊形态的薄膜,可先在衬底上沉积一层特殊的掩膜(如一层 250 nm 厚的 SiO_2 膜)使相应区域的生长不再进行.这种方法已用来生产发光二极管、Gunn 振荡管的触点等.

第二类方法涉及薄膜表面上溶液的强行移去.这类方法常用于制备多层结构的外延薄膜.膜的制备过程大致如下:盛满初始溶液的石墨容器被分割成几个隔离室.容器和衬底的相对运动使衬底依次与各室中的溶液接触(图 9.45).当一定量的材料从一给定室内沉积后,膜上的溶液由石墨"擦刮"掉或用水冲掉.然后衬底进入下一室,下一层的生长开始进行.多层结构的薄膜可在一个由多个盛满不同掺杂溶液的室构成的盒子中生长.杂质往往是在外延生长开始前

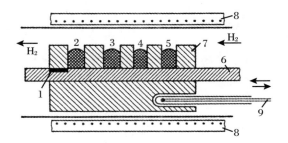

图 9.45 强行移去膜面上溶液的装置

1.衬底;2—5.溶液;6.滑块;7.盒;8.电阻炉;9.热电偶.

引入溶液的.膜的生长速率约为 1 μm/min.上述方法生长的薄膜具有高度完整性,因此这种方法常用来生产半导体激光器和 Gunn 振荡管.

在第三类方法中,溶液直到生长过程完全结束后才从薄膜(或多层膜)表面上除去.这类方法还包括毛细膜方法.在毛细膜方法中,两块以约 0.1 mm 的间距叠合在一起的衬底在氢气氛中加热至 800—900 ℃ 以清除衬底表面的氧化膜,然后在两板之间建立起一定的温度梯度.一滴液体原料(如 GaAs、GaP)放在两板的缝隙处.液滴在表面张力的作用下被吸入缝隙.液滴吸入后,有两种冷却结晶的方法:第一种方法是在液滴进入缝隙后立即开始冷却;第二种方法则是在热板向冷板的质量输运持续一段时间后开始冷却.在这两种方法中,冷、热衬底上均有薄膜生长,但在第二种方法中,冷衬底上生长的膜较厚.毛细膜方法的优点是可以在多片衬底上同时生长薄膜;不足之处是生长后期溶液中的原料逐渐耗尽,薄膜的质量也随之下降.

第 10 章

熔 体 生 长

制备单晶最常用熔体法生长.目前半数以上具有重要工业价值的单晶材料是用这种方法获得的.绝大多数从熔体中结晶的单晶材料具有简单的组分,如元素半导体、金属、氧化物、卤化物、硫化物等,但这并不意味着熔体法不能用来制备钨酸盐、钒酸盐和铌酸盐等复杂化合物的单晶体.在许多情况下,用熔体法可以制备包含五种或更多组元的单晶材料.

最适宜熔体法生长的是那些熔化时不分解、无多形性相变以及化学活性低的材料.该法的主要优点是生长速率比溶液法快,有时也比气相法快.

10.1 熔体单晶生长的物理化学基础

熔体的结晶伴随着一系列的物理和化学过程,它们大致可以分为以下四类:

(1) 影响熔体成分的过程,包括原料的热分解,原料同环境、分解产物蒸气和杂质的化学反应;

(2) 结晶前沿上决定相变的动力学过程;

(3) 决定晶体和熔体温度分布的热传递过程;

(4) 质量输运过程,特别是熔体对流和扩散引起的杂质输运.

结晶前沿上的过程和生长动力学在 3.1—4.1 节中已经详细讨论过.熔体法生长单晶的机制通常是垂直生长(此时固-液界面是粗糙的).垂直生长的速率与晶体取向无关,同时结晶前沿的过冷度极小,因而结晶前沿呈圆拱状,并且实际上与温度为熔点的等温面相重合①.

热传递过程已在第 5 章叙述过,它决定着熔体生长时结晶前沿的形状和稳定性.晶体中的应力已在第 6 章讨论过.熔体生长的杂质分布和作用可参阅 4.2 节和 4.3 节.

下面我们考虑由(1)原料热分解、(2)容器材料同熔体的化学反应和(3)熔体同结晶气氛作用等因素引起的物理化学过程.不弄清这些过程就不可能确定

---

① 需要较大过冷度的平面及晶面逐层生长常常可以在上述圆拱状的生长前沿上出现.这就是所谓的小面化生长效应,其出现条件在 5.2.5 小节和 10.3.2 小节中有讨论.

结晶时的温度-时间规程,也就无法确定单晶生长的条件和具体方法.

10.1.1 熔体的状态

熔体中原料的热分解[10.1]和化学反应可以改变原有的化学成分,并且助长了晶体中夹杂物、杂质条纹、晶界、位错和其他缺陷的形成[9.93,10.2].这些作用的强度依赖于温度-时间规程,其最佳参数可由结晶材料基本组分的相图并适当考虑稳定化合物的出现、稳定固溶区的范围、相变以及蒸发造成的成分变化后确定.

处理单晶生长时,相图通常可以简化.对于单元系统,相图可由压力和温度表示(PT 相图);而对于两元或多元系统,除了压力和温度外,还需要成分坐标(PTC 相图)[10.1].

对单元系统(如金属、半导体),对 PT 相图的研究有助于确定生长范围和生长气氛、压力的性质,这可以从图 10.1 所示的硅相图中看出.图中的阴影区域对应着实用的生长范围.按照这一相图,硅晶体可以在真空中,也可以在高压下生长.图 10.2 是碳的相图,按照这一相图可以得到石墨和金刚石两种单晶:石墨单晶在温度约为 4000 ℃ 和压强约为 1 kp/cm² 的条件下生成,而金刚石单晶虽然生成于相同的温度,但压强却要高达 2×10^5 kp/cm².

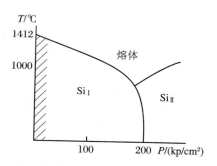

图 10.1 硅相图[10.3]

Si_I、Si_II 分别表示四配位相和六配位相.

常压下刚玉的熔化常伴随着热分解和 Al_2O 与其他气体化合物的形成[10.5].较高的分解产物蒸气压使熔体的结晶前沿被聚积起来的气泡所覆盖(图 10.3),这严重地影响了生长动力学和晶体的质量.

要肯定地给出多元系统的结晶条件,所遇到的困难更多,这时必须考虑各个组元的行为特性.例如,按照 $Y_2O_3 - Al_2O_3$ 的相图(图 10.4),钇铝石榴石的化学成分可表示为 $3Y_2O_3 \cdot 5Al_2O_3$.考虑到刚玉的热分解,可以预料熔体中的 Al_2O_3 会逐步贫化,并导致相图上邻近钇铝石榴石的另一稳定化合物铝酸钇($Y_2O_3 \cdot Al_2O_3$)的形成.

因此,熔体化学成分的改变将导致其他稳定化合物的形成.这种化合物以固体夹杂物的形式淀积出来(图 10.5).

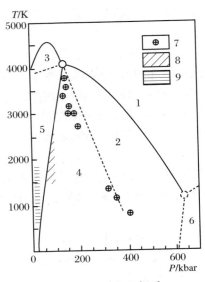

图 10.2　碳相图[10.4]

1.液体;2.稳定金刚石;3.稳定石墨;4.稳定金刚石和亚稳石墨;5.稳定石墨和亚稳金刚石;6.可能有其他固相的区域;7.和石墨向金刚石直接转变的实验条件相对应的点;8.金属熔媒法制备金刚石的 $P-T$ 区;9.低压形成金刚石的实验范围.

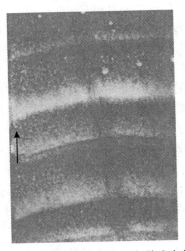

图 10.3　蓝宝石晶体中的气体夹杂物

晶体生长时,气泡首先被生长前沿排出,大量的气泡富集后,发生质量俘获效应,熔体得到净化.随后生长的晶体含有较少的夹杂物.这一周期过程在图中清晰可见.生长方向在图中由箭头表示[10.6].

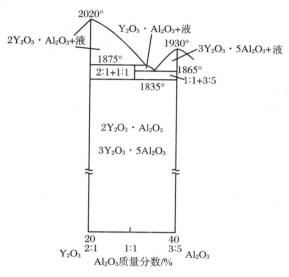

图 10.4 $Y_2O_3 - Al_2O_3$ 的相图[10.7]

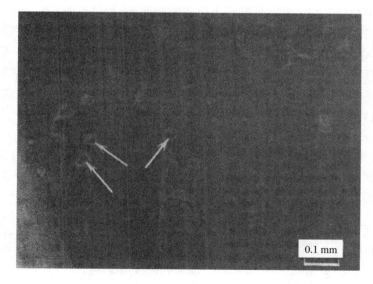

图 10.5 钇铝石榴石中的铝酸钇固体夹杂物(箭头所指)
夹杂物后端的"尾巴"是它被生长前沿排出时形成的.[10.2]

热分解的强度可利用它对压力、温度和熔融持续时间的依赖性加以控制[10.1].由于加压在技术上有许多困难,人们力求找到在真空或常压下结晶的条件.一般使用允许的熔体最高过热温度,同时使熔体只在短时间内保持熔融状态.在上述条件下,热分解强度适中.熔体过热的上限取决于分解强度,原料的蒸发和原料同容器材料、结晶气氛的化学反应.其下限则取决于熔体的黏滞性.过热太低会妨碍熔体的对流混合,例如,在 2150—2050 ℃ 之间,刚玉熔体黏滞系数改变了约两倍.熔体平均过热值一般在 $1.01T_m$—$1.03T_m$ 范围内.

利用区域熔化可以缩短熔体处于熔融状态的时间,区域熔化中只有一小部分材料处于液态.

蒸发造成的损耗通常通过在熔体原料中相应增加损耗成分加以补偿,而增加的量则由实验确定.在生长钇铝石榴石单晶体时,这一损耗是通过在原料中按化学成分增加 0.5%—1%(质量分数)的刚玉来补偿的.允许的最大成分偏差值由结晶前沿上出现相应组分富集引起的组分过冷来确定(参阅 5.3.3 小节).

10.1.2 容器材料

熔体同容器材料的化学反应是选择结晶方法的决定性因素,其基本要求是相互不溶解和不反应.这还不够,熔体同容器材料可能因第三种成分(如结晶气氛,原料中和结晶室、炉膛、容器壁上吸附的氧或水)的存在而发生反应.

选择容器材料的基本原则是容器材料与结晶物的化学键性质存在明显差异.绝缘晶体在金属容器中生长;有机晶体在无机绝缘容器中生长等.此外,容器材料还应具有足够的机械强度和可加工性;有与生长晶体相配合的膨胀系数和压缩系数;有较高的电导率来耦合高频加热;以及能用化学或其他浸蚀方法清洗.如果容器用结晶材料本身制成,则上述所有问题全部不复存在(见 10.2 节).

表 10.1 列出了生长单晶时常用的一些容器材料.其中最常用的是玻璃、石英、石墨、铂、钼、铱和钨.在低温区(800 ℃ 以下)常用铜、镍、铁、玻璃和有机材料;在中温区(800—1800 ℃)用贵金属、石墨和熔融石英;而在高温区(1800 ℃以上)用石墨、难熔金属和氧化物.

表 10.1　一些容器材料的工作条件

容器材料	最高工作温度/℃	结晶材料	气氛
Ir	2200	简单氧化物、钼酸盐、钨酸盐、钽酸盐、石榴石、铝酸盐	真空、惰性气体、还原性气体
Mo	2500	元素氧化物、石榴石、铝酸盐、氧化物	

（续表）

容器材料	最高工作温度/℃	结晶材料	气氛
W	3000		
W－Mo 合金	2500		
石墨	2500	氟化物、硫化物、氮化物、磷化物	含氟气体
Al$_2$O$_3$	1800	金属、砷化物、磷化物	真空、惰性气体、氧化性或还原性气体
ZrO$_2$	2500		
MgO	2500		
碳化物、氮化物	2500		惰性气体
Pt	1500	氟化物、钨酸盐、钼酸盐、锗酸盐、含氟化合物、氧化物	真空、惰性气体
Rh	1700		
Pt－Rh 合金	1650		
熔融石英	1200	金属、硫化物、砷化物、磷化物、氮化物	真空、氧化性气体
石英玻璃	1000		
Fe	1300	氧化物、有机物、氟化物	真空、还原性气体、惰性气体
Cu	800	有机物	
Al	500		
Pyrex 玻璃	600	有机物、金属	氧化性气体、惰性气体、真空
聚四氟乙烯	200	金属、有机物	氧化性气体、真空、中性气体、还原性气体、含氟气体

由于对熔体中性的材料不一定总能找到,有时在容器壁上衬上一层阻止熔体与容器反应的涂层.涂层材料应具有足够的机械强度,其膨胀系数应同容器材料接近,例如钼上涂硅形成的二硅化钼可以防止钼在 1400—1500 ℃ 以下氧化;铂上涂铱、钼上涂钨都可延长容器的使用寿命.

10.1.3 结晶气氛

在确定生长条件时还应考虑到熔体和容器材料同结晶气氛发生反应的可能性.对结晶气氛的组分和压强的选择依赖于结晶物的蒸气压和化学活性.结晶气氛的作用可以是被动的,也可以是主动的.在后一情形下,气氛和熔体的反应可以阻止或助长某些过程的进行.例如,在中性气氛下,刚玉中的三价铬保持不变,但在氢气氛下,其价态发生改变;氟化物中的二价钐在还原性气氛下保持不变,而在中性气氛下变为三价.

结晶气氛的组成应偏向于结晶物中容易挥发的组分.例如含氧气氛用于生长氧化物;含氟气氛用于生长氟化物;含硫气氛用于生长硫化物等.最后,结晶气氛还应满足以下两个条件:一是与熔体、容器材料和炉体装置不发生化学反应,二是气氛中的杂质必须易于去除.

生长单晶时,真空、中性气氛(氦气、氩气、氮气)和还原性气氛(空气、氧气)在结晶过程中的作用是不同的.真空用于净化熔体中溶解的气体、挥发性玷污物和热分解产物,其真空度取决于结晶物的蒸气压和熔体的温度.3×10^{-5} Torr 量级是最常用的真空度.温度为 800 ℃ 以上时,10^{-4} Torr 以下的真空度会使金属加热器和容器的破坏加剧,从而限制了这种真空的使用.真空常用于金属(铝、铜、铁等)、半导体(硅、锗等)和绝缘体(氟化物、刚玉、钇铝石榴石等)单晶的生长.

中性气氛被广泛用来抑制材料的热蒸发,在难熔金属氧化物及其化合物、硫化物、氮化物、砷化物等的单晶体生长中被大量使用.常用的气体是氦、氩和氮,因为已经有了化学提纯这些气体的有效系统.

还原性气氛用于阻止熔体的氧化.例如,生长萤石(CaF_2)时,氢氟酸气氛会阻止形成 $Ca(HCO_3)_2$ 的氢化反应;而在氢气氛中生长金属可以得到无氧金属单晶.

含氧气氛(空气、氧气)用来生长成分在氧中耗尽的单晶.氧化性气氛用作惰性气氛的对立面的可能性依赖于结晶温度、容器材料和炉体装置,如果具体实验条件不允许使用氧化性气氛,可将生长过程置于中性气氛中完成,然后在氧气氛中,在 $\frac{1}{2} T_m$—$\frac{2}{3} T_m$ 的温度下退火,这种操作叫做氧退火.

气氛的压强取决于结晶物的蒸气压.常压($1\ kp/cm^2$)、中压(1—$200\ kp/cm^2$)和高压($200\ kp/cm^2$ 以上)下的生长效果是不同的.但由于中压和高压涉及许多技术上的难题,故绝大多数晶体在常压下生长.也有一些半导体晶体,如硫化物、氮化物、砷化物等,常在中压下生长.

气体介质的成功应用有赖于气体的化学提纯程度,主要是其中氧气和水汽的净化程度.提纯方法可分为以下三类:第一类基于气体在薄膜中的热渗透,例如高纯氢可在 300—$400\ ℃$ 下通过钯板的渗透而获得;第二类基于分子筛对杂质的吸附,这类方法在除去氧、氮和水汽方面已得到广泛的运用;而第三类则基于气体中杂质的反应,最后形成氧化物、氮化物和氟化物之类的稳定化合物.综合的气体纯化系统往往同时使用多种提纯方法.

10.2 熔体生长单晶的主要方法

熔体生长单晶的方法可分为两类:

(1) 大熔体体积法(凯罗泡洛斯法、提拉法、斯托克巴杰法和布里奇曼法);

(2) 小熔体体积法(焰熔法和区熔法).

熔体的体积会影响到熔体中许多物理化学过程的性质和强度.如 10.1.1 小节中所述,若熔化材料中存在热分解,那么热分解产物又会挥发到气氛中去.因此,应当限制材料处于熔化状态的时间.换句话说,晶体应用小熔体体积法生长,尤其是与容器材料或结晶气氛反应激烈的材料.熔体体积越小,则晶体被熔体与环境反应产物玷污的程度越小.值得注意的是,上述两类方法中的对流条件有很大差别.在大熔体体积法中,熔体不同部分的温差引起的对流可以自由进行,质量和杂质的对流输运非常重要;而在小熔体体积法中,对流无法以相同的方法进行,输运由扩散承担.熔体体积影响晶体质量的最明显例子是单向结晶和区熔法生长的圆柱形晶体中杂质分布的明显差异.单向结晶是大熔体体积法的一种,该法是将盛满熔体的圆柱形容器向炉内冷区移动,使之在容器冷端成核,逐步长大,直到占据容器的全部空间.区熔法则属于小熔体体积法,它也可用来生长圆柱形晶体.在区熔法中,使一个狭窄的熔区从多晶或单晶圆柱形原料的一端移至另一端而获得单晶.在两种方法中,分布系数 $K<1$ 的杂质沿晶体长轴方向的分布情况示于图 10.6.在单向结晶生长的晶体中部,杂质浓度

保持不变,所以这种方法有利于杂质激活型晶体的生长.在区熔法中,晶体的初始部分所含杂质比原料要少,故这种方法成功地用于晶体的提纯.

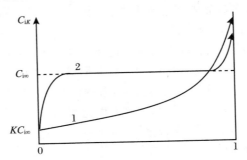

图 10.6　生长晶体中分布系数 $K < 1$ 的杂质浓度 $C_{i\infty}$

(a) 单向结晶;(b) 区熔法.原料中的杂质浓度为 $C_{i\infty}$,晶体自左向右生长.

10.2.1　凯罗泡洛斯法和提拉法

在凯罗泡洛斯法中,晶体是在特制的冷却装置作用下熔体温度逐渐下降后获得的.结晶既可由自发成核(图 10.7(a))开始,也可由籽晶结晶(图 10.7(b))开始.自发成核可由容器底部的局部冷却,如喷射冷气流(图 10.7(a))实现.在这种方法中,整个熔体可在约 1 ℃/mm 的降温梯度下全部结晶[10.8].凯罗泡洛

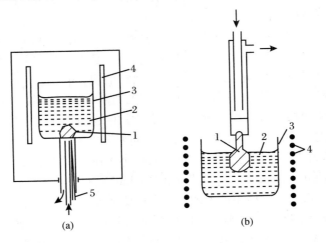

图 10.7　凯罗泡洛斯法生长晶体的装置

(a) 自发结晶;(b) 籽晶结晶.1.生长晶体;2.熔体;3.坩埚;4.电炉丝;5.热电偶.箭头是冷气流的方向.

斯法在生长重达几千克的大块单晶时获得了广泛的应用.但是,这种方法也有许多缺点:由于晶体尺寸的增加,热交换变化复杂,生长速率不再固定.凯罗泡洛斯法常用来生长氟化物、氯化物晶体和刚玉单晶.

提拉法(图 10.8)与凯罗泡洛斯法不同,在提拉法中熔体温度保持常数,晶体在生长的同时缓慢拉出熔体,这样就可以保持固定的生长速率.提拉速率取决于材料的物理化学性质和晶体的直径,从 1 mm/h 到 80 mm/h 不等.熔体温度和结晶速率可以独立改变,其中结晶速率依赖于冷却速率.

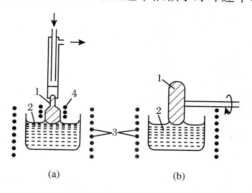

图 10.8　提拉法生长单晶的装置

（a）棒形;(b) 盘形.1.生长晶体;2.熔体;3.电炉丝;
4.辅助炉丝.箭头是水或冷气的流动方向.

结晶原料一般在金属坩埚内由高频辐射或电阻炉加热熔化.图 10.9 是"Kinovar"结晶装置的照片,它用一个高频加热器加热,并配有一套稳定的精密加热程控系统.图 10.10 是用提拉法生长的硅单晶.

提拉法有许多值得特别强调的优点.第一,提拉法中不存在晶体与坩埚壁的直接接触,这一优点提供了生长无应力单晶的环境;第二,晶体可以在生长过程的任何阶段取出,这对生长条件的研究非常重要;第三,晶体的几何形状可以通过改变熔体温度和生长速率加以控制.形状的控制可用来制备少位错或无位错单晶,具体的方案如下:首先减小晶体直径,使大多数位错在晶体颈部到达晶体侧面,也就是说离开了晶体(递减),然后晶体直径再逐渐增加.因为不会产生新的位错,所以后来生长的晶体中位错密度很低,这叫"掐掉法"[10.9].

为防止进料中挥发成分的蒸发而造成熔体成分对化学计量比的偏离,可用一层特殊的液体将熔体的自由表面与气氛隔离开来.这层液体应不浸入熔体,并且不与熔体形成稳定的化合物(液封技术).

图 10.9 "Kinovar"结晶装置

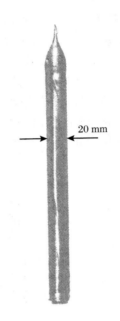

20 mm

图 10.10 用提拉法生长的硅单晶

由于上述优点,提拉法获得了广泛的应用,尤其是用于硅、锗、刚玉(Al_2O_3)、钇铝石榴石($Y_3Al_5O_{12}$)、铌酸锂($LiNbO_3$)、硫化镓、砷化镓等单晶的生长[10.6,10.10,10.11].无位错的硅和锗单晶首先是由这种方法制备的.

但是,这一方法也有一致命不足,那就是有一加热的容器存在,它会成为熔体的污染源.去除异类材料容器的尝试引出了"冷坩埚"法或称渣壳法.

图 10.11
上图:"冷坩埚";下图:感应加热器[10.12].

渣壳法[10.12,10.13]是利用一个分成几个隔离部分的水冷容器(图 10.11,图 10.12)的方法.材料由频率为 40—50 kHz 的高频感应电流熔化.而与冷容器相连的结晶材料没有被熔化,它同结晶的外壳一起构成装盛熔体的坩埚.液-渣的稳定界面可由加热器的输出功率控制.若结晶物在室温甚至在接近熔点时的电导率较低,在感应加热前,应先将材料加热到电导率突然上升(到 2—

$10\ \Omega^{-1}\cdot cm^{-1}$ 以上)的温度,然后再以 2—7 MHz[①] 的电流感应加热.有时初始加热也可用感应电流方式进行,这只需在初始炉料中插入一片金属.例如,生长刚玉单晶时,在氧化物炉料中插入一片铝,加热时与空气一起形成结晶物.冷坩埚法已生长出直径约为 20 mm、长约 100 mm 的单晶材料.

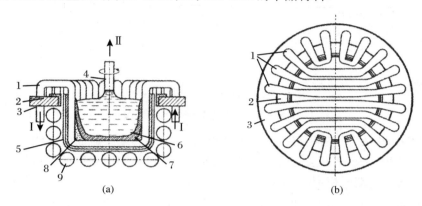

图 10.12 渣壳法[10.13]

(a) 装置截面图;(b) 容器俯视图.1.容器管;2.石英保护圈;3.氟塑料圈;4.生长晶体;5.石英容器;6.熔体;7.结晶的溶体层;8.未熔化的炉料;9.感应加热器.箭头是冷却剂运动的方向(Ⅰ)和晶体的提拉方向(Ⅱ).

Stepanov[10.14]进一步发展了提拉法.他建议从一个漂浮在熔体表面上的模子中提拉晶体(图 10.13).模子当做成形器使用,以满足晶体外形的需要.图

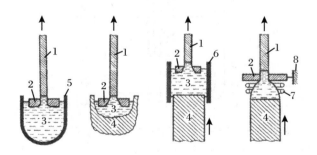

图 10.13 Stepanov 方法的各种装置[10.14]

1.生长晶体;2.成形器;3.熔体;4.即将熔化的固相原料;5.坩埚;6.熔体支架;7.感应加热器;8.成形器支架.箭头是晶体的提拉方向和原料的供应方向.

① 英文版误为 mHz.——译者注

10.14给出了制备各种复杂形状(如棒形、管形和片形)时用到的单晶成形器.材料首先在液态成形(主要是毛细管的作用),然后转变为固态.这一过程的参量有结晶区的温度、提拉速度和生长晶体的冷却程度.

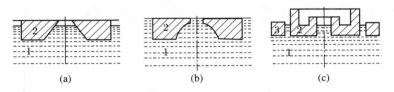

(a)　　　　　　　　(b)　　　　　　　　(c)

图 10.14　不同类型的成形器[10.14]
1.熔体;2.成形器;3.熔体表面的盖板.

Mlavski 及合作者提出了另一种提拉丝、片和各种复杂截面的方法[10.15],这实际上是 Stepanov 方法的进一步发展.熔体从成形器中的毛细管中流过,并在成形器的另一端面积聚(图 10.15).成形器的截面可预先设计.提拉晶体时,熔体在表面张力的作用下不断从坩埚向成形器端面流动,补充消耗的熔体膜.用此方法,直径为 0.1 mm 的刚玉丝可以以 500 mm/min 的速度拉出.

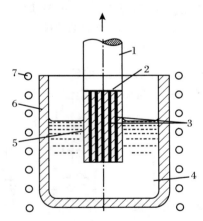

图 10.15　毛细管提拉晶体的示意图(见箭头)[10.15]
1.生长晶体;2.熔体膜;3.毛细管;4.熔体;5.成形器;6.坩埚;7.感应加热器.

提拉法及其变体是最早实现计算机全自动控制的单晶生长方法[10.16].这一系统中的主要部件是控制传感器,传感器不仅要有足够高的灵敏度和准确性,而且还要有长时间的可信度.

为提拉法发展的自动控制系统以坩埚的连续精确测重为基础.坩埚在单晶生长时盛有熔体.给定坩埚质量(含熔体)随时间的变化规律,就可得到晶体质量的变化规律,因为二者是相互关联的.

10.2.2 斯托克巴杰-布里奇曼方法

这种方法又叫定向结晶法,它与提拉法和泡生法的不同在于:此法中的全部熔体最后完全结晶.熔体通常盛放在圆柱形容器中.这种方法的技术简单,只需选择合适的容器即可得到所需直径的晶体.但是除了容器对熔体的可能玷污外,冷却过程中容器壁与晶体间的弹性作用还会在晶体中引起应力.

在**塔曼、布里奇曼、斯托克巴杰、Obreimov** 和 **Shubikov** 的论文中[10.17]讨论了两种结晶模式,一种是容器在熔区内移动,另一种是以固定的温度梯度逐渐降温.这两种模式已在两种变体垂直结晶和水平结晶中实现.

较为常用的方法是使盛熔体的容器沿垂直方向(向下)通过熔区而使熔体结晶[10.2].斯托克巴杰为在结晶区建立所需的温度梯度使用了隔热板(图10.16).图10.17是"Granat－2"型结晶器的照片.图10.18给出了各种常用电阻加热器的示意图.

在斯托克巴杰-布里奇曼方法中,单晶既可由自发成核,也可由籽晶结晶生长.在前一种情况中,容器是锥形的.随着容器降入冷区,少数几个结晶中心在圆锥的顶端出现.这样出现的小晶体经过几何选择(见 7.2 节),只有一个保留下来并逐渐增大,直到占据容器的整个截面.

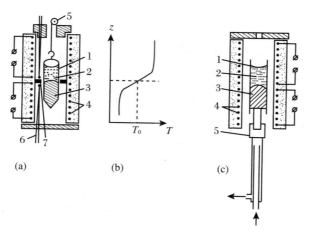

图 10.16 斯托克巴杰法的装置(a,c)和沿炉子的温度分布(b)

T_0 是结晶物的熔点.1.容器;2.熔体;3.生长晶体;4.电炉丝;5.容器升降装置;6.热电偶;7.热隔板.箭头是水或冷气的流动方向.

图 10.17 "Granat-2"型结晶器

1.结晶室；2.容器升降装置；3.控制柜.

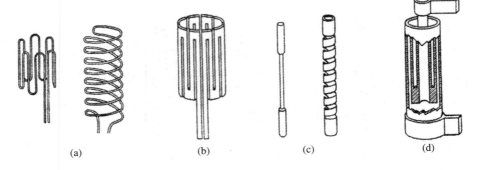

(a)   (b)   (c)   (d)

图 10.18 电阻加热器的类型

（a）螺旋型；（b）开口型；（c）棒型（棒围绕装盛熔体的容器安置）；（d）同轴型.

　　斯托克巴杰-布里奇曼方法已用于生长许多类型材料的晶体,但最常生长的是金属、有机物和一些电介质（如氧化物、氟化物、硫化物、卤化物）的单晶.图10.19 是用此法生长的一块蓝宝石（Al_2O_3）单晶.近几年,在一船形容器中的水平定向结晶（HUC）（"船法"）取得了进展.用这一方法可以生长片型单晶.HUC

图 10.19 用斯托克巴杰法生长的刚玉单晶和用它制成的产品

法已用来生长大块的刚玉（Al_2O_3）和钇铝石榴石（$Y_3Al_5O_{12}$）单晶（图 10.20）[10.2,10.6]. 这一装置的示意图在图 10.21 中给出. 水平结晶和垂直结晶间的根本差别是前者的熔体深度在生长期间基本不变, 这样提高了生长过程的稳定性. 不仅如此, 较大的熔体表面积能在结晶过程中将杂质蒸发掉, 这是 HUC 法的优点. 此外, HUC 法得到的片状晶体很适合工业应用. HUC 法能在置于容器前端的籽晶上生长出其他方法很难获得的大面积单晶（图 10.21）.

图 10.20 "船"法生长的刚玉单晶
(Kh. S. Bagdasarov)

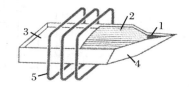

图 10.21 水平定向结晶
1. 籽晶; 2. 晶体; 3. 熔体;
4. 容器; 5. 加热器.

图 10.22 是一张用电阻加热的水平结晶装置"Sapphire－1"型的照片. 其部件框图示于图 10.23 和图 10.24. 图 10.24 中还给出了钨丝和钼隔板的位置. 这套装置非常可靠, 能在约 2000 ℃ 的温度下连续工作 3—5 个月而无需大修.

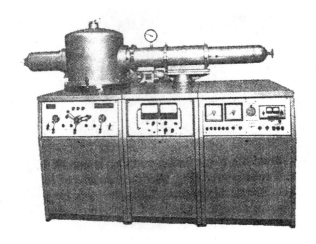

图 10.22 "Sapphire-1"[①]型结晶器

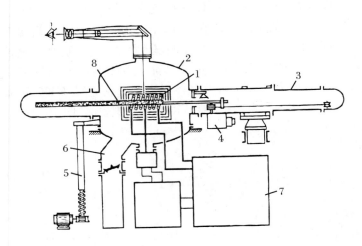

图 10.23 "Sapphire-1"[②]的框图

1.电炉丝;2.真空室;3.晶体接收器;4.位移装置;5.真空室钟罩升降装置;6.扩散泵;7.电源柜;8.盛结晶原料的容器.

①② 英文版为"Sapfire-1". ——译者注

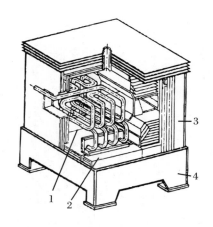

图 10.24　加热器和隔板的排列

1.钨丝；2.加热器支架；3.钼隔板；4.支架.

10.2.3　焰熔法

焰熔法又称维尔纳叶法,它也属于小熔体体积法 (图 10.25).从料箱中落下的粉末原料(颗粒尺寸为 2—100 μm)经过气体燃烧室到达单晶籽晶的熔化端 面上,而籽晶由一机构控制缓慢下降.当原料颗粒从 氢氧焰中下落时被部分熔化,再落入晶体端面上的熔 体膜($\sim$0.1 mm)中.由于籽晶缓慢下降,熔体膜以固 定的速率结晶,同时又不断地从上方落下的原料中得 到补充,如果原料和氢、氧的消耗量能与晶体的下降 速度相配合,熔膜的厚度可以基本保持不变.

图 10.26 是"KAU－1"型焰熔法结晶器的照片. 用它可以生长直径达20 mm、长达 500 mm 的棒形单 晶.为了降低晶体中的残余应力,人们设计了许多不 同的气体燃烧室,用以提供晶体生长时的辅助加热. 经过这样改进后的装置可以获得直径达 40 mm 的单 晶(图 10.27).

焰熔法的普及是其成功地生长出红宝石、蓝宝石、 铝镁尖晶石($MgAl_2O_4$)和金红石(TiO_2)单晶的结果.

焰熔法的主要优点如下:

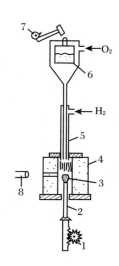

图 10.25　焰熔法生长 晶体的装置

1.晶体下降机构；2.晶体 支架；3.生长晶体；4.马 弗炉；5.燃烧室；6.料箱； 7.振动机构；8.测高仪.

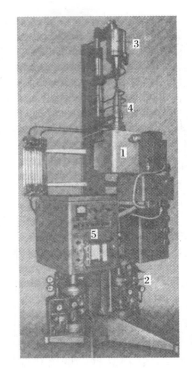

图 10.26 "KAU-1"型结晶器

1.结晶室;2.下降机构;3.料箱;4.燃烧室;5.控制柜.

图 10.27 用焰熔法生长的红宝石、蓝宝石单晶

（1）不使用容器,这样消除了熔体同容器材料间的物理化学反应,也消除了容器壁弹性效应引起的残余应力;

（2）能以约 2000 ℃的温度在空气中结晶,并且结晶气氛的氧化-还原电势可由火焰中氢、氧的相对浓度调整;

（3）技术简单,晶体的生长可以观察.

其不足之处有:

（1）很难选择籽晶下降速率、原料输送和工作气体消耗量之间的最佳比例;

（2）由于工作气体用量很大（0.7 m³/h 的 O_2,1.5—2 m³/h 的 H_2）,杂质既可以从工作气体,也能从空气、陶瓷炉体进入熔体;

（3）结晶区域温度梯度很大（30—50 ℃/mm）,这一梯度会在晶体中产生强烈的内应力（达到 10—15 kp/mm²）.

维尔纳叶法生长的晶体形状可由一简单技术控制.例如,生长管形晶体时,只需将晶体支架的旋转轴与火焰轴偏心安装即可（图 10.28(a)）.维尔纳叶装置中马弗炉的陶瓷管就可由焰熔法生产.

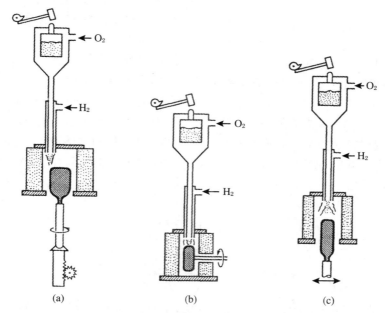

图 10.28　用维尔纳叶法生长管形(a)、盘形(b)、片形(c)单晶的改进装置
图(c)中的箭头是晶体的运动方向.

图 10.28(b)(c)是这一装置的变体,可用来生长片形、盘形、半球形和圆锥形单晶.

维尔纳叶装置中的火焰加热取决于下述反应所释放的热量：

$$H_2 + \frac{1}{2}O_2 = H_2O + 57.8 \text{ kcal/mol}.$$

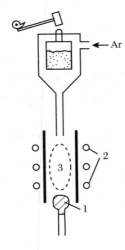

图 10.29　等离子体加热
装置

1.生长晶体；2.感应加热
器；3.等离子体.

氢氧焰在空气中能达到的最高温度约为 2500 ℃，这个极限是由高温下的反应产物会吸热分解这一事实所决定的.

　　为了提高温度，可以使用等离子体加热、电子束加热、辐射加热、电弧加热等其他加热方法.

　　等离子体加热是通过单原子分子或双原子分子气体（如氩气、氦气、氮气、氧气或者它们的混合物）的电离和复合反应实现的. 气体的电离由电弧放电或 4—8 MHz 的高频感应完成. 图 10.29 是一个带等离子体加热的装置. 尽管等离子体加热可以获得超高温（～16000 ℃），但等离子体阻止了粉末原料向熔膜的输送，使它的应用受到了限制. 另外，电流强烈地影响着等离子体内的温度分布，进而影响等离子体的稳定性.

　　辐射（光）加热与等离子体加热有同样的效果. 在辐射加热中，将 5—10 kW 的钨灯聚焦于籽晶的端面上，从而保证维尔纳叶法的晶体生长（图 10.30）.这套装置特别适合研究工作，因为它的热源和结晶室是隔开的.用这套装置很容易控制气氛而满足所需的纯度，但生长的晶体有应力. 图 10.30 是用来生长刚玉、镁铝尖晶石（MgAl$_2$O$_4$）、金红石（TiO$_2$）、氧化钇（Y$_2$O$_3$）等难熔晶体的装置.

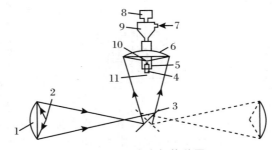

图 10.30　光束加热装置

1.主反射镜；2.弧光灯；3.控制镜；4.样品支架；5.炉子室；6.辅助反射镜；7.气体喷嘴；8.振动器；9.料箱；10.聚焦系统；11.气体溢出口.备用电弧灯（右侧）在更换电极时使用[10.18].

类似的方法还有电弧加热.与前面的方法不同,电弧加热的高温是由单向流动的带电结晶材料的粒子流直接建立的(图 10.31).这种方法在生长金属、半导体以及接近熔点时有很高电导率的电介质单晶中获得了广泛的应用.

10.2.4 区熔法

区熔法是对原料进行逐次熔化(图 10.32)的方法.区熔法首先是由 **Pfann** 在研究材料中玷污物的去除时发展起来的[9.93].这一方法首先在进料中形成一狭窄的熔区,然后利用样品或加热器的移动使熔区再结晶.

区熔法的一个优点是允许样品多次再结晶,这样可以实现化学提纯,保证激活剂沿晶体长度方向的均匀分布.另外,生长热不稳定的晶体时,区熔法可以将熔区宽度减小到一极小值来降低晶体化学成分的偏差.

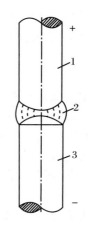

图 10.31 在电弧中的结晶

1.初始多晶原料;2.电弧放电区;3.单晶.

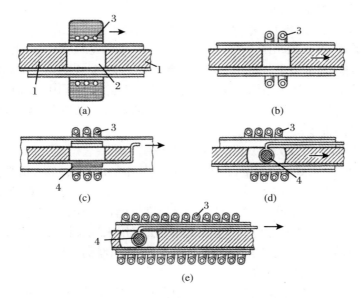

图 10.32 区熔法

(a) 电阻加热;(b) 直接高频加热;(c)—(e) 发热介质感应加热[9.93].1.固相;2.熔体;3.加热器;4.发热介质.箭头是加热器(a)、容器(b—d)或发热介质(e)的运动方向.

　　垂直区熔和水平区熔有所不同. 熔区的垂直移动在无容器结晶中特别常用, 因为表面张力能使熔体留住. 熔区的最大高度正比于熔体的表面张力 α:

$$h_{\max} \simeq 2.8\sqrt{\frac{\alpha}{\rho g}}. \tag{10.1}$$

其中 α 是表面张力系数, ρ 是熔体密度, g 是重力加速度.

　　低频电磁场与一适当设计的高频感应器耦合可以产生一个向上的力, 该力将持续作用于熔体上, 阻止熔区的散开. 这种无机械接触的高频约束方法称为悬熔. 悬熔实际上是外加高频场和熔体内的感生回旋电流场相互作用的结果[9.93]. 悬浮力为

$$F \sim HI. \tag{10.2}$$

其中 H 是高频场在熔体内的感生磁场, I 是熔体中的电流. 悬熔法常用于低 α/ρ 值材料的无坩埚水平或垂直区熔.

　　值得一提的是无坩埚区熔法由于不用容器, 结晶条件高度清洁. 因此, 无坩埚区熔法最常用于生长金属和半导体这类高表面张力材料的单晶, 并已成功地生长出无位错的大块单晶硅 (直径达 100 mm).

　　区熔法生长电介质时常用容器, 尤其是在水平区熔法生长时更是如此.

　　为了减少容器壁的影响, 人们提出了水平区熔的"冷坩埚"法[10.12]. 图 10.33 是"冷坩埚"区熔的示意图, 用这种方法获得了钛和硅的单晶.

　　熔区的建立广泛采用高频加热 (50—400 kHz 的电流). 对于高电导率的材料, 样品可以直接加热 (图 10.32(b)); 对于低电导率的材料, 要利用一个难熔金属制成的中间发热元件 (通常用铂、铂铑合金、铱、钼或钨制成) (图 10.32(c)—(e)).

　　除了感应加热, 人们还使用电子束加热和辐射 (光) 加热. 近年来, 激光加热也有了长足的进步.

　　电子束加热 (图 10.34) 常用于难熔金属的无坩埚区熔生长. 但这种方法需要维持至少 10^{-6} Torr 的真空, 否则电子在气体中的散射太强烈. 值得阐明的是这种方法向样品传递的能量密度比感应加热高得多, 因此在熔化难熔金属 (Mo、W 等) 时非常有利. 若生长材料的电导率较低, 电荷的积累必须释放, 解决的办法是在样品前放置导电网. 电子束区熔法可用来生长钨、铼、钼及其合金的单晶. 生长时的原料是与单晶密度相近的棒材, 若原料的密度与单晶相差显著, 熔区的机械稳定性将会下降.

　　"冷阴极"法的熔区是由围绕熔区的环形中空阴极与熔体间的放电建立起来的 (图 10.35). 当 Ar、O_2 和其他气体的压力降至几 Torr 时, 几 kV 的阴极电压就可使气体电离, 并形成等离子体. 选用合适的阴极内侧形状, 可以将电子或离子流聚焦在样品上. 这种方法已用于蓝宝石和钇铝石榴石单晶的生长.

在所有区熔法的变体中,最有趣的是那些将各种生长技术综合起来的方法.例如差分提拉法(图 10.36)就是一例.在差分提拉法中,熔区由一聚焦在初始样品端面上的能量束产生,然后提拉出一个直径小于原料棒的单晶材料.

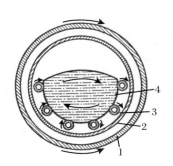

图 10.33　水平区熔的"冷坩埚"[10.12]
1.感应加热器;2.石英管;3.银质水冷管;4.熔体.箭头是电流的方向,熔体的形状由表面张力维持.

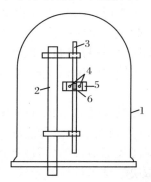

图 10.34　电子束加热[9.93]
1.真空室;2.支架;3.样品;
4.阴极(电子发射器);5.反光罩;6.熔体.

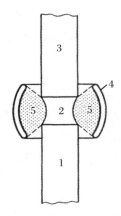

图 10.35　"冷阴极"加热[9.93]
1.生长晶体;2.熔区;3.初始原料;
4.阴极;5.等离子体.

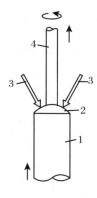

图 10.36　差分提拉法[9.93]
1.原料;2.熔体;3.维持熔融的能量供应;4.生长晶体.箭头是原料移动和晶体提拉、旋转的方向.

量子电子学的进展给晶体激光加热生长方法的设计带来了希望.激光加热源有许多优点:(1) 激光束的低发散度可使热源移出结晶室;(2) 能量通过高度相干的电磁辐射向熔区传送,温度可由标准光学方法建立;(3) 用单模辐射的激光还可获得均匀的能量分布截面,且最大温度梯度存在的深度与辐射波长相当;(4) 激光加热源的灵敏度很高;(5) 设计简单.不仅如此,由于激光的能量高度集中,熔体材料的体积可以显著缩小,这在无坩埚区熔中特别重要.

连续模式的激光光源最适合晶体生长,因为它能提供高度稳定的生长条件.

与其他技术对比,激光辐射的波长范围相当窄,这使它的应用受到一定的限制.生长前沿的温度控制是生长完整晶体的先决条件.但是激光源只能在晶体对激光辐射透明(熔体不透明)时才能提供所需的温度梯度.因此激光源的选择取决于结晶材料的光学性质.

最常用的激光器是以 CO_2 或 $CO_2 - N_2 - He$ 混合气体为工作气体,连续模式工作的高能、高效(效率达 20%)激光器.但是,使用这些激光器极大地限制了生长高质量晶体的可能性,因为激光辐射的波长在 $10~\mu m$ 附近,而在该波长上,大多数难熔材料的固相和液相都是不透明的.短波长激光器的应用相对较多,如三价钕离子激活的钇铝石榴石固体激光器.钇铝石榴石固体激光器的辐射在 $1~\mu m$ 波段.而在此波段上,大多数难熔电介质晶体是高度透明的,其熔体又是不透明的,因此就有可能在生长前沿上建立起所需的轴向和径向温度梯度.

10.2.5 晶体和熔体内的热传递

为了获得最佳的生长条件,传热过程必须得到有效的控制.否则,随着生长方式的不同,温度条件会有很大的差异.结晶时的热交换是通过热传导、热辐射和液相中的热对流进行的.如果同时考虑这些不同的机制,必须区分三种情况:(1) $kl \gg 1$,(2) $kl \sim 1$,(3) $kl \ll 1$,其中 k 是吸收系数,l 是热流方向的特征长度.

第一种情况适用于不透明的介质.不透明介质中的热传递由分子传热承担.介质中的温度分布服从傅里叶定理:

$$q = -\kappa_m \operatorname{grad} T \tag{10.3}$$

(其中 q 是热流,κ_m 是热导率,T 是温度)和传热方程.

第二种情况适用于透明介质.在这种情况中,热源的辐射在晶体内部衰减掉,热传递由再辐射完成.这里的温度分布仍然能用式(10.3)中的热流表示,但热导率需由以下的和式表示:

$$\kappa = \kappa_m + \kappa_r, \tag{10.4}$$

$$\kappa_r = \frac{16n^2\sigma T^3}{3k}. \tag{10.5}$$

其中 n 是折射率，σ 是斯特藩-玻尔兹曼常数①[10.19]．在一般情况中，分子传热和辐射传热在热传递中的比重由普朗克函数的最大值与晶体透光带的相对位置决定．在足够透明的晶体中，高温下的热传递可由光学性质完全确定，这一事实可由 10.3.2 小节给出的镝铝石榴石的结晶过程加以肯定，在那里还介绍了小面化的问题．

第三种情况也与透明介质相关．在这种情况中，透明晶体中的辐射不会随晶体的生长而衰减，热传递受到加热器、容器壁等的辐射的强烈影响．因此，式 (10.3) 不再满足，传热方程也不再适用，而应由辐射能量传递的积分方程取代．透明介质的传热系数 λ_{eff} 成为依赖于反射和折射表面的形状和状态的参数：

$$\lambda_{eff} = 4\pi kT^3 n\varphi. \tag{10.6}$$

其中 φ 是依赖于系统光学性质和形状的因子．

同时考虑材料的透明性和容器壁的反射能力有助于估计结晶方法中获得固定径向温度梯度和固定轴向温度梯度的可能性．材料透明性的增加会使温度梯度的控制复杂化，更困难的则是在生长过程中将它维持在固定的水平上．熔体中的对流在热传递中起重要的作用，而对流在不同的生长方法中有所不同．图 10.37 中给出了斯托克巴杰法和提拉法中熔体的对流方向．经验表明：当等温面为凸形时（也就是结晶前沿为凸形时），斯托克巴杰法中的对流是从熔体流向结晶前沿中心的，而在相同条件下提拉法中的对流方向刚好相反．熔体中对流搅动的强度取决于温度条件，系统中的温度梯度越大，对流也越强烈．在有些情况中也采用对熔体强制搅动的方法．在提拉法中，强制搅动是由晶体或坩埚

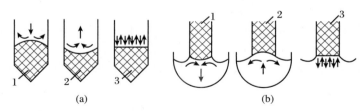

图 10.37　晶体生长时熔体中的对流运动
(a) 斯托克巴杰法；(b) 提拉法．1.凸面附近；2.凹面附近；
3.平面生长前沿附近．阴影区是生长晶体．

---

① 英文版译为"$1/\alpha$ 是吸收系数的'Rossland 平均'"．——译者注

的快速旋转(∼50—100 r/min),或以相反方向同时旋转晶体和坩埚而获得的.
在斯托克巴杰法中,熔体是由一特制的搅拌装置搅动的.

近年来,熔化动力学获得了深入的研究(见文献[10.20,10.21]中的流体动力学章节).

10.2.6 温度控制和稳定系统

生长高质量、均匀晶体的一个重要条件是使结晶区的温度和温度梯度保持不变.不稳定的热条件将会引入缺陷,造成外来杂质或掺杂的不均匀分布.(缺陷与结晶区温度波动的联系将在 10.3 节中讨论.)

温度场的稳定性取决于热源的性质、炉子的设计和温度控制的可靠性.

稳定温度场的仪器系统沿两条途径发展.第一条以建立时间常数 $\tau > 10$ s 的低响应加热系统为目的;第二条则设计 $\tau < 1$ s 的高响应加热系统.前者由所谓的被动控制系统实现(即控制的参量不是温度,而是向控制设备输送的功率或电流、电压);高响应系统(或称主动温度控制系统)则使用能在工作温度下长期使用的高精度温度传感器.主动温度控制系统的设计依赖于工作温度的范围.电阻温度计和铜-康铜热电偶广泛用于低温范围(600 ℃以下),镍铬-镍铝和铂铑-铂热电偶适用于中温范围(600—1600 ℃);而钨-铱、钨-钼和钨-铼热电偶则适用于高温范围(>1600 ℃).但是,随着工作温度的升高,热电偶的控制精度显著下降(从±1 ℃降到 10 ℃).更为不利的是,以热电偶为基础的控制系统是接触型的,也就是说传感器是直接浸入熔体中的.在许多情况下,控制元件同熔体的直接接触是不允许的,这就限制了热电偶的应用,特别是在高温范围中的应用.

人们最感兴趣的是所谓的无接触控制系统,它是以物体的辐射规律和光学性质为基础的.常用的仪器有:

(1) **辐射高温计**.辐射高温计利用的是物体温度与总辐射通量间的依赖关系.

(2) **亮度高温计**.亮度高温计利用的是物体在特定波长上的亮度与温度的依赖关系.

(3) **色温计**.色温计利用的是物体辐射谱在特定范围内的能量分布与温度的依赖关系.

无接触型温度控制系统比接触型控制系统有许多优点:无接触型控制系统有极高的响应、灵敏度和精确度(±0.1—0.5 K),并且其传感器也安置在结晶室外面.但是,这种系统的工作精度依赖于结晶室窗口的透明性,而窗口是有可能在生长过程中受到遮蔽的.

另一方面,低响应结晶系统消除了所有与高响应稳定系统相关联的问题.

由于低响应系统较低的热响应速度衰减了温度的扰动,从而能将结晶系统的温度维持在稳定状态上.这种系统所用的技术比较直观,但却要建立笨重的结晶器,因此,只在生长大块晶体和批量生产时使用.

10.2.7　生长单晶的自动控制系统

最早的计算机自动控制系统是在提拉法装置上实现的[10.16].在此装置中,盛熔体的容器质量提供了一个方便的控制信号.设定进程中的质量变化规律,即可获得所需的温度规程.图 10.38 给出了系统的控制过程,其关键元件是一个在单晶生长期间对盛熔体的容器进行连续称重的装置.图 10.39 是自动控制生长的钽酸锂(LiTaO₃)晶体的照片.在计算机的帮助下,人们可以同时控制成千上万的结晶装置.

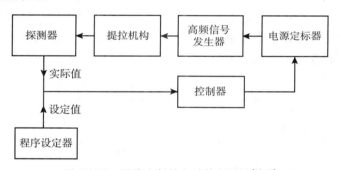

图 10.38　晶体生长的自动控制系统[10.16]

图 10.39　自动控制生长的钽酸锂单晶[10.16]

在焰熔法中,通过测高仪对结晶前沿位置的测量可对生长过程进行监控(图 10.25).生长的控制通过调整原料的输送和工作气体的消耗量来实现.这样的系统已用来生长红宝石单晶.

10.2.8 生长方法的选择

生长过程和条件的选择以结晶材料的物理和化学性质为基础. 熔点在 1800 ℃ 以下的金属单晶用定向结晶(斯托克巴杰)法生长;熔点在 1800 ℃ 以上的材料用区熔法生长;半导体单晶主要用熔体提拉法生长,有时也用区熔法生长;熔点在 1800 ℃ 以下的电介质单晶通常用斯托克巴杰法或提拉法生长,而难熔材料则用焰熔法生长(维尔纳叶法). 方法选定后,进一步考虑结晶过程中的物理化学过程,可以获得最佳结晶条件. 这些条件包括原料的成分、化学纯度和形状(粉末、小球或料棒)、结晶气氛、容器的材料和形状、生长速率、温度梯度、结晶前沿的形状、生长条件的稳定度和结晶开始的方式(自发结晶或籽晶结晶).

表 10.2 给出了一些重要的工业晶体的生长条件和方法. 金属和半导体的平均生长速率几乎是电介质晶体的五倍. 这种差别是由两者结晶系统的热传递机制和物理化学稳定性的不同所决定的.

表 10.2 一些单晶的典型生长条件

序号	单晶	化学式	生长方法	基本结晶条件		
				生长速率/(mm/h)	容器材料	结晶气氛
1	萘	$C_{10}H_8$	斯托克巴杰法	1—3	玻璃	空气
2	铜	Cu	斯托克巴杰法	30—50	石墨	惰性气体
3	锗	Ge	提拉法	10—20	石墨	真空
4	硅	Si	提拉法	10	石墨	真空
5	萤石	CaF_2	斯托克巴杰法	10	石墨	含氟气体
6	铌酸锂	$LiNbO_3$	提拉法	2	铂	含氧气体
7	镓钆石榴石	$Gd_3Ga_5O_{12}$	提拉法	2	铱	含氧气体
8	钇铝石榴石	$Y_3Al_5O_{12}$	斯托克巴杰法	2	钨、钼	惰性气体
9	蓝宝石红宝石	Al_2O_3 $Al_2O_3(Cr^{3+})$	焰熔法、斯托克巴杰法、提拉法	10—16	钨、钼	惰性气体
10	尖晶石	Mg_2AlO_4	焰熔法、斯托克巴杰法、提拉法	4	钨、钼	惰性气体
11	钨	W	提拉法、无坩埚法	30—50	钨、钼	真空(5×10^{-5} Torr)

10.3　熔体生长晶体的缺陷和晶体
实际结构的控制方法

在熔体生长的单晶中,可以出现所有类型的缺陷:三维缺陷(夹杂物、非均匀分布的杂质、应力)、二维和一维缺陷(位错和堆垛层错)以及点缺陷(空位、间隙和代位缺陷).我们将着重考虑三种主要的生长缺陷:外来夹杂物、非均匀分布的杂质和残余应力.这些缺陷的出现取决于相界的形状和结构,以及生长过程中的热传递和质量输运.

10.3.1　外来夹杂物

外来夹杂物与许多缺陷相关联,如散射中心(图 10.40)、应力(图 10.41)、位错(图 10.42)和分块(图 10.43).晶体中的宏观夹杂物可由晶体生长前沿对外来粒子的俘获而形成,也可由晶体中的过量组分在冷却或退火时沉淀而形成.

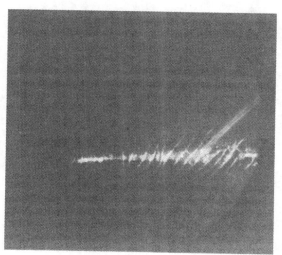

图 10.40　红宝石中外来粒子引起的氦-氖激光束的散射
放大倍数为 10.(V. Ya. Khaimov - Mal'kov)

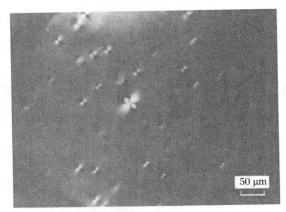

图 10.41　钇铝石榴石中铝酸钇粒子的局域应力场
偏振光入射.(I. A. Zhizheiko)

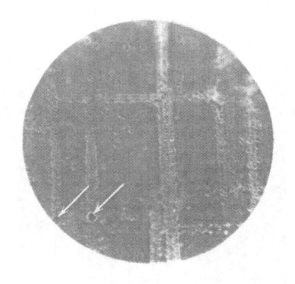

图 10.42　钇铝石榴石的位错侵蚀图
位错由铝酸钇粒子引起,放大倍数约为 50.(V. A. Meleshina)

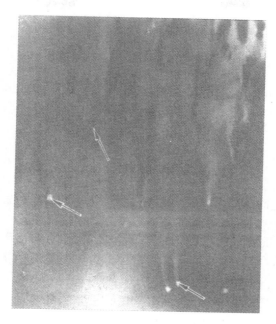

图 10.43　钇铝石榴石中与外来粒子相关联的锥形颗粒(箭头所示)
放大倍数约为 $100^{[10.6]}$.

　　晶体中夹杂物的起源可由夹杂物的平均尺寸和分布性质确定.退火形成的夹杂物尺寸很小且分布均匀,其位置常常和位错线、晶界相关联.由生长前沿俘获的外来粒子一般是不均匀分布的,常常是含大量俘获夹杂物的晶体层和不含夹杂物的晶体层交替出现(图 10.3).

　　结晶前沿对外来粒子的俘获可由许多因素引起:熔体的热分解、结晶时可溶性气体的释放、熔体与容器材料及周围气氛的反应以及玷污物的存在(见 6.1 节).这些夹杂物的尺寸为 10—1000 μm.光学透明晶体中的夹杂物可用光散射进行观察,如激光束的散射.光学不透明晶体中的夹杂物可用浸蚀法或薄样品的电子显微术观察.外来夹杂物俘获的主要特征是临界生长速率 V_{cr} 的存在.生长速率高于临界值时,发生一定半径粒子的大量俘获;生长速率低于临界值时,粒子被生长前沿推开.实验证明:临界俘获速率依赖于外来粒子的密度(图 10.44),并可由温度梯度加以控制(见 6.1 节).

　　图 10.45 是临界俘获速率 V_{cr} 与轴向温度梯度的实际关系.从图可见,随着温度梯度的不断升高,临界俘获速率不断增加,当达到一定值后,温度梯度的继续升高将会导致实际临界俘获速率的下降.这一下降可归因于熔体中热对流的增强,因为热对流反过来会引起明显的温度波动(图 10.46)和外来粒

子的俘获.

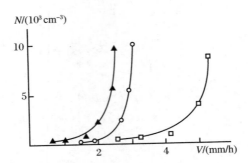

图 10.44　～20 μm 外来粒子数密度 N 与 $Lu_3Al_5O_{12}$ 晶体
　　　　生长速率的关系
杂质含量:3%(原子数分数)Nd^{3+}(三角形,临界俘获速率
$V_{cr}\simeq1.5$—2.5 mm/h);2%(原子数分数)Nd^{3+}(圆圈,
$V_{cr}\simeq2.5$—3 mm/h);5%(原子数分数)Yb(方框,$V_{cr}\simeq$
4.5—5 mm/h)[10.22].

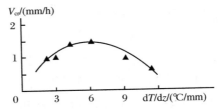

图 10.45　定向结晶中临界生长速率 V_{cr} 与结晶前沿附近温
　　　　度梯度 dT/dz(见图 10.16(b))的关系[10.22]

10.3.2　杂质

　　杂质的问题有两个方面.一方面是提纯被玷污的晶体,这已被许多人研究
过(参见如文献[9.93,10.24]).如前所述,从熔体获得纯单晶的最适宜方法是
区熔法.另一方面是要在晶体中专门引入一种激活杂质.例如,激光晶体的生产
牵涉到晶体的掺杂激活;掺杂半导体和具有特定光谱辐射带的晶体也有类似的
问题.晶体中杂质的分布越均匀,掺杂晶体的质量和应用价值也越高.在评估与
杂质有关的缺陷时,杂质应起主导作用.

　　杂质的分布可由许多方法估计,其中化学分析最为普遍,但光谱、质谱、X
射线谱、荧光和吸收分析也得到了广泛的运用.

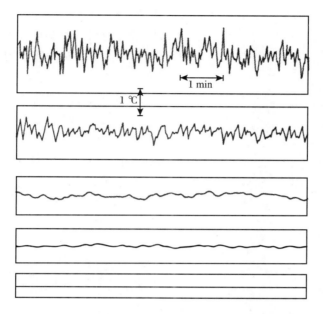

图 10.46 稳定条件下盛液船形容器中的典型温度波动

温度波动是由水平温度梯度 $\partial T/\partial x$ 大小不同的自然对流造成的[10.23]. 船形容器的尺寸为 76 mm×19 mm×10 mm,熔体深度约为 10 mm. 图中从上到下的 $\partial T/\partial x$ 分别为 11.5 ℃/cm、6.2 ℃/cm、2.9 ℃/cm、1.9 ℃/cm、1.1 ℃/cm.

下面我们仔细分析不均匀杂质分布的典型情况,即沿生长方向和垂直于生长方向(在晶体截面内)的分布情况.

如 10.2 节开始时所述,分布系数 K 不为 1 的杂质沿晶体生长方向的浓度不会是常数(图 10.6). 当 $K > 1$ 时,先结晶区域所含的杂质比原料多;当 $K < 1$ 时,先结晶区域所含的杂质比原料少. 而在晶体的终止区域,情况正好相反;$K > 1$ 时所含的杂质高于平均值,$K < 1$ 时低于平均值.

除了这种沿晶体长度方向的大尺度的杂质再分布外,还可观察到另外一种杂质的不均匀分布. 它叫做杂质带或带状结构.

杂质带指的是沿生长方向杂质浓度的周期变化(见 4.3.2 小节). 杂质富集的晶体层(或区域)与杂质含量较低的晶体层交替出现. 杂质层的厚度一般在 10—100 μm 范围.

杂质带可在平行晶体生长方向切割的样品上用偏振光观察,也可用浸蚀和染色法观察.

目前已知导致杂质带出现的因素有:(1)温度波动;(2)晶体和炉子相对运

动速度的改变;(3) 组分过冷(见 5.3.3 小节).

图 10.47 钇铝石榴石晶体中 Nd 杂质的区域俘获

晶体是由垂直定向结晶法生长的.(Kh. S. Bagdasarov)

熔体温度的涨落一般是由加热源输出功率的改变和熔体中的对流造成的.温度的涨落助长了生长带的形成.由热源引起的温度涨落可由电子稳定系统加以限制(10.2.6 小节).这类系统可以提供如下的极限稳定度:(2000±5)℃、(1000±0.1)℃、(100±0.001)℃.由熔体对流引起的温度涨落可由垂直方向温度梯度的突然下降或熔体的剧烈搅动克服.在前一种情况中,温度梯度的下降减弱了对流的强度;而在后一种情况中,温度的涨落被强制搅动所消除.

晶体移动速度的变化可由精密位移机构克服.目前最好的位移机构可以 ±1 μm 的精度改变位置.

组分过冷是由杂质或结晶材料中的一种组元富集而造成的.组分过冷引起生长速率的变化很难判断.组分过冷的区域常通过形貌加以识别:这些区域的边界是粗糙的,相比起来,区域的前端要比后端清晰(图 10.47).

晶体截面内的杂质分布与生长前沿(也就是等温结晶面)的形状一致.等温面是平面时,杂质在截面内均匀分布;等温面是斜面时,杂质浓度 C_i 从晶体中心到边缘逐步增加或减少.C_i 的变化方向取决于俘获系数 K 与 1 的差值($K>1$ 或 $K<1$)和结晶前沿曲率的符号.只有当圆拱状生长前沿与等温结晶面重合时,晶体截面内的浓度变化才是平滑的.

小面化.圆拱状生长前沿上许多小晶面的出现导致了晶体截面内严重的杂质不均匀分布.由于小晶面和圆拱状生长前沿的杂质俘获系数差异显著,落在小面上的材料所含杂质的总量与落在圆拱状生长前沿上的材料差别很大(图 10.48).在这样生长出来的晶体中,生长前沿上小面的尺寸和排列可由透射光看出(阴影区)(图 10.49).这种方法适用于对可见光或红外光透明的晶体.对于不透明的晶体,可以使用浸蚀、自显影照相术和其他方法观察.

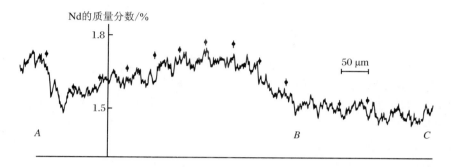

图 10.48　钇铝石榴石垂直生长方向切片的杂质(Nd)分布

测量在 ISM−U3 扫描电镜微分析仪上进行.Nb L_α 强度连续记录,或在分立点上测量.
落入垂直生长方向上材料的平均杂质浓度相对稳定(BC 区);落入(211)生长面的材料
很不均匀(AB 区).杂质在宏观上的分层分布也可看出.(V. A. Meleshina)

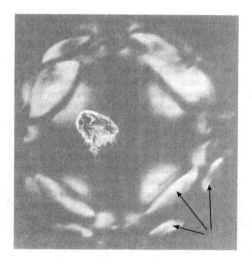

图 10.49　小面化圆拱状生长前沿生长的钇铝石榴石中的应力(照片中的亮区)
在偏振光下观察,应力区域在小面化和圆拱状生长的边界上.箭头指示部分为
八面体面生长材料,放大倍数约为 6.(Kh. S. Bagdasarov)

　　小面化生长和圆拱状生长的共存破坏了晶体的均匀性,这是晶体内存在稳
定应力场的缘故(图 10.49),这种应力即使在高温下长时间退火也不能消除.
　　小面化的起因和发展机制在 5.2.5 小节中有详细分析.小面化可由轴向温
度梯度控制,因为这个梯度与小面尺寸有下列关系:

$$d = 2\sqrt{\frac{2R\Delta T_{\max}}{\mathscr{G}}}, \quad \mathscr{G} = \frac{\kappa_S\left(\frac{\partial T_S}{\partial z}\right) + \kappa_L\left(\frac{\partial T_L}{\partial z}\right)}{\kappa_S + \kappa_L}. \tag{10.7}$$

其中 d 是小面直径;$\mathscr{G}$ 是加权温度梯度;$\partial T_S/\partial z$ 和 $\partial T_L/\partial z$ 分别是晶体和熔体中的轴向温度梯度;R 是结晶前沿的曲率半径;$\Delta T_{\max}$ 是晶面最大允许过冷度.为了获得均匀的晶体材料,必须减小小晶面的尺寸,或者反过来使晶面占据整个生长表面.按照式(1.31),垂直生长机制主要在较高轴向温度梯度的生长前沿(小 d)中起作用,而层状生长机制(大 d)则在较低轴向温度梯度中起作用(图10.50).但在晶体生长中常常要避免较高的温度梯度,因为高温度梯度会过多地增加内应力.因此,为了获得均匀的晶体,通常采用一个晶面构成的平面生长前沿($R \to \infty$),这可由熔体的剧烈搅动(50—100 r/min)实现,因为搅动会引起结晶前沿热流的重新分布(见10.2.5小节).

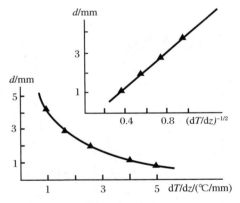

图 10.50　掺 Nd^{3+} 的 $Lu_3Al_5O_{12}$ 晶体生长前沿上形成的小面直径与定向结晶中结晶前沿附近温度梯度 dT/dz(见图10.16(b))的关系

改变熔体的热物理常数或在晶体中引入杂质可以取得同样的效果.人们已经注意到用提拉法生长的镝铝石榴石($Dy_3Al_5O_{12}$)单晶中没有小面化生长前沿.但在同样条件下,钇铝石榴石($Y_3Al_5O_{12}$)的生长前沿是小面化的.比较这两种晶体的吸收光谱可知:与钇铝石榴石相比,镝铝石榴石单晶在 1.2—1.3 μm 波段有很宽的吸收带(图10.51).这正是普朗克函数的极值区域(即热源的最大辐射区).与材料不同的热物理性质相对应的是热流的不同分布,这会导致结晶前沿成为平面(图10.52).

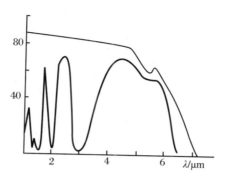

图 10.51　$Dy_3Al_5O_{12}$ 晶体(粗线)和 $Y_3Al_5O_{12}$ 晶体(细线)
在红外区的吸收光谱
y 轴为透射率[10.10].

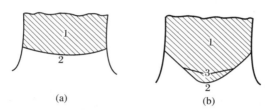

图 10.52　提拉法生长的镝铝石榴石(a)和钇
铝石榴石(b)在晶体中的相界形状
1. 晶体;2. 熔体;3. 相界的小面化部分[10.11].

由于小面尺寸对生长速率 V 的依赖弱于温度梯度,$d \sim \mathscr{G}^{-1/2}V^{1/4}$(假设 $V \sim (\Delta T_{max})^2$),因此用生长速率控制小面化是有困难的.

综上所述,尽管小面化可由轴向温度梯度、熔体搅动、晶体和熔体透明度的改变、生长速率的改变来控制,但只有前两项有实用价值.这是因为改变材料的透明度需要引入杂质,而小面尺寸对生长速率的改变不很敏感.

扇状杂质分布来自小面化的生长(见 4.3.1 小节)或生长晶体杂质分布系数的各向异性.扇状杂质分布的控制原则上与小面化生长的控制相同.

10.3.3　残余应力、位错和晶粒间界

残余应力分为两种类型.第一类是由温度场的非线性引起的;第二类则由实际结构的缺陷(如点缺陷的积聚、位错、晶粒间界、杂质和外来夹杂物)引起.应力可由光学或 X 射线探伤仪观察,也可由点阵常数的精确测量确定[6.22].在焰熔法和水平定向法生长的刚玉晶体中,内应力的典型分布情况在图 10.53 中

给出.图中可见,在焰熔法生长的棒形刚玉晶体中,晶体的中心部分存在压应力,边缘处存在张应力.而在定向结晶获得的晶体中,情况刚好相反,边缘存在压应力,而中心部分存在张应力,这意味着晶体中的应力具有猝灭的性质(见6.1节).

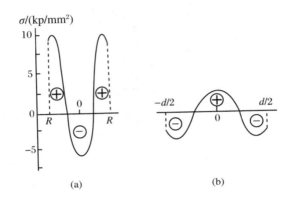

图 10.53　典型的应力分布

(a) 焰熔法生长的半径为 R 的圆柱晶体;(b) 水平定向结晶法生长的
厚为 d 的片状晶体. + 号表示压缩区,－号表示拉伸区.

残余应力依赖于生长时的温度分布和生长速率.后者的增加导致残余应力的增大.当温度梯度达到临界值时,应力会使晶体破裂.用辅助加热器降低温度梯度可使残余应力降至与退火后的值相当的水平.例如在辅助加热生长的刚玉晶体中,残余应力可降至 1.5—2 kp/mm²,而不用辅助加热器时,此值为 10—15 kp/mm².

为了降低内应力,必须消除它们的来源,也就是实际结构中的缺陷.

位错既可在生长前沿上直接出现,也可在新生长的晶体进入冷区时在晶体内部出现(见 6.2.4 小节).迄今为止还没有区分位错起源的办法.位错主要用 X 射线和光学探伤法观察,也可用选择浸蚀法观察[4.27,第5章].同晶粒间界一样,位错也可从籽晶中延续过来.此外,位错的密度还与晶体中的杂质含量有关.

为了从熔体中获得无位错晶体,可在较低的温度梯度、较低的生长速率和较高的稳定温度条件下,用"掐掉"法或"缩颈"法(见 10.2.1 小节)实现.

晶粒间界[4.27,第5章]可由生长过程自身的作用出现在生长前沿上,但也可由后续的温度、机械和其他效应引起.从籽晶中延续下来的晶粒通常要在生长方向上延伸.晶粒间界由位错构成,因此可用观察单个位错的方法观察.

晶粒的性质迄今还没有被充分地研究过.晶粒的来源与夹杂物、杂质,尤其是非同构杂质的存在直接相关(见图 10.43).这些杂质浓度的增加会减小晶粒的尺寸,从而增加晶粒间界的密度.

晶粒连接区的晶体形貌图显示了晶界的形成过程:首先是杂质的积聚引起结晶前沿上某处组分的局域扰动;随后,这个区域生长变慢,形成凹陷,凹陷中会有更多的杂质积聚;最终,形成晶粒间界.此外,杂质的积聚还增加了位错密度,这种位错密度的增加在晶粒间界附近总能观察到.

参 考 文 献

第 1 章①

1.1　Landau L D, Lifshits E M. Statisticheskaya fizika. Moscow: Nauka, 1964. [English transl. : Statistical Physics. 2nd ed. London: Pergamon, 1969.]

1.2　a) Rosenberger F. Fundamentals of Crystal Growth I. Macroscopic Equilibrium and Transport Concepts. Springer Ser. Solid-State Sci. , Vol. 5. Berlin, Heidelberg, New York: Springer, 1981.

b) Söhnel O, J Garside. J. Cryst. Growth, 1979, 46: 238.

c) Mullin J W. The Chemical Engineer. 1973, June: 316.

1.3　a) Shubnikov A V, Sheftal' N N(eds.). Rost kristallov, T. 2. Moscow: Izd-vo Akad. Nauk SSSR, 1959. [English transl. : Growth of Crystals. Vol. 2. New York: Consultants Bureau, 1959.]

b) Khaimov-Mal'kov V Ya. In[Ref. 1. 3a, p. 5] [English transl. : The Thermo-dynamics of Crystallization Pressure. in Ref. 1. 3a, p. 3]

c) Khaimov-Mal'kov V Ya. In[Ref. 1. 3a, p. 17] [English transl. : Experimental Measurement of Crystallization Pressure. in Ref. 1. 3a, p. 14]

d) Khaimov-Mal'kov V Ya. In [Ref. 1. 3a, p. 26] [English transl. : The Growth Conditions of Crystals in Contact with Large obstacles. in Ref. 1. 3a, p. 20]

1.4　Barásh Yu S, Ginzburg V L. Usp. Fiz. Nauk, 1975, 116: 5. [English transl. : Electromagnetic flutuations in matter and molecular (Van der Waals) forces between them. Sov. Phys. Usp. , 1975, 305: 18.]

1.5　Derjaguin B V, Abrikosova I I, Lifshits E M. Molekulyarnoe prityazhenie kondensirovannykh tel (Molecular attraction of condensed bodies). Usp. Fiz. Nauk, 1958, 64: 493.

1.6　Dzyaloshinsky I E, Lifshits E M, Pitayevsky L P. Usp. Fiz. Nauk, 1961, 381: 73. [English transl. : General theory of Van der Waals forces. Sov. Phys. Usp. , 1961, 4: 153.]

1.7　a) Kaldis E, Scheel H J(eds.). 1976 Crystal Growth and Materials: Review Papers of

---

① 回顾性质和某些其他标题的论文列在 1—7 章的参考文献中。

the First European Conference on Crystal Growth ECCG-1, Zurich, Sept. 1976. Amsterdam: North-Holland, 1977.

b) Chernov A A, Temkin D E. Capture of Inclusions in Crystal Growth. in [Ref. 1. 7a, p. 31]

c) Horn R G, Israelashvili J N. J. Chem. Phys. , 1981, 75: 1400.

1.8　Correns C W. Discuss. Faraday Soc. , 1949, No. 5: 267.

1.9　Hartman P. In Rost kristallov, T. 7. by Sheftal' N N. Moscow: Nauka, 1967: 8[English transl. : The Dependence of Crystal Morphology on Crystal Structure. Growth of Crystals, Vol. 7. New York: Consultants Bureau, 1969: 3]

1.10　Honigmann B. Gleichgewichts-und Wchstumsformen von Kristallen. Darmstadt: Steinkopf, 1958.

1.11　a) Hartman P. Le coté cristallographique de l'adsorption vu par le change-ment de faciés. Adsor ption et croissance cristalline, Colloq. Int. CNRS, No. 152. Paris Edition du Centre National de la Recherche Scientifique, 1965: 477, 506.

b) Hartman P. Structure and Morphology//Hartman P. Crystal Growth: An Introduction. Amsterdam: North-Holland, 1973: 367.

1.12　a) Geguzin Ya E, Ovcharenko N N. Usp. Fiz. Nauk, 1962, 76: 283. [English transl. : Surface energy and processes on solid surfaces. Sov. Phys. Usp. , 1962, 5: 129.]

b) Eustatopulos N, Joud J- C. Interfacial Tension and Adsorption of Metallic Systems. Current Topics Mat. Sci. , Vol. 4. Amsterdam: North-Holland, 1979: 281.

1.13　Marchenko V I, Parshin A Ya. Zh. Eksp. Teor. Fiz. , 1980, 79: 257. [English transl. : Sov. Phys. JETP, 1980, 52: 129.]

1.14　Andreyev A F, Kosevich Yu A. Zh. Eksp. Teor. Fiz. , 1981, 81: 1435.

1.15　Stransky I N, Kaischew R. K teorii rosta kristallov i obrazovaniya kristallicheskikh zarodyshei (On the theory of crystal growth and nucleation). Usp. Fiz. Nauk, 1939, 21: 408.

1.16　Kittel Ch. Intrduction to Solid State Physics. 4th ed. New York: Wiley, 1971.

1.17　Burton W K, Cabrera N, Frank F C. The growth of crystals and the equilibrium structure of their surfaces. Philos. Trans. R. Soc. London, 1951, A243: 299.

1.18　Chernov A A. Usp. Fiz. Nauk, 1961, 73: 277. [English transl. : The spiral growth of crystals. Sov. Phys. Usp. 1961, 4: 116.]

1.19　a) Bedair S F. Surf. Sci, 1974, 42: 595.

b) Hok S, Drechsler M. Surf. Sci, 1981, 107: 262.

c) Bulakh B M, Chernov A A. J. Cryst. Growth, 1981, 52: 39.

1.20　Kompaniyets T N. Zh. Tekh. Fiz. , 1976, 46: 1361.

1.21　Weast R C(ed.). Handbook of Chemistry and Physics. 56th ed. Ohio Cleveland: CRC, 1975.

1.22   a) Chernov A A, Papkov N S. Kristallografiya, 1980, 25: 1002. [English transl. : Sov.
       Phys. Crystallogr. , 1980, 25: 572.]

       b) Chernov A A, Ruzaikin M P. J. Cryst. Growth 1978, 45: 73; 1981, 52: 185.

       c) Chernov A A. Equilibrium adsorption and some interfacial growth processes in
       gaseous solutions and CVD systems. J. Jp. Assoc. Crystl. Growth, 1978, 5: 227.

       d) Cadoret R. Application of the Theory of the Rate Processes in the CVD of GaAs.
       Current Topics Mat. Sci. , Vol. 5. Amsterdarm: North-Holland, 1980: 218.

       e) Chernov A A, Ruzaikin M P, Papkov N S. Poverkhn. Fiz. Khim. Mekh. , 1982,
       1: 94.

1.23   a) Hottier F, Cadoret R. J. Cryst. Growth, 1981, 52: 199.

       b) Hottier F, Theeten J B. J. Cryst. Growth, 1980, 48: 644.

1.24   a) Bloem J, Gilling L J. Chemical Vapour Deposition of Silocon. Current Topics Mat.
       Sci. , Vol. 1. Amsterdam: North-Holland, 1978: 147.

       b) Bloem J, Claassen W A P. J. Cryst. Growth, 1980, 49: 435.

       c) Claassen W A P, Bloem J. J. Cryst. Growth, 1980, 50: 803; 1981, 51: 443.

       d) Bloem J, Claassen W A P, Valkenburg W G J N. J. Cryst. Growth, 1982, 57: 177.

       e) Bloem J. J. Cryst. Growth, 1980, 50: 581.

1.25   a) Voronkov V V. Kristallografiya, 1966, 11: 284. [English transl. : Sov. Phys. Crys-
       tallogr. 1966, 11: 259.]

       b) Gilmer G H, Weeks J D. J. Chem. Phys. , 1978, 68: 950.

1.26   a) Leamy H J, Gilmer G H, Jackson K A. Statistical Thermodynamics of Clean Sur-
       faces//Blakely J M. Surface of Materials, Vol. 1. New York: Academic, 1975: 121.

       b) Leamy H J, Jackson K A. J. Appl. Phys. , 1971, 42: 2121.

       c) Gilmer G H. J. Cryst. Growth, 1977, 42: 3.

1.27   a) Broughton J Q, Gilmer G H, Weeks J D. J. Chem. Phys. , 1981, 75: 5128; Phys.
       Rev. , 1982, B25: 4651.

       b) Phillips J M, Bruch L W, Murphy R D. J. Chem. Phys. , 1981, 75: 5097.

       c) Mruzik M R, Garofalini S H, Pound G M. Surf. Sci. , 1981, 103: 353.

       d) Hiwatari Y, Stoll E, Schneider T. J. Chem. Phys, 1978, 68: 3401.

       e) Brougton J Q, Bonissent A, Abraham F F. J. Chem. Phys. , 1981, 74: 4029.

       f) Bonissent A, Abraham F. J. Chem. Phys. , 1981, 74: 1306.

       g) Bonissent A. Structure of Solid-Liquid Interface. Crystals, Vol. 9. Berlin, Heidel-
       berg, New York: Springer, 1983: 1.

1.28   Temkin D E. O molekulyarnoi sherokhovatosti granitsy kristall-rasplav (On Molecu-
       tar Roughness of the Crystal-Melt Interface)//Sirota N N. Mekhanizm i kinetika kri-
       stallizatsii (Mechanism and Kinetics of Crystallization). Minsk: Nauka i Tekhnika,
       1964: 86.

1. 29 a) Doremus R H,Roberts B W,Turnbull D (eds.). Growth and Perfection of Crystals. New York:Wiley,1958.

b) Jackson K A. Interface Structure. in [Ref. 1. 29a,pp. 319,3241]

1. 30 a) A A Chernov (ed.). Rost kristallov. T. 11. Erevan: Izd-vo EGU,1975. [English transl. :Growth of Crystals. Vol. 11. New York:Consultants Bureau,1979.]

b) Jackson K A. In [Ref. 1. 30a,p. 116] [English transl. :Computer Modelling of Crystal Growth Processes. in Ref. 1. 30a,p. 115]

c) Turnbull D. J. Appl. Phys. ,1950,21:1022.

1. 31 a) Voronkov V V,Chernov A A. Structure of crystal ideal solution interface. J. Phys. Chem. Solids Suppl. ,1967,1:593; Kristallografiya,1966,11:662. [English transl. : Sov. Phys. Cryst. ,1967,11:571.]

b) Kerr H W, Winegard W C. Eutectic solidification. J. Phys. Solids Suppl. ,1967, 1:179.

c) Podolinsky V V, Drykin V G. 6th Int. Conf. Cryst. Growth, Abstracts, Vol. 2. Moscow:USSR Academy of Sciences,1980:77.

1. 32 a) Andreev A F, Parshin A Ya. Zh. Eksp. Teor. Fiz. , 1978, 75: 1511. [English transl. :Sov. Phys. JETP,1978,48:763.]

b) Keshishev K O,Parshin A Ya,Babkin A V. Zh. Eksp. Teor. Fiz. ,1981,80:716. [English transl. : Sov. Phys. JETP, 1981, 53: 362.]; Zh. Eksp. Teor. Fiz. Pis'ma Red. ,1979,30:63. [English transl. :Sov. Phys. JETP Lett. ,1979,30:56.]

c) Balibar S,Edward D O,Laroche C. Phys. Rev. Lett. 1979,42:782.

d) Landau J, Lipson S G, Määttänen M M, Balfour L S, Edwards D O. Phys. Rev. Lett. ,1980,45:31.

1. 33 a) Herring C. The Use of Classical Macroscopic Concepts in Surface-Energy Problems//Gomer E R,Smith C J. Structure and Properties of Solid Surfaces. Chicago: University of Chicago Press,1953:5,72.

b) Herring C. Surface Tension as a Motivation for Sintering//The Physics on Powder-Metallurgy. New York:McGraw-Hill,1951:143.

1. 34 a) Lemmlein G G. Dokl. Akad. Nauk SSSR,1954,98:973.

b) Lemmlein G G. Morfologiya i genezis kristallov (Crystal Morphology and Genesis). Moscow:Nauka,1973.

1. 35 Kliya M O. Kristallografiya,1956,1:577.

1. 36 a) Heyraud J C,Metois J J. J. Cryst. Growth,1980,50:571.

b) Metois J J,Heyraud J C. J. Cryst. Growth,1982,57:487.

c) Heyraud J C,Metois J J. Acta Metall. ,1980,28:1789.

d) Drechsler M,Nicholas J F. J. Phys. Chem. Solids,1967,28:2609.

第 2 章

2.1　Bosio L,Defrain A,Epelboin I.J.Phys.(Paris),1966,27:61.

2.2　Rasmussen D H.Thermodynamics and nucleation phenomena - a set of experimental observations.J.Cryst.Growth,1982,56:45.

2.3　Stoyanov S S.Nucleation Theory for High and Low Supersaturations.Current Topitcs Mat.Sci.,Vol.3.Amsterdam:North-Holland,1979:421.

2.4　a) Zel'dovich Ya B.Zh.Eksp.Teor.Fiz.,1942,12:525.
　　　b) Toshev S.Homogeneous Nucleation//Hartman P.Cryistal Growth:An Introduction.Amsterdam:North-Holland,1973:1.

2.5　Hirth J,Pound G N.Condensation and Evaportion.Nucleation and Growth Kinetics.Oxford:Pergamon,1963.

2.6　a) Volmer N.Kinetik der Phasenbildung.Dresden:Steinkopf,1939.
　　　b) Volmer N,Flood H.Z.Phys.Chem.,1934,170:273.

2.7　Lothe J,Pound G M.J.Chem.Phys.,1962,36:2080.

2.8　Miyazaki J,Pound G M,Abraham F F,Barker J A.J.Chem.Phys.,1977,67:3851.

2.9　a) Nishioka K,Russel K C.Surf.Sci.,1981,104:213.
　　　b) Blauder M,Katz J L.Surf.Sci.,1981,104:217.
　　　c) Zettlemoyer A C(ed.).Nucleation Phenomena.Amsterdam:Elsevier,1977.

2.10　a) Turnbull D.J.Appl.Phys.,1950,21:1022.
　　　b) Ovsienko D E,Alfintsev G A.Crystal Growth from the Melt.Experimental Investigation of Kinetics and Morphology,Crystals,Vol.2.Berlin,Springer,New York:Heidelberg,1980:119.

2.11　Matz G.Die Kristallization in der Verfahrenstechnik.Berlin,Göttingen,Heidelberg:Springer,1954.

2.12　a) Khachaturyan A G.Theory of Phase Transformations and the Structure of Solid Solutions.New Delhi:Amerind,to be published.
　　　b) Lyubov B Ya.Kineticheskaya teoriya fazovykh prevrashchenii(Kinetic Theory of Phase Transformations).Moscow:Metallurgiya,1969.
　　　c) Voronkov V V.Kristallografiya,1970,15:1120.[English transl.:Sov.Phys.Crystallogr.,1971,15:979.]
　　　d) Brener E A,Marchenko V I,Meshkov C V.Zh.Eksp.Teor.Fiz.,1983.(in print)

2.13　a) Murr L E,Inal O T,Singh H P.Thin Solid Films,1972,9:241.
　　　b) Tsong T T,Cowan P L.Behavior and Properties of Single Atoms on Metal Surfaces//Vanselow R.Chemistry and Physics of Metal Surfaces,Vol.2.Boca Raton Florida:CRC,1979:209.
　　　c) Shrednik V N,Odisharia G A,Golubev O L.J.Cryst.Growth,1971,2:249.

d) Moazed K L,Pound G M. Trans. Met. Soc. AIME,1964,230:2341.

e) Hardy S C//Peiser H S. Proceedings of the International Conference on Crystal Growth,Boston 1966. Oxford:Pergamon,1967:287; Also in J. Phys. Chem. Solids Suppl. I.

2.14 a) Danilov V I. Stroyeniye i kristallizatsiya zhidkostei(Structure and Crystallization of Liquids). Kiev:Izd-vo Akad. Nauk Ukr. SSR,1956:311.

b) Nyvlt J,Pekarek V. Z. Phys. Chem. Neue Folge,1980,22:199.

2.15 Turnbull D. J. Chem. Phys. ,1952,20:411.

2.16 Turnbull D,Cech R E. J. Appl. Phys. ,1950,21:804.

2.17 Koutsky J A,Walton A G,Baer E. J. Appl. Phys. ,1967,38:1832.

2.18 Skripov V P,Koverda V P,Butorin G T. Kristallografiya,1970,15:1219. [English transl. :Sov. Phys. Crystallogr. 1971,15:1065.]

2.19 a) Toshev S,Gutzov I. Krist. Tech. ,1972,7:43.

b) Gutzov I. Contemp. Phys. ,1980,21:121,243.

2.20 Skripov V P. Homogeneous Nucleation in Melts and Amorphous Films. in [Ref. 1.7a,p.327]

2.21 Skripov V P,Koverda V P,Butorin G T. In [Ref. 1.30a,p. 25] [English transl. :Crystal Nucleation Kinetics in Small Volumes. in Ref. 1.30a,p.22]

2.22 Bosio L. Mét. Corros. Ind. ,1965,40:421,451.

2.23 Fehling J,Scheil E. Z. Metallkd. ,1962,53:593.

2.24 Powell G L F,Hogan L M. Trans. Metall. Soc. AIME,1968,242:2133.

2.25 Ovsienko D E, Maslov V V, Kostyuchenko V P. Kristallografiya, 1971, 16:405. [English transl. :Sov. Phys. Crystallogr. 1971,16:331.]

2.26 Walker J L. The Influence of Large Amounts of Undercooling on the Grain Size of Nickel//Pierre G R S. Physical Chemistry of Process Metallurgy,Metallurgical Society Conferences,Vol. 8. New York:Interscience,1961:Pt. 2,845.

2.27 a) Gomersall D W,Shiraishi S Y,Ward R G. J. Aust. In st. Met. ,1965,10:220.

b) Pugh N J,Jefferson D A. 12th Int. Congr. Crystallography,Ottaw,Canada(1981),Collected Abstracts:C-302.

2.28 Fokin V M,Kalinina A M,Filipovich V N. J. Cryst. Growth,1981,52:115.

2.29 Stoyanov S,Kashchiev D. Thin Film Nucleation and Growth Theories:A Confrontation with Experiment. Current Topics Mat. Sci. ,Vol. 7. Amsterdam:North-Holland,1981:69.

2.30 a) Hoare M R,Pal P. J. Cryst. Growth,1972,17:77.

b) Bonissent A,Mutaftschiev B. J. Chem. Phys. ,1973,58:372.

c) Lee J K,Barker J A,Abraham F F. J. Chem. Phys. ,1973,58:3166.

d) Briant C L,Burton J J. J. Chem. Phys. ,1975,63:2045,332.

e) Burton J J, Briant C L. Atomistic Models for Microclusters: Implications for Nucleation Theory//Zettlemoyer A C. Nucleation Phenomena. Amsterdam: Elsevier, 1977:131.

2.31   a) Sattler K. Diagnostics of Clusters in Molecular Beams. Preprint.

b) Sattler K. Clusters in Molecular Beams. Preprint, should be published in Current Topics Mat. Scit. Amsterdam: North-Holland, 1983.

c) Sattler K, Mühlbach J, Recknagel E. Phys. Rev. Lett., 1980, 45:821.

d) Echt O, Sattler K, Recknagel E. Phys. Rev. Lett., 1981, 47:1121.

e) Mülbach J, Sattler K, Pfau P, Recknagel E. in print.

f) Sattler K, Mülbach J, Pfau P, Recknagel E. Phys. Lett., 1982, A87:418.

2.32   a) Borel J- P, Buttet J (eds.). Small Particles and Inorganic Clusters. Amsterdam: North-Holland, 1981; Surf. Sci., 1981, 106.

b) Dreyfuss D, Wachman H Y. J. Chem. Phys., 1981, 76:2031.

2.33   a) Hoare M R. Structure and Dynamics of Simple Microclusters//Prigogine I, Rice S A. Advances in Chemical Physics. New York: Wiley, 1979:49.

b) Hoare M R, Pal P, Wegener P P. J. Colloid Interface Sci., 1981, 75:126.

2.34   a) de Boer B G, Stein G D. Surf. Sci., 1981, 106:84.

b) Renou A, Gillet M. Surf. Sci., 1981, 106:27.

2.35   Walton D. J. Chem. Phys., 1962, 37:2182.

2.36   Walton D. Condensation of Metals on Substrates//Zettlemoyer A C. Nucleation. New York: Marcel Dekker, 1969:379.

2.37   Rhodin T N, Walton D. Nucleation of Oriented Films//Francombe M H, Sato H. Single-Crystal Films. New York: Pergamon, 1964:31.

2.38   Palmberg P W, Rhodin T N, Todd C J. Appl. Phys. Lett., 1967, 10:122.

2.39   Bethge H. Surface Structures and Molecular Processes//Drauglis E, Gretz R D, Jaffee R I. Molecular Processes on Solid Surfaces. New York: McGraw-Hill, 1969:569, 585.

2.40   Henning G R. Appl. Phys. Lett., 1964, 4:52.

2.41   Stirland D J. Appl. Phys. Lett., 1966, 8:326.

2.42   Palmberg P W, Todd C J, Rhodin T N. J. Appl. Phys., 1968, 39:4650.

2.43   Distler G I. J. Cryst. Growth, 1968, 3/4:175.

2.44   Palatnik L S, Fuks M Ya, Kosevich V M. Mekhanizm obrazovaniya i substructura kondensirovannykh plyonok (Mechanism of Formation and Sub-structure of Condensed Films). Moscow: Nauka, 1972.

2.45   Sigsbee R A. J. Appl. Phys., 1971, 42:3904.

2.46   Sigsbee R A. J. Cryst. Growth, 1972, 13/14:135.

2.47   Krohn M. In [Ref. 1.30a, p. 192] [English transl.: Estimation of the Mean Displacement of Adsorbed Molecules from the Growth of Lochkeims. in Ref. 1.30a, p. 1911]

2.48　Ehrlich G. Direct observation of individual atoms on metals. Surf. Sci. ,1977,63:422.

2.49　Kellog G L,Tsong T T,Cowan P. Direct observation of surface diffusion and atomic interaction on metal surfaces. Surf. Sci. ,1978,70:485.

2.50　Klaua N. In [Ref. 1.30a,p. 65] [English transl. :Electron Microscopic Investigations of Surface Diffusion and Nucleation of Au on Ag(111). in Ref. 1.30a,p. 60]

2.51　Robinson V N E,Robins J L. Thin Solid Films,1974,20:155.

2.52　Stowell M J. J. Crvst. Growth,1974,24/25:45.

2.53　Stoyanov S S. J. Cryst. Growth,1974,24/25:293.

2.54　Markov I. Thin Solid Films,1976,35:11.

2.55　Markov I,Kashchiev D. J. Cryst. Growth,1972,13/14:131.

2.56　Gebhardt M,Neuhaus A. In Landolt-Börnstein. Numerical Data and Functional Relationship in Science and Technology, New Series, Group 3: Crystal and Solid State Physics, Vol. 8, Structure Data of Organic Compounds. Berlin, Heidelberg, New York:Springer,1972.

2.57　Palatnik L S,Papirov I I. Epitaksial'nyie plyonki(Epitaxial Films). Moscow:Nauka,1971.

2.58　Matthews J W (ed.). Epitaxial Growth. New York:Academic,1975.

2.59　a) Kern R,Le Lay G,Métois J J. Basic Mechanisms in the Early Stages of Epitaxy. Current Topitcis Mat. Sci. , Vol. 3. Amsterdam:North-Holland,1979:132.
b) Honjo G, Yagi K. Studies of Epitaxial Growth of Thin Films by in situ Electron Microscopy, Current Topics Mat. Sci. , Vol. 4. Amsterdam: North-Holland, 1980:195.

2.60　Méetois J J,Gauch M,Masson A,Kern R. Thin Solid Films,1972,11:205.

2.61　Distler G I,Vlasov V P. Kristallografiya,1969,14:872. [English transl. :Sov. Phys. Crystallogr. ,1970,14:747.]

2.62　a) Kern R,Masson A,Métois J J. Surf. Sci. ,1971,27:483.
b) Masson A,Métois J J,Kern R. Surf. Sci. ,1971,27:463.
c) Zanghi J C,Métois J J,Kern R. Philos. Mag. ,1975,31:743.

2.63　Métois J J,Heinemann K,Poppa H. Appl. Phys. Lett. ,1976,29:134.

2.64　a) Chapon C,Henry C R. Surf. Sci. ,1981,106:152.
b) Kinosita K. Thin Solid Films,1981,85:223.

2.65　Malyukov B A,Korolev V E,Papkov V S,Vorkunova M A. Kristallografiya,1980,25:444. [English transl. :Sov. Phys. Crystallogr. 1980,25:257.]

2.66　LeLay G,Kern R. J. Cryst. Growth,1978,44:197.

2.67　Barraclough P B,Hall P G. Surf. Sci. ,1974,46:393.

2.68　Estel J,Hoinkes H,Kaarmann H,Nahr H,Wilsch H. Surf. Sci. ,1976,54:393.

2.69　a) Kotzé I A,Lombaard J C. Thin Solid Films,1974,23:221.
b) Gillet E,Gruzza B. Surf. Sci. ,1980,97:553.

c) Bauer E,Poppa H,Todd C,Davis P. J. Appl. Phys. ,1977,48:3773.

d) Bauer E,Poppa H,Todd C,Benczek F. J. Appl. Phys. ,1974,45:5164.

e) Jesser J W,Matthews J W. Philos. Mag. ,1968,17:595.

f) Jesser J W,Matthews J W. Philos. Mag. ,1968,17:461.

g) Herng C T,Vook R W. J. Vac. Sci. Technol. ,1974,2:140.

h) Gradman U,Kümmerle W,Tillmans P. Thin Solid Films,1976,34:249.

i) Stoyanov S,Markov I. Surf. Sci. ,1982,116:313.

2.70   a) Chernov A A. Growth Kinetics and Capture of Impurities During Gas Phase Crystallization. J. Cryst. Growth,1977,42:55.

b) Chernov A A,Stoyanov S S. Kristallografiya,1977,22:248. [English transl. ;Sov. Phys. Crystallogr. ,1977,22:141.]

2.71   Hölzl J,Schulte F K. Work Function of Metals. Springer Tracts Mod. Phys. ,Vol. 85. Berlin,Heidelberg,New York:Springer,1979:1.

2.72   Wagner H. Physical and Chemical Properties of Stepped Surfaces. Springer Tracts Mod. Phys. ,Vol. 85. Berlin,Heidelberg,New York:Springer,1979:151.

2.73   Klimenko E V,Naumovets A G. Surf. Sci. ,1969,14:141.

2.74   Woltersdorf J. Thin Solid Films,1976,32:277.

2.75   Hirth J P,Lothe J. Theory of Dislocations. New York:McGraw-Hill,1968.

2.76   Vainshtein B K, Fridkin V M, Indenbom V L. Sovremennaya Kristallografiya. T. 2 Struktura kristallov. by Vainshtein B K. Moscow:Nauka, 1979. [English transl. : Modern Crystallography II, Springer Ser. Solid-State Sci. , Vol. 21. Berlin, Heidelberg,New York:Springer,1982.]

2.77   a) Abrahams M S. Epitaxy,Heteroepitaxy,and Misfit Dislocations. Crystal Growth and Characterization. by R Ueda,Mullin J B. Amsterdam:North-Holland,1975:187.

b) Hila F,Gillet M. Thin Solid Films,1982,87:L7.

c) Woltersdorf J. Interface problems in relation to epitaxy. Thin Solid Films,1981, 85:241.

2.78   Wakkernagel R. Kästners Archiv f. d. gesamte Naturlehre,1825,5:295.

2.79   Frankenheim M L. Ann. Phys. Chem. ,1836,37:516.

2.80   Bradley R S. Z. Kristallogr,1937,96:499.

2.81   Distler G I. In [Ref. 1. 30a,p. 47] [English transl. :Crystallization as a Matrix Replication Process. in Ref. 1,30a,p. 44]

2.82   Distler G I,Vlasov V P,Gerasimov Yu M,Kobzareva S A,Kortukova E I,Lebedeva V N,Moskvin V V,Shenyavskaya L A. Dekorirovaniye poverhnosti tvyordykh tel (Decoration of Solid Surfaces). Moscow:Nauka,1976.

2.83   Indenbom V L. In[Ref. 1. 30a,p. 62] [English transl. :Elastic Interaction in Epitaxial Effects. in Ref. 1. 30a,p. 57]

第 3 章

3.1　Jackson K A. The present state of the theory of crystal growth from the Melt. J. Cryst. Growth,1974,24/25:130.

3.2　Bostanov V,Rusinova R,Budevski E. In [Ref. 1. 30a,p. 131] [English transl. :Rate of Propagation of Monatomic Layers and the Mechanism of Electrodeposition of Silver,in Ref. 1. 30a,p. 130]

3.3　Ballman A A,Laudise R A. Hydrothermal Growth//Gilman J J. The Art and Science of Growing Crystals. New York:Wiley,1963:231.

3.4　Lemmlein G G, Kliya M O, Chernov A A. Kristallografiya, 1964, 9:231. [English transl. :Sov. Phys. Crystatlogr. ,1964,9:181.]

3.5　Lemmlein G G,Dukova E D. Kristallografiya,1956,1:112.

3.6　Tung S K. J. Electrochem. Soc. ,1968,112:436.

3.7　a) Chernov A A (ed.). Rost kristallov. T. 12. Erevan: Izd-vo EGU, 1977. [English transl. :Growth of Crystals. Vol. 12. New York:Consultants Bureau,1981.]
b) Tsinober L I,Khadzhi V E,Gordienko L A,Litvin L I. In [Ref. 3. 7a,p. 75] [English transl. :Growth Conditions and Real Structure of Quartz Crystals. in Ref. 3. 7a]

3.8　Belyustin A V,Levina I N. Private communication.

3.9　Volmer M,Estermann I. Z. Phys. ,1921,7:13.

3.10　Volmer M,Schultze W. Z. Phys. Chem. ,1931,A156:1.

3.11　Kozlovsky N I,Lemmlein G G. Kristallografiya,1958,3:351. [English transl. :Sov. Phys. Crystallogr. ,1958,3:352.]

3.12　Levich V G. Physicochemical Hydrodynammics. Englewood Cliffs,New Jersey:Prentice Hall,1962.

3.13　Bennema P. J. Cryst. Growth,1974,24/25:76.

3.14　a) Sheftal' N N (ed.). Rost kristallov,T. 5. Moscow:Nauka,1965. [English transl. :Growth of Crystals,Vol. 5A. New York:Consultants Bureau,1968.]
b) Chernov A A,Lyubov B Ya. In [Ref. 3. 14a,p. 11] [English transl. :Aspects of Crystal Growth Theory. in Ref. 3. 14a,p. 7]
c) Nielsen A E. Kinetics of Precipitation. New York:Pergamon,1964.
d) Hillig W B. Acta Metall. ,1966,14:1868.
e) Meyer H J,Dabringhaus H. Molecular Processes of Condensation and Evaporation of Alkali Halides. Current Topics Mat. Sci. , Vol. 1. Amsterdam: North-Holland, 1978:47.
f) Lemmlein G G. Morfoligiya i genesis kristallov (Morphology and Genesis of Crystals,Collected Papers of G G Lemmlein). Moscow:Nauka,1973:278.
g) Lemmlein G G. Fine structure of crystal relief. Report to the General Meeting of

the Phys. Div. of the USSR Academy of Sciences, Vestn. Akad. Nauk SSSR, 1945, 4:119.

3.15　Bostanov V. J. Cryst. Growth, 1977, 42:194.

3.16　Staikov G, Obretenov W, Bostanov V, Budevski E, Bort H. Electrochim. Acta, 1980, 25:1619.

3.17　Bostanov V, Obretenov W, Staikov G, Roe D K, Budevski E. J. Cryst. Growth, 1981, 52:761.

3.18　Gilmer G H. J. Cryst. Growth, 1980, 49:465.

3.19　Chernov A A, Smol'sky I L, Parvov V F, Kuznetsov Yu G, Rozhansky V N. Kristal-lografiya, 1980, 25:821. [English transl.: Sov. Phys. Crystallogr., 1980, 25:469.]

3.20　Chernov A A. Struktura poverchnosti i rost kristallov (Surface Structure and Crystal Growth)//Fiziko-khimicheskiye Problemy kristaIlizatsii (Physical-Chemical Problems of Crystallization). Alma-Ata: Izd-vo KGU, 1969:8.

3.21　Chernov A A. Crystallization//Huggins R A, Bube R H, Roberts R W. Annual Review of Materials Science, Vol. 3. Palo Alto, CA: Annual Reviews, 1973:397.

3.22　Miller C E. J. Cryst. Growth, 1977, 42:357.

3.23　a) Cabrera N, Levine M. Philos. Mag., 1956, 1:450.

　　　b) Müller-Krumbhaar H, Burkhardt T W, Kroll D M. J. Cryst. Growth, 1977, 38:13.

　　　c) Müller-Krumbhaar H. Kinetics of Crystal Growth. Microscopic and Phenomeno-logical Theories, Current Topics Mat. Sci., Vol. 1. Amsterdam: Morth-Holland, 1978: 1.

　　　d) Kaishev R. J. Cryst. Growth, 1962, 3:15.

　　　e) van der Hoek B, van der Eerden J P, Bennema P. J. Cryst. Growth, 1982, 56:108.

　　　f) Tsukamoto K, van der Hoek B. J. Cryst. Growth, 1982, 57:131.

　　　g) Frank F C. J. Cryst. Growth, 1982, 51:367.

　　　h) van der Hoek B, van der Eerden J P, Bennema P, Sunagawa I. J. Cryst. Growth, 1982, 58:365.

　　　i) van der Eerden J P. Surface and Volume Diffusion Controlling Step Movement//Crystals, Vol. 9. Berlin, Heidelberg, New York: Springer, 1983:112.

3.24　Cabrera N, Coleman R V. Theory of Crystal Growth from the Vapour//Gilman J J. The Art and Science of Growing Crystals. Nerv York: Wiley, 1963:3.

3.25　Chernov A A. Surface Morphology and Growth Kinetics//Ueda R, Mullin J-B. Crystal Growth and Characterization. Amsterdam: North-Holland, 1975:33.

3.26　Hayashi M, Shichiri T. J. Cryst. Growth, 1974, 21:254.

3.27　Chernov A A. Kristallografiya, 1971, 16:842. [English transl.: Sov. Phys. Crystal-logr., 1971, 16:741.]

3.28　Quivi M. Contribution à l'étude du role de la diffusion dans la croissance des cristaux à partir de solution. These, Université Strasbourg, 1965.

3.29 Chernov A A, Dukova E D. Kristatlografiya, 1969, 14: 169. [English transl. : Sov. Phys. Crystallogr. , 1969, 14: 150.]

3.30 Chernov A A, Papkov N S, Volkov A F. Kristallografiya, 1980, 25: 997. [English transl. : Sov. Phys. Crystallogr. , 1980, 25: 572.]

3.31 Chernov A A, Papkov N S. Kristallografiya, 1980, 25: 1002. [English transl. : Sov. Phys. Crystallogr. , 1980, 25: 575]

3.32 a) Kaishev R, Budevski E. Surface properties in electrocrystallization. Contemp. Phys. , 1967, 8: 489.
b) Budevski E, Bostanov E, Staikov G. Electrocrystallization. Annu. Rev. Mater. Sci. , 1980, 10: 85.

3.33 a) Alfintsev G A, Ovsienko D E. Investigation of the mechanism of growth of some metallic crystals from the melt. J. Phys. Chem. Solids Suppl. , 1967, 1: 757.
b) Ovsienko D E, Alfintsev G A. Crystal Growth from the Melt. Experimental Investigation of Kinetics and Morphology. Crystals, Vol. 2. Berlin, Heidelberg, New York: Springer, 1980: 119.

3.34 Gyulai Z. Z. Phys. , 1954, 138: 317.

3.35 Kuznetsov V A. In Gidrotermal'nyi sintez kristallov. by Lobachev A N. Moscow: Nauka, 1968: 77. [English transl. : Kinetics of the Crystallization of Corundum, Quartz and Zincite. Hydrothermal Synthesis of Crystals. New York: Consultants Bureau, 1971: 52.]

3.36 Mel'nikov O K, Litvin B N, Triodina N S//Lobachev A N. Issledovaniye protsessov kristallizatsii v gidrotermal'nykh usloviyakh. Moscow: Nauka, 1970: 134. [English transl. : Crystallization of Sodalite on a Seed//Crystallization Processes under Hydrothermal Conditions. New York: Consultants Bureau, 1973: 151.]

3.37 Gordienko L A, Miuskov V F, Khadzhi V E, Tsinober L I. Kristallografiya, 1969, 14: 539. [English transl. : Sov. Phys. Crystallogr. , 1969, 14: 454.]

3.38 Barns R L, Freeland P E, Kolb E D, Laudise R A, Patel J R. J. Cryst. Growth, 1978, 43: 676.

3.39 Fishman Yu M. Kristallografiya, 1972, 17: 607. [English transl. : Sov. Phys. Crystallogr. , 1972, 17: 524.]

3.40 a) Kuznetsov Yu G, Smol'sky I L, Chernov A A, Rozhansky V N. Dokl. Akad. Nauk SSSR, 1981, 260: 864.
b) Chernov A A, Parvov V F, Kliya M O, Kostomarov D V, Kuznetsov Yu G. Kristallografiya, 1981, 26: 1125. [English transl. : Sov. Phys. Crystallogr. , 1981, 26: 640.

3.41 a) Shimbo M, Nishisawa J, Terasaki T. J. Cryst. Growth, 1974, 23: 267.
b) Keller K W. Surface Microstructure and Processes of Crystal Growth Observed by

Electron Microscope//Ueda R, Mullin J B. Crystal Growth and Characterization. Amsterdam: North-Holland, 1975: 361; 6th Int. Conf. Crystal Growth, Moscow, 1980:62.

c) Chernov A A. J. Cryst. Growth, 1977, 42:55.

d) Chernov A A, Kopylova G F. Kristallografiya, 1977, 22: 1247. [EngIish transl. : Sov. Phys. Crystallogr. , 1977, 22:709.]

e) Nishizawa J, Tadano H, Oyama Y, Shimbo M. J. Cryst. Growth, 1981, 55:402.

f) Bauser E, Strunk H. J. Cryst. Growth, 1981, 51:362.

g) Bauser E. In III-V Optoelectronics Epitaxy and Device Related Processes. by Keramidas V C, Mahajan S. Pennington, NJ: Electrochenl. Society, 1983.

3.42   Carlson T A. Photoelectron and Auger Spectroscopy. New York: Plenum Press, 1975.

3.43   Margaritondo G, Rowe J E. J. Vac. Sci. Technol. , 1980, 17:561.

3.44   van Hove N A, Tong S Y. Surface Crystallograhy by LEED. Springer Ser. Chem. Phys. , Vol. 2. Berlin, Heidelberg, New York: Springer, 1979.

3.45   a) Benninghoven A, Evans C A, Jr. , Powell R A, Shimizu R, Storms H A (eds.). Secondary Ion Mass Spectrometry SIMS II. Springer Ser. Chem. Phys. , Vol. 9. Berlin, Heidelberg, New York: Springer, 1980.

b) Benninghoven A, Giber J, László J, Riedel M, Werner H W (eds.). Secondary Ion Mass Spectrometry SIMS III. Springer Ser. Chem. Phys. , Vol. 19. Berlin, Heidelberg, New York: Springer, 1982.

c) Wagner R. Field Ion Microscopy in Materials Science. Crystals: Growth, Properties and Applications, Vol. 6. Berlin, Heidelberg, New York: Springer, 1982.

3.46   Müller E W, Tsong T T. Field Ion Microscopy. Field Ionization and Field Evaporation. Oxford: Pergamon, 1973.

3.47   Thomas G. Transmission Electron Microscopy of Metals: New York: Wiley, 1962.

3.48   Hirsch P B, Howie A, Nicholson R B, Pashley D W, Whelan M J. Electron Mocroscopy of Thin Crystals. London: Butterworths, 1965.

3.49   Schimmel G. Elektronenmikroskoposche Methodik. Berlin, Heidelberg, New York: Springer, 1969.

3.50   UtevSky L M. Difraktsionnaya elektronnaya mikroskopiya v metallovedenii (Electron Microscopy in Physical Metallurgy). Moscow: Metallurgiya, 1973.

3.51   Reimer L. Transmissions Electron Microscopy. Springer Ser. Opt. Sci. , Vol. 36. Berlin, Heidelberg, New York: Springer, 1983.

3.52   a) Bron M, Wolf E. Principles of Optics. Oxford: Pergamon, 1964.

b) Landsberg G S. Optika (Optics). Moscow: Nauka, 1976.

3.53   Tatarsky V B. Krtstallooptika i immersionnyi metod (Crystal Optics and Immersion Method). Moscow: Nedra, 1965.

3.54　Rinne F, Berek M. Anleitung zu optischen Untersuchungen mit dem Polari-zations-mikrooskop. Leipziq: Dr. Max Jänecke Verlagsbuchhandlung, 1934.

3.55　Bartini G R, Dukova E D, Korshunov I P, Chernov A A. Kristallografiya, 1963, 8: 758. [English transl. : Sov. Phys. Crystallogr. , 1964, 8: 605.]

3.56　Madsen H E L. J. Cryst. Growth, 1976, 32: 84.

3.57　a) Glicksman M E, Schaefer R J, Blodgett J A. J. Cryst. Growth, 1972, 13/14: 68.

　　　b) Bedarida F, Zefiro L. Acta Crystallogr. , 1975, A31: 212.

3.58　a) Schumann W, Dubas M. Holographic Interferometry, Springer Ser. Opt. Vol. 16. Berlin, Heidelberg, New York: Springer, 1979.

　　　b) Ostrovsky Yu I, Butusov M M, Ostrovskaya G V. Interferometry by Holography. Springer Ser. Opt. Sci. , Vol. 20. Berlin, Heidel-berg, New York: Springer, 1980.

3.59　a) Guseva I N, Ginzburg V M, Kramarenko V A. In [Ref. 1. 30a, p. 216] [English transl. : Concentration Inhomogeneity in a Solution During Crystal Growth and Dissolution. in Ref. 1. 30a, p. 215]

　　　b) Rashkovich L N, Israilenko A N, Leschenko V T, Pashina Z S. In 6th Int. Conf. Cryst. Growth, Extended Abstracts, Vol. 4 (Moscow 1980): 49.

　　　c) Berstein I A, Ershov V P, Katsman V I, Rogachev V A. ibid. : 11.

　　　d) Rashkovlch L N, Leschenko V T, Amandosov A T, Koptsik V A. Kristallografiya, 1983, 28: 768.

3.60　Francon M. Le microscope à contraste de phase et le microscope itnter-férentiel. Paris: Edition du Centre National de la Recherche Scientifique, 1954.

3.61　Tolansky S. High Resolution Spectroscopy. New York: Methuen, 1947.

3.62　a) Gorshkov M M. Ellipsometriya (Ellipsometry). Moscow: Sovetskoye Radio, 1974.

　　　b) Azzam R M A, Bashara N M. Ellipsometry and Polarized Light. Amsterdam: North-Holland, 1977.

　　　c) Theocaris P S, Gdoutos E E. Matrix Theory of Photoelasticity. Springer Ser. Opt. Sci. , Vol. 11. Berlin, Heidelberg, New York: Springer, 1979.

3.63　Anderson D E. Interface Ellipsometry: Surf. Sci. , 1980, 101: 84.

3.64　a) Theeten J B, Hollan L, Cadoret R. Growth Mechanisms in CVD of GaAs. in [Ref. 1. 7a, p. 196]

　　　b) Gauch M, Quentel G. Surf. Sci. , 1981, 108: 617.

3.65　Basset G A. Philos. Mag. , 1958, 3: 1042.

3.66　Rabadanov R A, Semiletov S A, Magomedov Z A. Fiz. Tverd Tela, 1970, 12: 1430.

3.67　Chernov A A. J. Cryst. Growth, 1977, 42: 55.

3.68　Lemmlein G G, Dukova E D. Kristallografiya, 1956, 1: 352.

3.69　Kozlovsky M I. Kristllografiya, 1958, 3: 209. [English transl. : Sov. Phys. Crystallogr. , 1958, 3: 206]

3.70   Lemmlein G G,Dukova E D,Chernov A A. Kristallografiya,1960,5:662. [English transl. ; Sov. Phys. Crystallogr. ,1961,5:634]

3.71   Dukova E D. Kristallografiya,1971,16:200. [English transl. ; Sov. Phys. Crystallogr. ,1971,16:160.]

3.72   Petrov T G,Treivus E B,Kasatkin A P. Vyrashchivaniye kristallov iz rastvorov,2nd ed. (Growing of Crystals from Solutions). Leningrad:Nedra,1983.

3.73   Frank F C. On the Kinematic Theory of Crystal Growth from Solution. in [Ref. 1. 29a,pp. 411,418]

3.74   Cabrera N,Vermilyea D A. The Growth of Crystals from Solution. in [Ref. 1. 29a, pp. 393,408]

3.75   Nenov D,Pavlovska A,Dukova E,Stoyanova V. Surface Melting and Appearence of Non-Singular Crystalline Faces. Commun. Dep. Chem. Bulg. Acad. Sci. ,1980,13:526.

3.76   Dukova E, Nenov D. Kristallografiya, 1978, 23:816. [English transl. ; Sov. Phys. Crystallogr. ,1978,23:457.]

3.77   Pavlovska A,Nenov D. J. Cryst. Growth,1972,12:9.

3.78   Pavlovska A. J. Cryst. Growth,1979,46:551.

3.79   McLean M,Mykura H. Surf. Sci. ,1966,5:466.

3.80   Kvilividze V I,Kiselev V F,Kurzaev A B,Ushakova L A. Surf. Sci. ,1974,44:60.

3.81   Grande S,Limmer St,Lösche A. Phys. Lett. ,1975,A54:69.

3.82   Beaglehole D,Nason D. Surf. Sci. ,1980,96:357.

3.83   Kuroda T,Lackmann R. J. Cryst. Growth,1982,56:189.

3.84   Goodman R,Somorjai S. J. Chem. Phys. ,1970,52:6325.

第 4 章

4.1   Treivus E B. Kinetika rosta i rastvoreniya kristallov (Kinetics of Crystal Growth and Dissolution). Leningrad:Izd-vo LGU,1979.

4.2   Chernov A A,Sipyagin V V. Peculiarities in Crystal Growth from Aqueous Solutions Connected with Their Structures. Current Topics Mat. Sci. ,Vol. 5. Amsterdam:North-Holland,1980:279.

4.3   a) Troost S. J. Cryst. Growth,1968,3/4:340.
        b) Troost S. J. Cryst. Growth,1972,13/14:449.

4.4   a) Belyaev L M,Vassilieva M G,Soboleva L V. Kristallografiya,1980,25:871. [English transl. ; Sov. Phys. Crystallogr. ,1980,25:499.]
        b) Vassilieva M G,Soboleva L V. Zh. Neorg. Khim. ,1979,23:2795.
        c) Belyaev L M,Vassilieva M G,Soboleva L V. Kristallografiya,1981,26:373. [English transl. ; Sov. Phys. Crystallogr. ,1981,26:212.]
        d) Banishev A F,Voron'ko Yu K,Kudryavtsev A B,Osiko V V,Sobol A A. Kristal-

lografiya,1982,27:618. [English transl.:Sov. Phys. Crystallogr. ,1982,27:374.]
e) van Erk W. J. Cryst. Growth,1979,46:539.

4.5　Yamamoto T. Bull. Inst. Phys. Chem. Res. ,1933,11:1083.

4.6　Mullin J W. Crystallization. London:Butterworths,1972.

4.7　Adsorption et croissance cristalline, Colloq. Int. CNRS, Vol. 152. Paris: Edition du Centre National de la Recherche Scientifique,1965.

4.8　Boistelle R,Mathieu M,Simon B. Surf. Sci. ,1974,42:373.

4.9　Chernov A A, Kuznetsov V A. Kristallografiya, 1969, 14: 879. [English transl. : Sov. Phys. Crystallogr. ,1970,14:753.]

4.10　Dugua J,Simon B. J. Cryst. Growth,1978,44:280.

4.11　Simon B,Boistelle R. J. Cryst. Growth,1981,52:779.

4.12　Gilman J,Johnston W,Sears G. J. Appl. Phys. ,1958,29:747.

4.13　Bennema P, Brouwer G, van Rosmalen G M. Growth Kinetics of Gypsum//Int. Conf. on Crystal Growth,MIT,17-22 July 1977:263.

4.14　Nancollas G N. Private communication.

4.15　Bliznakov G. Fortschr. Mineral. ,1958,36:149.

4.16　Rozhansky V N, Parvova E V, Stepanova V M, Predvoditelev A A. Kristallografiya 1961,6:704 [English transl. :Sov. Phys. Crystallogr. ,1962,6:564.]

4.17　Kolganova L M, Ovrutsky A M, Finagina E V. In [Ref. 1. 29a, p. 289] [English transl. :Factors Governing Crystal Growth and Dissolution Shapes in Molten Metals. in Ref. 1. 29a,p. 295]

4.18　Podolinsky V V,Drykin V G. Changes in Surface Structure of Crystals in Solutions// 6th Int. Conf. on Crystal Growth, Moscow, USSR, 10-16 September 1980. Extended Abstrcts,Vol. 2:77.

4.19　a) Bliznakov G. Sur le méchanisme de l'action des additifs adsorbants dans la crois- sance cristalline//Adsorption et croissance cristalline, Colloq. Int. CNRS, No. 152. Paris:Edition du Centre National de la Recherche Scientifique,1965:291,300.
b) Boistelle R,Mathieu M,Simon B. Surf. Sci. ,1974,42:373.
c) Davey R J,Mullin J W. J. Cryst. Growth,1974,23:89.
d) Chernov A A,Parvov V F,Kliya M O,Kostomarov D V,Kuznetsov Yu G. Kristal- lografiya,1981,26:1125. [English transl. :Sov. Phys. Crystallogr. ,1981,26:640.]
e) Kuznetsov Yu G, Smol'sky I L, Chernov A A, Rozhansky V N. Dokl. Akad. Nauk SSSR,1981,260:864.

4.20　Glasner A,Zidon M. J. Cryst. Growth,1974,21:294.

4.21　Lemmlein G G. Dokl. Akad. Nauk SSSR,1952,84:1167.

4.22　Kern R//Sheftal' N N. Rost kristallov, T. 8. Moscow: Nauka, 1968: 5. [English transl. :Crystal Growth and Adsorption//Growth of Crystals, Vol. 8. New York,

London:Consultants Bureau,1969:3.]

4.23　Bunn C W,Emmett H. Discuss. Faraday Soc. ,1949,5:119.

4.24　Kleber W,Schiemann S. Krist. Tech. ,1966,1:553.

4.25　Buckley H E. Crystal Growth. New York:Wiley,1951.

4.26　Tsinober L I,Samoilovich M I. Raspredeleniye strukturnykh defektov ianomal'naya opti-cheskaya simmetriya v kristallakh kvartsa (Distribution of Structural Defects and Anoma-lous Optical Symmetry in Quartz Crystals)//Problemy sovremennoi kristallografii(Prob-lems of Modern Crystallography). Moscow:Nauka,1975:207.

4.27　Vainshtein B K, Fridkin V M, Indenbom V L. Sovremennaya Kristallografiya. T. 2.// Vainshtein B K. Struktura kristallov. Moscow: Nauka, 1979. [English transl. : Modern Crystallography II. Springer Ser. Solid-State Sci. , Vol. 21. Berlin, Heidelberg, New York: Springer,1982.]

4.28　Allen T L. J. Chem. Phys. ,1957,27:810.

4.29　Weiser K. J. Phys. Chem. Solids,1958,7:118.

4.30　Rozin K M,Kreinin O L,Shaskol'skaya M P. Izv. Akad. Nauk SSSR,Neorg,Mater. , 1971,7:1105.

4.31　Thurmond C D. Control of Composition in Semiconductors by Freezing Methods// Hannay N B. Semiconductors. New York:Reinhold,1959:145.

4.32　Thurmond C D. J. Phys. Chem. ,1953,57:827.

4.33　Thurmond C D,Struthers J D. J. Phys. Chem. ,1953,57:831.

4.34　Trubmore F A. Bell Syst. Tech. J. ,1960,39:205.

4.35　Ratner A P. K teorii raspredeleniya elektrolitov mezhdu tverdoi kristallicheskoi i zhidkoi fazami (On the Theory of Electrolyte Distri-bution Between Solid and Liq-uid Phases)//Trudy Gosudarstvennogo radievogo instituta,Vol. 2 (Collected Works of the State Radium Institute,Vol. 2). Leningrad:Goskhimtekhizdat,1933.

4.36　a) Gorshtein G I. Zh. Neorg. Khim. ,1958,3:51.

b) Urusov V S. Energeticheskaya formulirovka zadachi ravnovesnoi sokristallization iz vodnogo rastvora (Energetic formulation of equilibrium cocrystallization from a-queous solutions). Geokhimiya,1980,5:627.

c) Balarev C. Inclusion of Isomorphous Admixtures in Crystal Hydrate Salts//Jancic S J, de Jonq E J. Industrial Crystallization 1981. Amsterdam: North-Holland, 1982:117.

d) Urusov V S. Teoritya isomorfnoi smessimosti (The Theory of Isomorphous Mix-ing). Moscow:Nauka,1977.

4.37　McKaldin J O. J. Appl. Phys. ,1963,34:1748.

4.38　Pelevin O B,Voronkov V V,Girich B G,Mil'vidsky N G. Izv. Akad. Nauk SSSR,Ne-org. Mater. ,1972,8:57.

4.39　Mullin J B. J. Cryst. Growth,1977,42:77.

4.40　Laudise R A,Kolb E D,Lias N C,Grudensky E E. In [Ref. 1. 29a,p. 352][English transl. :The Distribution Constant in Hydrothermal Quartz Growth. in Ref. 1. 29a,p. 355]

4.41　Chernov A A. Rost tsepei sopolimerov i smeshannykh kristallov-statistika prob i oshibok. Usp. Fiz. Nauk,1970,100:277. [English transl. :Growth of copolymer chains and mixed crystals-trial and error statistics. Sov. Phys. Usp. ,1970,13:101.]

4.42　a) Voronkov V V. In[Ref. 1. 30a,p. 357] [English transl. :Dope Uptake Factor in Relation to Growth Rate and Surface Inclination. in Ref. 1. 30a,p. 364]

b) Haubenreisser W,Pfeiffer H. Microscopic Theory of the Growth of Two-Component Crystals. Crystals,Vol. 9. Berlin,Heidelberg,New York:Springer,1983:43.

c) Cherepanova T A. J. Cryst. Growth,1981,52:319.

4.43　Melikhov I V. In [Ref. 1. 30a,p. 302] [English transl. :Trapping of Impurities During Growth from Solution. in Ref. 1. 30a,p. 309]

4.44　Melikhov I V,Merkulova M S. Sokristallizatsiya (Cocrystallization). Moscow:Khimiya,1975.

4.45　Mullin J B. Segregation in InSb//Willard R K,Goering H L. Compound Semiconductors,Vol. 1 Preparation of III-V Compounds. New York:Reinhold,1962:365.

4.46　Brice J C. The Growth of Crystals from Litquids. Amsterdam:North-Holland,1973.

4.47　Miroshnichenko I S. In Rost i nesovershenstva metallicheskikh kristallov. by Ovsienko D E. Kiev: Naukova Dumka,1966:320 [English transl. :Effect of the Cooling Rate During Crystallization on the Composition of Axial Regions of Dendritic Branches//Growth and Imperfections of Metallic Crystals. New York:Consultants Bureau,1968.]; Vlianiye skorosti okhlazhdeniya na protsessy kristallizatsii metallicheskikh splavov (Effect of the Cooling Rate on Crystallization Processes of Metallic Alloys)//Ovsienko D E. Rost i defekty metallicheskikh kristallov(Growth and Defects of Metallic Crystals). Kiev:Naukova Dumka,1972.

4.48　Temkin D E. Kristallografiya, 1970, 15:884. [English transl. :Sov. Phys. Crystallogr. ,1971,15:773.]

4.49　Polk D E,Giessen B C. Overview of Principles and Applications//Metallic classes. ASM Materitals Science Seminar Series. Metals Park, Ohio: American Society for Metals,1977:Chap. 1.

4.50　Gilman J J. Metallic Glasses - A New Technology. in [Ref. 1. 6a,p. 727].

4.51　Güntherodt H-J,Beck H (eds.). Glassy Metals I,Topics Appl. Phys. Vol. 46. Berlin, Heidelberg,New York:Springer,1981.

4.52　Hasegawa R (ed.). The Magnetic,Chemical and Structural Properties of Glassy Metallic Alloys. Boca Raton,Florida:CRC,1981.

4.53　Khaibullin I B,Styrkov E I,Zaripov M M,Galyautdinov M F,Zakirov G G. Sov.

Phys. Semicond. ,1977,11:190.

4.54 Antonenko A Kh,Gerasimenko N N,Dvurechensky A V,Smirnov L S,Tseitlin G M. Sov. Phys. Semicond. ,1976,10:81.

4.55 Kachurin G A,Nidaev E V,Khodyachikh A V,Kovaleva L A. Sov. Phys. Semicond. , 1976,10:1128.

4.56 Dvurechensky A V,Kachurin G A,Mustafin T N,Smirnov L S. Laser Annealing of Ion-Implanted Semiconductors//Ferris S D,Leamy H J,Poate J N. Laser-Solid Inter-actitons and Laser Processing-1978. New York: American Institute of Physics, 1979:245.

4.57 Ferris S D,Leamy H J,Poate J M (eds.). Laser-Solid Interactions and Laser Process-ing-1978. New York:American Institute of Physics,1979; A. I. P. Conf. Proc. No. 50.

4.58 White C W, Peercy P S (eds.). Laser and Electron Beam Processing of Materials. New York:Academic,1980.

4.59 Gibbons J F,Hess L D,Sigmon T W (eds.). Laser and Electron Beam Solid Interac-tions and Materials Processing. New York:North-Holland,1981.

4.60 Gnanalnathu D S,Shaw C B,Jr. ,Lawrence W E,Mitchell M R. Laser Transforma-tion Hardening. in [Ref. 4. 57,p. 173].

4.61 van Vechten J A. Evidence for and Nature of a Nonthermal Mechanism of Pulsed Laser Annealing of Si. in [Ref. 4. 59,p. 53].

4.62 Brown W L. Fundamental Mechanisms in Laser and Electron Beam Processing of Semiconductors. in [Ref. 4. 58,p. 1].

4.63 Brown W L. Transient Laser-Induced Processes in Semiconductors. in [Ref. 4. 59, p. 20].

4.64 Fairand B P,Clauer A H. Laser-Generated Stress Waves:Their Character-istics and Their Effects on Materials. in [Ref. 4. 57,p. 27].

4.65 Bloembergen N. Fundamentals of Laser-Solid Interactions. in [Ref. 4. 57,p. 1].

4.66 Baeri P,Campisano S U,Foti G,Rimini E. J. Appl. Phys. ,1979,50:788.

4.67 Liu P L, Yen R, Bloembergen N, Hodgson R T. Picosecond Laser Pulse-Induced Melting and Resolidification Morphology on Silicon. in [Ref. 4. 59,p. 156].

4.68 Auston D H,Golovchenko J A,Simons A L,Slusher R E,Smith P R,Surko C M. Dy-namics of Laser Annealing. in[Ref. 4. 57,p. 11].

4.69 Olson G L,Kokorowski S A,Roth J A,Hess L D. Direct Measurements of CW Laser-Induced Crystal Growth Dynamics by Time-Resolved Optical Reflectivity. in [Ref. 4. 59,p. 125].

4.70 White C W,Appleton B R,Stritzker B,Zehner D M,Wilson S R. Kinetic Effects and Mechanisms Limiting Substiutiona Solubility in the Formation of Supersaturated Al-loys by Pulse Laser Annealing. in [Ref4. 59,p. 59].

4.71　White C W, Wilson S R, Appleton B R, Young F W, Jr.. J. Appl. Phys. , 1980, 51:738.

4.72　Baker J C, Cahn J W. Acta Metall. , 1969, 17:575.

4.73　Cahn J W, Coriell S R, Boettinger W. Rapid Solidification. in [Ref. 4. 58, p. 89].

4.74　Jackson K A, Gilmer G H, Leamy H J. Solute Trapping. in [Ref. 4. 58, p. 104].

4.75　Bradshaw S E, Goeerissen J. J. Cryst. Growth, 1980, 48:514.

4.76　Strocka B, Willich P. J. Cryst. Growth, 1982, 56:606.

4.77　van Run A M J G. J. Cryst. Growth, 1981, 54:195.

4.78　Hurle D T J. Melt Growth//Hartman P. Crystal Growth, An Introduction. Amsterdam: North-Holland, 1973:210.

4.79　Parker R L. Results of Crystal Growth in Skylab(and ASTP). in [Ref. 1. 7a, p. 851].

4.80　Brixner L H. J. Electrochem. Soc. , 1967, 114:108.

4.81　Murgai A, Gatosand H C, Witt A F. J. Electrochem. Soc. , 1976, 123:224.

4.82　Martin E P, Witt A F, Carruthers J R. J. Electrochem. Soc. , 1979, 126:284.

4.83　Holmes D E, Gatos H C. J. Electrochem. Soc. , 1981, 128:429.

第 5 章

5.1　a) Lyubov B Ya. Teoriya kristallizatsii v bol'shikh obyomakh(Theory of Crystallization in Large Volumes). Moscow: Nauka, 1975.

b) Lyubov B Ya. Kineticheskaya teoriya fazovykh prevrashchenii(Kinetic Theory of Phase Transformations). Moscow: Metallurgiya, 1969.

5.2　Pimputkar S M, Ostrach S. Connective effects in crystals grown from the melt. J. Cryst. Growth, 1981, 55:614.

5.3　Parker R L (ed.). Crystal Growth 1977. Amsterdam: North-Holland, 1977: Sect. Ⅷ, 377-410.

Also in J. Cryst. Growth, 1977, 42:377-410.

5.4　Givargizov E I (ed.). Crystal Growth 1980. Amsterdam: North-Holland, 1980: Sect. Ⅷ, 423-492.

Also in J. Cryst. Growth, 1981, 52:423-492.

5.5　Hurle D T J. Hydrodynamics in Crystal Growth. in [Ref. 1. 7a, p. 579].

5.6　Parker R L. Crystal Growth Mechanisma: Energetics, Kinetics and Transport//Solid State Physics, Vol. 25. New York: Academic, 1970:151.

5.7　Carruthers J R. J. Cryst. Growth, 1976, 32:13.

5.8　Temkin D E, Polyakov V B. Kristallografiya, 1976, 21: 661. [English transl. : Sov. Phys. Crystallogr. , 1976, 21:374.]

5.9　Kuznetsov V I, Kharin G G. Dokl. Akad. Nauk SSSR, 1968, 180:1354.

5.10　Seeger A. Philos. Mag. , 1953, 44:1.

5.11   Chernov A A. Kristallografiya, 1971, 16: 842. [English transl. : Sov. Phys. Crystallogr. , 1971, 16: 741.]

5.12   Chernov A A. J. Cryst. Growth, 1974, 24/25: 11.

5.13   Humphreys-Owen S P F. Proc. R. Soc. London, 1949, A197: 218.

5.14   a) Sunagawa I (ed.). Morphology of Crystals(in preparation).

b) Chernov A A. Kristallografiya, 1962, 7: 895. [English transl. : Sov. Phys. Crystallogr, 1963, 7: 728.]

5.15   Petrov D A, Bukhanova A A. Izucheniye form pervichnoi kristallizatsii metallov (Studying the Forms of Primary Crystallization of Metals)//Trudy MATI(Collected Works of the Moscow Institute of Aviation Technology), No. 7. Moscow: Oborongiz, 1949: 3.

5.16   a) Shubnikov A V, Sheftal' N N (eds.). Bost kristallov. T. 1. Moscow: Izd-vo Akad. Nauk SSSR, 1957. [English transl. : Growth of Crystals. Vol. 1. New York: Consultants Bureau, 1958.]

b) Ivantsov G P. In [Ref. 5. 16a, p. 98] [English transl. : Thermal and Diffusion Processes in Crystal Growth. in Ref. 5. 16a, p. 76].

c) Voronkov V V. Statistics of Surfaces, Steps and Two-Dimensional Nuclei: A Macroscopic Approach, Crystals, Vol. 9. Berlin, Heidelberg, New York: Springer, 1983: 74.

d) Voronkov V V. Theory of Crystal Surface Formation in the Pulling Process. J. Cryst. Growth, 1980, 52: 311.

e) Surek T, Coriell S R, Chalmers B. The Growth of Shaped Crystals from the Melt. In [Ref. 5. 16g, p. 21].

f) Tatarchenko V A, Brener E A, Babkin G I. Crystallization Stability During Capillary Shaping I, II. In [Ref. 5. 16g, p. 33].

g) Cullen G W, Surek T, Antonov P I (eds.). Shaped Crystal Growth. J. Cryst. Growth, 1980, 50.

h) Antonov P I. J. Cryst. Growth, 1974, 23: 318.

i) Bardsley W, Frank F C, Green G W, Hurle D T J. J. Cryst. Growth, 1974, 23: 341.

j) Bardsley W, Hurle D T J, Joyce G C. J. Cryst. Growth, 1977, 40: 21.

5.17   Temkin D E. Dokl. Akad. Nauk SSSR, 1960, 132: 1307.

5.18   a) Langer J S, Müller-Krumbhaar H. J. Cryst. Growth, 1977, 42: 11.

b) Langer J S. Rev. Mod. Phys. , 1980, 52: 1.

c) Müller-Krumbhaar H. Theory of Crystal Growth//Laude L D. Cohesive Properties of Semiconductors Under Laser Irradiation, Ser. E: Appl. Sciences, N 69. The Hague: Nijhoff, 1983: 197.

5.19   Glicksman M E, Schaefer R J, Ayers J D. Metall. Trans. , 1976, A7: 1747.

5.20   Sekerka R F. Morphological Stability//Crystal Growth: An Introduction. by Hartman

P. Amsterdam：North-Holland,1973：403.

5.21 Glardon R,Kurz W. Optimizing the Properties of Cobalt-Rare-Earth Permanent Magnets. Brittle Matrix/Ductile Composites//Kuhlmann-Wilsdorf D, Harrigan W C,Jr. New Developments and Applications in Composites. Warrendale, Pennsylvania：Metallurgical Society of AIME,1979：85.

5.22 Mullins W W,Sekerka R F.J. Appl. Phys. ,1963,34：323.

5.23 Mullins W W,Sekerka R F.J. Appl. Phys. ,1964,35：444.

5.24 Ovsienko D E,Alfintsev G A,Maslov V V.J. Cryst. Growth,1974,26：233.

5.25 Goldsztaub S,Itti R,Mussard F.J. Cryst. Growth,1970,6：130.

5.26 Glasner A,Zidon M.J. Cryst. Growth,1974,21：294.

5.27 Chernov A A, Dukova E D. Kristallografiya, 1969, 14：169. ［English transl. ：Sov. Phys. Crystallogr. ,1969,14：150.］

5.28 Nanev C,Iwanov D.J. Cryst. Growth,1968,3/4：530.

5.29 Nenov D,Stoyanova V.J. Cryst. Growth,1977,41：73.

5.30 Papapetrou A. Z. Kristallogr. 1935,92：89.

5.31 Alfintsev G A,Ovsienko D E. In Rost i nesovershenstva metallicheskikh kristallov. by Ovsienko D E. Kiev：Naukova Dumka,1966：40. ［English transl. ：Investigation of the Growth Mechanism of Some Metallic Crystals Growing from the Melt//Growth and Imperfections of Metallic Crystals. New York：Consultants Bureau,1968.］

5.32 Shewmon P G. Trans. Metall. Soc. AIME,1965,233：736.

5.33 Chernov A A,Temkin D E. Capture of Inclusions in Crystal Growth. in［Ref. 1. 7a,p.3］.

5.34 Sekerka R F.J. Cryst. Growth,1968,3/4：71.

5.35 Takahashi T,Kamio A,Trung N A.J. Cryst. Growth,1947,24/25：477.

5.36 Chernov A A. In［Ref. 1. 30a,p. 221］［English transl. ：Stability of a Planar Growth Front for Anisotropic Surface Kinetics. in Ref.1.30a,p.223］.

第 6 章

6.1 Sheftal' N N. In［Ref. 5. 16a,p. 5］［English transl. ：Real Crystal Formation. in Ref. 5.16a,p.5］.

6.2 Chernov A A,Temkin D E. Capture of Inclusions in Crystal Growth. in［Ref. 1. 7a,p.3］.

6.3 Kuznetsov V M,Lugovskoi B A,Sher E I. Prikl. Mekh. Tekhn. Fiz. No. ,1966,1：124.

6.4 Chernov A A,Temkin D E,Mel'nikova A M. Kristallografiya,1976,21：652.［English transl. ：Sov. Phys. Crystallogr. ,1976,21：369.］

6.5 Uhlmann D R,Chalmers B, Jackson K A. J. Appl. Phys. , 1964, 35：2986. Elektrokhimiya,1978,14：1635.

6.6　Polukarov Yu M, Lyamina L I, Grinina V V, Tarasova N I, Chernov V P. Elektrokhimiya, 1978, 14:1435.

6.7　Polukarov Yu M, Lyamina L I, Tarasova N I. Elektrokhimiya, 1978, 14:1468.

6.8　Kliya M O, Sokolova I G. Kristallografiya, 1958, 3:219. [English transl. : Sov. Phys. Crytallogr. , 1958, 3:217.]

6.9　Khaimov-Mal'kov V Ya. In[Ref. 1.3a, p. 26][English transl. : The Growth Conditions of Crysttals in Contact with Large Obstacles. in Ref. 1.3a, p. 20].

6.10　Chernov A A, Khadzhi V E. J. Cryst. Growth, 1968, 3/4:641.

6.11　de Kock A J R, Ferris S D, Kimmerling L C, Leamy H J. J. Appl. Phys. , 1977, 48:301.

6.12　a) Föll H, Gösele U, Kolbesen B O. J. Cryst. Growth, 1977, 40:90.
　　　 b) Dietze W, Keller W, Mühlbauer A. Float-Zone Grown Silicon//Grabmaier J. Silicon: Crystals, Vol. 5. Berlin, Heidelberg, New York: Springer, 1981.

6.13　Shternberg A A. Kristallografiya, 1962, 7:114. [English transl. : Sov. Phys. Crystallogr. , 1962, 7:92.]

6.14　Fishman Yu M. Kristallografiya, 1972, 17:607. [English transl. : Sov. Phys. Crystallogr. , 1972, 17:524.]

6.15　Indenbom V L. Growth Dislocations in Noplastic Crystals//5th All-Union Conf. on Crystal Growth, Tbilisi 1977. Abstracts, Vol. 2, Crystal Growth and Structure:260.

6.16　Klapper H, Fishman Yu M, Lutzau V. Phys. Status Solidi, 1974, A21:115.

6.17　Billig E. Proc. R. Soc. London, 1956, A235:37.

6.18　Indenbom V L. Izv. Akad. Nauk SSSR, Ser. Fiz. , 1973, 37:2258.

6.19　Indenbom V L, Zhitomirskey I S, Chebanova T S. Kristallografiya, 1973, 18:39. [English transl. : Sov. Phys. Crystallogr. , 1973, 18:24.]

6.20　Mil'vidsky M G, Osvensky V B. Polucheniye sovershennykh monokristallov(Preparation of Perfect Single Crystals)//Vainshtein B K, Chernov A A. Problemy sovremennoi kristallografii(Problems of Modern Crystallography). Moscow: Nauka, 1975:79.

6.21　Mil'vidsky M G, Osvensky V B, Shifrin S S. J. Cryst. Growth, 1981, 52:396.

6.22　Vainshtein B K. Sovremennaya kristallografiya. T. 1. Simmetriya kristallov. Metody strukturnoi kristallografii. Moscow: Nauka, 1979. [English transl. : Modern Crystallography I, Springer Ser. Solid-State Sci. , Vol. 15. Berlin, Heidelberg, New York: Springer, 1981.]

6.23　Shuvalov L A, Urusovskaya A A, Zheludev I S, Zalesskii A V, Grechushnikov B N, Chistyakov I G, Semiletov S A. Sovremennaya kristallografiya. T. 4. Fizicheskiye svoistva kristallov. by Vainshtein B K. Moscow: Nauka, 1981. [English transl. : Modern Crystallography Ⅳ, Springer Ser. Solid-State Sci. , Vol. 37. Berlin, Heidelberg, New York: Springer, 1984.]

6.24 a) Dash W C. Growth of Silicon Crystals Free from Dislocations. in[Ref. 1. 29a, p. 361,382]. Also in:J. Appl, Phys. ,1959,30:459.

b) Duseaux M,Jacob G. Appl. Phys. Lett. ,1982,40:790.

c) Indenbom V L. Ein beitrag zur Entstehung von Spannungen und Versetzungen beim kristallwachstum. Krist. Tech. ,1979,14:493.

d) Geil W,Schmugge K. Krist. Tech. ,1979,14:343.

e) Chernov A A,Maximovsky S N,Vlasenko L A,Kholina E N,Martovitsky V P, Levtov V L. Dokl. Akad. Nauk SSSR,1983,271:106.

f) Voronkov V V. J. Cryst. Growth,1982,59:625.

6.25 Barthel J. In[Ref. 1. 30a, p. 315][English transl. :Trapping During Growth from a Melt. in Ref. 1. 30a, p. 322]

6.26 Witt A F,Gatos H C. J. Electrochem. Soc. ,1966,113:808.

6.27 Murgai A,Gatos H C,Westdorp W A. J. Electrochem. Soc. ,1979,126:2240.

6.28 Kliya M O. Kristallografiya,1968,13:667. [English transl. :Sov. Phys. Crystallogr. , 1969,13:565.]

第 7 章

7.1 Mullin J W. Crystallization,2nd ed. (London:Butterworths,1972.)

7.2 a) Matusevich L N. Kristallizatsiya iz rastvorov v khimicheskoi promyshlennosti(Crystallization from Solutions in the Chemical Industry). Moscow:Khimiya,1968.

b) Khamsky E V. Kristallizatsiya iz rastvorov(Crystallization from Solutions). Leningrad:Nauka,1967.

c) Khamsky E V. Peresyschennyie rastvory (Supersaturated Solutions). Leningrad: Nauka,1975.

7.3 a) Nývlt J. Industrial Crystallization from Solutions. London:Butterworths,1971.

b) Randolf A D,Larson M A. Theory of Particulate Processes. Analysis and Techniques of Continuous Crystallization. New York:Academic,1971.

c) Bamforth A W. Industrial Crystallization. London:Leonard Hill,1965.

7.4 Jancić S J. Industrial Crystallization. Part I:Fundamentals of Crystallization from Solution;Part Ⅱ:Crystallizer Design(submitted for publication).

7.5 a) de Jong E J,Jancić S J (eds.). Industrial Crystallization' 78. Amsterdam:North-Holland,1979.

b) Jancić S J,de Jong E J (eds.). Industrial Crystallization' 81. Amsterdam:North-Holland,1982.

7.6 a) Kolmogorov A N. Izv. Akad. Nauk SSSR,Ser. Matem. ,1937,No. 3:355.

b) Johnson W,Mehl R. Trans. Am. Inst. Min. Metall. Eng. ,1939,135:416.

  c) Avrami M. J. Chem. Phys. ,1939,7:1103;1940,8:212;1941,9:117.

7.7 a) Belen'ky V Z. Geometriko-veroyatnostnyie modeli kristallizatsii(Geometrical Proba-bility Models of Crystallization). Moscow:Nauka,1980.

  b) Trusov L I,Kholmyansky V A. Ostrovkovye metallicheskiye plyonki(Island Metal-lic Films). Moscow:Metallurgiya,1973.

7.8 Hirth J P,Lothe J. Theory of Dislocations. New York:McGraw-Hill,1968.

7.9 Lemmlein G G. Dokl. Akad. Nauk SSSR,1945,48:177.

7.10 Kolmogorov A N. Dokl. Akad. Nauk SSSR,1949,65:681.

7.11 Flemings M C. Solidification Processing. New York:McGraw-Hill,1974.

7.12 Hughmark G A. Chem. Eng. Sci. ,1969,24:291.

7.13 Nienow A W,Bujac P D B,Mullin J W. J. Cryst. Growth,1972,13/14:488.

7.14 Nienow A W. Chem. Eng. Sci. ,1968,23:1459.

7.15 Todes O T. Kinetika koagulyatsii i ukrupneniya chastits v zolakh(Kinetics of Coagu-lation and Coarsening of Particles in Sols)//Problemy kinetike i kataliza,T. 7,Statis-ticheskiye yavleniua v aeteroqennukh sistemakh(Problems of Kinetics and Catalysis, Vol. 7, Statistical Phenomena in Heterogeneous Systems). Moscow: Izd-vo Akad. Nauk SSSR,1949:137.

7.16 Lifshits I M,Slyozov V V. Zh. Eksp. Teor. Fiz. ,1958,35:479.

7.17 a) Garber R I,Kogan V S,Polyakov L M. Zh. Eksp. Teor. Fiz. ,1958,35:1364.

  b) Belyshev M A,Chernov A A. In Industrial Crystallization 1981. by Jancic S J,De Jong E J. Amsterdam:North-Holland,1982:315.

7.18 Gordeyeva N V,Shubnikov A V. Kristallografiya, 1967, 12: 186. [English transl. : Sov. Phys. Crystallogr. ,1967,12:154]

7.19 Bazhal I G. Kristallografiya,1969,14:1106. [English transl. :Sov. Phys. Crystallogr. , 1970,14:127]

7.20 Bazhal I G. Issledovaniye mekhanizma rekristallizatsii v dispersnykh sistemakh(An Investigation of the Recrystallization Mechanism in Disperse Systems),Ph. D. The-sis,Ukrainian SSR Institute of Colloid Chemistry and the Chemistry of Water(Kiev 1972).

7.21 Denk E G,Botsaris G D. J. Cryst. Growth,1972,13/14:493.

7.22 Garabedian H,Strickland-Constable R F. J. Cryst. Growth,1972,13/14:506.

7.23 Estrin J,Wang M L,Youngquist G R. AIChE,1975,J. 21:392.

第 8 章

8.1 Booker G R,Joyce B A. Philos. Mag. ,1966,14:301.

8.2 Khariton Yu,Shal'nikov A I. Mekhanizm kondensatsii i obrazovaniye kolloidov(Condensa-tion Mechanism and the Formation of Colloids). Leningrad:Gostekhteorizdat,1934.

8.3　Francombe M H,Johnson J E. The Preparation and Properties of Semiconductor Films// Hass G,Thun R E. Physics of Thin Films,Vol. 5. New York:Academic,1969:143.

8.4　a) Manasevit H M. J. Cryst. Growth,1974,22:125.

　　b) Cullen G W. In Heteroepitaxial Semiconductors for Electronic Devices. by Cullen G W,Wang C C. Berlin,Heidelberg,New York:Springer,1978.

　　c) Cryst J. Growth(special issue),1982,58.

8.5　a) Givargizov E I,Sheftal' N N,Klykov V I. Oriented Crystallization on Amorphous Substrates. Current Topics Mat. Sci. , Vol. 10. Amsterdam:North-Holland,1982:1-53.

　　b) Sheftal' N N. Trends in Real Crystal Formation and Some Principles for Single-Crystal Growth//Sheftal' N N. Growth of Crystals, Vol. 10. New York: Consultants Bureau,1976:185-210.

　　c) Klykov V I,Sheftal' N N,Hartmann E. Acta Phys. Acad. Sci. Hung. ,1979,47:167.

　　d) Geis M W,Flanders D C,Smith H I. Appl. Phys. Lett. ,1979,35:71.

　　e) Geis M W,Antoniadis D A,Silversmith D J,Mountain R W,Smith H I. Appl. Phys. Lett. ,1980,37:454.

　　f) Weissmantel C. J. Vac. Sci. Technol. 1981,18:179.

　　g) Anton R,Poppa H,Flanders D C. J. Cryst. Growth,1982,56:433.

　　h) Darken L S, Lowndes D H. 161st Electrochem. Soc. Meeting, Montreal, Canada, May 1982,Extended Abstracts.

　　i) Fan J C C,Geis M W,Tsaur B-Y. Appl. Phys. Lett. ,1981,38:365.

　　j) Tsaur B-Y, Fan J C C, Geis M W, Silversmith D J, Mountain R W. Appl. Phys. Lett. ,1981,39:561.

　　k) McClelland R W,Bozler C O,Fan J C C. Appl. Phys. Lett. ,1980,37:560.

　　l) Vohl P,Bozler C O,MeClelland R W,Chu A,Strauss A J. J. Cryst. Growth,1982, 56:410.

8.6　a) Holland L. Vacuum Deposition of Thin Films. London:Chapman & Hall,1956.

　　b) Archibald P,Parent E. Solid State Technol. ,1976,19,N7:32.

8.7　Miller B J,McFee J H. J. Electrochem. Soc. ,1978,125:1310.

8.8　Günther K-G. Vaporization and Reaction of the Elements//Willardson R K,Goering H L. Compound Semiconductors, Vol. 1,Preparation of Ⅲ-Ⅴ Compounds. New York: Reinhold,1962:313.

8.9　Freller H,Günther K G. Thin Solid Films,1982,88:291.

8.10　Morimoto K,Watanabe H,Itoh S. J. Cryst. Growth,1978,45:334.

8.11　Gretz R D,Jackson C M,Hirth J P. Surf. Sci. ,1967,6:171.

8.12　a) Cho A Y,Arthur J R. Molecular Beam Epitaxy//Somorjai G,McCaldin J. Progress in Solid State Chemistry, Vol. 10. New York:Pergamon,1975.

　　b) Gossard A C,Petroff P M,Weigman W,Dingle R. A Savage. Appl. Phys. Lett. ,

1976,29:323.

c) Progr. Cryst. Growth and Characterization(special issue),1979,2:1.

d) Bachrach R Z. MBE-Molecular Beam Epitaxial Evaporative Growth//Pamplin B.
Crystal Growth. London:Pergamon,1980.

e) Farrow R F C. J. Vac. Sci. Technol. ,1981,19:150.

8.13 Kasper E. Appl. Phys. ,1982,A28:1.

8.14 Luscher P E. Thin Solid Films,1981,83:125.

8.15 a) Yao T,Maekawa S. J. Cryst. Growth,1981,53:423.

b) Kitagawa F,Mishima T,Takahashi K. J. Electrochem. Soc. ,1980,127:937.

c) Faurie J P,Millon A. J. Cryst. Growth,1981,54:577,582.

8.16 Tikhonova A A. Kristallografiya,1975,20:615. [English transl. :Sov. Phys. Crystal-
logr,1975,20:375.]

8.17 Maissel L I. The Deposition of Thin Films by Cathode Sputtering//Hass G,Thun R
E. Physics of Thin Films, Vol. 3. New York:Academic,1966:61.

8.18 Greene J E,Barnett S A,Cadien K C,Ray M A. J. Cryst. Growth,1982,56:389.

8.19 a) Hoffman V. Solid State Technol. ,1976,19,N12:57.

b) Holland L. Thin Solid Films,1981,86:227.

c) Nyaiesh A R. Thin Solid Films,1981,86:267.

d) Urbanek K. Solid State Technol. ,1977,20,N7:87.

e) Adachi R,Takashita K. J. Vac. Sci. Technol. ,1982,20:98.

8.20 a) Varga J E,Bailey W A. Solid State Technol. ,1973,20,N12:67.

b) Kuiper A E T,Thomas G E,Schouten W J. J. Cryst. Growth,1978,45:332.

c) Spalvins T. J. Vac. Sci. Technol. ,1980,17:315.

d) Mattews A,Teer D G. Thin Solid Films,1981,80:41.

8.21 a) Avaritsiotis J N,Howson R P. Thin Solid Films,1981,77:351.

b) Randhave H S,Mattews M D,Bunshah R F. Thin Solid Films,1981,83:267.

8.22 a) Kaldis E. Principles of the Vapour Growth of Single Crystals//Goodman C H L.
Crystal Growth. Theory and Techniques, Vol. 1. New York:Plenum,1974:49.

b) Factor M M,Garrett I. Growth of Crystals from the Vapour. London:Chapham &
Hall,1974.

c) Schönherr E. The Growth of Large Crystals from the Vapour Phase. Crystals,
Vol. 2. Berlin,Heidelberg,New York:Springer,1980.

d) Zlomanov V P,Masyakin E V,Novoselova A V. J. Cryst. Growth,1974,26:261.

e) Irvine S J C,Mullin J B. J. Cryst. Growth,1981,53:458.

f) Mochizuki K. J. Cryst. Growth,1981,53:355.

g) Kinoshita K,Miyazawa S. J. Cryst. Growth,1982,57:141.

h) Morimoto J,Ito T,Yoshioka T,Miyakawa T. J. Cryst. Growth,1982,57:362.

i) Schönherr E. J. Cryst. Growth,1982,57:493.

j) Barta C,Kostal E,Triska A. Cryst. Res. Technol. ,1982,17:411.

k) Tairov Yu M,Tsvetkov V F. J. Cryst. Growth,1681,52:146.

8.23　a) Triboulet R. Rev. Phys. Appl. ,1977,12:123.

b) Taguchi T,Fujita S,Inuishi Y. J. Cryst. Growth,1978,45:204.

c) Triboulet R,Marfaing Y. J. Cryst. Growth,1981,51:89.

d) Kezuka H,Iwamura K,Masaki T. Thin Solid Films,1981,83:47.

e) Vodakov Yu A,Mokhov E N,Ramm M G,Roenkov A D. Krist. Tech. ,1978,14:729;Mokhov E N,Shulpina I L,Tregulova A S,Vodakov Yu A. Cryst. Res. Technol. ,1981,16:879.

8.24　Lopez-Otero A. Thin Solid Films,1978,49:3.

8.25　Yim W M,Stofko E J. J. Electrochem. Soc. ,1972,119:381.

8.26　Lely A. Ber. Dtsch. Keram. Ges. ,1955,32:229.

8.27　Markov E V,Davydov A A. Izv. Akad. Nauk SSSR,Neorg. Mater. ,1971,7:575.

8.28　Schäfer H. Chemische Transportreaktionen. Weinheim:Verlag Chemie,1961.

8.29　a) Nitsche R. Fortschr. Mineral,1966,44:231.

b) Mercier J. J. Cryst. Growth,1982,56:235.

8.30　Scholz H,Kluckow R. J. Phys. Chem. Solids, Suppl. ,1967,1:475; Scholz H. Acta Electron. ,1974,17:69.

8.31　Schieber M,Schnepople M F,van den Berg L. J. Cryst. Growth,1976,33:125.

8.32　Zadorozhnaya L A,Lyakhovitskaya V A,Givargizov E I,Belyaev L M. J. Cryst. Growth,1977,41:61.

8.33　a) Gagara L S,Gashin P A,Dvornik G G,Leondar V V,Paskal P S,Simashkevich A V. Cryst. Res. Technol. ,1981,17:345.

b) Aoki M,Tada K,Murai T,Inoue T. Thin Solid Films,1981,83:283.

c) Shimizu M,Shiozaki T,Kawabata A. J. Cryst. Growth,1982,57:94.

8.34　Nicoll F H. J. Electrochem. Soc. ,1963,110:1165.

8.35　Nishizawa J. Aspects of Silicon Epitaxy//Geodman C H L. Crystal Growth. Theory and Techniques,Vol. 2. New York:Plenum,1978:57.

8.36　Sheftal' N N,Kokorish N P,Krasilov A V. Izv. Akad. Nauk SSSR,Ser. Fiz. ,1957,21:146.

8.37　Theuerer H C. J. Electrochem. Soc. ,1961,108:649.

8.38　Bloem J,Gilling L J. Mechanisms of the Chemical Vapour Deposition of Silicon. Current Topics Mat. Sci. , Vol. 1. Amsterdam:North-Holland,1978:147.

8.39　a) Bloem J. J. Cryst. Growth,1980,50:581.

b) Bloem J,Claassen W A P,Valkenburg W C J N. J. Cryst. Growth,1982,57:177.

c) Bean K E. Thin Solid Films,1981,83:173.

8.40　Steinmaier W. Philips Res. Rep. ,1963,18:75.

8.41　Sirtl E,Hunt L P,Sawyer D H.J. Electrochem. Soc. ,1974,121:919.

8.42　Ban V S.J. Electrochem. Soc. ,1978,125:317.

8.43　Eversteyn F,Severin P,Brekel C H.J. Electrochem. Soc. ,1970,117:925.

8.44　Givargizov E I. Fiz. Tverd. Tela,1964,6:1804.［English transl. : Sov. Phys. Solid State, 1964,6:1415］

8.45　Gupta D C. Solid State Technol. 1978,14:33.

8.46　Hammond M L. Solid State Technol. ,1978,21:68.

8.47　a) Chiang Y S,Looney G W.J. Electrochem. Soc. ,1973,120:550.

　　　b) Townsend W G,Uddin M E. Solid State Technol. ,1973,16,N3:39.

8.48　Duchemin M J-P,Bonnet M M,Koelsch M F.J. Electrochem. Soc. 1978,125:637.

8.49　Gentner J L,Bernard C,Cadoret R.J. Cryst. Growth,1982,56:332.

8.50　a) Rosler R S. Solid State Technol. ,1977,20,N4:63.

　　　b) van den Brekel C H J,Bollen L J M.J. Cryst. Growth,1981,54:310.

　　　c) Claassen W A P,Bloem J,Valkenburg W G J N,van den Brekel C H J.J. Cryst. Growth,1982,57:259.

8.51　Powell C F,Oxley J H,Blocher J M (eds.). Vapor Deposition. New York:Wiley,1966.

8.52　a) Derjaguin B V,Spitsyn B V,Gorodetsky A E,Zakharov A P,Bouilov L L,Alekseenko A E.J. Cryst. Growth,1975,31:44.

　　　b) Spitsyn B V,Bouilov L L,Derjaguin B V.J. Cryst. Growth,1981,52:219.

8.53　von Muench W,Pettenpaul E.J. Electrochem. Soc. ,1978,125:294.

8.54　Feist W M,Steel S R,Readey D W. The Preparation of Films by Chemical Vapour Deposition//Physics of Thin Films,Vol. 5. New York:Academic,1969:237.

8.55　a) Knight J R,Effer D,Evans P R. Solid State Electron. ,1965,8:178.

　　　b) DiLorenzo J V.J. Cryst. Growth,1972,17:189.

8.56　a) Mizutani T,Yoshida M,Usui A,Watanabe H,Yuasa T,Hayashi I. Jpn. J. Appl. Phys. ,1980,19:L113.

　　　b) Vohl P.J. Cryst. Growth,1981,54:101.

8.57　a) Olsen G H,Nuese C J,Ettenberg M. Appl. Phys. Lett. ,1979,34:262.

　　　b) Seki H,Koukitu A,Matsumara M.J. Cryst. Growth,1981,54:615.

8.58　a) J. Cryst. Growth(special issue:"Metalorganic Vapor Phase Epitaxy"),1981,55.

　　　b) Morita M,Uesugi N,Isogai S,Tsubouchi K,Mikoshiba N. Jpn. J. Appl. Phys. , 1981,20:17.

　　　c) Fukui T,Horikoshi Y. Jpn. J. Appl. Phys. ,1981,20:587.

　　　d) Biefeld R M.J. Cryst. Growth,1982,56:382.

　　　e) Irvine S J C,Mullin J B,Royle A.J. Cryst. Growth,1982,57:15.

8.59　a) Shohno K,Ohtake H,Bloem J.J. Cryst. Growth,1978,45:187.

b) Sano M,Aoki M. Thin Solid Films,1981,83:247.

8.60　a) Muranoi T,Furukoshi M.J. Electrochem. Soc. ,1980,127:2295.

　　　b) Matsumoto T,Morita T,Ishida T.J. Cryst. Growth,1981,53:225;Scott M D,Williams J O,Goodfellow R C.J. Cryst. Growth,1981,51:267.

8.61　Kuiper A E T,Thomas G E,Schouten W J.J. Cryst. Growth,1981,51:17.

8.62　Maximovsky S N,Revocatova I P,Selezneva M A.J. Cryst. Growth,1981,52:141.

8.63　Boyd I W,Wilson J I B,West J L. Thin Solid Films,1981,83:L173.

8.64　a) Hanabusa M,Namiki A,Yoshihara K. Appl. Phys. Lett. ,1979,35:626.

　　　b) Baranauskas V,Mammana C I Z,Klinger R E,Greene J E. Appl. Phys. Lett. ,1980,36:930.

　　　c) Leyendecker G,Bauerle D,Geitner P,Lydtin H. Appl. Phys. Lett. ,1981,39:921.

　　　d) Deutsch T F,Ehrlich D J,Osgood R M. Appl. Phys. Lett. ,1979,35:175;1981,38:1018;1981,39:957;J. Electrochem. Soc. ,1981,128:2039.

8.65　Wagner R S,Ellis W C. Appl. Phys. Lett. ,1964,4:89.

8.66　Wagner R S. Growth of Crystals by the Vapour-Liquid-Solid Mechanism//Levitt A P. Whisker Technology. New York:Wiley,1970:47.

8.67　Bootsma G A,Gassen H J.J. Cryst. Growth,1971,10:223.

8.68　Givargizov E I. Growth of Whiskers by the Vapour-Liquid-Solid Mechanism. Current Topics Mat. Sci. ,Vol. 1. Amsterdam:North-Holland,1978:79.

8.69　Givargizov E I,Chernov A A. Kristallografiya,1973,18:147.〔English transl. :Sov. Phys. Crystallogr. ,1973,18:89.〕

8.70　Givargizov E I.J. Cryst. Growth,1975,31:20.

8.71　Nittono O,Hasegawa H,Nagakura S.J. Cryst. Growth,1977,42:175.

8.72　a) Hasiguti R R,Ishibashi T,Yumoto H.J. Cryst. Growth,1978,45:13.

　　　b) Hasiguti R R,Yumoto H,Kuriyama Y.J. Cryst. Growth,1981,52:135.

8.73　Wagner R S,Ellis W C. Trans. Metall. Soc. AIME,1965,233:1053.

8.74　Sickafus E N,Barker D B.J. Cryst. Growth,1967,1:93.

8.75　Nenov D,Dukova E D. Krist. Tech. ,1972,7:779.

8.76　Wagner R S.J. Cryst. Growth,1968,3/4:159.

8.77　Lou C Y,Somorjai G A.J. Chem. Phys. ,1971,55:4554.

8.78　Givargizov E I,Babasyan R A.J. Cryst. Growth,1977,37:140.

8.79　Kaldis E. Liquid Layers on Vapour Grown Crystals//Ueda R, Mullin J B. Crystal Growth and Characterization. Amsterdam:North-Holland,1975:225.

第 9 章

9.1　Ravich M I. Zh. Neorg. Khim. ,1970,15:2019.

9.2　Ravich M I,Borovaya F E. Zh. Neorg. Khim. ,1964,9:952.

9.3　Sourirajan S,Kennedy G. Am. J. Sci. ,1962,260:115.

9.4　Yanovsky V K,Voronkova V I,Koptsik V A. Kristallografiya,1970,15:362.[English transl. :Sov. Phys. Crystallogr. ,1970,15:302.]

9.5　Petrov T G,Treivus E B,Kasatkin A P. Vyrashchivaniye kristallov iz vodnykh rastvorov(Crystal Growth from Aqueous Solutions). Leningrad:Nedra,1967.

9.6　a) Shubnikov A V,Sheftal' N N(eds.). Rost kristallov. T. 3. Moscow:Izd-vo Akad. Nauk SSSR,1961.[English transl. :Growth of Crystals. Vol. 3. New York:Consultants Bureau,1962.]
　　b) Šip V,Vaniček V. In [Ref. 9.6a,p. 265][English transl. :New Items of Equipment for the Production of Monocrystals. in Ref. 9.6a,p. 191]

9.7　Moore R W. J. Am. Chem. Soc. ,1919,41:1060.

9.8　Koldobskaya M F,Gavrilova I V. In [Ref. 9.6a,p. 278][English transl. :Growth of Large Regular Crystals of Triglycine Sulphate under Laboratory Conditions. in Ref. 9.6a,p. 199]

9.9　Buckley H E. Crystal Growth. New York:Wiley,1951.

9.10　Walker A C,Kohman G T. Trans. Am. Inst. Electr. Eng. ,1948,67:565.

9.11　Parvov V F. Kristallografiya,1964,9:584.[English transl. :Sov. Phys. Crystallogr. ,1965,9:499.]

9.12　Kozlovsky M I,Kotorobai A V,Melent'yev I I,Burchakov M F. In Rost kristallov,T. 6. by Sheftal' N N. Moscow:Nauka,1965:9.[English transl. :Apparatur and Procedure for Study of the Effects of the Crystallization Conditions on the Growth and Properties of Crystals//Growth of Crystals,Vol. 6A. New York:Consultants Bureau,1968:7.]

9.13　a) Munchayev A I. Kristallografiya,1973,18:894.[English transl. :Sov. Phys. Crystallogr. ,1974,18:560.]
　　b) Laudise R A. The Growth of Single Crystals. Englewood Cliffs:Prentice-Hall,1970.

9.14　a) Henish H K. Helv. Phys. Acta,1968,41:888.
　　b) Brezina B,Horvath J. J. Cryst. Growth,1981,52:858.
　　c) le Faucheux F,Robert M C,Manghi E. J. Cryst. Growth,1982,56:141.
　　d) Abdulkhadar M,Ittyachen M A. J. Cryst. Growth,1980,48:149.

9.15　Kratochvil P,Sprusil B. J. Cryst. Growth,1968,3/4:360.

9.16　Murphy J C,Kues H A,Bohandy J. Nature,1968,218:165.

9.17　Blank Z,Brenner W,Okamoto Y. Mater. Res. Bull. ,1968,3:555.

9.18　Armington A F,O'Connor J J. J. Cryst. Growth,1968,3/4:367.

9.19　Robins R G. J. Nucl. Mater. ,1960,2:189.

9.20　Robins R G. J. Nucl. Mater. ,1961,3:294.

9.21　De Mattei R C,Huggins R A,Feigelson R S. J Cryst. Growth,1976,34:1.

9.22　a) Bockris J,Razymney G A. Fundamental Aspects of Electrocrystallization. New York:Plenum,1967.

b) Elwell D. J. Cryst. Growth,1981,52:741.

c) Bostanov V,Obretenov W, Staikov G, Roc D K, Budevski E. J. Cryst. Growth, 1981,52:761.

9.23　Jaffe H,Kjellgren B R F. Discuss. Faraday Soc. ,1949,No. 5:319.

9.24　a) Shubnikov A V,Sheftal' N N (eds.). Rost kristallov,T. 4. Moscow:Nauka,1964. [English transl. :Growth of Crystals,Vol. 4. New York:Consultants Bureau,1966.]

b) Byteva I M. In [Ref. 9. 24a,p. 22][English transl. :Effect of pH on the Shape of Ammonium Dihydrogen Phosphate Crystals. in Ref. 9. 24a,p. 16]

9.25　Gavrilova I V,Kuznetsov L I. In [Ref. 9. 24a, p. 85][English transl. :Aspects of the Growth of Monocrystals of Potassium Dihydrogen Phosphate. in Ref. 9. 24a,p. 69]

9.26　Byteva I M. In[Ref. 3. 14a,p. 219][English transl. :Effect of pH on the Growth of ADP Crystals in the Presence of Fe^{3+} and Cr^{3+}. in Ref. 3. 14a,Vol. B,p. 26]

9.27　Belyustin A V,Stepanova N S. Kristallografiya,1965,10:743[English transl. :Sov. Phys. Crystallogr. ,1966,10:624.]

9.28　Belyustin A V,Kolina A V. Kristallografiya,1975,20:206. [English transl. :Sov. Phys. Crystallogr,1975,20:126.]

9.29　Fishman Yu M. Rentgenovskoye topograficheskoye issledovaniye defektov i difrakt-sionnogo kontrasta v kristallakh gruppy KH_2PO_4 (KDP)(X-Ray Topographic Investigation of Defects and Diffraction Contrast in Crystals of Group KH_2PO_4 (KDP); Candidate's Thesis, Nauchno-issledovatel'skii institut mashinovedeniya, Moscow, 1972).

9.30　a) Kolb H J,Gomer J J. J. Am. Chem. Soc. ,1945,67:894.

b) Batyreva I A,Bespalov V I,Bredikhin V I,Galushkina G L,Ershov V P,Katsman V I,Kuznetsov S P,Lavrov L A,Novikov M A,Shvetsova N R. J. Cryst. Growth, 1981,52:832.

9.31　Davey R J,Mullin J W. J. Cryst. Growth,1974,23:89;1974,26:45.

9.32　Treivus V B, Punin Yu O, Ushakovskaya T V, Artamonova O I. Kristallografiya, 1975,20:199.[English transl. :Sov. Phys. Crystallogr,1975,20:121.]

9.33　Kibalczyc W,Kolasinski W. Zesz. Nauk Plodz. ,1977,No. 271:51;1st Europ. Conf. on Crystal Growth,Zürich,Switzerland,12-18 September 1976:125.

9.34　Wojciechowski B,Karniewicz J. Influence of Properties of the Solvent on the Growth of Crystal from Aqueous Solutions//1st. Europ. Conf. on Crystal Growth, Zürich, Sweitzerland,12-18 September,1976:110.

9.35　Chernov A A,Sipyagin V V. Peculiarities in Crystal Growth from Aqueous Solutions

Connected with Their Structures. Current Topics Mat. Sci. , Vol. 5. Amsterdam: North-Holland, 1980:281.

9.36 Belouet C, Monnier M, Verplanke J C. J. Cryst. Growth, 1975, 29:109.

9.37 Belouet C, Dunia E, Pétroff T F. J. Cryst. Growth, 1974, 23:243.

9.38 Davey R J, Mullin J W. J. Cryst. Growth, 1974, 26:45.

9.39 Chirvinsky P P. Iskusstvennoye polucheniye mineralov v XIX stoletii (Man-Made Minerals in the Nineteenth Century). Kiev, 1903-1906.

9.40 Kuznetsov V A, Lobachev A N. Kristallografiya, 1972, 17:878. [English transl. : Sov. Phys. Crystallogr. , 1973, 17:775.]

9.41 a) Lobachev A N (ed.). Issledovaniye protsessov kristallizatsii v gidrotermal'nykh usloviyakh. Moscow: Nauka, 1970. [English transl. : Crystallization Processes under Hydrothermal Conditions(New York: Consultants Bureau, 1973.]
    b) Shternberg A A. In [Ref. 9. 41a, p. 199] [English transl. : Controlling the Growth of Crystals. in Autoclaves. in Ref. 9. 41a, p. 225]

9.42 Laudise R A, Ballman A A. J. Phys. Chem. , 1960, 64:688.

9.43 Demyanets L N, Lobachev A N. In [Ref. 9. 41a, p. 7] [English transl. : Some Problems of Hydrothermal Crystallization. in Ref. 9. 41a, p. 1]

9.44 a) Sheftal' N N, Givargizov E I (eds.). Rost kristallov. T. 9. Moscow: Nauka, 1972. [English transl. : Growth of Crystals. Vol. 9. New York: Consultants Bureau, 1975.]
    b) Butuzov V P, Lobachev A N. In [Ref. 9. 44a, p. 13] (English transl. : Some Results of Research on Hydrothermal Crystal Systems and Growth. in Ref. 9. 44a, p. 11]

9.45 Ikornikova N Yu. Gidrotermal'nyi sintez kristallov v khloridnykh sistemakh (Hydrothermal Synthesis of Crystals in Cloride Systems). Moscow: Nauka, 1975.

9.46 Litvin B N. Gidrotermal'nyi sintez neorganicheskikh soyedinenii. Annotirovannyi ukazatel' faktograficheskikh dannyth (Hydrothermal Syn-thesis of Inorganic Compounds. Annotated Index of Literature Data). Moscow: VNIIKI, 1971.

9.47 Laudise R A, Nielsen J W. Hydrothermal Crystal Growth//Seitz F, Turnbull D. Solid State Physics. Advances in Research and Applications. Vol. 12. New York: Academic, 1961:149.

9.48 Laudise R A, Kolb E D. Endeavour, 1969, 28:114.

9.49 Rooymans C J M, Langenhofft W F Th. J. Cryst. Growth, 1968, 3/4:411.

9.50 Laudise R A, Ballman A A. J. Am. Chem. Soc. , 1958, 80:2655.

9.51 Sternberg A A, Kuznetsov V A. Kristallografiya, 1968, 13:745 [English transl. : Sov. Phys. Crystallogr, 1969, 13:647]

9.52 Puttbach R C, Manchamp R R, Nielsen J W. J. Phys. Chem. Solids, Suppl. , 1967, 1:569.

9.53 Popolitov V I, Lobachev A N, Tseitlin M N. Kristallizatsiya orto-antimonata sur'my v gidrotermal'nykh usloviyakh (Crystallization of Antimony Orthoantimonate under Hydrothermal Conditions)//Lobachev A N. Rost kristallov iz vysokotemperaturnykh vodnykh rastvorov (Crystal Growth in High Temperature Aqueous Solutions). Moscow:Nauka,1977:198.

9.54 Kolb E D,Laudise R A.J. Appl. Phys. ,1971,42:1552.

9.55 Ashby C T,Berry J W. Am. Mineral. ,1970,55:1800.

9.56 Lobachev A N (ed.). Gidrotermal'nyi sintez kristallov. Moscow:Nauka,1968. [English transl. :Hydrothermal Synthesis of Crystals. New York:Consultants Bureau,1971.]

9.57 Ikornikova N Yu, Lobachev A N, Vasenin A R, Egorov V M, Antoshin V M. In [Ref.9.41a,p. 212] [English transl. :Apparatus for Precision Research in Hydrothermal Experiments. in Ref.9.41a,p.241]

9.58 Shternberg A A. In[Ref.9.56,p.203] [English transl. :Double Auto-clave for Operation at 700 ℃ and 3000 kgf/cm² . in Ref.9.56,p.147]

9.59 Lobachev A N,Demyanets L N,Kuz'mina I P,Emelyanova E N. J. Cryst. Growth, 1972,13/14:540.

9.60 Kuznetsov V A. Kristallorafiya, 1964,9: 123. [English transl. :Sov. Phys. Crystallogr. ,1965,9:103.

9.61 Kennedy G C. Am. J. Sci. ,1950,248:540.

9.62 Ikornikova N Yu,Egorov V M. In[Ref.9.56,p.58] [English transl. :Experimentally Determined PTFC Diagrams of Aqueous Solutions of Li,Na,K,and Cs Chlorides. in Ref.9.56,p.34]

9.63 Samoilovich L A. Zavisimost'mezhdu davleniyem,temperaturoi i plotnost'yu vodnosolevykh rastvorov (Pressure-Temperature-Density Relation for Aqueous Salt Solutions). Moscow: Vsesoyuznyi nauchno-issledovatel'skii institut sinteza mineral'nogo syr'ya,1969.

9.64 Rau H. High Temp. High Pressures,1974,6:671.

9.65 Kosova T B,Demyanets L N. Izucheniye rastvorimosti kankrinita v rastvorakh NaOH pri temperaturakh 200 ℃ -400 ℃ (Solubility of Cancrinite in NaOH Solutions at 200- 400 ℃)//Lobachev A N. Rost kristallov iz vysokotemperatur-nykh vodnykh rastvorov (Crystal Growth in High Temperature Aqueous Solutions). Moscow:Nauka, 1977:43.

9.66 Ravich N I. Vodno-solevyie sistemy pri povyshennykh temperaturakh i davleniyakh (Water-Salt Systems at Elevated Temperatures and Pressures). Moscow: Nauka,1974.

9.67 Boky G B,Anikin I N. Zh. Neirg. Khim. ,1956,1:1926.

9.68 Barnes H L,Romberger S B,Stemprok M. Econ. Geol. ,1967,62:957.

9.69 Ryzhenko B N. Geokhimiya,1976,2:229.

9.70   Helgeson H C. Complexing and Hydrothermal Ore Deposition. Oxford: Pergamon, 1964.

9.71   Duderov N G, Demianets L N, Lobachev A N. Krist. Tech. , 1975, 10: 37.

9.72   Badikov V V, Godovikov A A. Temperaturnyi rezhim avtoklavov i massoperenos ga-
        lenita v gidrotermal'nykh us loviyakh (Temperature Regime of Autoclaves and Mass
        Transfer of Galenite under Hydrothermal Conditions)//Eksperimental'nyie issledo-
        vaniya po mineralogii (Experimental Investigations in Mineralogy). Novosibirsk:
        Inst. geologii i geofiziki Sib. Otd. Akad. Nauk SSSR, 1969: 154.

9.73   Laudise R A. J. Am. Chem. Soc. , 1959, 81: 362.

9.74   Lemmlein G G, Tsinober L I. Nekotoryie osobennosti morfologii kristallov iskusstvennogo
        kvartsa(Some Peculiarities in the Morphology of Artificial Quartz Crystals)//Trudy Vse-
        soyuznogo nauchno-issledovatel'skogo instituta piezooptichcskogo mineralogicheskogo
        cyr'ya T. 6, Materialy po izucheniyu iskusstvennogo kvartsa(Collected Works of the All-
        Union Scientific Research Institute of Piezooptical Raw Materials, Vol. 6, Materials on
        Synthetic Quartz). Moscow: Gosgeoltekhizdat, 1962: 13.

9.75   Mel'nikov O K, Litvin B N, Triodina N S. In [Ref. 9. 41, p. 134] [English transl. :
        Crystallization of Sodalite on a Seed. in Ref. 9. 41, p. 151]

9.76   Chernov A A, Kuznetsov V A. Kristallografiya, 1969, 14: 879. [English transl. : Sov.
        Phys. Crystallogr. , 1970, 14: 753.]

9.77   Shternberg A A. Kristallografiya, 1962, 7: 114. [English transl. : Sov. Phys. Crystal-
        logr. , 1962, 7: 92.]

9.78   Kolb E D, Wood D L, Spenser E G, Laudise R A. J. Appl. Phys. , 1967, 38: 1027.

9.79   Ballman A A, Dodd D M, Kuebler N A, Laudise R A, Wood D L, Rudd D W. Appl.
        Opt. , 1968, 7: 1387.

9.80   Kuz'mina I P, Lobachev A N, Triodina N S. In [Ref. 9. 41a, p. 187] [English transl. :
        Crystallization Kinetics of Sodium Zincogermanate. in Ref. 9. 41a, p. 211]

9.81   Khadzhi V E, Lelyakova M V. In Rost krtstallov. T. 8. by Sheftal' N N. Moscow:
        Nauka, 1968: 51. [English transl. : Effects of Temperature and Supersaturation on
        the Entry of Aluminium into Synthetic Quartz//Growth of Crystals. Vol. 8. New
        York: Consultants Bureau, 1969: 43.]

9.82   Tsinober L I, Kamentsev I E. Kristallografiya, 1969, 9: 448. [English transl. : Sov.
        Phys. Crystallogr. , 1969, 9: 374.]

9.83   Shalimova K V, Morozova I K, Malov M M, Kuznetsov V A, Shternberg A A,
        Lobachev A N. Kristallografiya, 1974, 19: 147. [English transl. : Sov. Phys. Crystal-
        logr. , 1975, 29: 86.]

9.84   Lobachev A N, Belyayev L M, Sil'vestrova I M, Mel'nikov O K, Pisarevsky Yu V, Triodina
        N S. Kristallografiya, 1974, 19: 126. [English transl. : Sov. Phys. Crystallogr. , 1974,
        19: 72.]

9.85 Distler G I, Lobachev A N, Vlasov V P, Mel'nikov O K, Triodina N S. Dokl. Akad. Nauk SSSR, 1974, 215:91.

9.86 Ferrand B, Daval J, Joubert J O. J. Cryst. Growth, 1972, 17:312.

9.87 a) Demianets L N. Hydrothermal Crystallization of Magnetic Oxides. Crystals. Berlin, Heidelberg, New York: Springer, 1978:98.

b) Timofeyeva V A. Rost kristallov iz rastvorov-rasplavov (Crystal Growth from Flux). Moscow: Nauka, 1978.

c) Laudise R A. The Growth of single Crystals. Englewood Cliffs: Prentice-Hall, 1970.

9.88 Timofeyeva V A, Lukyanova N I. In [Ref. 9.44a, p. 104] [English transl. : Effects of the Phase Boundaries of the Compounds Formed in Molten Solutions Used to Grow Garmets. in Ref. 9.44a, p. 116]

9.89 Konakov P K, Verevochkin G E, Goryainov L A, Zaruvinskaya L A, Konakov Yu P, Kudryavtsev V V, Tretyakov G A. Teplo-i massoobmen pri poluchenii monokristallov (Heat and Mass Exchange in the Preparation of Single Crystals). Moscow: Metallurgiya, 1971.

9.90 Elwell D D, Scheet H J. Crystal Growth from High-Temperature Solutions. London: Academic, 1975.

9.91 Nielsen J W. In [Ref. 3.7, p. 139] (English transl. : Recent Progress in Flux Growth. in Ref. 3. 71]

9.92 Wolff G A, Mlavsky A I. Travelling Solvent Techniques. in Crystal Growth, Theory and Techniques. by Goodman C H L. New York: Plenum, 1974:193.

9.93 Pfann W G. Zone Melting. New York: Wiley, 1966.

9.94 Kulish U N. Rost i elektrofizicheskiye svoistva plyonok poluprovodnikov (zhidkostnaya epitaksiya) (Growth and Electrophysical Properties of Semiconductor Films (Liquid Phase Epitaxy)). Elista: Kalmyk Izd-vo, 1976.

9.95 Arseniev P A, Bagdasarov Kh S, Fenin V V. Vyrashchivaniye monokristallicheskikh plyonok dlya kvantovoi elektroniki (Growing of Single Crystal Films for Quantum Electronics), Review No. 1495-76. Moscow: All-Union Institute for Scientific and Technical Information, 1977.

第 10 章

10.1 Kulikov I S. Termodinamicheskaya dissotsiatsiya soyeditnenii (Thermo-dynamic Dissociation of Compounds). Moscow: Metallurgiya, 1966.

10.2 Bagdasarov Kh S. In [Ref. 3. 7, p. 179] [English transl. : Problems of Synthesis of Refractory Optical Single Crystals. in Ref. 3.7]

10.3 Gorelik S S, Dashevsky M Ya. Materialovedeniye poluprovodnikov i metallovedeniye

(Materials Science of Semiconductors and Physical Metallurgy). Moscow: Metallurgiya,1973.

10.4 Butuzov V O. Metody polucheniya iskusstvennykh almazov(Methods of Preparation of Synthetic Diaminds)//Issledovaniye prirodnogo i tekhnicheskogo mineraloobrazocvaniya(Study of Natural and Artificial Formation of Diamonds). Moscow: Nayka,1966:10.

10.5 Markholiya T P,Yudin B F,Voronin N I. Ovzaimodeistvii tugoplavkikh metallov s glinozemom i kremnezemom. (On the Interaction of Refractory Metals with Alumina and Silica)//Khimia vysokotemperaturnykh materialov (Chemistry of Refractory Materials). Leningrad:Nauka,1967:203.

10.6 Belyayev L M (ed.). Rubin i sapfir (Ruby and Sapphire). Moscow:Nauka,1974.

10.7 Toropov N A,Bondar' I A,Galakhov F Ya,Nikogosyan Kh S,Vinogradova N V. Izv. Akad. Nauk SSSR,Ser. Khim. ,1964,1158.

10.8 Schmidt F,Viechnicki D. J. Am. Ceram. Soc. ,1970,53:528.

10.9 Dash W C. The Growth of Silicon Crystals Free from Dislocations. in [Ref. 1. 29a, pp. 361,382].

10.10 Cockayne B. J. Cryst. Growth,1968,3/4:60.

10.11 Cockayne B,Chesswas M,Gasson D B. J. Mater. Sci. ,1969,4:450.

10.12 Sterling H F,Warren R W. Br. J. Met. ,1963,67:404.

10.13 Aleksandrov V I,Osiko V V,Tatarintsev V M. Prib. Tekh. Eksp. ,1970,5:222.

10.14 Stepanov A V. Izv. Akad. Nauk SSSR,Ser. Fiz. ,1969,33:1946.

10.15 LaBelle H E,Jr. ,Mlavsky A J. Nature,1968,216:574.

10.16 Kyle T R,Zudzik G. Mater. Res. Bull. ,1973,8:443.

10.17 Wilke K- Th. Kristall züchtung. Berlin:VEB Deutscher Verlag der Wissenschaften,1973.

10.18 De la Rue R E,Halden F A. Rev. Sci. Instrum. ,1960,31:35.

10.19 Sparrow E M,Cess R D. Radiation Heat Transfer. 3rd ed. Belmont,California:Brooks/Cole,1970.

10.20 Givargizov E I (ed.). Crystal Growth 1980//Proc. 6th Int. Conf. on Crystal Growth, Moscow,USSR,10-16 September 1980. Amsterdam:North-Holland,1981.

10.21 Schwabe D,Scharmann A,Preisser F,Oeder R. J. Cryst. Growth,1978,43:305.

10.22 Petrosyan A G. Issledovaniye uslovii vyrashchivaniya lazernykh kristallov $Lu_3Al_5O_{12}$,aktivirovannykh ionami redkozemel'nykh elementov(Study of Growth Conditions of Laser Crystals $Lu_3Al_5O_{12}$ Activated by Rare Earth Ions)//Candidate's Thesis. Erevan:Institute for Phusical Research,Academy of Sciences of the Armenian SSR,1974.

10.23 Utech H P,Flemings M C. J. Phys. Chem. Solids Suppl,1967,1:651.

10.24 Brice J C. The Growth of Crystals from Liquids. Amsterdam:North-Holland,1973.

参 考 书 刊

Adsorption et croissance cristalline,Colloq. CNRS No. 152. Paris:Edition du Centre Nat. de la Recherche Sci. , 1965.

Aleksandrov L N. Perekhodnyie oblasti epitaksialn'ykh poluprovodnikovykh plyonok(Transition Regions of Epitaxial Semiconductor Films). Novosibirsk:Nauka,1978.[in Russian]

Andreyev V M, Dologinov L M,Tretyakov D N. Zhidkostnaya epitaksiya v tekhnologii poluprovodnikovykh priborrov(Liquid phase epitaxy in the Technology of Semiconductor Devices). Moscow:Sov. Radio, 1975.[in Russian]

Bardsley W, Hurle D T J, Mullin J B. Crystal Growth. A Tutorial Approach. Amsterdam: North-Holland,1979.

Belov N V. Protsessy real'nogo kristalloobrazovaniya(Processes of Real Crystal Formation). Moscow: Nauka,1977.[in Russian]

Bloem J, Gilling L J. Mechanisms of the Chemical Vapour Deposition of Silicon//Current in Matericalas Science,Vol. 1. Amsterdam:North-Holland, 1978.

Blom G M. Liquid Phase Epitaxy. Amsterdarm: North-Holland, 1974; see J. Cryst. Growth, 1974,27.

Bockris J, Razymney G A. Fundamental Aspects of Electrocrystallization. New York: Plenum, 1967.

Brice J C. The Growth of Crystals from the Melt. Amsterdam: North-Holland,1965.

Brice J C. The Growth of Crystals from Liquids. Amsterdam:North-Holland,1973.

Buckley H E. Crystal Growth. New York: Wiley; London: Chapman & Hall,1951.

Chalmers B. Principles of Solidification. New York: Wiley,1964.

Cullen G W, Kaldis E, Parker R L, Schieber M. Vapour Growth and Epitaxy(Proc. 2nd Intern. Conf. on Vapour Growth and Epitaxy, Jerusalem, Israel, 21-25 May 1972). Amsterdam: North-Holland,1972; see J. Cryst. Growth,1972,17.

Cullen G W, Kaldis E, Parker R L, Rooymans C J M. Vapour Growth and Epitaxy(Proc. 3rd Intern. Conf. on Vapour Growth and Epitaxy, Amsterdam, The Netherlands, 18-21 August 1975). Amsterdam: North-Holland,1975;see J. Cryst. Growth,1975,31.

Doremus R H, Roberts B W, Turnbull D. Growth and Perfection of Crystals(Proc. Intern. Conf. on Crystal Growth, Cooperstown, NY, 27-29 August 1958). New York: Wiley; London: Chapman & Hall, 1958.

Dorfman V F. Mikrometallurgiya v mikroelektronike(Micrometallurgy in Microelectronics). Moscow: Metallurgiya, 1978. [in Russian]

Elwell D, Scbeel H J. Crystal Growth from High-Temperature Solutions. London: Academic, 1975.

Factor M M, Garret I. Growth of Crystals from the Vapour. London: Chapman & Hall, 1974.

Flemings M C. Solidification Processing. New York: McGraw-Hill, 1974.

Francombe M H, Sato H. Single-Crystal Films(Proc. Intern. Conf. Philco Sci. Lab. , Blue Bell, PA, May 1963). New York: Pergamon, 1964.

Frank F C, Mullin J B, Peiser H S. Crystal Growth 1968(Proc. 2nd Intern. Conf. on Crystal Growth, Birmingham, U. K. , 15-19 July 1968). Amsterdam: North-Holland, 1968; see J. Cryst. Growth, 1968, 3/4.

Freyhardt H C, et al. Crystals. Growth, Properties, and Applications. Berlin, Heidelberg, New York: Springer.

Vol. 1: Crystals for Magnetic Applications, 1978.

Vol. 2: Growth and Properties, 1980.

Vol. 3: III-Y Semiconductors, 1980.

Vol. 4: Organic Crystals, Germanates, Semiconductors, 1980.

Vol. 5: Silicon. Grabmaier J. 1981.

Vol. 6: R Wagner. Field-Ion Microscopy, 1982.

Vol. 7: Analytical Methods. High-Melting Metals, 1982.

Vol. 8: Silicon Chemical Etching. Grabmaier J, 1982.

Vol. 9: Modern Theory of Crystal Growth I. Chernov A A, Müller-Krumbhaar H. 1983.

Gilman J J. The Art and Science of Growing Crystals. New York: Wiley, 1963.

Givargizov E I. Crystal Growth 1980(Proc. 6th Intern. Conf. on Crystal Growth, Moscow, USSR, 10-16 September 1980). Amsterdam: North-Holland, 1981; see J. Cryst. Growth, 1981, 52.

Givargizov E I. Rost nitevidnykh i plastinchatykh kristallov iz para(Growth of Whiskers and Platelets from the Vapour). Moscow: Nauka, 1977. [in Russian]

Goodman C H L. Crystal Growth. Theory and Techniques, Vols. 1, 2. New York: Plenum, 1974, 1978.

Gorelik S S, Dashevsky N Ya. Materialovedeniye poluprovodnikov i metallovedeniye(Semiconductor Materials Science and Physical Metallurgy). Moscow: Metallurgizdat, 1973. [in Russian]

Hartman P. Crystal Growth: An Introduction. Amsterdam: North-Holland,1973.

Henish H K. Crystal Growth in Gels. University Park: The Pennsylvania State University Press,1970.

Hirth J P, Pound G M. Condensation and Evaportiton. Nucleation and Growth kinetics. Progr. Mat. Sci.11. Oxford: Pergamon,1963.

Holland L. Vacuum Depositiion of Thin Films. London:Chapman & Hall,1956.

Honigman B. Gleeichgewichts-und Wachstumsformen von kristallen. Darmstadt: Steinko-pff,1958.

Hurle D T J. Mechanisms of Growth of Metal Single Crystals from the Melt. Progr. Mat. Sci. 10,79. Oxford: Pergamon,1962.

Ikornikova N Yu. Gidrotermal'nyi sintez kristallov v khloridnykh sistemakh(Hydrothermal Synthesis of Crystals in Chloride Systems). Moscow: Nauka,1975.[In Russian]

Irvine S J C. Ⅱ-YI Compounds 1982(Proc. Intern. Conf. on II-VI Compounds, Durham, UK,21-23 April 1982). Amsterdam: North-Holland,1982; see J. Cryst. Growth, 1982, 59, N1/2.

Jackson K A, Kato N, Mullin J B. Crystal Growth 1974(Proc. 4th Intern. Conf. on Crys-tal Growth, Tokyo, Japan, 24-29 March 1974),Amsterdam: North-Holland,1974; see J. Cryst. Growth,1974,24/25.

Jackson K A, Uhlman D R, Hunt J D. On the nature of crystal growth from the melt. J. Cryst. Growth,1967,1:1.

Kaldis E, Schieber M. Crystal Growth and Epitaxy from the Vapour Phase(Proc. 1st In-tern. Conf. on Crystal Growth and Epitaxy from the Vapour Phase, Zürich, Switzer-land, 23-26 September 1970). Amsterdam: North-Holland,1971; see J. Cryst. Growth, 1971,9.

Kaldis E,et al. Current Topics in Materials Science. Amsterdam: North-Holland; Vol. 1 (1978),Vol. 2(1977),Vols. 3,4(1979),Vols. 5,6(1980),Vol. 7(1981),Vols. 8-10 (1982).

Kern R, LeLay G, Métois J J. Basic Mechanisms in the Early Stages of the Epitaxy//Cur-rent Topics in Materials Science, Vol. 3. Amsterdam:North-Holland, 1979: 132.

Kozlova O G. Rost i morfologiya kristallov(Crystal Growth and Morphology). Moscow: Izd-vo MGU,1980.[in Russian]

Kuznetsov V D. Kristally i kristaillizatsiya(Crystals and Crystallization). Moscow: Gos-tekhizdat,1953.[in Russian]

Laude L D. Cohesive Properties of Semiconductors under Laser Irradiation(NATO ASI Ser. Ser.E: Appl. Sci. No. 69).The Hague: Nijhoff,1983.

Laudise R A. The Growth of Single Crystals. Englewood Cliffs, NJ: Prentice Hall, 1970.

Laudise R A, Mullin J B, Mutaftschiev B. Crystal Growth 1971(Proc. 3rd Intern. Conf. on Crystal Growth, Narseille, France, 5-9 July 1971). Amsterdam: North-Holland, 1972; see J. Cryst. Growth, 1972, 13/14.

Lawson W D, Nielseni S. Preparation of Single Crystals. London: Butterworths, 1958.

Lobachev A N. Gidrotermal'nyi sintez kristallov. Moscow: Nauka, 1968. [English transl. : Hydyothermal Synthesis of Crystals. New York: Consultants Bureau, 1971.]

Lobachev A N. Issledovaniye Protsessov kristallszatsii v gidrotermal'nykh usloviyakh. Moscow: Nauka, 1970. [English transl. : Crystallization Processes under Hydrothermal Conditions. New York: Consultants Bureau, 1973.]

Lobachev A N. Rost kristallov iz vysokotemperaturnykh vodnykh rastvorov (Growth of Crystals from High-Temperature Aqueous Solutions). Moscow: Nauka, 1977. [in Russian]

Lyubov B Ya. Kineticheskaya teoriya fazovykh prevrashchenii (Kinetic Theory of Phase Transformations). Moscow: Metallurgiya, 1969. [in Russian]

Lyubov B Ya. Teoriya kristallitatsii v bol'shlikh obyomakh (Theory of Crystallization in Large Volumes). Moscow: Nauka, 1975. [in Russian]

Material Sciences in Space(Proc. 2nd Europ. Sympos. on Material Sciences in Space, Frascati, Italy, 6-8 April 1976). Noordwijk, The Netherlands: ESA, 1976.

Material Sciences in Space (Proc. 3rd Europ. Sympos. on Material Sciences in Space, Grenoble, France, 24-27 April 1979). Paris: ESA, 1979.

Matthews J W. Epitaxial Growth. New York: Academic, 1975.

Mullin J W. Crystallization. 2nd ed. London: Butterworths, 1972.

Mullin J W. Industrial Crystallization(Proc. 6th Sympos. on Industrial Crystallization, Usti nad Laben, Czechoslovakia, 1-3 September 1975). New York: Plenum, 1976.

Müller-Krumbhaar H. Kinetics of Crystal Growth. Microscopic and Phenomeno-Iogical Theories//Current Topics in Materials Science, Vol. 1. Amsterdam: North-Holland, 1978.

Naumovets A G. Investigation of surface structure by LEED: Progress and perspectives. Ukr. Fiz. Zh. 1978, 23: 1585. [in Russian]

Nvlt J. Kryštalizácia z roztokov. Bratislava: Slovenské vyd-vo technĭckej literatúry, 1967. [English transl. : Industrial Crystallization from Solutions. London: Butterworths, 1971.]

Obrazovaniye kritstallov(Crystal Growth). Bibliographical Index 1945-1968. Moscow: Nauka, 1970.

Ovsienko D E. Rost i defekty metallicheskikh kristallov (Growth and Defects of Metallic Crystals). Kiev: Naukova Dumka, 1972. [in Russian]

Ovsienko D E. Rost i nesoveshenstva metallicheskikh kristallov. Kiev: Naukova Dumka,

1966. [English transl.: Growth and Imperfections of Metallic Crystals. New York: Consultants Bureau, 1968.]

Palatnik L S, Sorokin V K. Materialovedeniye v mikroelektronike (Materials Science in Microelectronics). Moscow: Energiya, 1978. [in Russian]

Pamplin B R. Crystal Growth. Oxford: Pergamon, 1975.

Parker R L. Crystal Growth 1977 (Proc. 5th Intern. Conf. on Crystal Growth, Cambridge, MA, 17-22 July 1977). Amsterdam: North-Holland, 1977; see J. Cryst. Growth, 1977, 42.

Parker R L. Crystal Growth Mechanisms: Energetics, Kinetics and Transport//Solid State Physics. Advances in Research and Applications, Vol. 25. New York: Academic, 1970: 151.

Peiser H S. Crystal Growth (Proc. Intern. Conf. on Crystal Growth, Boston, MA, 20-24 June, 1966). Oxford: Pergamon, 1967; see J. Phys. Chem. Solids, 1967, Suppl. 1.

Pfann W G. Zone Melting. New York: Wiley, 1963.

Rosenberger F. Fundamentals of Crystal Growth. I. Macroscopic Equilibrium and Transport Concepts, Springer Ser. Solid-State Sci., Vol. 5. Berlin, Heidelberg, New York: Springer, 1979.

Rost kristallov, Vols. 1-14. Moscow: Izd-vo Akad. Nauk SSSR, 1957-1983. [English transl.: Growth of Crystals. New York: Consultants Bureau.] Vols. 1, 2 (1959), Vol. 3 (1962), Vol. 4 (1966), Vols. 5A, 5B (1968), Vols. 6-8 (1969), Vol. 9 (1975), Vol. 10 (1976), Vol. 11 (1979), Vol. 12 (1981), Vol. 13 (in print)

Schneider H C, Ruth V. Advances in Epitaxy and Endotaxy. Physical Problems of Epitaxy. Leipzig: VEB Deutscher Verlag für Grundstoffindustrie, 1971.

Schneider H C, Ruth V (with the cooperation of Kormány T). Advances in Epitaxy and Endotaxy. Selected Chemical Problems. Budapest: Akad. Kiad, 1976.

Shafranovsky I I. Kristally mineralov (Mineral Crystals), Part 1: Ploskogrannyie formy (Faceted Forms) (Leningrad: Izd-vo LGU, 1957); Part 2: Krivogrannyie, skeletnyie i zernistyie formy (Round-Shaped, Skeletal and Granular Forms). Moscow: Gosgeoltekhizdat, 1961. [in Russian]

Shubnikov A V. Obrazovaniye kristallov (Crystallization). Moscow: Izd-vo Akad. Nauk SSSR, 1947. [in Russian]

Shubnikov A V. Kak rastut kristally (How Crystals Grow. Moscow: Izd-vo Akad. Nauk SSSR, 1935. [in Russian]

Shubnikov A V, Parvov V F. Zarozhdeniye i rost kristallov (Crystal Nucleation and Growth). Moscow: Nauka, 1969. [in Russian]

Sirota N N. Kinetika i mekhanizm kristallizatsii (Crystallization Kinetics and Mechanism).

Minsk: Nauka i Tekhnika,1973.[in Russian]

Sirota N N. Kristallizatiya i fazovyie perekhody(Crystalization and Phase Transitions). Minsk: Izd-vo Akad. Nauk Belorus. SSR,1962.[In Russian]

Sirota N N. Kristallizatsiya i fazovyie prevrashchniya(Crystallization and Phase Transformations). Minsk: Nauka i Tekhnika,1971.[in Russian]

Sirota N N. Mekhanizm i kinetika kristallizatsii(Crystallization Mechanism and Kinetics). Minsk: Nauka i Tekhnika,1964.[in Russian]

Strickland-Constable R. Kinetics and Mechanism of Crystallization. London: Academic, 1968.

Surek G W(in collaboration with Antonov P I). Shaped Crystal Growth. Amsterdam: North-Holland,1980; see J. Cryst. Growth,1980,50.

Takahashi K. Vapour Growth and Epitaxy(Proc. 4th Intern. Conf. on Vapour Growth and Epitaxy, Nagoya, Japan, 9-13 July 1978). Amsterdam: North-Holland, 1978; see J. Cryst. Growth,1978,45.

Tarján I,Mátroi M. Laboratory Manual on Crystal Growth. Budapest: Akad. Kiad,1972.

Third Intern. Conf. on Thin Films, Budapest, Hungary, 25-29 August 1975. Lausanne: Elsevier,1976; see Thin Solid Films,1976,32.

Timofeyeva V A. Rost kristallov iz rastvorov-rasplavov(Crystal Growth from Flux). Moscow: Nauka,1978.[in Russian]

Treivus E B. Kinetika rosta i rastvorenitya kristallov(The Kinetics of Crystal Growth and Dissolution). Leningrad: Izd-vo LGU,1979.[in Russian]

Trusov L I, Kholmyansky V A. Ostrovkovyie metallicheskiye plyonki (Island Metallic Films). Moscow: Metallurgiya,1973.[in Russian]

Ueda R, Mullin J B. Crystal Growth and Characterization. Amsterdam: North-Holland,1975.

Van Hook A. Crystallization. Theory and Practice. New York: Reinhold; London: Chapman & Hall,1961.

Van Hove M A, Tong S Y. Surface crystallography by LEED. Springer Ser. Chem. Phys. , Vol. 2. Berlin, Heidelberg, New York: Springer,1979.

Verma A R. Crystal Growth and Dislocations. London:Butterworths,1953.

Volmer M. Kinetik der Phasenbildung. Dresden:Steinkopf,1939.

Wilke K-Th(in collaboration with Bohm I). Kristallzüchtung. Berlin: VEB Deutscher Verlag der Wissenschaften,1973.

Zettlemoyer A C. Nucleation. New York: Dekker,1969.

Zettlemoyer A C. Nucleation Phenomena. Amsterdam: Elsevier,1977.

译 后 记

本书的翻译始于 20 世纪 90 年代初,1991 年底即已脱稿.但出版过程历经坎坷,长达超乎想象的 26 年.其间既有国家出版事业的规范化,也有原著的新版等因素,个中酸甜苦辣唯亲历者心知.

四分之一个世纪过去后,在此书即将付印之际,回首往事,已是物是人非:吴先生已作古,遗愿之一就是此书的出版;洪先生退休后失去联系,但想必看到此书的出版也会欣慰不已;三位译者中最年轻的高琛博士也从初出茅庐的后进成长为著名的学者,早生华发,并步入学术生涯的晚期.在此期间,出版社的编辑也已更新了几代.

愿往者安息! 愿生者不息! 愿此书为国家的科教发展尽一份绵薄之力!

译者

2018 年 9 月于中国科学技术大学